Erich Ossa

Topologie

Aufbaukurs Mathematik

Herausgegeben von Martin Aigner, Peter Gritzmann, Volker Mehrmann und Gisbert Wüstholz

Martin Aigner
Diskrete Mathematik

Walter Alt
Nichtlineare Optimierung

Albrecht Beutelspacher und Ute Rosenbaum
Projektive Geometrie

Gerd Fischer
Ebene algebraische Kurven

Wolfgang Fischer/Ingo Lieb
Funktionentheorie

Otto Forster
Analysis 3

Klaus Hulek
Elementare Algebraische Geometrie

Michael Joswig und Thorsten Theobald
Algorithmische Geometrie

Horst Knörrer
Geometrie

Helmut Koch
Zahlentheorie

Ulrich Krengel
Einführung in die Wahrscheinlichkeits-theorie und Statistik

Wolfgang Kühnel
Differentialgeometrie

Ernst Kunz
Einführung in die algebraische Geometrie

Wolfgang Lück
Algebraische Topologie

Werner Lütkebohmert
Codierungstheorie

Reinhold Meise und Dietmar Vogt
Einführung in die Funktionalanalysis

Erich Ossa
Topologie

Jürgen Wolfart
Einführung in die Zahlentheorie und Algebra

Gisbert Wüstholz
Algebra

Grundkurs Mathematik

Berater: Martin Aigner, Peter Gritzmann, Volker Mehrmann und Gisbert Wüstholz

Gerd Fischer
Lineare Algebra

Gerd Fischer
Analytische Geometrie

Gerhard Opfer
Numerische Mathematik für Anfänger

Otto Forster
Analysis 1

Otto Forster
Analysis 2

Matthias Bollhöfer und Volker Mehrmann
Numerische Mathematik

www.viewegteubner.de

Erich Ossa

Topologie

Eine anschauliche Einführung in die geometrischen
und algebraischen Grundlagen

2., überarbeitete Auflage

STUDIUM

**VIEWEG+
TEUBNER**

Bibliografische Information der Deutschen Nationalbibliothek
Die Deutsche Nationalbibliothek verzeichnet diese Publikation in der
Deutschen Nationalbibliografie; detaillierte bibliografische Daten sind im Internet über
<http://dnb.d-nb.de> abrufbar.

Professor Dr. Erich Ossa
Bergische Universität Wuppertal
FB 7 Mathematik
Postfach 100127
42119 Wuppertal

E-Mail: Erich.Ossa@math.uni-wuppertal.de

Die Titel der Reihe „Aufbaukurs Mathematik" erschienen bisher unter dem Namen
„vieweg studium – Aufbaukurs Mathematik".

1. Auflage 1992
2., überarbeitete Auflage 2009

Alle Rechte vorbehalten
© Vieweg+Teubner | GWV Fachverlage GmbH, Wiesbaden 2009

Lektorat: Ulrike Schmickler-Hirzebruch | Nastassja Vanselow

Vieweg+Teubner ist Teil der Fachverlagsgruppe Springer Science+Business Media.
www.viewegteubner.de

Umschlaggestaltung: KünkelLopka Medienentwicklung, Heidelberg
Druck und buchbinderische Verarbeitung: Krips b.v., Meppel
Gedruckt auf säurefreiem und chlorfrei gebleichtem Papier.
Printed in the Netherlands

ISBN 978-3-8348-0874-5

Vorwort zur zweiten Auflage

Zur ersten Auflage meines Buches habe ich von vielen Lesern positive Stellungnahmen erhalten, für die ich mich herzlich bedanke. Natürlich danke ich auch allen Lesern, die mich auf Druckfehler und Ungenauigkeiten aufmerksam gemacht habe. Beides ermutigt mich, eine zweite Auflage vorzulegen.

Andererseits lassen veränderte Studienbedingungen eine Anpassung des Inhalts meines Topologie-Buches wünschenswert erscheinen. Eines meiner Anliegen bei der ersten Auflage war es, nur wenige mathematische Kenntnisse vorauszusetzen, die über den Stoff der Vorlesungen des ersten Studienjahres hinausgehen. Insofern scheint mir das Buch auch Grundlage sein zu können für eine Topologie-Vorlesung im Bachelor-Studiengang. Allerdings ist dann die erste Auflage vielleicht etwas zu umfangreich angesichts der heutigen Studienordnungen.

Aus diesem Grunde habe ich nun einige Anhänge weggelassen und das letzte Kapitel über Produkte, das doch recht abstrakt und anspruchsvoll ausgefallen war, wesentlich gekürzt und vereinfacht. Dank eines Verzichts auf tiefergehende technische Details kann dieses Kapitel nun als ein Ausblick auf kommende Verallgemeinerungen dienen. Dabei bleiben die wesentlichen geometrischen Anwendungen auch mit den vereinfachten Mitteln in vollem Umfang erhalten. Neu ist hier vor allem, dass ohne die Theorie der homologischen Algebra die für die Anwendungen wichtigen Spezialfälle der Sätze zu den homologischen und kohomologischen Produkten hergeleitet werden.

Die nun vorliegende Fassung scheint mir angemessen für eine zweisemestrige Vorlesung. Bei einer einsemestrigen Vorlesung Topologie kann man zum Beispiel die Kapitel 4 (Lie-Gruppen) und 6 (Produkte) weglassen; in Kapitel 5 (Homologie) kann man auch halb-axiomatisch vorgehen und die Beweise der Eilenberg-Steenrod-Axiome zurückstellen. Abschnitt 3.8 über Flächen nimmt eine Sonderstellung im Buch ein; es vermittelt Einblicke in ein Kapitel der klassischen Topologie und ist damit auch gut für ein Seminar im Bachelor-Studiengang gegeignet.

Leser, die tiefer in die im Buch dargestellte Materie eindringen möchten, finden mein diesbezügliches Lehrmaterial auf der Vieweg+Teubner Homepage unter folgendem Link:

http://www.viewegteubner.de/index.php;do=show/site=v/book_id=19127.

Über den Online Plus-Button gelangt man zu dem Buchmaterial.

Auf die Anwendungen der Homologie in der wichtigen Theorie der Mannigfaltigkeiten konnte im Rahmen des angestrebten Umfangs leider nicht eingegangen werden. Man findet diese zum Beispiel in dem in der gleichen Reihe erschienenen Buch „Algebraische Topologie" von W. Lück.

Für ihre tatkräftige Hilfe bei der technischen Realisierung der zweiten Auflage geht mein herzlicher Dank an Frau K. Scheibler und die Herren R. Grah und Dr. B. Schuster.

Für Mitteilungen über verbliebene Mängel und Fehler, die hoffentlich nicht allzu zahlreich sind, wäre ich allen Lesern sehr dankbar.

Wuppertal, im Mai 2009   Erich Ossa

Vorwort zur ersten Auflage

Die Absicht des vorliegenden Buches ist es, eine Einführung in die Topologie zu geben und dabei ein möglichst weitreichendes und realistisches Bild dieses Gebiets zu entwerfen, das die geometrische und die algebraische Seite gleichermaßen berücksichtigt. Denn bei der Topologie geht es darum, qualitativ-geometrische Probleme mit quantitativ-algebraischen Methoden zu lösen: Unser Interesse gilt primär der geometrischen Fragestellung, doch erst die algebraische Maschinerie ermöglicht es, eine befriedigende Antwort zu finden. Ein Topologie-Kurs muss daher zweierlei Anforderungen genügen: Er muss die geometrische Anschauung in Verbindung mit dem sie beschreibenden begrifflichen Apparat entwickeln und gleichzeitig das handwerkliche algebraische Rüstzeug zur qualitativen Behandlung dazuliefern.

Auf diesem Weg einen höher gelegenen Aussichtspunkt zu erreichen, erfordert langwierige Vorbereitungen. Da ist nach der Beschäftigung mit der grundlegenden Sprache der mengentheoretischen Topologie noch vieles an geometrischer Begriffsbildung aufzubauen: Es sind Kurven, Flächen und höher-dimensionale Mannigfaltigkeiten zu studieren, dazu Bündel, Homotopien als stetige Deformationen und topologische Symmetrien in Gestalt von Gruppenoperationen. Auf der algebraischen Seite scheinen zunächst einfache Grundlagen-Kenntnisse aus der Theorie der Gruppen, Ringe und Moduln auszureichen, doch zeigt sich bald, dass eine vertiefte Kenntnis der Theorie der Kettenkomplexe und später der homologischen Algebra erforderlich ist. Bei einer allzu systematischen und gründlichen Darstellung dieser mehr vorbereitenden Stoff-Fülle läuft man Gefahr, das eigentliche Ziel, nämlich die Lösung geometrischer Probleme mit algebraischen Methoden, zunächst völlig aus den Augen zu verlieren.

Für uns soll aber statt der Systematik die motivierende geometrische Fragestellung im Vordergrund stehen. Das macht es oft erforderlich, eine erschöpfende Behandlung technischen Materials zumindest vorläufig zurückzustellen, allgemeine Begriffe zunächst in konkreten und einfachen Ausformungen kennenzulernen und erst später, Wiederholungen in Kauf nehmend, in den passenden Rahmen zu stellen. Der handwerkliche Apparat muss gerade so weit entwickelt werden, wie es die jeweilige Anwendung erfordert, damit beim späteren detaillierten Studium dieses Apparats seine Grundprinzipien und seine grundsätzliche Bedeutung bereits anschaulich klar geworden sind.

Als Leitmotiv habe ich das Thema der Vektorfelder auf Sphären gewählt. Der sogenannte Satz vom Igel besagt, dass ein stetiges Vektorfeld auf der zweidimensionalen Sphäre notwendig eine Nullstelle haben muss. Die sich daraus ergebenden Fragestellungen haben einen ganz wesentlichen Anteil an der Entwicklung der algebraischen Topologie gehabt und geben noch heute Anlass zu vielen reizvollen und schwierigen Forschungsaufgaben. Natürlich kommen wir dabei nicht annähernd an den aktuellen Stand heran: Zwar ist es leicht, den Satz vom Igel auf die gerade-dimensionalen Sphären zu verallgemeinern, doch bleibt die Frage nach der Zahl linear unabhängiger stetiger Vektorfelder auf ungerade-dimensionalen Sphären wesentlich tiefer liegenden Methoden vorbehalten. Was wir erreichen werden, ist die Konstruktion von Clifford-Vektorfeldern und der Satz von Hopf über die Parailelisierbarkeit von reellen projektiven Räumen.

Insgesamt sollte sich am Ende ein Bild ergeben, das einen großen Teil des Kenntnisstandes der Topologie annähert, wie er in der ersten Hälfte dieses Jahrhunderts erreicht wurde. Eine schmerzliche Lücke bleibt allerdings: Wir müssen auf ein ausführliches Studium der wichtigen Theorie der Mannigfaltigkeiten verzichten, da dieses den Umfang des Buches beträchtlich vergrößert hätte.

An Vorwissen werden beim Leser lediglich Kenntnisse des Grundstudiums Mathematik vorausgesetzt, die kaum über die Lineare Algebra und die Analysis hinausgehen. Dennoch soll es ein Grundsatz auf unserem Weg sein, die dargestellten Ergebnisse möglichst auch vollständig zu beweisen. Die Beweise sind manchmal ziemlich knapp gehalten, sollten aber in der Regel doch die Beweisidee hinreichend klar machen. Einige Ergänzungen finden sich im Anhang. Die wenigen im Text enthaltenen Aufgaben sind nicht als Übungen zur Topologie gedacht, wie sie sonst zu Vorlesungen angeboten werden. Es handelt sich zum überwiegenden Teil um nicht schwierige Routine-Überlegungen, die jedoch dem Leser mehr Gewinn bringen, wenn er sie selbst durchführt, als wenn er sie nur lesend rezipiert.

Wir gehen nun kurz auf den Inhalt des Buches ein. Eine etwas ausführlichere Beschreibung findet sich am Anfang jedes einzelnen Kapitels.

Das Buch ist, auch vom Schwierigkeitsgrad der behandelten Themen her, in drei Teile gegliedert, bestehend aus Kapitel 1, Kapitel 2-4 und Kapitel 5-6. Das erste Kapitel ist sehr elementar und soll auf der Grundlage geometrischer Probleme im euklidischen Raum einen ersten Eindruck von topologischen Fragestellungen und Methoden geben. Es beschäftigt sich zum einen mit ebenen Kurven, wobei der Jordansche Kurvensatz und die Theorie der Umlaufszahl behandelt werden, zum anderen mit Fragen, die mit stetigen Vektorfeldern zusammenhängen, wie der Brouwersche Fixpunktsatz, der Satz vom Igel und die Existenz von orthogonalen Multiplikationen.

Die Kapitel 2 bis 4 entwickeln vor allem die grundlegenden geometrischen Hilfsmittel. Das zweite Kapitel über Allgemeine Topologie ist fast ein lästige Pflicht: Es enthält das elementare begriffliche Instrumentarium zur Formulierung topologischer Probleme und versucht, mit relativ einfachen Resultaten festen Boden für die späteren Unternehmungen zu schaffen. Kapitel 3 beschäftigt sich mit der wichtigen Theorie stetiger Deformationen. Insbesondere werden hier geschlossene Kurven zur Definition der Fundamentalgruppe herangezogen, die das erste wichtige Beispiel einer algebraischen Invarianten zur Behandlung geometrischer Fragen darstellt. Als Anwendung wird am Schluss dieses Kapitels die Klassifikation der kombinatorischen geschlossenen Flächen durchgeführt. allgegenwärtigen Operationen topologischer Gruppen gewidmet. Insbesondere werden einige Grundlagen aus der Theorie der klassischen Lie-Gruppen erarbeitet, die fundamental für das Verständnis vieler geometrischer Situationen sind.

In den letzten beiden Kapiteln schließlich vollzieht sich der eigentliche Einstieg in die algebraische Topologie. Kapitel 5 befasst sich mit der Homologie-Theorie als der grundlegenden Methode, geometrische Situationen in ein algebraisches Modell abzubilden. Die Anwendungen sind zahlreich, ohne allerdings über eine gewisse Stufe hinauszugehen. Dieser nächste qualitative Sprung wird dann mit der Produkt-Theorie von Kapitel 6 gemeistert. Der algebraische Aufwand ist hier schon recht hoch, doch sind die Anwendungen so wesentlich und typisch für das Gebiet, dass sie meiner Meinung nach auf keinen Fall fehlen dürfen.

In einem Anhang finden sich kurze Abrisse vor allem von den benötigten Grundlagen aus der Theorie der Moduln und Algebren. Daneben enthält der Anhang einiges Material, das nicht so ganz in den Fluss der Haupthandlung hineinpasste.

Der Text ist aus Vorlesungen hervorgegangen, die ich an der Universität Wuppertal gehalten habe; er macht etwa den Stoff von zweieinhalb Semestern aus. In der Vorlesung wurden anschließend differenzierbare Mannigfaltigkeiten behandelt und in einem weiteren Semester Homotopietheorie unter Einschluss der Theorie der Faserbündel.

Ich danke den Studenten und Kollegen, die mir mit Hinweisen auf Fehler in einer früheren Skriptum-Version und mit Ratschlägen geholfen haben. Ebenso möchte ich den Mitarbeitern des Verlags für ihre hilfreiche Unterstützung danken. Beim Schreiben habe ich die Erfahrung machen müssen, dass die Fehlerquote im Laufe der Zeit zwar (meistens) monoton abfällt, aber das angestrebte absolute Minimum nie erreicht; für Mitteilungen über die verbliebenen Mängel, die hoffentlich nicht allzu zahlreich sind, wäre ich allen Lesern sehr dankbar.

Wuppertal, im August 1992   Erich Ossa

Inhaltsverzeichnis

1 Einführung

Die Frage, was Topologie eigentlich ist, lässt sich nicht so leicht beantworten. Das Ziel dieses einführenden Kapitels ist es, auf möglichst elementarem Niveau auf diese Frage wenigstens eine vorläufige Antwort zu geben, die ein einigermaßen getreues und plastisches Bild dieses Faches zeichnet. Dazu wollen wir einige interessante Begriffe und Sätze betrachten, die wegen ihrer besonderen Anschaulichkeit geeignet sind, einen ersten Einblick in das Gebiet zu vermitteln. Doch handelt es sich bei diesen Beispielen keinesfalls nur um elementare Randfragen, sondern um mehrere ineinander greifende Problemkreise, die in entsprechenden Verallgemeinerungen auch in fortgeschritteneren Kapiteln der Topologie noch eine wichtige Rolle spielen.

Nach einem Kennenlernen des grundlegenden Homöomorphie-Begriffes befasst sich der erste Fragen-Komplex mit ebenen Kurven. Es wird darum gehen, exakt zu zählen, wie oft sich eine geschlossene „Kurve" um einen außerhalb gelegenen Punkt windet, oder festzustellen, ob man von einem „Inneren" und „Äußeren" der Kurve sprechen kann. Danach werden wir uns mit Nullstellen von Vektorfeldern beschäftigen. Insbesondere Vektorfelder auf den Einheits-Sphären in euklidischen Räumen sind hier von besonderem Interesse. Im letzten Abschnitt werden wir sehen, dass ein Zusammenhang zwischen dieser Frage und dem algebraischen Problem der Konstruktion von reellen Divisions-Algebren besteht.

Der Einfachheit halber werden wir uns bei unseren Betrachtungen zunächst auf Teilmengen des euklidischen Vektorraums $\mathbf{R}^n$ beschränken. Eine solche Teilmenge des $\mathbf{R}^n$, aus topologischer Sicht betrachtet, werden wir in diesem Kapitel einfach als „Raum" bezeichnen. Dabei wird die Dimension n des umgebenden $\mathbf{R}^n$ meistens keine Rolle spielen; wir verabreden daher, $\mathbf{R}^n$ mit dem Untervektorraum von $\mathbf{R}^{n+1}$ zu identifizieren, der aus allen Vektoren des $\mathbf{R}^{n+1}$ mit verschwindender letzter Koordinate besteht. Diese Identifikation führt gelegentlich zu Zweideutigkeiten, wenn der umgebende euklidische Raum in dem gerade betrachteten Kontext doch explizit vorkommt; für die Gültigkeit der Argumentation werden diese jedoch unwesentlich sein, so dass wir sie ohne weiters ignorieren können.

Die Vereinigung der Kette von Inklusionen $\mathbf{R}^n \subset \mathbf{R}^{n+1} \subset \mathbf{R}^{n+2} \subset \ldots$ ist der unendlichdimensionale Vektorraum $\mathbf{R}^\infty$. Mit $\{\, e_i \mid i \geq 1 \,\}$ bezeichnen wir die kanonische Basis dieses $\mathbf{R}^\infty$. Das euklidische Skalarprodukt $\langle\,,\,\rangle$ ist die symmetrische Bilinearform auf $\mathbf{R}^\infty$ mit $\langle e_i, e_j \rangle = \delta_{ij}$; die euklidische Norm eines Vektors v ist wie üblich durch $\|v\| = +\sqrt{\langle v, v \rangle}$ definiert.

1.1 Der Homöomorphie-Begriff

Topologie ist Stetigkeits-Geometrie. Wir erinnern daher zunächst an die Grundlagen der Theorie stetiger Abbildungen aus der Analysis mehrerer Veränderlichen.

Erinnerung 1.1.1

Seien $M, N \subset \mathbf{R}^n$ Teilmengen, $f : M \to N$ eine Abbildung.

1. f heißt stetig im Punkt $x_0 \in M$, wenn zu jedem $\varepsilon > 0$ ein $\delta > 0$ existiert, so dass für alle $x \in M$ gilt
$$\|x - x_0\| < \delta \Rightarrow \|f(x) - f(x_0)\| < \varepsilon.$$

2. f heißt stetig (auf M), wenn f in jedem Punkt von M stetig ist.

3. f heißt Homöomorphismus (von M auf N), wenn f bijektiv ist und wenn sowohl f wie die Umkehrabbildung $f^{-1} : N \to M$ stetig sind. Dann heißen M und N homöomorph, in Zeichen $M \cong N$.

Die wesentlichen Eigenschaften des Stetigkeits-Begriffs setzen wir hier als bekannt voraus. Dazu gehören die Möglichkeiten, aus stetigen Abbildungen durch Verknüpfungen neue zu gewinnen. Wir erinnern zum Beispiel nur an die Tatsache, dass die Komposition zweier stetiger Abbildungen wieder stetig ist. Hieraus folgt unmittelbar, dass es sich bei der Beziehung „homöomorph" um eine Äquivalenzrelation handelt.

Die Homöomorphie ist *der* wesentliche Grundbegriff der Topologie; vom Standpunkt der Topologie sind homöomorphe Räume als völlig gleichwertig zu betrachten. Man bezeichnet daher eine Homöomorphie auch als topologische Äquivalenz. Festzustellen, ob zwei gegebene Räume homöomorph sind, kann als eines der grundlegenden Probleme der Topologie bezeichnet werden.

In diesem Abschnitt wollen wir versuchen, mit dem Homöomorphie-Begriff etwas vertrauter zu werden.

Das folgende Beispiel für eine Homöomorphie ist ganz instruktiv. Sei $M \subset \mathbf{R}^n$ und $f : M \to \mathbf{R}$ eine stetige Funktion. Sei $N = \{ (x, f(x)) \in \mathbf{R}^{n+1} \mid x \in M \}$ der Graph von f.

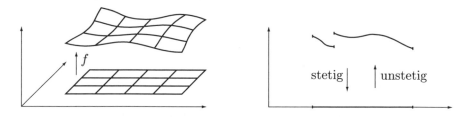

Abbildung 1.1: Graph einer stetigen Funktion

Dann ist $\widetilde{f} : M \to N$ mit $\widetilde{f}(x) = (x, f(x))$ ein Homöomorphismus, wie man sich leicht überlegt. Anschaulich gesprochen, entsteht N aus M durch „Verbiegen und Verbeulen". Bei unstetigem $f : M \to \mathbf{R}$ würde, um in diesem Bild zu bleiben, die Herstellung des Graphen N aus M im allgemeinen auch ein Auseinanderreißen erfordern, womit die kanonische Abbildung keine topologische Äquivalenz mehr wäre. Da ein Verbiegen und Verbeulen, bei dem metrische Eigenschaften nicht erhalten bleiben, erlaubt ist, bezeichnet man die Topologie oft auch als „Gummi-Geometrie". Die Bezeichnung Stetigkeits-Geometrie ist aber sicher treffender.

Als nächstes wollen wir einige besonders wichtige elementare Räume und einige Standard-Homöomorphismen kennenlernen. Für $n \geq 1$ sei

$$
\begin{aligned}
\mathbf{D}^n &:= \{\, x \in \mathbf{R}^n \mid \|x\| \leq 1 \,\} \,, \\
\mathbf{E}^n &:= \{\, x \in \mathbf{R}^n \mid \|x\| < 1 \,\} \,, \\
\mathbf{S}^{n-1} &:= \{\, x \in \mathbf{R}^n \mid \|x\| = 1 \,\} \,, \\
\mathbf{I}^n &:= \{\, (x_1, \ldots, x_n) \in \mathbf{R}^n \mid 0 \leq x_i \leq 1 \,\} \,, \\
\partial \mathbf{I}^n &:= \{\, (x_1, \ldots, x_n) \in \mathbf{I}^n \mid \textstyle\prod_i (x_i - x_i{}^2) = 0 \,\} \,.
\end{aligned}
$$

Wir nennen $\mathbf{D}^n$ die n-dimensionale Scheibe, $\mathbf{E}^n$ die n-dimensionale Zelle und $\mathbf{S}^{n-1}$ die $(n-1)$-dimensionale Sphäre. Die Räume $\mathbf{I}^n$ und $\partial \mathbf{I}^n$ sind der n-dimensionale Würfel und sein Rand. Die Gleichung $\prod_i (x_i - x_i{}^2) = 0$ besagt lediglich, dass mindestens eine der Koordinaten x_i gleich 0 oder 1 sein muss.

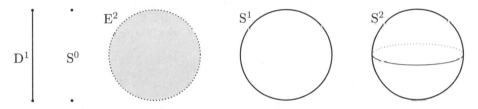

Abbildung 1.2: Scheiben und Sphären

Wir treffen noch die Vereinbarung, $\mathbf{I}^0 := \mathbf{D}^0 := \mathbf{E}^0 := \{0\} \subset \mathbf{R}$ und $\partial \mathbf{I}^0 := \emptyset$ zu setzen. In Verallgemeinerung der Standard-Scheibe $\mathbf{D}^n$ bezeichnen wir zu jedem $p \in \mathbf{R}^n$ mit

$$
\mathbf{D}^n(p;r) := \{\, x \in \mathbf{R}^n \mid \|x - p\| \leq r \,\} \quad \text{und} \quad \mathbf{E}^n(p;r) := \{\, x \in \mathbf{R}^n \mid \|x - p\| < r \,\}
$$

die Kugel um p vom Radius $r > 0$. Dann sind die Abbildungen $\varphi : \mathbf{D}^n \to \mathbf{D}^n(p;r)$ und $\varphi : \mathbf{E}^n \to \mathbf{E}^n(p;r)$ mit $\varphi(x) = p + rx$ offensichtlich Homöomorphismen.

Manchmal werden wir als Modell für die Scheibe auch die nördliche oder südliche Halbkugel in der Sphäre vorziehen: Es sei

$$
\mathbf{D}^n_+ := \{\, (x_1, \ldots, x_{n+1}) \in \mathbf{S}^n \mid x_{n+1} \geq 0 \,\} \quad \text{und}
$$

$$
\mathbf{D}^n_- := \{\, (x_1, \ldots, x_{n+1}) \in \mathbf{S}^n \mid x_{n+1} \leq 0 \,\} \,.
$$

Es ist klar, dass die Abbildung $\mathbf{D}^n \to \mathbf{D}^n_\pm$ mit $x \mapsto (x, \pm\sqrt{1 - \|x\|^2})$ ein Homöomorphismus ist.

Mit diesen Räumen haben wir auch Produkte zwischen ihnen zur Verfügung: $X \times Y$ ist die Menge aller Paare (x, y) mit $x \in X$ und $y \in Y$. Sind $X \subset \mathbf{R}^m$ und $Y \subset \mathbf{R}^n$ Räume, so betrachten wir $X \times Y$ als Teilraum in $\mathbf{R}^m \times \mathbf{R}^n = \mathbf{R}^{m+n}$. Zum Beispiel erhalten wir dann eine kanonische Identifikation von $\mathbf{I}^m \times \mathbf{I}^n$ mit $\mathbf{I}^{m+n}$.

Ein oft benutzter Standard-Homöomorphismus ist der zwischen Scheibe und Würfel:

Satz 1.1.2
Es gibt einen Homöomorphismus $\mathbf{I}^n \cong \mathbf{D}^n$, der $\partial \mathbf{I}^n$ homöomorph auf $\mathbf{S}^{n-1}$ abbildet.

Beweis: Es ist bequemer, noch den weiteren n-dimensionalen Würfel

$$(\mathbf{D}^1)^n := \{\, (y_1, \ldots, y_n) \in \mathbf{R}^n \mid |y_i| \leq 1 \,\}$$

einzuführen. Wir haben offenbar einen kanonischen Homöomorphismus

$$\psi : \mathbf{I}^n \to (\mathbf{D}^1)^n$$

durch $\psi(x_1, \ldots, x_n) = (2x_1 - 1, \ldots, 2x_n - 1)$. Dieser führt $\partial \mathbf{I}^n$ über in den Rand

$$\partial(\mathbf{D}^1)^n := \{\, (y_1, \cdots, y_n) \in (\mathbf{D}^1)^n \mid \textstyle\prod_i (1 - y_i^2) = 0 \,\}$$

von $(\mathbf{D}^1)^n$.
Nun sei die Hilfsfunktion $\alpha : \mathbf{R}^n - \{0\} \to \mathbf{R}$ durch

$$\alpha(x_1, \ldots, x_n) = \|x\|^{-1} \max\{\, |x_i| \mid 1 \leq i \leq n \,\}$$

als Quotient der Maximums-Norm durch die euklidische Norm definiert. Es ist leicht zu sehen, dass sowohl α als auch $1/\alpha$ stetig und beschränkt ist. Sei $\chi : \mathbf{R}^n \to \mathbf{R}^n$ definiert durch $\chi(0) = 0$ und $\chi(x) = \alpha(x)x$ für $x \neq 0$. Dann ist χ offensichtlich bijektiv, und wegen der Beschränktheit sind χ und χ^{-1} beide stetig. Also ist χ ein Homöomorphismus. Aber χ bildet $(\mathbf{D}^1)^n$ auf $\mathbf{D}^n$ ab und $\partial(\mathbf{D}^1)^n$ auf $\mathbf{S}^{n-1}$. $\qquad\square$

In der Sphäre $\mathbf{S}^n \subset \mathbf{R}^{n+1}$ bezeichnen wir oft den Punkt e_{n+1} als „Nordpol" und den antipodischen Punkt $-e_{n+1}$ als „Südpol". Wir zeigen nun, dass das Komplement $\mathbf{S}^n - \{e_{n+1}\}$ eine n-dimensionale Zelle ist.

Satz 1.1.3
Es gibt Homöomorphismen

$$\mathbf{S}^n - \{e_{n+1}\} \cong \mathbf{E}^n \cong \mathbf{R}^n .$$

Beweis: Sei $\varphi : \mathbf{R}^n \to \mathbf{E}^n$ definiert durch $\varphi(x) = \frac{1}{1+\|x\|} x$. Die Umkehrabbildung ist $\varphi^{-1}(y) = \frac{1}{1-\|y\|} y$, denn es ist $1 - \|\varphi(x)\| = 1 - \frac{\|x\|}{1+\|x\|} = \frac{1}{1+\|x\|}$. Damit ist klar, dass φ ein Homöomorphismus ist.
Wir definieren $\psi : \mathbf{E}^n \to \mathbf{S}^n - \{e_{n+1}\}$ durch

$$\psi(x) = -\cos(\pi\|x\|)\, e_{n+1} + \frac{\sin(\pi\|x\|)}{\|x\|}\, x .$$

Es ist leicht zu verifizieren, dass ψ ebenfalls ein Homöomorphismus ist. $\qquad\square$

Bemerkung: Ein anderer Homöomorphismus $\mathbf{S}^n - \{e_{n+1}\} \to \mathbf{R}^n$ wird durch stereographische Projektion auf die Ebene $\{\, y \in \mathbf{R}^{n+1} \mid y_{n+1} = 0 \,\}$ gewonnen: Man verbindet den Punkt $x \in \mathbf{S}^n - \{e_{n+1}\}$ mit dem Nordpol e_{n+1} und bestimmt den Durchstoßpunkt y der Verbindungsgeraden mit dieser Ebene. Ist $x = (x_1, \cdots, x_{n+1})$, so wird

$$y = (\frac{x_1}{1 - x_{n+1}}, \cdots, \frac{x_n}{1 - x_{n+1}}, 0) \,,$$

wie man leicht mit dem Strahlensatz aus der Abbildung abliest.

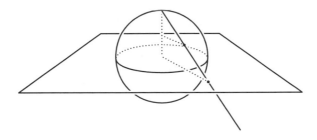

Abbildung 1.3: Stereographische Projektion

Es gibt weitere Varianten des letzten Homöomorphismus, die oft nützlich sind. Sie können vielfach zu einer besonders geschickten Parametrisierung der Punkte eines Raumes dienen. Wir führen zunächst eine allgemeine Konstruktion ein.

Definition 1.1.4
Seien $X \subset \mathbf{R}^m$ und $Y \subset \mathbf{R}^n$. Der Join von X und Y ist der Raum

$$X * Y := \{\, ((1 - t)x, t, ty) \in \mathbf{R}^m \times \mathbf{R} \times \mathbf{R}^n \mid t \in \mathbf{I},\ x \in X,\ y \in Y \,\} \,.$$

$(\mathbf{S}^1 \vee \mathbf{S}^1) * \mathbf{S}^0$

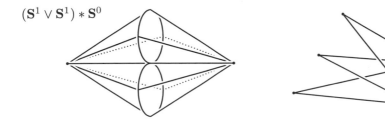

Abbildung 1.4: Join

Hierbei werden also zunächst X und Y durch $i_X(x) = (x, 0, 0)$ und $i_Y(y) = (0, 1, y)$ als unabhängige Teilräume in den $\mathbf{R}^m \times \mathbf{R} \times \mathbf{R}^n = \mathbf{R}^{m+n+1}$ eingebettet und dann sämtliche Verbindungs-Strecken zwischen Punkten aus X und Punkten aus Y gezogen. Die Unabhängigkeit wird dafür benötigt, dass verschiedene Verbindungs-Strecken sich höchstens in den Endpunkten schneiden.

Offenbar ist die Abbildung

$$\varphi : X \times \mathbf{I} \times Y \to X * Y$$

mit $\varphi(x, t, y) = ((1 - t)x, t, ty)$ stetig und surjektiv. Ist $(x, t, y) \neq (x', t', y')$, so ist genau dann $\varphi(x, t, y) = \varphi(x', t', y')$, wenn $t = t' = 0$ und $x = x'$ gilt oder $t = t' = 1$ und $y = y'$. Wir schreiben manchmal auch $[x, t, y] := \varphi(x, t, y)$.

Sind $X \subset \mathbf{R}^n$ und $Y \subset \mathbf{R}^n$ Teilräume, so dass die Abbildung $\pi : \mathbf{R}^n \times \mathbf{R} \times \mathbf{R}^n \to \mathbf{R}^n$ mit $(a, t, b) \mapsto a + b$ ein Homöomorphismus von $X * Y$ auf $\pi(X * Y)$ ist, so werden wir dies gelegentlich (sofern keine Missverständnisse möglich sind) als eine Identifikation auffassen und die Punkte des Join einfach in der Form $(1 - t)x + ty$ schreiben.

An der Join-Konstruktion interessieren uns in diesem Buch vor allem die folgenden beiden Spezialfälle:

Definition 1.1.5
Sei X ein Raum.

1. $\mathbf{K}(X) := X * \mathbf{D}^0$ heißt der Kegel über X.
2. $\mathbf{S}(X) := X * \mathbf{S}^0$ heißt die Einhängung von X.

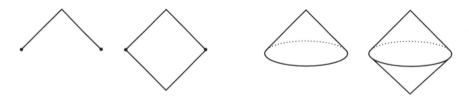

Abbildung 1.5: Kegel und Einhängung

Wegen $\mathbf{S}^0 = \{-1, 1\}$ besteht $\mathbf{S}(X)$ aus zwei Kegeln $\mathbf{K}_+(X) = X * \{1\}$ und $\mathbf{K}_-(X) = X * \{-1\}$, die den Kegel-Boden $\{ [x, 0, \pm 1] \mid x \in X \} \cong X$ gemeinsam haben. Die Einhängung ist also ein Doppel-Kegel über X. Die Punkte der Einhängung

$$\mathbf{S}(X) = \{ ((1 - t)x, t, s) \mid t \in \mathbf{I}, \; x \in X, \; s = \pm 1 \}$$

können wir für $X \subset \mathbf{R}^m - \{0\}$ auch durch die Punkte $((1 - |\tau|)x, \tau) \in \mathbf{R}^{m+1}$ beschreiben mit $\tau = ts \in [-1, 1]$.

Satz 1.1.6
Es gibt Homöomorphismen

$$\mathbf{K}(\mathbf{S}^{n-1}) \cong \mathbf{D}^n \quad \text{und} \quad \mathbf{S}(\mathbf{S}^n) \cong \mathbf{S}^{n+1} .$$

Beweis: Wir definieren $\alpha : \mathbf{K}(\mathbf{S}^{n-1}) \to \mathbf{D}^n$ durch

$$\alpha([x,t,1] = (1-t)x$$

und $\beta : \mathbf{S}(\mathbf{S}^n) \to \mathbf{S}^{n+1}$ durch

$$\beta([x,t,s]) = \cos(\tfrac{\pi st}{2})x + \sin(\tfrac{\pi st}{2})e_{n+1} \ .$$

Es ist trivial nachzuprüfen, dass diese Abbildungen Homöomorphismen sind. $\qquad\square$

Es wird sich später zeigen, dass die meisten für uns interessanten Räume sich aus Zellen als elementaren Bausteinen zusammensetzen lassen. Jedoch setzt der Umgang mit diesen „Zellen-Komplexen" schon einiges an topologischer Erfahrung voraus. Es gibt aber eine andere, zunächst etwas umständlich anmutende Art des Zusammensetzens von Zellen, die durch ihre Rigidität oftmals den Einsatz von kombinatorischen Methoden erlaubt. Man erhält so eine Klasse von Räumen, die besonders leicht zu handhaben sind und deshalb in der Topologie eine herausragende Rolle spielen. Um sie zu definieren, müssen wir zuerst einige Begriffe der affinen Geometrie wiederholen:

Seien $p_0, \dots, p_m$ Vektoren des $\mathbf{R}^n$. Dann heißt eine reelle Linearkombination $\lambda_0 p_0 + \lambda_1 p_1 + \dots + \lambda_m p_m$ dieser Vektoren eine Affinkombination, wenn $\lambda_0 + \lambda_1 + \dots + \lambda_m = 1$ ist; sie heißt Konvexkombination, wenn darüber hinaus gilt $0 \le \lambda_i \le 1$. Eine Abbildung heißt affin, wenn sie Affin-Kombinationen erhält. Eine nicht-leere Teilmenge $M \subset \mathbf{R}^n$ heißt konvex bzw. ein affiner Unterrraum, wenn sie unter beliebigen Konvexkombinationen bzw. Affinkombinationen abgeschlossen ist. Es bezeichne $\mathrm{Kon}(p_0, \dots, p_m)$ die kleinste konvexe Teilmenge die $p_0, \dots, p_m$ enthält, und $\mathrm{Aff}(p_0, \dots, p_m)$ den kleinsten affinen Unterraum, der $p_0, \dots, p_m$ enthält. Beide bestehen gerade aus den entsprechenden Kombinationen der $p_0, \dots, p_m$.

Die Vektoren $p_0, \dots, p_m$ heißen affin unabhängig, wenn $\mathrm{Aff}(p_0, \dots, p_m)$ die Dimension m hat. Gleichbedeutend damit ist, dass die Koeffizienten λ_i einer Affinkombination $v = \sum_{i=0}^m \lambda_i p_i$ durch v eindeutig bestimmt sind.

Definition 1.1.7
Eine Teilmenge $\Sigma \subset \mathbf{R}^n$ heißt ein m-dimensionales Simplex, wenn Σ die konvexe Hülle von $m+1$ affin unabhängigen Punkten $p_0, p_1, \dots, p_m \in \mathbf{R}^n$ ist. Wir schreiben dann $\Sigma = \Delta(p_0, p_1, \dots, p_m)$. Die p_i heißen die Eckpunkte von M. Das Simplex $\Delta^m = \Delta(e_1, \dots, e_{m+1}) \subset \mathbf{R}^{m+1}$ heißt das Standard-m-Simplex.

Ein Simplex $\Sigma = \Delta(p_0, p_1, \dots, p_m)$ besteht also aus allen Punkten $\sum_{0 \le i \le n} t_i p_i$ mit $0 \le t_i \le 1$ und $\sum_{0 \le i \le n} t_i = 1$.

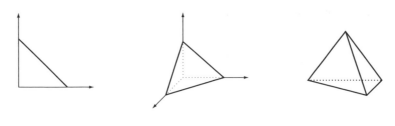

Abbildung 1.6: Simplizes

Für weitere Information zur konvexen Geometrie ziehe man zum Beispiel das Büchlein [Fis01] zu Rate. Insbesondere wird dort erklärt, wie sich in einem gegebenen Simplex Σ die Menge der Eckpunkte geometrisch definieren lässt. Wir benötigen im folgenden noch den Begriff „Teilsimplex":

Definition 1.1.8
Sei $\Sigma \subset \mathbf{R}^n$ ein m-dimensionales Simplex mit Eckpunkten $p_0, p_1, \ldots, p_m$. Ein r-dimensionales Teilsimplex von Σ ist eine Teilmenge der Gestalt $\Sigma' = \Delta(p_{i_0}, \ldots, p_{i_r})$ (für gewisse Indizes $0 \le i_0 < i_1 < \ldots < i_r \le m$). Der Rand $\partial\Sigma$ von Σ ist die Vereinigung aller $(m-1)$-dimensionalen Teilsimplizes von Σ.

Vom Standpunkt der Homöomorphie liefern Simplizes über die uns schon bekannten Räume hinaus jedoch nichts Neues: Sie sind homöomorph zur Scheibe in der gleichen Dimension.

Satz 1.1.9
Sei $\Sigma \subset \mathbf{R}^n$ ein m-dimensionales Simplex. Dann gibt es einen Homöomorphismus $\Sigma \cong \mathbf{D}^m$, der $\partial\Sigma$ homöomorph auf $\mathbf{S}^{m-1}$ abbildet.

Beweis: Für $m = 0$ ist nichts zu beweisen. Sei also $m > 0$ und seien $p_0, \ldots, p_m$ die Eckpunkte von Σ. Sei $b \in \Sigma - \partial\Sigma$, etwa $b = \Sigma \frac{1}{m+1} p_i$ der Schwerpunkt von Σ. Ein Punkt $x \in \Sigma - \{b\}$ lässt sich eindeutig als Konvexkombination $x = (1-\lambda)b + \lambda y$ mit $y \in \partial\Sigma, \lambda \in [0,1]$ darstellen; y ist der Schnittpunkt von $\partial\Sigma$ mit dem Strahl $\{(1-\mu)b + \mu x \mid \mu \ge 0\}$. Der gewünschte Homöomorphismus φ ist dann gegeben durch $\varphi(x) := \frac{\lambda}{\|y-b\|}(y-b)$ (und $\varphi(b) = 0$). □

Wir wollen nun kompliziertere Räume herstellen, indem wir Simplizes aneinander setzen.

Unter einem konvexen Polyeder versteht man die konvexe Hülle von endliche vielen Punkten eines euklidischen Raumes. Ein allgemeines endliches Polyeder ist die Vereinigung endlich vieler konvexer Polyeder. In der Topologie ist es angenehmer, mit spezielleren Polyedern zu arbeiten, die mit der Zusatz-Struktur einer Zerlegung in Simplizes versehen sind. Dabei soll die Zerlegung derart sein, dass der Durchschnitt zweier solcher Simplizes stets ein gemeinsames Teilsimplex ist. Für die formale Handhabung ist es hierbei vorteilhaft, die Tatsache auszunutzen, dass ein Simplex durch die Menge seiner

Eckpunkte eindeutig bestimmt ist und dass somit das ganze Polyeder schon beschrieben werden kann durch:

1. die diskrete Menge aller Eckpunkte von Simplizes und

2. die Zusatz-Information, welche Teilmengen hiervon ein Simplex des Polyeders aufspannen.

Das führt schließlich zu der folgenden Definition, die vielleicht auf den ersten Blick etwas umständlich wirken mag, aber in der Praxis ein wichtiges Werkzeug zur Untersuchung topologischer Fragestellungen darstellt. Für eine affin unabhängige Teilmenge $\sigma \subset \mathbf{R}^N$ sei wieder $\Delta(\sigma)$ das von den Elementen von σ aufgespannte n-Simplex.

Definition 1.1.10
Ein endliches simpliziales Polyeder $(K, \mathfrak{K})$ besteht aus einem Teilraum $K \subset \mathbf{R}^N$ und einer endlichen Familie $\mathfrak{K} = \bigcup \mathfrak{K}_n$ von Teilmengen $\sigma \subset \mathbf{R}^N$, so dass gilt:

1. Jedes $\sigma \in \mathfrak{K}_n$ ist eine $(n+1)$-elementige affin unabhängige Menge.

2. Ist $\sigma \in \mathfrak{K}$ und $\tau \subset \sigma$, so ist $\tau \in \mathfrak{K}$. Für $\sigma, \tau \in \mathfrak{K}$ ist $\Delta(\sigma) \cap \Delta(\tau) = \Delta(\sigma \cap \tau)$.

3. Es ist $K = \bigcup_{\sigma \in \mathfrak{K}} \Delta(\sigma)$.

Der zweite Teil der zweiten Bedingung besagt, dass für $\sigma, \tau \in \mathfrak{K}$ der Durchschnitt $\Delta(\sigma) \cap \Delta(\tau)$ entweder leer oder ein gemeinsames Teilsimplex von $\Delta(\sigma)$ und $\Delta(\tau)$ ist. Ist $(K, \mathfrak{K})$ ein endliches simpliziales Polyeder, so nennt man $K = |\mathfrak{K}|$ auch die geometrische Realisierung von $\mathfrak{K}$. Eine endliche Triangulierung eines Raumes X besteht aus einem endlichen simplizialen Polyeder $(K, \mathfrak{K})$ und einem Homöomorphismus zwischen $K = |\mathfrak{K}|$ und X.

Schöne Beispiele sind die Platonischen oder Archimedischen Körper, wobei für unsere Definition die Vieleck-Flächen gegebenenfalls noch in Dreiecke unterteilt werden müssen.

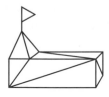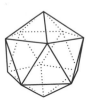

Abbildung 1.7: Endliche Polyeder

Definition 1.1.11
Sind $(K, \mathfrak{K})$ und $(L, \mathfrak{L})$ endliche simpliziale Polyeder, so heißt eine stetige Abbildung $f : K \to L$ simplizial, wenn für jedes $\sigma \in \mathfrak{K}$

1. die Bildmenge $f(\sigma)$ ein Element von $\mathfrak{L}$ ist und

2. die Abbildung $f|_{\Delta(\sigma)} : \Delta(\sigma) \to \Delta(f(\sigma))$ eine affine Abbildung ist.

Diese Definition hängt also von der Wahl der simplizialen Strukturen $\mathfrak{K}$ und $\mathfrak{L}$ auf K und L ab. Eine simpliziale Abbildung ist insbesondere stets eine stetige Abbildung. Sie ist jedoch völlig beschrieben durch die rein kombinatorische Abbildung $f : \mathfrak{K}_0 \to \mathfrak{L}_0$.

Wenn wir in der obigen Definition des simplizialen Polyeders alle Bezüge auf den euklidischen Raum streichen, erhalten wir den Begriff des abstrakten simplizialen Komplexes:

Definition 1.1.12

Ein abstrakter simplizialer Komplex ist eine Familie $\mathfrak{K} = \bigcup \mathfrak{K}_n$ von endlichen Mengen σ, welche die Simplizes von $\mathfrak{K}$ genannt werden, mit folgenden Eigenschaften:

1. $\sigma \in \mathfrak{K}_n$ hat $(n+1)$ Elemente.

2. Ist $\sigma \in \mathfrak{K}$ und $\tau \subset \sigma$, so ist $\tau \in \mathfrak{K}$.

Eine simpliziale Abbildung zwischen den simplizialen Komplexen $\mathfrak{K}$ und $\mathfrak{L}$ ist eine Abbildung $f : \mathfrak{K} \to \mathfrak{L}$, die Inklusionen von Simplizes erhält.

Insbesondere gehört zu jedem endlichen Polyeder ein abstrakter simplizialer Komplex. Es ist naheliegend, dass das Studium abstrakter simplizialer Komplexe weitgehend eine kombinatorische Aufgabe ist. Auf der anderen Seite sind die meisten für uns interessanten Räume tatsächlich endlich triangulierbar. Zum Beispiel besitzen $\mathbf{D}^n$ und $\mathbf{S}^{n-1}$ nach Hilfsatz 1.1.9 eine solche Struktur.

In den Abschnitten 1.3 und 1.4 dieses Kapitels werden wir sehen, wie sehr die Existenz einer Polyeder-Struktur topologische Fragestellungen vereinfachen kann.

Aufgabe 1.1.13
Zwischen zwei endlichen Polyeder gibt es genau dann einen simplizialen Homöomorphismus, wenn die zugehörigen abstrakten simplizialen Komplexe isomorph sind.

1.2 Zusammenhang

Im vorigen Abschnitt haben wir in verschiedenen Beispielen gezeigt, dass gewisse Räume zueinander homöomorph sind. Dazu haben wir jeweils einen Homöomorphismus angegeben.

Für den Nachweis der Nicht-Homöomorphie zweier Räume X, Y müssen wir anders vorgehen. Wir müssen nämlich zeigen, dass X, Y sich in gewissen Eigenschaften unterscheiden; dabei ist es offenbar notwendig, solche Eigenschaften zu betrachten, die „topologische Invarianten" sind in dem Sinne, dass bei zwei homöomorphen Räumen Z, Z' die betreffende Eigenschaft entweder für beide vorliegt oder für beide nicht zutrifft. Eine erste topologische Eigenschaft wollen wir nun definieren. Es sei $\mathbf{I} = [0,1] \subset \mathbf{R}$ das Einheits-Intervall.

Definition 1.2.1

1. Sei $X \subset \mathbf{R}^n$. Ein Weg in X ist eine stetige Abbildung $\omega : \mathbf{I} \to X$. Man nennt $\omega(0)$ den Anfangspunkt, $\omega(1)$ den Endpunkt des Weges und sagt, dass ω den Punkt $\omega(0)$ mit dem Punkt $\omega(1)$ verbindet.

2. $X \subset \mathbf{R}^n$ heißt wegzusammenhängend, wenn es zu je zwei Punkten $p, q \in X$ einen Weg ω in X gibt, der p mit q verbindet.

Es ist offensichtlich, dass die Eigenschaft „wegzusammenhängend" eine topologische Invariante ist. Das folgende Lemma ist im Grunde nur eine andere Formulierung des Zwischenwertsatzes der Analysis.

Lemma 1.2.2
1. Sei $f : X \to Y$ eine stetige surjektive Abbildung. Ist X wegzusammenhängend, so auch Y.
2. Sei $X \subset \mathbf{R}$ nicht leer und wegzusammenhängend. Dann ist X ein Intervall.

Beweis: 1. Seien $y_1, y_2 \in Y$ und $x_1, x_2 \in X$ mit $f(x_i) = y_i$. Da X wegzusammenhängend ist, gibt es einen Weg η in X der x_1 mit x_2 verbindet. Dann ist $\omega = f \circ \eta$ ein Weg in Y, der y_1 mit y_2 verbindet.
2. Ist $\omega : [a, b] \to X$ ein Weg mit $\omega(a) = p$, $\omega(b) = q$, so muss die Funktion $\omega : [a, b] \to \mathbf{R}$ jeden Wert zwischen p und q annehmen, d.h. X enthält das ganze Intervall von p nach q. $\quad\square$

Als triviales Beispiel nicht homöomorpher Räume haben wir damit etwa $X = [0, 1] = [0, \frac{1}{2}] \cup]\frac{1}{2}, 1]$ und $Y = [0, \frac{1}{2}] \cup]\frac{3}{2}, 2]$. Die Abbildung $f : X \to Y$ mit $f(x) = x$ für $x \leq \frac{1}{2}$ und $f(x) = 1 + x$ für $x > \frac{1}{2}$ ist zwar bijektiv, aber kein Homöomorphismus.

Bevor wir etwas interessantere Beispiele studieren, die ebenfalls auf der Wegzusammenhangs-Eigenschaft beruhen, ziehen wir einige weitere Folgerungen. Diese sind elementare Versionen von interessanten topologischen Sätzen, deren Verallgemeinerungen allerdings wesentlich tiefer liegen und deshalb auch leistungsfähigere technische Hilfsmittel erfordern.

Satz 1.2.3 (Brouwerscher Fixpunktsatz für die Gerade)
Sei $f : \mathbf{I} \to \mathbf{I}$ eine stetige Abbildung. Dann hat f einen Fixpunkt.

Beweis: Es sei $g(t) := f(t) - t$. Dann ist $g : \mathbf{I} \to \mathbf{R}$ stetig und $g(1) \leq 0 \leq g(0)$. Nach dem Zwischenwertsatz muss g eine Nullstelle haben. $\quad\square$

Natürlich hat dann auch jede stetige Abbildung $f : X \to X$ einen Fixpunkt, wenn X homöomorph zu $\mathbf{I}$ ist. Insofern handelt es sich bei dem Brouwerschen Fixpunktsatz um eine wirklich topologische Aussage.

Ein ähnliches Argument wie das obige zeigt:

Satz 1.2.4
Sei $f : \mathbf{S}^1 \to \mathbf{R}$ stetig. Dann existiert ein $x \in \mathbf{S}^1$ mit $f(x) = f(-x)$.

Beweis: Sei $g(x) = f(x) - f(-x)$. Dann ist $g(-x) = -g(x)$. Da $\mathbf{S}^1$ wegzusammenhängend ist, muss g den Wert Null annehmen. $\quad\square$

Korollar 1.2.5
Es gibt keine injektive stetige Abbildung $f : \mathbf{S}^1 \to \mathbf{R}$.

Insbesondere ist also $\mathbf{S}^1$ nicht zu einem Teilraum von $\mathbf{R}$ homöomorph.

Das folgende, vielleicht etwas künstliche Beispiel gibt eine weitere einfache Anwendung des Wegzusammenhangs-Begriffs. Es sei

$$X = \{ (x_1, x_2) \in \mathbf{D}^2 \mid x_1 x_2 = 0 \}$$

das Achsen-Kreuz in der Einheits-Scheibe. Wir zeigen, dass X nicht zu einem Intervall homöomorph sein kann. Dazu bilden wir $X' = X - \{x_0\}$ mit $x_0 = (0,0)$. Offenbar ist X' ein Raum, der aus vier disjunkten halboffenen Intervallen besteht. Ist aber Y ein Intervall und $y_0 \in Y$, so besteht $Y' = Y - \{y_0\}$ höchstens aus zwei disjunkten Intervallen. Es kann also X' nicht homöomorph zu Y' sein und damit auch nicht X zu Y.

Das letzte Argument lässt sich wie folgt formalisieren: Wir nennen zwei Punkte p, q des Raumes X äquivalent, wenn sie sich durch einen stetigen Weg (in X) miteinander verbinden lassen. Eine Äquivalenzklasse von Punkten heißt dann eine Wegzusammenhangskomponente (oder kürzer: Wegkomponente) von X.

Nach Lemma 1.2.2 ist das Bild einer Wegkomponente von X unter einer stetigen Abbildung $f : X \to Y$ ganz in einer Wegkomponente von Y enthalten.

Definition 1.2.6
$\pi_0(X)$ sei die Menge aller Wegkomponenten von X. Für eine stetige Abbildung $f : X \to Y$ sei $\pi_0(f) : \pi_0(X) \to \pi_0(Y)$ die Abbildung, die jeder Wegkomponente V von X die Wegkomponente W von Y zuordnet, welche $f(V)$ enthält.

Man überlegt sich leicht, dass $\pi_0(f)$ wohldefiniert ist und dass gilt:

Hilfssatz 1.2.7
Ist $f : X \to Y$ ein Homöomorphismus, so ist $\pi_0(f)$ bijektiv.

Im obigen Beispiel des Achsen-Kreuzes besteht $\pi_0(X')$ aus 4 Elementen, während $\pi_0(Y')$ höchstens zwei Elemente hat.

Die Konstruktion π_0 ist auch in komplizierteren Fällen geeignet, nicht homöomorphe Räume zu unterscheiden. So sei $Z \subset \mathbf{R}^3$ der Zylinder

$$Z = \{ (\cos\varphi, \sin\varphi, z) \mid -\tfrac{1}{2} < z < \tfrac{1}{2} \},$$

und $M \subset \mathbf{R}^3$ das Möbiusband

$$M = \{ (r\cos\varphi, r\sin\varphi, z) \mid r - 1 = \lambda\sin\tfrac{\varphi}{2}, \ z = \lambda\cos\tfrac{\varphi}{2}, \ -\tfrac{1}{2} < \lambda < \tfrac{1}{2} \}.$$

Beide enthalten die Kreislinie

$$S = \{ (\cos\varphi, \sin\varphi, 0) \} \subset \mathbf{R}^3.$$

Offenbar besteht $\pi_0(Z - S)$ aus zwei Elementen, nämlich der Menge der Punkte von Z mit $z > 0$ bzw. $z < 0$. Dagegen ist $M - S$ wegzusammenhängend.

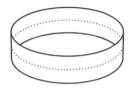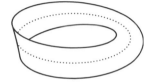

Abbildung 1.8: Zylinder und Möbiusband

Wenn es nun einen Homöomorphismus $f : M \to Z$ gäbe, so müsste ebenfalls $\pi_0(Z - f(S))$ einelementig sein. Es kann daher nicht $f(S) = S$ sein. Tatsächlich werden wir später beweisen können: Ist $S' \subset Z$ homöomorph zu S, so besteht $\pi_0(Z - S')$ aus genau zwei Elementen. Hieraus folgt also, dass Z und M nicht homöomorph sind.

Anschaulich kann man den Unterschied zwischen Zylinder und Möbiusband dadurch beschreiben, dass das Möbiusband eine einseitige Fläche ist, während der Zylinder zwei Seiten hat. Die oben dargestellte Überlegung ist eine mögliche mathematische Präzisierung dieser Aussage.

Zylinder und Möbiusband sind Beispiele von Flächen, also von zwei-dimensionalen geometrischen Objekten. Von besonderem Interesse in der Topologie sind noch die geschlossenen Flächen, von denen einige in der Abbildung dargestellt sind.

$g = 1$ $g = 2$ $g = 3$

Abbildung 1.9: Geschlossene Flächen

Es stellt sich heraus, dass die zweiseitigen geschlossenen Flächen alle aus der Kugeloberfläche durch Ansetzen von Henkeln erhalten werden können. Die Zahl der benötigten Henkel heißt das Geschlecht g der Fläche. So hat der Torus das Geschlecht 1 und die Kugeloberfläche das Geschlecht 0. Das Geschlecht lässt sich auch durch Zusammenhangs-Eigenschaften definieren: Auf einer Fläche vom Geschlecht g existieren höchstens g disjunkte Kreislinien mit der Eigenschaft, dass ihr Komplement wegzusammenhängend ist.

Trotz der geometrischen Anschaulichkeit der geschlossenen Flächen ist eine mathematisch präzise Behandlung nicht ganz einfach. Wir werden uns erst später wieder mit ihnen beschäftigen, wenn uns ein größeres Arsenal von topologischen Hilfsmitteln zur Verfügung steht.

1.3 Kurven in der Ebene

Unter einer Kurve im $\mathbf{R}^n$ versteht man allgemein das Bild eines Intervalls unter einer stetigen Abbildung. Offensichtlich ist der Fall einer konstanten Abbildung hier eine pathologische Ausnahme. dass es noch weitere, nicht ganz so offensichtliche Pathologien gibt, wurde zuerst von Peano gezeigt: Es gibt stetige surjektive Abbildungen des Einheitsintervalls $\mathbf{I}$ auf das Einheitsquadrat $\mathbf{I}^2$. Eine Konstruktion dieser Kurven findet man zum Beispiel in dem Buch [Fue77].

Wir wollen uns in diesem Abschnitt nur mit solchen Kurven beschäftigen, die auch als Raum ein eindimensionales Objekt darstellen.

> **Definition 1.3.1**
> Eine Teilmenge $K \subset \mathbf{R}^n$ heißt eine Jordan-Kurve, falls sie homöomorph zur Kreislinie $\mathbf{S}^1$ oder zum Einheits-Intervall $\mathbf{I}$ ist; im ersteren Fall heißt sie geschlossen, sonst nicht-geschlossen.

Der Jordansche Kurvensatz besagt: Ist $K \subset \mathbf{R}^2$ eine geschlossene Jordan-Kurve, so besteht $\mathbf{R}^2 - K$ aus genau zwei Wegkomponenten, dem Inneren und dem Äußeren.

Abbildung 1.10: Eine Jordan-Kurve

In diesem Abschnitt wollen wir den Satz für polygonale geschlossene Jordan-Kurven $K \subset \mathbf{R}^2$ beweisen. Dabei heißt die Jordan-Kurve K polygonal, wenn sie gleichzeitig ein endliches Polyeder ist, d.h. wenn es ein endliches simpliziales Polyeder $\mathfrak{K}$ gibt mit $K = |\mathfrak{K}|$. Den Fall allgemeiner geschlossener Jordan-Kurven werden wir im Kapitel über Homologie behandeln.

> **Satz 1.3.2 (Polygonaler Jordanscher Kurvensatz)**
> Sei $\mathfrak{K}$ endlicher simplizialer Komplex, so dass $|\mathfrak{K}|$ eine geschlossene Jordan-Kurve in $\mathbf{R}^2$ ist. Dann besteht $\mathbf{R}^2 - |\mathfrak{K}|$ aus genau zwei Wegkomponenten.

Wir halten die in diesem Satz vereinbarten Bezeichnungen für den Rest des Abschnitts fest und setzen noch $K := |\mathfrak{K}|$. Zunächst überlegen wir uns, dass $\mathfrak{K}$ keine Simplizes einer Dimension > 1 enthalten kann. Denn ist $K \cong \mathbf{S}^1$, so gilt für zwei verschiedene Punkte $p, q \in K$, dass $K - \{p, q\}$ nicht wegzusammenhängend ist. Ist aber $\Sigma \subset |\mathfrak{K}|$ ein Simplex einer Dimension > 1, so ändern sich durch Entfernen von zwei geeigneten Punkten $p, q \in \Sigma$ die Zusammenhangseigenschaften von Σ und $|\mathfrak{K}|$ nicht.

Wie können wir nun feststellen, ob zwei Punkte $p, q \in \mathbf{R}^2 - K$ in der gleichen Wegkomponente von $\mathbf{R}^2 - K$ liegen? In einem ersten Versuch verbinden wir einfach p und q durch eine Strecke $\overline{pq}$; falls diese K nicht trifft, so liegen p und q sicherlich in der gleichen Wegkomponente. Falls diese Strecke aber K trifft, so müssen wir die geometrische Situation eingehender betrachten. Es sind mehrere Fälle zu unterscheiden. Wir werden im folgenden der Strecke $\overline{pq}$ eine passende Maßzahl $\mu(p, q) \in \{0, 1\} = \mathbf{Z}/2\mathbf{Z}$ für die Anzahl der Schnittpunkte mit K zuordnen; es wird sich herausstellen, dass $\mu(p, q)$ genau dann gleich Null ist, wenn p, q sich durch einen Weg in $\mathbf{R}^2 - K$ verbinden lassen.

Wir nehmen zunächst an, dass $\overline{pq}$ und K sich in einem einzigen Punkt r schneiden. Falls $K - \{r\}$ in der Nähe dieses Punktes ganz auf einer Seite von $\overline{pq}$ liegt, setzen wir $\mu(p, q) = 0$, andernfalls $\mu(p, q) = 1$. Im ersten Fall sollten wir nämlich den Schnittpunkt als doppelten Schnittpunkt ansehen, denn bei einer kleinen Verschiebung von $\overline{pq}$ in Richtung K entstehen aus diesem einen Punkt zwei Schnittpunkte. Allerdings gehen bei einer Verschiebung in der anderen Richtung diese beiden Schnittpunkte verloren. Wir sehen daher, dass bei dieser Betrachtungsweise lediglich die Parität „gerade" oder „ungerade" der Anzahl der Schnittpunkte unter Verschiebungen unverändert bleibt. Dies ist der Grund dafür, in der Gruppe $\mathbf{Z}/2\mathbf{Z}$ mit zwei Elementen zu arbeiten.

Als nächsten Fall betrachten wir die Situation, dass $\overline{pq}$ und K sich in einer Strecke mit Endpunkten r, s schneiden. Dann können wir μ genauso definieren: Wir setzen $\mu(p, q)$ gleich Null genau dann, wenn $K - \overline{rs}$ in der Nähe der Strecke $\overline{rs}$ ganz auf einer Seite von $\overline{pq}$ liegt.

Im allgemeinen wird $\overline{pq} \cap K$ aus mehreren Punkten oder Intervallen bestehen. Dann können wir aber $\overline{pq}$ in Teilstrecken mit Endpunkten p_i, p_{i+1} zerlegen (wobei $p_0 = p$, $p_m = q$ ist), so dass die Strecke von p_i nach p_{i+1} die Kurve K nur in einem einzigen Punkt bzw. einer Strecke schneidet. Wir setzen

$$\mu(p, q) := \mu(p_0, p_1) + \mu(p_1, p_2) + \ldots + \mu(p_{m-1}, p_m) \ .$$

Hierbei ist natürlich die Addition in der Gruppe $\mathbf{Z}/2\mathbf{Z}$ gemeint (mit $1 + 1 = 0$).

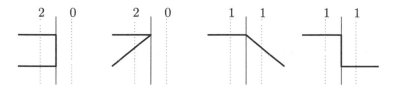

Abbildung 1.11: Schnittzahlen

Definition 1.3.3
Die so definierte Zahl $\mu(p, q) \in \mathbf{Z}/2\mathbf{Z}$ heißt die Schnittzahl der Strecke $\overline{pq}$ mit der geschlossenen Jordan-Kurve K.

Wir wollen nun die Invarianz unter Verschiebungen präzisieren.

Lemma 1.3.4
$\mu(p, q)$ ist eine stetige Funktion von $p, q \in \mathbf{R}^2 - K$.

Beweis: Es ist zu zeigen, dass ein $\varepsilon > 0$ existiert mit der Eigenschaft

$$\|p - p'\| < \varepsilon, \ \|q - q'\| < \varepsilon \Rightarrow \mu(p, q) = \mu(p', q').$$

Aber nach Definition von μ ist klar, dass eine kleine Verschiebung von $\overline{pq}$ den Wert von μ nicht verändert. Sei nämlich L eine Komponente des Durchschnitts von K mit $\overline{pq}$. Liegt $K - L$ in der Nähe von L auf verschiedenen Seiten von $\overline{pq}$, so ist nach genügend kleiner Verschiebung der Durchschnitt ein Punkt mit Schnittzahl $\mu = 1$; liegt aber $K - L$ in der Nähe von L auf einer Seite von $\overline{pq}$, so ist nach genügend kleiner Verschiebung der Durchschnitt entweder leer oder zweipunktig mit Summe der Schnittzahlen $= 0$. $\square$

Unser Ziel ist es zu zeigen, dass p und q genau dann in der gleichen Wegkomponente von $\mathbf{R}^2 - K$ liegen, wenn $\mu(p, q) = 0$ ist. Dabei folgt die eine Implikation trivial aus Lemma 1.3.4:

Korollar 1.3.5
Wenn p und q sich in $\mathbf{R}^2 - K$ durch einen stetigen Weg verbinden lassen, so ist $\mu(p, q) = 0$.

Beweis: Die Abbildung $t \mapsto \mu(p, \omega(t)) \in \{0, 1\}$ ist stetig, also wegen $\mu(p, p) = 0$ konstant gleich Null. $\square$

Da es offenbar auch Punkte $p, q \in \mathbf{R}^2 - K$ gibt mit $\mu(p, q) = 1$, hat $\mathbf{R}^2 - K$ nach diesem Korollar *mindestens* zwei Wegkomponenten. Wir brauchen also nur noch zu zeigen, dass $\mathbf{R}^2 - K$ auch *höchstens* zwei Wegkomponenten hat.

Für reelles $\varepsilon > 0$ sei $N_\varepsilon \subset \mathbf{R}^2$ die Menge aller Punkte, deren Abstand von K kleiner als ε ist; für $x \in \mathbf{R}^2$ ist hierbei der Abstand von K definiert als das Infimum aller Abstände $\|x - y\|$ mit $y \in K$. Es ist dann klar, dass sich jeder Punkt p von $\mathbf{R}^2 - K$ durch einen Weg in $\mathbf{R}^2 - K$ mit einem Punkt von N_ε verbinden lässt: Wir wählen einen Punkt $q \in K$ und laufen auf der Strecke $\overline{pq}$ gerade soweit, bis wir den Abstand $\frac{\varepsilon}{2}$ vom ersten Schnittpunkt mit K erreicht haben.

Hilfssatz 1.3.6
Für genügend kleines $\varepsilon > 0$ hat $N_\varepsilon - K$ höchstens zwei Wegkomponenten.

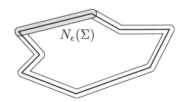

Abbildung 1.12: $N_\varepsilon - K$

Beweis: Es sei ε hinreichend klein gegen das Minimum aller Längen von 1-Simplizes in $\mathfrak{K}$ und aller Abstände von disjunkten Simplizes in $\mathfrak{K}$.
Für jedes 1-Simplex Σ von $\mathfrak{K}$ sei

$$N_\varepsilon(\Sigma) = \{\, x \in \mathbf{R}^2 \mid \|x - y\| < \varepsilon \text{ für ein } y \in \Sigma \,\}.$$

Dann besteht $N_\varepsilon(\Sigma) - K$ aus genau zwei Komponenten und jede dieser Komponenten trifft eine passende Komponente von $N_\varepsilon(\Sigma') - K$, wenn Σ' ein zu Σ benachbartes Simplex ist.

Induktiv folgt, dass auch für nicht-benachbarte Simplizes Σ, Σ' jeder Punkt von $N_\varepsilon(\Sigma') - K$ sich in $N_\varepsilon - K$ mit einem Punkt von $N_\varepsilon(\Sigma) - K$ verbinden lässt.

Damit ist unser Jordanscher Kurvensatz 1.3 bewiesen. $\qquad\square$

Diejenige Komponente von $\mathbf{R}^2 - K$, welche Punkte mit beliebig großem Abstand zu 0 enthält, nennt man das Äußere von K. Entsprechend heißt die beschränkte Komponente das Innere von K.

Satz 1.3 lässt sich noch verschärfen. Wir schicken ein Lemma vorweg, das wir nachher im Beweis benötigen:

Lemma 1.3.7
Sei $K \subset \mathbf{R}^2$ eine polygonale Jordan-Kurve. Dann gibt es endliche simpliziale Polyeder $\mathfrak{K} \subset \mathfrak{L}$ in $\mathbf{R}^2$, so dass $|\mathfrak{K}| = K$ und $|\mathfrak{L}| - |\mathfrak{K}|$ das Innere von K ist.

Beweis: Seien $L_1, \ldots, L_m$ die endlich vielen Geraden der Ebene, die 1-Simplizes von K enthalten. Für jedes i seien $H_{i,1}$ und $H_{i,2}$ die abgeschlossenen Halbebenen, in welche L_i die Ebene zerlegt. Seien A_j diejenigen Mengen unter allen

$$H_{1,\varepsilon_1} \cap H_{2,\varepsilon_2} \cap \ldots \cap H_{n,\varepsilon_n} ,$$

die nicht leer oder einpunktig sind.

Sei U das Innere von K und $V = U \cup K$. Dann ist V Vereinigung von gewissen A_j. Aber jedes $A_j \subset V$ ist ein konvexes Polygon und hat eine offensichtliche Zerlegung in Simplizes, sobald ein Punkt p_j im Inneren von A_j gewählt wird. $\qquad\square$

 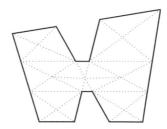

Abbildung 1.13: Triangulierung des Inneren von K

Satz 1.3.8 (Polygonaler Satz von Schoenflies)
Sei $K \subset \mathbf{R}^2$ eine polygonale Jordan-Kurve. Dann gibt es einen Homöomorphismus $\varphi : \mathbf{R}^2 \to \mathbf{R}^2$ mit $\varphi(K) = \mathbf{S}^1$.

Beweis: Sei U das Innere von K und $V = U \cup K$. Nach dem vorangehenden Lemma können wir annehmen, dass V in endlich viele Dreiecke Σ zerlegt ist. Wir konstruieren nun (falls

V aus mindestens zwei Dreiecken besteht) einen Homöomorphismus $\varphi_1 : \mathbf{R}^2 \to \mathbf{R}^2$, so dass $V_1 := \varphi_1(V)$ in V enthalten ist und genau aus einem Dreieck weniger besteht. Wenn wir dieses Verfahren iterieren, erhalten wir schließlich einen Homöomorphismus $\varphi = \varphi_r \circ \varphi_{r-1} \circ \ldots \circ \varphi_2 \circ \varphi_1$, welcher die Kurve K homöomorph auf den Rand eines Dreiecks abbildet.

Sei zunächst $\Sigma \subset V$ ein Dreieck mit Eckpunkten p_0, p_1, p_2, das K genau in der Strecke Σ' von p_0 nach p_1 trifft. Wir wählen Hilfspunkte q', q'' auf der Seitenhalbierenden von p_2 aus, die etwas außerhalb von Σ liegen. Liege etwa Σ' zwischen q' und p_2. Wir definieren φ_1 als identische Abbildung außerhalb der konvexen Hülle $\mathrm{Kon}(p_0, p_1, q', q'')$; innerhalb sei $\varphi_1(m) = p_2$, wobei m der Mittelpunkt von Σ' ist.

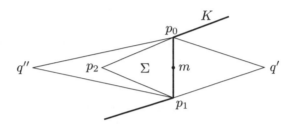

Abbildung 1.14: Hilfs-Vierecke

Ist $\Sigma \subset V$ ein Dreieck mit Eckpunkten p_0, p_1, p_2, das K in $\mathrm{Kon}(p_0, p_2) \cup \mathrm{Kon}(p_1, p_2)$ trifft, so konstruieren wir q', q'' wie zuvor und definieren φ_1 durch $\varphi_1(p_2) = m$. In beiden Fällen besteht V_1 aus einem Dreieck weniger als V.

Es bleibt lediglich zu zeigen, dass wir immer ein Dreieck in V finden können, welches K genau in einer oder zwei Kanten trifft. Ein solches Dreieck wollen wir im folgenden „gut" (für K) nennen. Falls V nur aus einem Dreieck besteht, ist die Existenz eines guten Dreiecks trivial. Wir zeigen durch Induktion über die Zahl der Dreiecke in V, dass es andernfalls sogar zwei solche Dreiecke gibt.

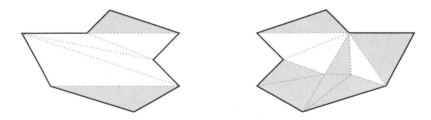

Abbildung 1.15: Gute Dreiecke

Wir wählen zwei Dreiecke von V, die eine Kante von K enthalten. Falls sie nicht beide gut sind, muss eines von ihnen K in einer Kante Σ' und einem gegenüberliegenden Eckpunkt p schneiden. Sei Σ eine Dreieckskante, die p mit Σ' verbindet. Diese zerlegt K in zwei Teilkurven K_1 und K_2. Falls das Innere von K_i nur aus einem Dreieck besteht, ist dieses gut für K. Andernfalls enthält das Innere zwei Dreiecke, die gut für K_i sind, und eines von diesen wird Σ nicht enthalten und folglich gut für K sein. $\qquad\square$

In Verallgemeinerung der obigen Probleme kann man fragen, ob analoge Aussagen für Teilräume $K \subset \mathbf{R}^{n+1}$ gelten, die zur Sphäre $\mathbf{S}^n$ homöomorph sind. Wir werden später mit den Methoden der Homologie-Theorie zeigen, dass auch in diesem Fall $\mathbf{R}^{n+1} - K$ aus zwei Wegkomponenten besteht. Das Analogon des Satzes von Schoenflies ist jedoch für $n \geq 2$ falsch.

1.4 Der Brouwersche Fixpunktsatz

Fixpunktsätze sind wichtige Hilfsmittel für Existenz-Beweise oder für numerische Berechnungs-Methoden. Den meisten Lesern werden Anwendungen des Banachschen Fixpunktsatzes für kontrahierende Abbildungen bekannt sein. Dieser ist jedoch kein topologischer Satz, da das metrische Verhalten der Abbildung eine wesentliche Rolle spielt.

Als Beispiel eines topologischen Fixpunktsatzes haben wir schon Satz 1.2.3 kennengelernt. In diesem Abschnitt wollen wir die folgende 2-dimensionale Version beweisen:

Satz 1.4.1 (Brouwerscher Fixpunktsatz für die Ebene)
Sei $f : \mathbf{D}^2 \to \mathbf{D}^2$ eine stetige Abbildung. Dann hat f einen Fixpunkt.

Zum Beweis werden wir simpliziale Techniken verwenden. Wir werden zeigen, dass für ein zwei-dimensionales Simplex Δ jede stetige Abbildung $g : \Delta \to \Delta$ einen Fixpunkt hat. Hieraus folgt Satz 1.4.1, denn ist $\varphi : \mathbf{D}^2 \to \Delta$ ein Homöomorphismus, so entsprechen die Fixpunkte x von $f = \varphi^{-1} \circ g \circ \varphi$ eineindeutig den Fixpunkten $y = \varphi(x)$ von g.

Es sei noch angemerkt, dass Satz und Beweis in höheren Dimensionen ganz analog gelten. Wir beschränken uns hier lediglich deshalb auf die Dimension 2, weil die Darstellung dadurch etwas einfacher wird.

Für das folgende sei $\Delta \subset \mathbf{R}^2$ ein zwei-dimensionales Simplex mit Eckpunkten p_0, p_1, p_2 und $g : \Delta \to \Delta$ eine gegebene stetige Abbildung.

Für jeden Punkt $x \in \Delta$ betrachten wir den Verbindungsvektor $g(x) - x$ von x nach $g(x)$. Wir wollen seine ungefähre Richtung charakterisieren durch die Menge M_x derjenigen Seiten von Δ, „auf die er hinzeigt". Um dies formal zu definieren, schreiben wir $x = x_0 p_0 + x_1 p_1 + x_2 p_2$, wobei die eindeutig bestimmten reellen Zahlen x_i (für $i = 0, 1, 2$) den Bedingungen $0 \leq x_i \leq 1$ und $x_0 + x_1 + x_2 = 1$ genügen. Wir setzen $x' := g(x)$ und schreiben analog $x' = x_0' p_0 + x_1' p_1 + x_2' p_2$, wobei wieder $0 \leq x_i' \leq 1$ und $x_0' + x_1' + x_2' = 1$ gilt. Ist $g(x) - x$ parallel zu der p_i gegenüber liegenden Seite von Δ, so ist $x_i' = x_i$. Demgemäß setzen wir

$$M_x := \{\, p_i \mid x_i' < x_i \,\} \subset \{p_0, p_1, p_2\} \,.$$

Wegen $x_0' + x_1' + x_2' = x_0 + x_1 + x_2$ ist M_x stets eine echte Teilmenge von $\{p_0, p_1, p_2\}$. Offenbar ist M_x genau dann leer, wenn x ein Fixpunkt von g ist.

Hilfssatz 1.4.2
Liegt x auf der Verbindungsstrecke von p_i nach p_j, so ist $M_x \subset \{p_i, p_j\}$.

Beweis: Liegt x etwa auf der Verbindungsstrecke von p_1 nach p_2, so ist $x_0 = 0$, also sicher nicht $x_0' < x_0$. $\qquad\square$

Als nächstes weisen wir die folgende Stetigkeits-Eigenschaft der Mengen M_x nach:

Hilfssatz 1.4.3
Sei $x \in \Delta$ kein Fixpunkt von g. Dann gibt es eine reelle Zahl $\varepsilon_x > 0$ und eine echte Teilmenge $N_x \subset \{p_0, p_1, p_2\}$, so dass für alle $y \in \Delta$ mit $\|y - x\| < \varepsilon_x$ gilt: $M_y \subset N_x$.

Beweis: Mit den Bezeichnungen von oben wählen wir den Index k so, dass $x_k' - x_k > 0$ ist. Es sei dann $N_x = \{p_0, p_1, p_2\} - \{p_k\}$. Wegen der Stetigkeit der Funktion $y \mapsto y_k' - y_k$ folgt dann die Existenz eines solchen $\varepsilon_x > 0$. $\qquad\square$

Es sei nun eine Zerlegung von Δ als Vereinigung einer Familie von (kleinen) Dreiecken gegeben. In anderen Worten: Es sei $\mathcal{K}$ ein endliches simpliziales Polyeder mit $|\mathcal{K}| = \Delta$ und $\|y - x\| < \varepsilon$, falls x, y beide in einem Simplex $\Delta(\sigma)$ für $\sigma \in \mathcal{K}$ liegen.

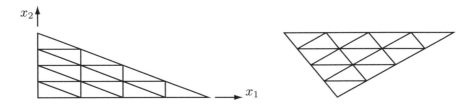

Abbildung 1.16: Eine Triangulierung von Δ

Zum Beispiel können wir eine große natürliche Zahl N wählen und $\mathcal{K}$ als Familie aller Simplizes $\sigma_{\lambda,\mu,\nu}$ mit

$$\Delta(\sigma_{\lambda,\mu,\nu}) = \{\, x \in \Delta \mid \tfrac{\lambda}{N} \leq x_0 \leq \tfrac{\lambda+1}{N},\ \tfrac{\mu}{N} \leq x_1 \leq \tfrac{\mu+1}{N},\ \tfrac{\nu}{N} \leq x_2 \leq \tfrac{\nu+1}{N} \,\} \,,$$

wobei $\lambda, \mu, \nu \in \{0, \dots, N-1\}$ sind und $\lambda + \mu + \nu \in \{N-2, N-1\}$.
Für ein $\sigma \in \mathcal{K}$ setzen wir $M(\sigma) := \bigcup_{y \in \sigma} M_y$.

Hilfssatz 1.4.4
Wenn $g : \Delta \to \Delta$ keine Fixpunkte hat, so gibt es eine Zerlegung $\mathcal{K}$ von Δ, so dass für jedes $\sigma \in \mathcal{K}$ die Menge $M(\sigma)$ eine echte Teilmenge von $\{p_0, p_1, p_2\}$ ist.

Beweis: Da Δ kompakt ist, können wir in Hilfssatz 1.4.3 ε_x unabhängig von x größer als $\varepsilon > 0$ wählen. Hat also jedes Simplex von $\mathcal{K}$ einen Durchmesser $< \varepsilon$, so ist $M(\sigma)$ stets eine echte Teilmenge von $\{p_0, p_1, p_2\}$. $\qquad\square$

Die Annahme, dass g keine Fixpunkte hat, führen wir nun zu einem Widerspruch. Dies geschieht dadurch, dass wir zeigen, dass auch der Wert $M(\sigma) = \{p_0, p_1, p_2\}$ für ein geeignetes $\sigma \in \mathcal{K}$ vorkommen muss.

Für das folgende Lemma sei $\mathcal{K}$ ein endlicher simplizialer Komplex, so dass die geometrische Realisierung $|\mathcal{K}|$ ein n-dimensionales Simplex mit der Eckpunktmenge $\mathcal{E} = \{p_0, \ldots, p_n\}$ ist. Es sei $\mathcal{K}_0$ die Menge der 0-Simplizes von $\mathcal{K}$.

Satz 1.4.5 (Spernersches Lemma)
Es sei $L : \mathcal{K}_0 \to \mathcal{E}$ eine Abbildung mit $L_v \in \mathcal{E}' \subset \mathcal{E}$, falls $v \in \Delta(\mathcal{E}')$ ist. Für $\sigma \in \mathcal{K}$ sei $L(\sigma) := \{\, L_v \mid v \in \sigma \,\}$. Dann ist die Anzahl α der Simplizes $\sigma \in \mathcal{K}$ mit $L(\sigma) = \mathcal{E}$ eine ungerade Zahl.

Bevor wir dies beweisen, wenden wir das Spernersche Lemma (mit $n = 2$ und $|\mathcal{K}| = \Delta$) auf unsere obige Situation an. Es sei nämlich L_v ein beliebiges Element von M_v. Dann ist $L(\sigma) \subset M(\sigma)$ nach dem letzten Hilfssatz 1.4.4 stets eine echte Teilmenge von $\{p_0, p_1, p_2\}$, so dass also $\alpha = 0$ ist. Mit diesem Widerspruch zum Spernerschen Lemma 1.4.5 ist schließlich der Beweis des Brouwerschen Fixpunktsatzes 1.4.1 vollendet.

So überraschend die Aussage des Spernerschen Lemmas auch klingen mag, sein Beweis ist elementar. Wir führen ihn durch Induktion über n.

Sei $\mathcal{K}_i$ die Menge der i-Simplizes in $\mathcal{K}$. Sei $\mathcal{E}' = \mathcal{E} - \{p_n\}$ und $\Delta' = \mathrm{Kon}(\mathcal{E}')$.

Jedes σ mit $L(\sigma) = \mathcal{E}$ enthält offenbar genau ein Teilsimplex τ mit $L(\tau) = \mathcal{E}'$, nämlich $\tau = \sigma - \{v\}$, wobei v der Eckpunkt in σ ist mit $L_v = p_n$. Daher ist α auch die Anzahl aller Paare (σ, τ) mit $\tau \subset \sigma$ sowie $L(\sigma) = \mathcal{E}$ und $L(\tau) = \mathcal{E}'$. Sei β die Anzahl aller $\sigma \in \mathcal{K}_n$ mit $L(\sigma) = \mathcal{E}'$; jedes solche σ enthält genau zwei Teilsimplizes $\tau \in \mathcal{K}_{n-1}$ mit $L(\tau) = \mathcal{E}'$. Daher ist $\alpha + 2\beta$ die Anzahl aller Paare (σ, τ) mit $\tau \subset \sigma$ sowie $L(\tau) = \mathcal{E}'$. Nun sei γ die Anzahl aller $\tau \in \mathcal{K}_{n-1}$ mit $L(\tau) = \mathcal{E}'$, die nicht auf dem Rand von $|\mathcal{K}|$ liegen. Da jedes solche τ in genau zwei n-Simplizes von $\mathcal{K}$ liegt, wird schließlich $\alpha + 2\beta - 2\gamma$ gleich der Anzahl aller $\tau \in \mathcal{K}_{n-1}$ mit $L(\tau) = \mathcal{E}'$ und $\tau \subset \Delta'$. Nach Induktionsannahme ist diese Zahl aber ungerade.

Damit ist das Spernersche Lemma bewiesen.

Eine andere Interpretation des Brouwerschen Fixpunktsatzes ist noch die folgende: Für $f : \mathbf{D}^2 \to \mathbf{D}^2$ betrachten wir die Abbildung g mit $g(x) = f(x) - x$ als ein Vektorfeld auf $\mathbf{D}^2$. Wir erhalten dann, dass ein Vektorfeld auf $\mathbf{D}^2$, welches auf dem Rand $\mathbf{S}^1$ von $\mathbf{D}^2$ immer nach innen zeigt, auf jeden Fall eine Nullstelle haben muss. Diesen Aspekt werden wir im übernächsten Abschnitt wieder aufgreifen und verallgemeinern.

Zum Schluss dieses Abschnitts ziehen wir noch eine Konsequenz aus dem Brouwerschen Fixpunktsatz, deren eindimensionale Version uns als Folgerung aus dem Zwischenwertsatz schon begegnet ist.

Satz 1.4.6
Es gibt keine stetige Abbildung $f : \mathbf{D}^2 \to \mathbf{S}^1$, deren Einschränkung auf $\mathbf{S}^1$ die identische Abbildung ist.

Beweis: Sei $g : \mathbf{D}^2 \to \mathbf{D}^2$ definiert durch $g(x) := -f(x)$. Für einen Fixpunkt p von g ist dann $p = g(p) \in \mathrm{Bild}(g) = \mathbf{S}^1$, also $p = g(p) = -f(p) = -p$. $\qquad\square$

Offensichtlich lässt sich dieser Beweis (ebenso wie der des Brouwerschen Fixpunktsatzes) ohne weiteres auf den Fall höherer Dimensionen übertragen.

1.5 Die Umlaufszahl

In diesem Abschnitt beschäftigen wir uns mit geschlossenen Wegen in einer gelochten Ebene. Anschaulich ist klar, was unter der Zahl der Umläufe eines solchen Weges um den Ausnahmepunkt zu verstehen ist. Diese Umlaufszahl hat zahlreiche Anwendungen insbesondere in der Theorie der Funktionen einer komplexen Veränderlichen. Dort wird aber meistens eine analytische Definition benutzt, welche die Differenzierbarkeit des Weges voraussetzt.

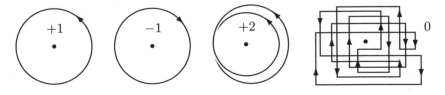

Abbildung 1.17: Umlaufszahlen

Unser erstes Ziel wird es sein, eine exakte Definition der Umlaufszahl zu entwickeln, die nur die Stetigkeit des Weges benutzt. Dabei beschäftigen wir uns in einem ersten Schritt zunächst mit Abbildungen in die Kreislinie $\mathbf{S}^1 \subset \mathbf{C}$. Wir setzen zur Abkürzung

$$\mathrm{Exp}(t) := e^{2\pi i t} = \cos(2\pi t) + i\sin(2\pi t) \ .$$

Dann ist $\mathrm{Exp} : \mathbf{R} \to \mathbf{S}^1$ eine stetige surjektive Abbildung. Bekanntlich ist stets $\mathrm{Exp}(t_1 + t_2) = \mathrm{Exp}(t_1) \cdot \mathrm{Exp}(t_2)$, und aus $\mathrm{Exp}(t_1) = \mathrm{Exp}(t_2)$ folgt $t_1 - t_2 \in \mathbf{Z}$.

Eine stetige Umkehrabbildung zu Exp existiert nur auf echten Teilräumen von $\mathbf{S}^1$. Für eine komplexe Zahl z seien $\Re(z)$ und $\Im(z)$ Real- und Imaginärteil. Zum Beispiel können wir dann auf dem Halbkreis $S_1 := \{\, z \in \mathbf{S}^1 \mid \Re(z) \geq 0 \,\}$ durch

$$\arg : z \mapsto \frac{1}{2\pi}\arcsin(\Im(z)/i)$$

eine stetige Funktion $\arg : S_1 \to [-\frac{1}{4}, \frac{1}{4}]$ definieren mit $\mathrm{Exp}(\arg z) = z$ für $z \in S_1$. Hieraus gewinnen wir auf jedem anderen Halbkreis eine ähnliche Funktion durch $\arg_\gamma(z) := \gamma + \arg(\mathrm{Exp}(-\gamma)z)$; diese ist auf $S_c := \{\, z \in \mathbf{S}^1 \mid \Re(\overline{c} \cdot z) \geq 0 \,\}$ definiert, wobei $c = \mathrm{Exp}(\gamma) \in \mathbf{S}^1$ gesetzt wurde. Derartige Funktionen lassen sich jedoch, wie wir bald sehen werden, nicht zu einer globalen stetigen Funktion auf der ganzen Kreislinie zusammensetzen.

Das folgende Lemma garantiert die Existenz eines Logarithmus für eine Abbildung φ von einem Intervall nach $\mathbf{S}^1$. Es ist das wesentliche technische Hilfsmittel für das Studium von Abbildungen in die Kreislinie.

Lemma 1.5.1

Sei $J \subset \mathbf{R}$ ein Intervall und $\varphi : J \to \mathbf{S}^1$ eine stetige Abbildung. Dann gibt es eine stetige Abbildung $\phi_0 : J \to \mathbf{R}$ mit

$$\varphi(t) = \mathrm{Exp}(\phi_0(t)) \,.$$

Die Abbildungen $\phi_k(t) = \phi_0(t) + k$ mit $k \in \mathbf{Z}$ sind sämtliche Abbildungen $\phi : J \to \mathbf{R}$ mit $\varphi(t) = \mathrm{Exp}(\phi(t))$.

Beweis: Wir beweisen zuerst, dass solche Abbildungen bis auf die additive ganzzahlige Konstante k eindeutig bestimmt sind. Sei außer ϕ_0 noch $\phi : J \to \mathbf{R}$ stetig mit $\mathrm{Exp}(\phi(t)) = \varphi(t)$. Dann ist die Abbildung $\psi : t \mapsto (\phi(t) - \phi_0(t))$ ebenfalls stetig. Da sie $\mathrm{Exp}(\psi(t)) = 1$ erfüllt, nimmt sie nur Werte in $\mathbf{Z}$ an. Sie muss daher konstant sein, so dass $\phi = \phi_k$ für ein $k \in \mathbf{Z}$ ist.

Die Existenz eines solchen ϕ_0 ist leicht einzusehen für eine „kurze" Kurve φ. Dabei soll φ „kurz" heißen, wenn das Bild $\varphi(J)$ ganz in einem Halbkreis $S_c \subset \mathbf{S}^1$ enthalten ist. Mit $c = \mathrm{Exp}(\gamma)$ können wir dann einfach $\phi_0 = \arg_\gamma$ setzen.

Für den allgemeinen Fall wollen wir zunächst annehmen, dass ϕ auf einem abgeschlossenen Intervall $J = [a, b]$ definiert ist. Wir teilen dann J gleichmäßig in N Teilintervalle $J_\nu = [a_\nu, b_\nu]$. Dabei ist also $a_\nu = a + (\nu - 1)\lambda$, $b_\nu = a + \nu\lambda$ mit $\lambda = \frac{b-a}{N}$, und ν läuft von 1 bis N. Da φ als stetige Funktion auf dem abgeschlossenen Intervall $[a, b]$ gleichmäßig stetig ist, können wir sicherlich $N \in \mathbf{N}$ so groß wählen, dass jedes $\varphi_\nu = \varphi|_{J_\nu}$ eine kurze Kurve im obigen Sinne ist. Nach dem schon Bewiesenen existieren also stetige Abbildungen $\phi_\nu' : J_\nu \to \mathbf{R}$ mit $\mathrm{Exp}(\phi_\nu'(t)) = \varphi_\nu(t)$ für $t \in J_\nu$.

Nun ist $\varphi_\nu(b_\nu) = \varphi_{\nu+1}(a_{\nu+1})$ für $1 \le \nu < N$, also $\phi_\nu'(b_\nu) = \phi_{\nu+1}'(a_{\nu+1}) + k_\nu$ für ein $k_\nu \in \mathbf{Z}$. Setzen wir

$$\phi_{\nu+1}(t) = \phi_{\nu+1}'(t) + (k_\nu + k_{\nu-1} + \ldots + k_1)$$

für $t \in J_{\nu+1}$, so ist $\phi_{\nu+1} : J_{\nu+1} \to \mathbf{R}$ wieder stetig und es gilt $\phi_{\nu+1}(a_{\nu+1}) = \phi_\nu(b_\nu)$. Es folgt, dass

$$\phi(t) := \phi_\nu(t), \text{ falls } t \in J_\nu \,,$$

eine wohldefinierte stetige Funktion $\phi : J \to \mathbf{R}$ ist mit $\mathrm{Exp}(\phi(t)) = \varphi(t)$.

Ist schließlich J kein abgeschlossenes Intervall, so schreiben wir J als Vereinigung von Intervallen $J_r = [a_r, b_r]$ mit $a_{r+1} \le a_r < b_r \le b_{r+1}$. Wählen wir $t_0 \in [a_1, b_1]$ und $\gamma_0 \in \mathbf{R}$ mit $\varphi(t_0) = \mathrm{Exp}(\gamma_0)$, so gibt es nach dem schon Bewiesenen eindeutig bestimmte stetige Abbildungen $\phi^{(r)} : [a_r, b_r] \to \mathbf{R}$ mit $\mathrm{Exp}(\phi^{(r)}(t)) = \varphi(t)$ und $\phi^{(r)}(t_0) = \gamma_0$. Insbesondere ist dann $\phi^{(r+1)}|_{[a_r, b_r]} = \phi^{(r)}$, so dass $\phi(t) := \phi^{(r)}(t)$ für $t \in [a_r, b_r]$ wieder eine wohldefinierte stetige Lösung von $\mathrm{Exp}(\phi(t)) = \varphi(t)$ ist. $\square$

Für geschlossene Wege ergibt sich die folgende Hochhebungs-Version des vorangehenden Lemmas:

Lemma 1.5.2
Sei $f : \mathbf{S}^1 \to \mathbf{S}^1$ eine stetige Abbildung. Dann existiert eine stetige Abbildung $F : \mathbf{R} \to \mathbf{R}$ mit

$$\mathrm{Exp}(F(t)) = f(\mathrm{Exp}(t))$$

für alle $t \in \mathbf{R}$. Eine solche Abbildung F ist bis auf eine additive ganzzahlige Konstante eindeutig bestimmt.

Beweis: Im Logarithmus-Lemma 1.5.1 setzen wir $J = [0, 1]$ und $\varphi(t) = f(\mathrm{Exp}(t))$. $\square$

Wir können nun die Zahl der Umläufe zunächst für eine Abbildung $f : \mathbf{S}^1 \to \mathbf{S}^1$ definieren:

Definition 1.5.3
Seien $f : \mathbf{S}^1 \to \mathbf{S}^1$ und $F : \mathbf{R} \to \mathbf{R}$ stetig mit $\mathrm{Exp}(F(t)) = f(\mathrm{Exp}(t))$. Dann heißt

$$\mathrm{grad}(f) := F(1) - F(0) \in \mathbf{Z}$$

der Abbildungsgrad von f.

Bemerkung: Nach Lemma 1.5.2 ist $\mathrm{grad}(f)$ unabhängig von der Wahl von F, und es gilt für jedes $t_0 \in \mathbf{R}$

$$\mathrm{grad}(f) = F(t_0 + 1) - F(t_0). \tag{1.1}$$

Man überlegt sich leicht, dass dann für jedes $k \in \mathbf{Z}$ gilt:

$$F(t_0 + k) - F(t_0) = k \cdot \mathrm{grad}(f) . \tag{1.2}$$

Wir betrachten ein Standard-Beispiel: Es sei $n \in \mathbf{Z}$ und $f_n : \mathbf{S}^1 \to \mathbf{S}^1$ durch $f_n(z) = z^n$ definiert. Dann ist $f_n(\mathrm{Exp}(t)) = \mathrm{Exp}(nt)$, also $\mathrm{grad}(f_n) = n \cdot 1 - n \cdot 0 = n$.

Sei nun $\varphi : \mathbf{S}^1 \to \mathbf{R}^2$ ein geschlossener Weg. Für einen Punkt $p \in \mathbf{R}^2$, der nicht im Bild von φ liegt, definieren wir die zugehörige Richtungs-Funktion $\omega_p : \mathbf{S}^1 \to \mathbf{S}^1$ durch $\omega_p(z) = \frac{\varphi(z) - p}{\|\varphi(z) - p\|}$.

Definition 1.5.4
Der Abbildungsgrad der Richtungs-Funktion ω_p heißt die Umlaufszahl

$$\mathrm{UZ}(\varphi; p) := \mathrm{grad}(\omega_p)$$

von φ bezüglich p.

Um in der Praxis Umlaufszahlen oder Abbildungsgrade wirklich zu berechnen, ist der Rückgriff auf die Definition meistens zu umständlich. Wir benötigen einige weitere Eigenschaften:

Lemma 1.5.5
Seien $f, g : \mathbf{S}^1 \to \mathbf{S}^1$. Dann gilt:

1. $\operatorname{grad}(f \cdot g) = \operatorname{grad}(f) + \operatorname{grad}(g)$,

2. $\operatorname{grad}(f \circ g) = \operatorname{grad}(f) \cdot \operatorname{grad}(g)$,

3. Ist $\operatorname{grad}(f) \neq 0$, so ist f surjektiv.

Beweis: Seien $F, G : \mathbf{R} \to \mathbf{R}$ mit $\operatorname{Exp}(F(t)) = f(\operatorname{Exp}(t))$, $\operatorname{Exp}(G(t)) = g(\operatorname{Exp}(t))$. Dann ist $\operatorname{Exp}(F(t)) + G(t)) = h(\operatorname{Exp}(t))$ mit $h = f \cdot g$. Es folgt

$$\operatorname{grad}(f \cdot g) = (F(1) + G(1)) - (F(0) + G(0)).$$

Weiter ist $\operatorname{Exp}(F(G(t))) = f(g(\operatorname{Exp}(t)))$, also

$$\operatorname{grad}(f \circ g) = F(G(1)) - F(G(0)) = F(G(0) + \operatorname{grad}(g)) - F(G(0)).$$

Wegen Gleichung (1.2) wird die rechte Seite gleich $\operatorname{grad}(g) \cdot \operatorname{grad}(f)$.
Sei nun f als nicht surjektiv angenommen. Dann kann das Bild $F(\mathbf{R})$ von F kein Intervall einer Länge ≥ 1 enthalten, denn jedes solche Intervall wird durch Exp surjektiv auf $\mathbf{S}^1$ abgebildet. Insbesondere ist also $|\operatorname{grad}(f)| = |F(1) - F(0)| < 1$. $\qquad\square$

Wir kommen schließlich zu einer ganz besonders wichtigen Eigenschaft von Abbildungsgrad und Umlaufszahl. Dies ist die Invarianz gegenüber stetigen Deformationen. Sie ist ausschlaggebend für die meisten Anwendungen.

Hierfür betrachten wir einen Zylinder $\mathbf{S}^1 \times [a, b]$ (für $a < b$) und eine Abbildung $f : \mathbf{S}^1 \times [a, b] \to \mathbf{S}^1$. (Um in unserem euklidischen Raum zu bleiben, können wir uns diesen Zylinder zum Beispiel als Teilmenge in $\mathbf{C} \times \mathbf{R} = \mathbf{R}^3$ vorstellen). Für die Abbildung f wird sich die Bezeichnungsweise $f(z, \varrho) = f_\varrho(z)$ (für $z \in \mathbf{S}^1$, $\varrho \in [a, b]$) im folgenden als bequem erweisen. Ist f stetig, so nennt man f eine stetige Deformation zwischen f_a und f_b oder auch kurz eine Homotopie.

Abbildung 1.18: Deformation von Wegen

Als Intervall $[a, b]$ wird meistens das Einheits-Intervall $\mathbf{I} = [0, 1]$ zugrunde gelegt. Wegen $\mathbf{S}^1 \times [a, b] \cong \mathbf{S}^1 \times \mathbf{I}$ kommt es offenbar auf die Wahl von a und b nicht an.

Satz 1.5.6
Sei $f : \mathbf{S}^1 \times \mathbf{I} \to \mathbf{S}^1$ eine stetige Abbildung. Dann ist $\operatorname{grad}(f_\varrho)$ unabhängig von $\varrho \in \mathbf{I}$.

Beweis: Sei $\varrho_0 \in \mathbf{I}$ beliebig gewählt. Da f gleichmäßig stetig ist, gibt es ein $\delta > 0$, so dass für alle $z \in \mathbf{S}^1$ und $\varrho \in \mathbf{I}$ mit $|\varrho - \varrho_0| < \delta$ gilt:

$$|f_\varrho(z) - f_{\varrho_0}(z)| < 1 \ .$$

Für solche ϱ und ϱ_0 ist dann die Abbildung f_ϱ/f_{ϱ_0} nicht surjektiv, da sie zum Beispiel den Wert -1 nicht annimmt. Es folgt:

$$0 = \mathrm{grad}(f_\varrho/f_{\varrho_0}) = \mathrm{grad}(f_\varrho) - \mathrm{grad}(f_{\varrho_0}). \qquad \square$$

Wir betrachten noch den Spezialfall, dass f_0 konstant ist. Man bezeichnet dann auch die Abbildung f_1 als null-homotop und nennt f selbst eine Null-Homotopie für f_1.

Korollar 1.5.7
Sei $g : \mathbf{D}^2 \to \mathbf{S}^1$ stetig und $f = g|_{\mathbf{S}^1} : \mathbf{S}^1 \to \mathbf{S}^1$. Dann ist

$$\mathrm{grad}(f) = 0.$$

Beweis: Es sei $g_\varrho(z) := g(\varrho z)$. Offenbar ist $(z, \varrho) \mapsto g_\varrho(z)$ stetig. Die Abbildung g_0 ist konstant, also wird

$$0 = \mathrm{grad}(g_0) = \mathrm{grad}(g_1),$$

da nach dem Satz $\mathrm{grad}(g_\varrho)$ für $0 \le \varrho \le 1$ nicht von ϱ abhängt. $\qquad \square$

Für die Umlaufzahl liefert dies:

Korollar 1.5.8
Sei $\varphi : \mathbf{S}^1 \times \mathbf{I} \to \mathbf{R}^2 - \{p\}$ stetig. Für $\varrho \in \mathbf{I}$ sei $\varphi_\varrho : \mathbf{S}^1 \to \mathbf{R}^2$ durch $\varphi_\varrho(z) = \varphi(z, \varrho)$ definiert. Dann ist $\mathrm{UZ}(\varphi_\varrho; p)$ unabhängig von $\varrho \in \mathbf{I}$.

Ist insbesondere φ_0 konstant, so ist also $\mathrm{UZ}(\varphi_\varrho; p) = 0$ für alle $\varrho \in \mathbf{I}$. Damit erhalten wir die folgende wichtige Anwendung auf die Existenz von Nullstellen:

Korollar 1.5.9
Sei $\varphi : \mathbf{D}^2 \to \mathbf{R}^2$ stetig und $f = \varphi|_{\mathbf{S}^1}$. Hat φ keine Nullstelle, so ist $\mathrm{UZ}(f; 0) = 0$.

Im Rest dieses Abschnitts werden wir Folgerungen von Satz 1.5.6 herleiten. Der folgende Beweis ist Standard und eine der bekanntesten Anwendungen. par

Satz 1.5.10 (Fundamentalsatz der Algebra)
Jedes Polynom $p(t) \in \mathbf{C}[t]$ vom Grad > 0 hat eine Nullstelle in $\mathbf{C}$.

Beweis: Sei $p(t) = t^n + a_{n-1}t^{n-1} + \ldots + a_1 t + a_0$ mit $n > 0$. Wir definieren Abbildungen $f_\varrho : \mathbf{S}^1 \to \mathbf{R}^2$ durch $f_\varrho(z) = p(\varrho z)$. Hat f_ϱ keine Nullstelle, so ist die Umlaufzahl $\mathrm{UZ}(f_\varrho; 0)$ erklärt. Falls $p(t)$ im Bereich $0 \le |t| \le r$ keine Nullstellen hat, gilt nach Korollar 1.5.9 sogar $\mathrm{UZ}(f_r; 0) = 0$.
Wir zeigen nun, dass für genügend große r die Umlaufzahl $\mathrm{UZ}(f_r; 0)$ Gleichung von Null verschieden sein muss.

Hierfür nehmen wir eine Deformation des Polynoms $p(t)$ vor. Für $0 \leq s \leq 1$ sei $p_s(t) = t^n + s(a_{n-1}t^{n-1} + \ldots + a_1 t + a_0)$. Dann ist also

$$p_1(t) = p(t) \quad \text{und} \quad p_0(t) = t^n.$$

Sei $r_0 := n \cdot \max \{ |a_i| \mid 0 \leq i \leq n \}$. Für $|t| = r > r_0$ ist

$$|p_s(t)| \geq |t^n| - s |a_{n-1}t^{n-1} + \ldots + a_1 t + a_0| \geq r^n - r_0 r^{n-1} > 0.$$

Wir definieren $g : \mathbf{S}^1 \times \mathbf{I} \to \mathbf{R}^2$ durch $g_\varrho(z) := p_\varrho(rz)$, wobei $0 \leq \varrho \leq 1$ ist und $z \in \mathbf{S}^1$. Dann ist $0 \notin g(\mathbf{S}^1 \times \mathbf{I})$ und $g_1 = f_r$. Nach Korollar 1.5.8 wird also

$$\mathrm{UZ}(g_0; 0) = \mathrm{UZ}(g_1; 0) = \mathrm{UZ}(f_r; 0) = 0.$$

Aber für $g_0(z) = (rz)^n$ ist

$$\mathrm{UZ}(g_0; 0) = \mathrm{grad}(z \mapsto z^n) = n > 0. \qquad \square$$

Für die nächste Anwendung beweisen wir erst, dass eine ungerade Abbildung auch einen ungeraden Abbildungsgrad hat:

Lemma 1.5.11
Die stetige Abbildung $f : \mathbf{S}^1 \to \mathbf{S}^1$ habe die Eigenschaft

$$f(-z) = -f(z).$$

Dann ist der Abbbildungsgrad von f ungerade.

Beweis: Sei $F : \mathbf{R} \to \mathbf{R}$ mit $\mathrm{Exp}(F(t)) = f(\mathrm{Exp}(t))$. Dann gilt nach Voraussetzung $F(t + \frac{1}{2}) = F(t) + \frac{1}{2} + k_t$ mit $k_t \in \mathbf{Z}$. Da F stetig ist, muss $k_t = k \in \mathbf{Z}$ unabhängig von t sein. Es folgt:
$$\mathrm{grad}(f) = (F(1) - F(\tfrac{1}{2})) + (F(\tfrac{1}{2}) - F(0)) = 2k + 1. \qquad \square$$

Hiermit erhalten wir nun:

Satz 1.5.12 (Satz von Borsuk-Ulam)
Sei $g : \mathbf{S}^2 \to \mathbf{R}^2$ eine stetige Abbildung mit $g(-x) = -g(x)$ für alle $x \in \mathbf{S}^2$. Dann hat g eine Nullstelle.

Beweis: Falls g keine Nullstelle hat, erhalten wir durch

$$f(x) := \frac{g(x)}{\|g(x)\|}$$

eine stetige Abbildung $f : \mathbf{S}^2 \to \mathbf{S}^1$ mit $f(-x) = -f(x)$. Wir zeigen, dass eine solche Abbildung nicht existieren kann. Sei $q : \mathbf{D}^2 \to \mathbf{S}^2$ durch $q(y) = (y, +\sqrt{1 - |y|^2})$ definiert. Dann ist q stetig, also auch $f \circ q : \mathbf{D}^2 \to \mathbf{S}^1$. Damit muss $h = f \circ q|_{\mathbf{S}^1}$ den Grad Null haben. Aber es gilt auch $h(-z) = -h(z)$ für $z \in \mathbf{S}^1$, so dass nach Lemma 1.5.11 der Abbildungsgrad von h ungerade sein muss. $\qquad\square$

Das folgende Korollar liefert insbesondere eine Übertragung von Satz 1.2.4 auf die nächsthöhere Dimension:

Korollar 1.5.13
Sei $h : \mathbf{S}^2 \to \mathbf{R}^2$ eine stetige Abbildung. Dann gibt es ein $x \in \mathbf{S}^2$ mit $h(-x) = h(x)$.

Beweis: Sei $g(x) = h(x) - h(-x)$. Dann gilt $g(-x) = -g(x)$, so dass g nach dem Satz von Borsuk-Ulam eine Nullstelle haben muss. $\qquad\square$

Der folgende „Satz vom Schinkenbrot" wird oft anschaulich dahingehend formuliert, dass es möglich ist, ein Schinkenbrot mit einem einzigen Schnitt so zu teilen, dass die Anteile von Brot, Butter und Schinken gleichzeitig genau halbiert werden.

Satz 1.5.14
Seien $A, B, C \subset \mathbf{R}^3$ beschränkte offene Teilmengen. Dann gibt es eine Ebene $H \subset \mathbf{R}^3$, welche A, B, C gleichzeitig in je zwei volumengleiche Hälften teilt.

Beweis: Wir können annehmen, dass A, B, C im Inneren der Einheitskugel liegen. Für $x \in \mathbf{S}^2$ und $t \in \mathbf{R}$ sei $H_{x,t}$ die Ebene senkrecht zu x, welche die Gerade durch x im Punkte tx schneidet. Offenbar ist $H_{-x,-t} = H_{x,t}$.

Da A auf verschiedenen Seiten der beiden Ebenen $H_{x,1}$ und $H_{x,-1}$ liegt, gibt es sogar eine stetige Funktion $\alpha : \mathbf{S}^2 \to \mathbf{R}$, so dass $H_{x,\alpha(x)}$ die Menge A in zwei volumengleiche Teile teilt: wir definieren einfach $\alpha(x)$ als Mittelwert aller Werte t, für die $H_{x,t}$ die Menge A halbiert.

Analog seien β für B und γ für C definiert. Es ist dann

$$\alpha(-x) = -\alpha(x), \quad \beta(-x) = -\beta(x), \quad \gamma(-x) = -\gamma(x) \ .$$

Wir definieren nun $f : \mathbf{S}^2 \to \mathbf{R}^2$ durch $f(x) := (\alpha(x) - \beta(x), \alpha(x) - \gamma(x))$. Offenbar gilt $f(-x) = -f(x)$. Nach dem Satz von Borsuk-Ulam hat also f eine Nullstelle x_0. Dann ist $\alpha(x_0) = \beta(x_0) = \gamma(x_0)$, so dass die Ebene $H_{x_0,\alpha(x_o)}$ die verlangte Eigenschaft hat. $\qquad\square$

Aufgabe 1.5.15
Sei $K \subset \mathbf{R}^2$ eine polygonale Jordan-Kurve und sei L das Innere von K. Ist $f : \mathbf{S}^1 \to K$ ein Homöomorphismus, so gilt für $p \in \mathbf{R}^2 - K$:

$$\mathrm{UZ}(f;p) = \left\{ \begin{array}{ll} \pm 1 & , \quad p \in L \ , \\ 0 & \quad \text{sonst} \ . \end{array} \right.$$

1.6 Der Satz vom Igel

In diesem Abschnitt werden wir die Theorie der Umlaufzahl auf das Studium von stetigen Vektorfeldern auf der Kugeloberfläche anwenden.

Wir werden den hier vorkommenden Begriff des Vektorfelds gleich noch präzisieren. Anschaulich handelt es sich um eine Abbildung, die jedem Punkt einer Fläche einen in diesem Punkt ansetzenden Tangentialvektor zuordnet. Man kann zum Beispiel hierbei an die Geschwindigkeits-Vektoren einer Strömung auf der betreffenden Fläche denken. Wir wollen dann beweisen, dass bei einer glatten Strömung auf der Kugeloberfläche das Geschwindigkeitsfeld irgendwo Nullstellen (zum Beispiel Quellpunkte oder Senkpunkte) haben muss. Dagegen kann auf einem Torus ein nirgends verschwindendes Strömungsfeld existieren.

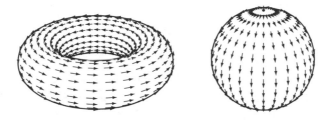

Abbildung 1.19: Vektorfelder

Wir erläutern nun zuerst den Begriff des Tangentialvektors.

Sei $\gamma : [0,1] \to \mathbf{R}^{n+1}$ ein Weg. γ heißt differenzierbar, wenn für $t \in [0,1]$ stets der Limes

$$\dot{\gamma}(t) := \lim_{\tau \to 0} \frac{1}{\tau} (\gamma(t+\tau) - \gamma(t))$$

existiert. $\dot{\gamma}(t)$ heißt Tangentenvektor (oder Geschwindigkeitsvektor) von γ zum Zeitpunkt t.

Wir nehmen nun an, dass $\gamma : [0,1] \to \mathbf{S}^n$ ein differenzierbarer Weg auf der n-Sphäre ist. Dann gilt

$$\langle \gamma(t), \gamma(t) \rangle = 1 \ ,$$

also (durch Differenzieren)

$$2 \langle \dot{\gamma}(t), \gamma(t) \rangle = 0.$$

Folglich steht $\dot{\gamma}(t)$ senkrecht auf dem Vektor $p = \gamma(t)$.

Ist umgekehrt $v \in \mathbf{R}^{n+1}$ ein Vektor mit $\langle v, p \rangle = 0$ und $\|v\| = 1$, so erfüllt

$$\gamma(t) = \cos(\alpha t)p + \sin(\alpha t)v$$

die Bedingungen $\|\gamma(t)\| = 1$ und $\dot{\gamma}(0) = \alpha v$.

Definition 1.6.1
Für $p \in \mathbf{S}^n$ heißt $T_p \mathbf{S}^n := \{ v \in \mathbf{R}^{n+1} \mid \langle v, p \rangle = 0 \}$ der Tangentialraum von $\mathbf{S}^n$ im Punkte p. Ein stetiges Vektorfeld auf $\mathbf{S}^n$ ist eine stetige Abbildung $v : \mathbf{S}^n \to \mathbf{R}^{n+1}$, so dass $v(p) \in T_p \mathbf{S}^n$ ist für alle $p \in \mathbf{S}^n$.

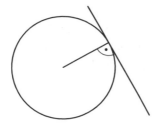 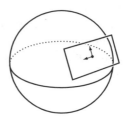

Abbildung 1.20: Tangentialebene an $\mathbf{S}^2$

Als erstes Beispiel betrachten wir den Fall $n = 1$. Für $x \in \mathbf{S}^1 \subset \mathbf{C} = \mathbf{R}^2$ sei $v(x) = ix$, wobei $i = \sqrt{-1}$ die imaginäre Einheit ist. Dann ist $\langle x, ix \rangle = 0$, so dass $v : \mathbf{S}^1 \to \mathbf{R}^2$ ein stetiges Vektorfeld auf $\mathbf{S}^1$ ist.

Allgemeiner können wir $\mathbf{C}^n$ als Modell für $\mathbf{R}^{2n}$ nehmen. Die euklidische Metrik ist dann $\langle x, y \rangle = \mathfrak{Re}(x, y)$, wobei (x, y) das hermitesche Skalar-Produkt auf dem $\mathbf{C}^n$ bezeichnet. Da (x, ix) rein imaginär ist, ist $\langle x, ix \rangle = 0$, und $v : \mathbf{S}^{2n-1} \to \mathbf{R}^{2n}$ mit $v(x) = ix$ ist ein stetiges Vektorfeld auf $\mathbf{S}^{2n-1}$.

Eine interessante Eigenschaft dieser Vektorfelder ist, dass sie keine Nullstelle haben. Es stellt sich nun die Frage, ob auch auf gerade-dimensionalen Sphären Vektorfelder ohne Nullstellen existieren. Der folgende Hauptsatz dieses Abschnitts wird oft scherzhaft als der Satz vom Igel bezeichnet und dahingehend formuliert, dass jeder stetig gekämmte Igel einen Glatzpunkt haben muss.

Satz 1.6.2 (Satz vom Igel)
Jedes stetige Vektorfeld auf $\mathbf{S}^2$ hat eine Nullstelle.

Die Idee des Beweises besteht darin, die Kugel $\mathbf{S}^2$ in eine nördliche und eine südliche Halbkugel zu zerlegen. Auf diese Weise können wir dann Vektorfelder auf $\mathbf{S}^2$ äquivalent durch Paare von Vektorfeldern $w_+, w_- : \mathbf{D}^2 \to \mathbf{R}^2$ beschreiben, die auf dem Rand $\mathbf{S}^1 \subset \mathbf{D}^2$ geeignet zusammenpassen. Dieses Zusammenpassen wird eine Relation für die Umlaufszahlen von $w_+|_{\mathbf{S}^1}$ und $w_-|_{\mathbf{S}^1}$ um den Nullpunkt liefern, die der Fortsetzbarkeit von w_+, w_- auf $\mathbf{D}^2$ ohne Nullstellen widerspricht.

Die technische Schwierigkeit dabei ist es, für die Punkte in einer der beiden Halbkugeln die Tangential-Ebenen in stetiger Weise isomorph in die Ebene abzubilden; die einfache Orthogonalprojektion auf den $\mathbf{R}^2$ ist offenbar am Äquator auf den Tangential-Ebenen nicht mehr injektiv.

Es sei $p = (x, y) \in \mathbf{D}^2$. Über $p \in \mathbf{D}^2$ liegt in $\mathbf{S}^2$ der Punkt $q := (x, y, +\sqrt{1 - x^2 - y^2})$. Wir wollen einen Isomorphismus $\varphi_p : T_q\mathbf{S}^2 \to \mathbf{R}^2$ definieren, der auch stetig mit p variiert. Dazu werden wir $T_q\mathbf{S}^2$ zuerst durch eine Drehung an den Nordpol verschieben und dann projizieren.

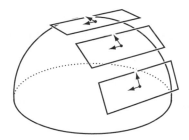

Abbildung 1.21: Drehung der Tangentialebene

Sei $\pi : \mathbf{R}^3 \to \mathbf{R}^2$ die Projektion mit $\pi(v_1, v_2, v_3) = (v_1, v_2)$. Für $p = 0$ ist $q = (0, 0, 1)$ und $T_q \mathbf{R}^2 = \{(v_1, v_2, v_3) \mid v_3 = 0\}$. Es sei $\varphi_0(v_1, v_2, v_3) = \pi(v_1, v_2, v_3) = (v_1, v_2)$.

Es sei nun $p \neq 0$. Dann ist $p = \varrho z$ für eindeutig bestimmte $z \in \mathbf{S}^1, \varrho \in [0, 1]$. Sei $\widetilde{\varphi}_p : \mathbf{R}^3 \to \mathbf{R}^3$ die Rotation mit Drehachse L durch die Punkte $\pm iz \in \mathbf{S}^1$, welche den Punkt q in den Nordpol $(0, 0, 1)$ dreht. Es sei schließlich φ_p die Komposition

$$\varphi_p : T_q \mathbf{S}^2 \subset \mathbf{R}^3 \overset{\widetilde{\varphi}_p}{\to} \mathbf{R}^3 \overset{\pi}{\to} \mathbf{R}^2 .$$

Da $\widetilde{\varphi}_p$ eine Rotation ist, bildet $\widetilde{\varphi}_p$ den Raum $T_q \mathbf{S}^2$ isomorph auf $T_{(0,0,1)} \mathbf{S}^2$ ab. Es ist also φ_p stets ein Isomorphismus.

Sei $w_+ : \mathbf{D}^2 \to \mathbf{R}^2$ nun definiert durch

$$w_+(p) := \varphi_p(v(q)) . \tag{1.3}$$

Es bezeichne $\mathbf{S}_+^2 = \{ (x, y, z) \in \mathbf{S}^2 \mid z \geq 0 \}$ die nördliche Hemisphäre von $\mathbf{S}^2$. Man überlegt sich leicht: die stetigen Vektorfelder $v : \mathbf{S}_+^2 \to \mathbf{R}^3$ (mit $v(p) \in T_p S^2$ für $p \in \mathbf{S}_+^2$) entsprechen eineindeutig (vermöge (1.3)) den stetigen Vektorfeldern $w_+ : \mathbf{D}^2 \to \mathbf{R}^2$.

Analoges gilt für die südliche Halbkugel $\mathbf{S}_-^2 = \{ (x, y, z) \in \mathbf{S}^2 \mid z \leq 0 \}$. Sei nun $q' = (x, y, -\sqrt{1 - x^2 - y^2})$, und sei $\varphi_p' : T_{q'} \mathbf{S}^2 \overset{\cong}{\to} \mathbf{R}^2$ entsprechend definiert sowie

$$w_-(p) := \varphi_p'(v(q')) . \tag{1.4}$$

Wir klären nun, wann w_+, w_- zu einem stetigen Vektorfeld auf $\mathbf{S}^2$ zusammenpassen. Sei dazu $p = (x, y) \in \mathbf{S}^1 \subset \mathbf{D}^2$. Es ist dann (mit den obigen Bezeichnungen) $q = q' = (x, y, 0)$, und eine Basis von $T_q \mathbf{S}^2$ wird von den Vektoren e_3 und $b = (-y, x, 0)$ gebildet. Offenbar ist $\varphi_p(b) = b$, $\varphi_p(e_3) = -p$ und $\varphi_p'(b) = b$, $\varphi_p'(e_3) = p$. Wir erhalten daher die Beziehung

$$w_-(p) = \sigma_p(w_+(p)) ,$$

wobei die lineare Abbildung $\sigma_p : \mathbf{R}^2 \to \mathbf{R}^2$ (für $p = (x, y)$) auf der Basis $\{(x, y), (-y, x)\}$ durch

$$\sigma_p : \begin{cases} (x, y) & \mapsto & (-x, -y) \\ (-y, x) & \mapsto & (-y, x) \end{cases}$$

definiert ist.

Mit komplexen Zahlen $p = z = x + iy$ schreibt sich dies als

$$\sigma_z : \begin{cases} z & \mapsto & -z \\ iz & \mapsto & iz \end{cases} ,$$

was sich wegen $z\overline{z} = 1$ schließlich zu $\sigma_z : v \mapsto -z^2\,\overline{v}$ vereinfacht.

Wir haben als Bedingung erhalten

$$w_-(z) = -z^2\,\overline{w_+(z)} \quad \text{für } z \in \mathbf{S}^1 \subset \mathbf{D}^2. \tag{1.5}$$

Dies impliziert nun:

Hilfssatz 1.6.3
Sei v ein stetiges Vektorfeld auf $\mathbf{S}^2$, das auf dem Äquator $\mathbf{S}^1 \subset \mathbf{S}^2$ keine Nullstelle hat. Seien $w_+, w_- : \mathbf{D}^2 \to \mathbf{R}^2$ wie oben definiert, und sei $\omega_+ := w_+|_{\mathbf{S}^1}$, $\omega_- := w_-|_{\mathbf{S}^1}$. Dann gilt:

$$\mathrm{UZ}(\omega_+; 0) + \mathrm{UZ}(\omega_-; 0) = 2 .$$

Beweis: Nach Gleichung (1.5) ist

$$\omega_+(z) \cdot \omega_-(z) = -z^2 \cdot \lambda(z)$$

mit $\lambda : \mathbf{S}^1 \to \mathbf{R}_+$. Damit folgt, da nach Lemma 1.5.5 der Abbildungsgrad des Produkt-Wegs die Summe der Einzelgrade ist, die gewünschte Gleichung

$$\mathrm{UZ}(\omega_+; 0) + \mathrm{UZ}(\omega_-; 0) = \mathrm{grad}(z \mapsto -z^2) = 2 . \qquad \square$$

Aus dem Hilfssatz ergibt sich nun unmittelbar unser Hauptsatz 1.6.2: Ist nämlich $\mathrm{UZ}(\omega_+; 0) \neq 0$, so hat w_+ eine Nullstelle (nach Korollar 1.5.9), also v eine Nullstelle auf $\mathbf{S}^2_+$. Andernfalls muss aber nach Gleichung (1.6.3) $\mathrm{UZ}(\omega_-; 0) \neq 0$ sein, und w_- sowie $v \mid \mathbf{S}^2_-$ müssen eine Nullstelle haben.

Die Verallgemeinerung des Satzes vom Igel auf die Sphären $\mathbf{S}^{2n}$ für $n > 1$ werden wir in einem späteren Kapitel beweisen.

1.7 Orthogonale Multiplikationen

Im vorigen Abschnitt haben wir mit Hilfe der komplexen skalaren Multiplikation nirgends verschwindende Vektorfelder auf ungerade-dimensionalen Sphären konstruiert.

Es stellt sich die Frage, ob sich auf diesen Sphären nicht sogar mehrere linear unabhängige Vektorfelder finden lassen. In diesem Abschnitt wollen wir solche Familien von linear unabhängigen Vektorfeldern durch algebraische Konstruktionen erzeugen, welche die Multiplikation der komplexen Zahlen verallgemeinern. Dies führt auf neue algebraische Fragestellungen, die auch für sich von einigem Interesse sind. Für eine ausführlichere Darstellung sei auf das wunderschöne Buch Zahlen [Ebb88] verwiesen.

Wir beginnen mit einigen Definitionen.

Definition 1.7.1
Eine orthogonale Vektormultiplikation vom Typ (p, q, n) ist eine $\mathbf{R}$-bilineare Abbildung μ : $\mathbf{R}^p \times \mathbf{R}^q \to \mathbf{R}^n$, für die gilt:

$$\|\mu(x, y)\| = \|x\| \, \|y\| \quad \text{für} \quad x \in \mathbf{R}^p, y \in \mathbf{R}^q. \tag{1.6}$$

Statt $\mu(x, y)$ werden wir häufig einfach xy schreiben, wenn aus dem Zusammenhang klar ist, welche Multiplikationsabbildung dabei gemeint ist.

Ein einfaches Beispiel erhalten wir für $p = q = n = 2$: Die übliche Multiplikation komplexer Zahlen hat nämlich bezüglich der euklidischen Norm auf $\mathbf{C} = \mathbf{R}^2$ die Eigenschaft

$$\|xy\| = \|x\| \, \|y\| \tag{1.7}$$

für $x, y \in \mathbf{C}$. Bekanntlich ist eine Konsequenz von (1.7), dass die Multiplikation auf $\mathbf{C}$ keine Nullteiler hat, d.h. dass $\mathbf{C}$ ein Körper ist.

Zu einem etwas anderen Gesichtspunkt gelangt man, wenn man die Gleichung (1.7) quadriert und ausschreibt. In offensichtlicher Bezeichnungsweise erhält man

$$(x_1^2 + x_2^2)(y_1^2 + y_2^2) = (x_1 y_1 - x_2 y_2)^2 + (x_1 y_2 + x_2 y_1)^2 \quad , \tag{1.8}$$

und entnimmt dieser Gleichung, dass ein Produkt aus zwei Summen von zwei Quadraten sich wieder als Summe von zwei Quadraten darstellen lässt. Diese Formel war schon den Mathematikern im alten Griechenland bekannt. Sie führte schließlich zu der Theorie der Komposition von quadratischen Formen. Aus diesem Grunde werden orthogonale Multiplikationen vom Typ (n, n, n) auch als n-dimensionale Kompositions-Algebren bezeichnet.

Für eine orthogonale Vektormultiplikation $\mu : (x, y) \mapsto xy$ bezeichnen wir mit $\lambda_x : v \mapsto xv$ und $\rho_y : w \mapsto wy$ die zugehörigen Multiplikations-Abbildungen.

Hilfssatz 1.7.2
Für $x \in \mathbf{R}^p$, $y \in \mathbf{R}^q$ mit $\|x\| = \|y\| = 1$ sind $\lambda_x : \mathbf{R}^q \to \mathbf{R}^n$ und $\rho_y : \mathbf{R}^p \to \mathbf{R}^n$ isometrische Abbildungen.

Beweis: Die wohlbekannte Parallelogramm-Identität

$$4 \langle u, v \rangle \;\; = \;\; \|u + v\|^2 - \|u - v\|^2$$

zeigt, dass die Abbildungen auch Skalarprodukte erhalten. $\qquad\square$

Aus diesem Hilfssatz folgt insbesondere, dass $n \geq p, q$ eine notwendige Bedingung für die Existenz einer orthogonalen Multiplikation vom Typ (p, q, n) ist.

Ist μ eine orthogonale Vektormultiplikation vom Typ (p, q, n) und wird mit x_j, y_j, z_j jeweils die j-te Komponente von $x, y, \mu(x, y)$ (bezüglich der kanonischen Orthonormalbasen) bezeichnet, so sind die z_j bilineare Ausdrücke in den x_r, y_s, und die Gleichung 1.6 schreibt sich als

$$(x_1^2 + \ldots + x_p^2)(y_1^2 + \ldots + y_q^2) = z_1^2 + \ldots + z_n^2. \tag{1.9}$$

Offenbar definiert umgekehrt auch jede Formel vom Typ (1.9), in welcher die z_j bilineare Funktionen von x, y sind, eine orthogonale Multiplikation vom Typ (p, q, n).

Eine naheliegende Frage ist nun, für welche (p, q, n) orthogonale Multiplikationen vom Typ (p, q, n) existieren. Allerdings ist die Antwort in dieser Allgemeinheit nicht bekannt. Von besonderem Interesse ist jedoch der Fall $p = q = n$. Für diesen Spezialfall gibt es außer den uns schon bekannten Werten 1 und 2 für n noch die Möglichkeiten $n = 4$ und $n = 8$. Die zugehörigen Multiplikations-Abbildungen wollen wir nun konstruieren.

Wir beschäftigen uns zuerst mit dem Fall $n = 4$. Sei $\mathbf{H}$ der 2-dimensionale komplexe Vektorraum $\mathbf{C}^2$. Wir geben den kanonischen Basisvektoren von $\mathbf{H}$ die Namen $\mathbf{1}$ und $\mathbf{j}$. Jedes Element von $\mathbf{H}$ schreibt sich also eindeutig in der Form $a\mathbf{1} + b\mathbf{j}$ mit $a, b \in \mathbf{C}$.

Wir definieren nun eine $\mathbf{R}$-bilineare Multiplikation auf $\mathbf{H}$ durch die folgende Vorschrift, die zugegebener Maßen etwas kompliziert aussieht:

$$(a\mathbf{1} + b\mathbf{j})(c\mathbf{1} + d\mathbf{j}) := (ac - b\overline{d})\mathbf{1} + (ad + b\overline{c})\mathbf{j}. \qquad (1.10)$$

(Hierbei sind a, b, c, d komplexe Zahlen, und $\overline{c}$, $\overline{d}$ sind die zu c, d konjugiert-komplexen Zahlen).

Diese Formel wird etwas plausibler, wenn wir dem Element $x = (a\mathbf{1} + b\mathbf{j}) \in \mathbf{H}$ die Matrix

$$M(x) = \begin{pmatrix} a & -b \\ \overline{b} & \overline{a} \end{pmatrix}$$

zuordnen, denn es gilt, wie man leicht nachrechnet.

$$\begin{pmatrix} a & -b \\ \overline{b} & \overline{a} \end{pmatrix} \begin{pmatrix} c & -d \\ \overline{d} & \overline{c} \end{pmatrix} = \begin{pmatrix} e & -f \\ \overline{f} & \overline{e} \end{pmatrix}$$

mit $e = ac - b\overline{d}$, $f = ad + b\overline{c}$. Die Abbildung $x \mapsto M(x)$ definiert daher einen Isomorphismus von der Algebra $\mathbf{H}$ auf eine gewisse Algebra von komplexen 2×2-Matrizen.

Die so definierte $\mathbf{R}$-Algebra $\mathbf{H}$ heißt die Quaternionen-Algebra. Sie wurde 1843 von dem englischen Mathematiker William R. Hamilton (1805–1865) entdeckt.

Hilfssatz 1.7.3
Die durch die Gleichung (1.10) auf $\mathbf{H}$ definierte Multiplikation ist assoziativ. Das Zentrum $Z(\mathbf{H}) = \{\, a \in \mathbf{H} \mid ax = xa \text{ für alle } x \in \mathbf{H} \,\}$ der Algebra $\mathbf{H}$ besteht aus allen reellen Vielfachen $a\mathbf{1}$ (mit $a \in \mathbf{R}$) des Einselements von $\mathbf{H}$.

Beweis: Die Assoziativität folgt unmittelbar aus der Matrix-Beschreibung. Für die zweite Behauptung betrachten wir die Differenz

$$(a\mathbf{1} + b\mathbf{j})(c\mathbf{1} + d\mathbf{j}) - (c\mathbf{1} + d\mathbf{j})(a\mathbf{1} + b\mathbf{j}) = (\overline{b}d - b\overline{d})\,\mathbf{1} + ((a - \overline{a})d - b(c - \overline{c}))\,\mathbf{j} \,;$$

sie verschwindet für alle c, d genau dann, wenn $b = 0$ und $a \in \mathbf{R}$ ist. $\qquad \square$

Für $x = a\mathbf{1} + b\mathbf{j} \in \mathbf{H}$ (mit $a, b \in \mathbf{C}$) heißt $\overline{x} := \overline{a}\mathbf{1} - b\mathbf{j}$ die zu x konjugierte Quaternion. Dann ist $x\overline{x} = |a|^2 + |b|^2 = \|x\|^2\mathbf{1}$ das Quadrat der Norm von x. Aus der Assoziativität der Multiplikation erhalten wir leicht:

$$\begin{aligned} \|xy\|^2\mathbf{1} &= (xy)\overline{(xy)} = x(y\overline{y})\overline{x} = \\ &= (\|y\|^2\mathbf{1})(x\overline{x}) = \|x\|^2\|y\|^2\mathbf{1}. \end{aligned}$$

Die obige Formel 1.10 definiert also eine orthogonale Multiplikation vom Typ $(4,4,4)$.

Bevor wir diese Multiplikation weiter untersuchen, wollen wir unsere Notation etwas vereinfachen. Wir vereinbaren, das Element $a\mathbf{1} \in \mathbf{H}$ (wobei $a \in \mathbf{C}$ ist) einfach mit a zu bezeichnen und somit die Menge aller solcher Elemente mit $\mathbf{C}$ zu identifizieren. Ferner schreiben wir von nun an j statt $\mathbf{j}$ und setzen $k := ij$. Der komplexe Vektorraum $\mathbf{H}$ mit Basis $\{1, j\}$ wird somit zum reellen Vektorraum mit Basis $\{1, i, j, k\}$. Die Multiplikation ist $\mathbf{R}$-bilinear, stimmt auf $\mathbf{C}$ mit der üblichen Multiplikation überein, hat 1 als Einselement und wird (unter diesen Prämissen) vollständig beschrieben durch die Gleichungen

$$j^2 = -1 \text{ und } aj = j\bar{a} \text{ für } a \in \mathbf{C}$$

oder, äquivalent dazu,

$$i^2 = j^2 = k^2 = -1 \ ,$$

$$ij = -ji = k \ , \ jk = -kj = i \ , \ ki = -ik = j \ .$$

Für jedes $x \in \mathbf{H}$ nennen wir $\mathfrak{Re}(x) := (x + \bar{x})/2 \in \mathbf{R}$ den Realteil und $\mathfrak{Im}(x) := (x - \bar{x})/2$ den Imaginärteil von x. Jedes solche x genügt einer quadratischen Gleichung mit reellen Koeffizienten, nämlich

$$x^2 - 2\,\mathfrak{Re}(x)\,x + \|x\|^2 = 0 \ .$$

Für $x \neq 0$ ist offenbar das multiplikative Inverse gegeben durch

$$x^{-1} = (1/\|x\|^2)\bar{x} \ .$$

Wir stellen fest, dass die Quaternionen einen Rechenbereich bilden, in dem ganz ähnliche Regeln gelten wie im Körper der reellen oder komplexen Zahlen; lediglich das Kommutativgesetz der Multiplikation ist nicht erfüllt. Man nennt die Quaternionen-Algebra daher auch einen Schiefkörper. An dieser Stelle sei angemerkt, dass auch über Schiefkörpern eine Theorie der Vektorräume entwickelt werden kann. Zwischen Links- und Rechts-Vektorräumen ist allerdings zu unterscheiden, wie man sofort am Beispiel des Standard-Vektorraumes $\mathbf{H}^n$ aller quaternionalen n-Tupel einsieht.

Mit Hilfe der Quaternionen-Algebra können wir nun auf jeder Sphäre einer Dimension der Gestalt $4m - 1$ drei linear unabhängige Vektorfelder angeben, indem wir die skalare Multiplikation

$$\mathbf{H} \times \mathbf{H}^m \to \mathbf{H}^m$$

benutzen.

Wir beschreiben sofort die allgemeine Konstruktion. Sei eine orthogonale Multiplikation μ vom Typ $(p+1, n+1, n+1)$ gegeben. Wir wählen eine Orthonormalbasis $e_0, e_1, ..., e_p$ des $\mathbf{R}^{p+1}$. Nach Hilfssatz 1.7.2 sind die Abbildungen

$$\lambda_j : \mathbf{R}^{n+1} \to \mathbf{R}^{n+1} \text{ mit } \lambda_j(x) := \mu(e_j, x)$$

für $0 \leq j \leq p$ sämtlich orthogonale Abbildungen.

Es sei $v_j : \mathbf{R}^{n+1} \to \mathbf{R}^{n+1}$ definiert durch $v_j := \lambda_0^{-1} \circ \lambda_j$. Offenbar ist $v_0(x) = x$. Darüber hinaus bilden für jedes x mit $\|x\| = 1$ die Vektoren $v_0(x), v_1(x), ..., v_p(x)$ ein

Orthonormalsystem im $\mathbf{R}^{n+1}$ (wie man sofort der Gleichung $\|\mu(e_j \pm e_k, x)\| = \|e_j \pm e_k\|$ entnimmt).

Damit ist für $1 \leq j \leq p$ jedem Punkt $x \in \mathbf{S}^n$ ein Tangentialvektor $v_j(x) \in T_x\mathbf{S}^n$ zugeordnet. Dieser hängt sogar linear von x ab, ist also sicherlich stetig in x. Wir sehen somit, dass eine orthogonale Multiplikation vom Typ $(p+1, n+1, n+1)$ eine Familie von p linear unabhängigen (sogar orthonormalen) Vektorfeldern $v_1, \ldots, v_p$ auf der Sphäre $\mathbf{S}^n$ definiert. So zeigen uns die schon konstruierten orthonormalen Multiplikationen, dass jede ungerade-dimensionale Sphäre ein tangentiales Einheits-Vektorfeld besitzt und dass es auf einer Sphäre der Dimension $n = 4m - 1$ sogar drei orthonormale Vektorfelder gibt.

Als nächstes wollen wir zeigen, dass auf Sphären in Dimensionen der Gestalt $n = 8m - 1$ mindestens 7 orthonormale Vektorfelder existieren. Die dazu benötigte Algebra der sogenannten Oktaven wurde von Arthur Cayley (1821 – 1895) im Jahre 1845 entdeckt. Man nennt sie auch die Algebra der Cayley-Zahlen.

Definition 1.7.4

$\mathbf{O} := \{ (q_1, q_2) \mid q_1, q_2 \in \mathbf{H} \}$ heißt die Menge der Oktaven oder Cayley-Zahlen. Für zwei Oktaven $(q_1, q_2), (r_1, r_2) \in \mathbf{O}$ wird ihr Produkt definiert durch

$$(q_1, q_2)(r_1, r_2) := (q_1 r_1 - \overline{r_2} q_2, r_2 q_1 + q_2 \overline{r_1}) \ .$$

Ferner wird die Konjugation von Oktaven definiert durch

$$\overline{(q_1, q_2)} := (\overline{q_1}, -q_2) \ .$$

Wir werden zeigen, dass diese Definition in der Tat eine orthogonale Multiplikation auf dem $\mathbf{R}^8$ definiert. Vorab vereinbaren wir, die Menge der Oktaven der Gestalt $(q, 0)$ für $q \in \mathbf{H}$ mit der Menge der Quaternionen $\mathbf{H}$ zu identifizieren und statt $(q, 0)$ einfach q zu schreiben. Wir haben also die Kette von Inklusionen

$$\mathbf{R} \subset \mathbf{C} \subset \mathbf{H} \subset \mathbf{O} \ .$$

Satz 1.7.5

Die Oktaven-Multiplikation ist eine orthogonale Vektormultiplikation $\mathbf{O} \times \mathbf{O} \to \mathbf{O}$.

Beweis: Wir zeigen zunächst, dass je zwei Elemente x, y zusammen mit ihren konjugierten $\overline{x}, \overline{y}$ eine assoziative Unteralgebra von $\mathbf{O}$ erzeugen. Dies geschieht in mehreren Schritten, die jeweils elementar zu verifizieren sind:

1. Die Elemente von $\mathbf{R}$ kommutieren mit allen Oktaven. Es sind auch die einzigen Oktaven mit dieser Eigenschaft.

2. Für $x, y \in \mathbf{O}$ gilt $\overline{xy} = \overline{y}\,\overline{x}$.

3. Für $x \in \mathbf{O}$ gilt $x\overline{x} = \overline{x}x = \|x\|^2 \in \mathbf{R}$.

4. Für $x, y \in \mathbf{O}$ gilt $x(xy) = (xx)y$.
   — Wegen 2. ist dann auch die Gleichung $(yx)x = y(xx)$ für alle $x, y \in \mathbf{O}$ erfüllt.

5. Für $x, y \in \mathbf{O}$ und $r \in \mathbf{R}$ sind Produkte aus x, y, r assoziativ.
— Dies lässt sich am besten so einsehen: Sei $\mathrm{Ass}(a, b, c) := (ab)c - a(bc)$. Es ist zu zeigen, dass $\mathrm{Ass}(a, b, c)$ für $a, b, c \in \{x, y, r\}$ verschwindet. Wegen der **R**-Bilinearität der Multiplikation ist dies klar, sobald ein Argument gleich r ist. Wegen 4. bleibt nur $\mathrm{Ass}(x, y, x)$ zu betrachten. Aus 4. und der Bilinearität folgt aber weiter:

$$
\begin{aligned}
0 &= \mathrm{Ass}(x + y, x + y, x) \\
&= \mathrm{Ass}(x, x, x) + \mathrm{Ass}(x, y, x) + \mathrm{Ass}(y, x, x) + \mathrm{Ass}(y, y, x) \\
&= \mathrm{Ass}(x, y, x) \ .
\end{aligned}
$$

6. Für $x, y \in \mathbf{O}$ sind Produkte aus $x, y, \overline{x}, \overline{y}$ assoziativ. – Dies ergibt sich aus 5. durch Zerlegung von x, y in Real- und Imaginärteil.

Nun geht der Rest des Beweises wie im Fall der Quaternionen: Nach 6. wird

$$
\|xy\|^2 = (xy)\overline{(xy)} = (xy\overline{y}\,\overline{x}) = \|y\|^2 (x\overline{x}) = \|x\|^2 \|y\|^2 \ . \qquad \square
$$

Es ist zu beachten, dass die Multiplikation der Oktaven im allgemeinen *nicht* assoziativ ist (Zum Beispiel ist für $a = (i, 0)$, $b = (j, 0)$, $c = (0, 1)$ der Assoziator $\mathrm{Ass}(a, b, c)$ nicht Null)!

Wesentlich für den Beweis waren die Eigenschaften 4. der eingeschränkten Assoziativität. Algebren, in denen $(xx)y = x(xy)$ und $x(yy) = (xy)y$ gilt, nennt man alternativ. Außer assoziativen sind auch alternative Algebren eingehend studiert worden.

Mit der skalaren Oktaven-Multiplikation als Verknüpfung erhalten wir schließlich eine orthogonale Multiplikation $\mathbf{O} \times \mathbf{O}^n \to \mathbf{O}^n$ vom Typ $(8, 8n, 8n)$. Nach dem Vorangehenden können wir daher auf jeder Sphäre der Dimension $8n - 1$ mindestens 7 orthonormale stetige Vektorfelder konstruieren.

Die Konstruktion einer noch größeren Zahl von Vektorfeldern erweist sich als möglich, wenn auf die Orthogonalitäts-Bedingung der Multiplikation verzichtet wird. Die hierfür relevanten Algebren von Spinoren, die auch in enger Beziehung zur Struktur der orthogonalen Gruppen stehen, werden wir in Kapitel 4 betrachten.

Man sagt, dass die Sphäre $\mathbf{S}^n$ parallelisierbar ist, wenn sie die Maximalzahl von n linear unabhängigen Vektorfeldern zulässt. Mit Hilfe der orthogonalen Multiplikationen auf **C**, **H** und **O** haben wir gezeigt, dass $\mathbf{S}^1$, $\mathbf{S}^3$ und $\mathbf{S}^7$ parallelisierbar sind. Es ist ein tiefer Satz, der den Rahmen dieses Buches aber übersteigt, dass dies auch die einzigen parallelisierbaren Sphären sind. Aus diesem Satz folgt, dass es keine Dimensionen $n \neq 1, 2, 4, 8$ gibt, für die orthogonale Multiplikationen vom Typ (n, n, n) existieren.

2 Allgemeine Topologie

Der Anschaulichkeit halber haben wir uns im vorigen Kapitel durchweg auf die Betrachtung von Teilräumen des $\mathbf{R}^n$ beschränkt. Es zeigt sich jedoch, dass dieser Ansatz nicht flexibel genug ist: Viele Konstruktionen, die man gerne durchführen würde, lassen sich so gar nicht oder nur mit mühsamem Aufwand realisieren. Dies betrifft insbesondere die Bildung von Räumen von Äquivalenzklassen, sogenannten Quotientenräumen, und von Räumen stetiger Abbildungen.

Im folgenden Kapitel sollen daher die Grundlagen der Theorie allgemeiner topologischer Räume entwickelt werden.

In dieser Theorie werden tatsächlich alle benötigten nützlichen Konstruktionen durchführbar sein. Andererseits kann man sagen, dass sich über völlig allgemeine topologische Räume nur relativ wenige interessante und wichtige Sätze formulieren lassen. Man hat deshalb die allgemeine Topologie auch als eine Theorie der Gegenbeispiele bezeichnet. Unser Ziel wird es in erster Linie sein, Bedingungen aufzustellen, durch welche die zu große Allgemeinheit sinnvoll wieder eingeschränkt werden kann, um interessantere und dennoch vielfach anwendbare Resultate zu ermöglichen.

Aus dem eben genannten Grund beschränken wir uns hier auch auf die wichtigsten Themen aus dem Bereich der allgemeinen Topologie. Doch sind wohl die meisten Hilfsmittel, die für die Anwendungen in der geometrischen und algebraischen Topologie benötigt werden, hinreichend abgedeckt; auf die nicht behandelte Theorie der topologischen Gruppen werden wir noch in einem späteren Kapitel eingehen. Verzichtet habe ich jedoch hier auf die Erläuterung der Theorie parakompakter Räume, die erst in der Differential-Topologie und der Homotopietheorie eine größere Rolle spielt.

Die Darstellung ist insgesamt etwas knapp gehalten, da das Kapitel vor allem auch als Referenz für die in diesem Buch verwendeten Hilfsmittel dienen soll. Leser mit Grundkenntnissen in allgemeiner Topologie können es ohne weiteres überschlagen oder kurz überfliegen, um sich mit unserer Terminologie vertraut zu machen. Der letzte Abschnitt über Quotienten-Räume enthält eine kurze Diskussion von Standard-Konstruktionen und Beispielen.

Für eine schöne und ausführliche Darstellung der mengentheoretischen Topologie sei auf das Buch [Jae80] verwiesen. Eine ausgezeichnete Referenz ist [Bou66] oder in deutscher Sprache [Que01]. (Allerdings wird in den letzten beiden Werken das Wort „kompakt" durch die zusätzliche Forderung der Hausdorff-Bedingung in etwas anderer Bedeutung gebraucht). Eine nützliche Quelle für die Beziehungen zwischen den vielen Begriffen der Allgemeinen Topologie ist noch [StS70].

2.1 Topologische Räume und stetige Abbildungen

In diesem Abschnitt erläutern wir die Grundbegriffe der allgemeinen Topologie. Wir beginnen mit dem etwas anschaulicheren (und aus der Analysis sicherlich schon vertrauten) Begriff des metrischen Raumes, um so die spätere Definition des topologischen Raumes vorzubereiten.

Definition 2.1.1
Sei X eine Menge. Eine Metrik auf X ist eine Funktion $d : X \times X \to \mathbf{R}$ mit folgenden Eigenschaften:

1. $d(x, y) = d(y, x) \geq 0$.

2. $d(x, y) = 0$ genau dann, wenn $x = y$ ist.

3. Es gilt die Dreiecks-Ungleichung $d(x, z) \leq d(x, y) + d(y, z)$.

Das Paar $X = (X, d)$ heißt dann ein metrischer Raum.

Wir betrachten einige Beispiele:

1. Die diskrete Metrik auf einer beliebigen Menge X ist definiert durch

$$d_\delta(x, y) = \left\{ \begin{array}{ll} 0, & x = y \,, \\ 1, & x \neq y \,. \end{array} \right.$$

2. Für $X \subset \mathbf{R}^n$ ist die euklidische Metrik $d(x, y) = \|x - y\|$ die Standard-Metrik. $d_{\max}(x, y) = \max_i |x_i - y_i|$ heißt die Maximums-Metrik.

3. Ist d eine Metrik auf X, so auch $d^*(x, y) = \min\{d(x, y), 1\}$.

In der Theorie der metrischen oder topologischen Räume ist der zweite Grundbegriff der einer stetigen Abbildung. Dieser dürfte ebenfalls aus der Analysis wohlbekannt sein.

Definition 2.1.2
Seien (X, d), (Y, e) metrische Räume. Eine Abbildung $f : X \to Y$ heißt stetig in $x_0 \in X$, wenn zu jedem $\varepsilon > 0$ ein $\delta > 0$ existiert, so dass für alle $x \in X$ gilt:

$$|x - x_0| < \delta \Rightarrow |f(x) - f(x_0)| < \varepsilon \,.$$

Die Abbildung f heißt stetig auf X, wenn sie in jedem Punkt $x_0 \in X$ stetig ist. f heißt ein Homöomorphismus, wenn f bijektiv ist und wenn f und f^{-1} beide stetig sind.

Es ist klar, dass die Komposition stetiger Abbildungen wieder stetig ist.

Wenn es einen Homöomorphismus $f : (X, d) \to (Y, e)$ gibt, nennen wir (X, d) und (Y, e) homöomorph. Dies ist offenbar eine Äquivalenzrelation für metrische Räume. In Bezug auf das Verhalten stetiger Abbildungen sind zwei homöomorphe metrische Räume völlig gleichwertig.

Für verschiedene Metriken auf ein und demselben Raum hat man noch einen strengeren Begriff:

Definition 2.1.3
Zwei Metriken d, e auf X heißen äquivalent, wenn die identische Abbildung id : $(X, d) \to (X, e)$ ein Homöomorphismus ist.

Zum Beispiel sind im $\mathbf{R}^n$ die euklidische Metrik und die Maximums-Metrik äquivalent (was wir schon in Kapitel 1 ausgenutzt hatten, um die Homöomorphie der zugehörigen Einheits-Kugeln $\mathbf{D}^n$ und $(\mathbf{D}^1)^n$ nachzuweisen). Allgemeiner sind, wie aus der linearen Algebra bekannt ist, die zu zwei Norm-Abbildungen auf dem $\mathbf{R}^n$ gehörenden Metriken stets äquivalent. Dagegen ist für die diskrete Metrik d_δ und die euklidische Metrik d die identische Abbildung id : $(\mathbf{R}^n, d_\delta) \to (\mathbf{R}^n, d)$ zwar stetig, aber kein Homöomorphismus.

Das dritte der obigen Beispiele für metrische Räume zeigt, dass jede Metrik d auf X zu einer beschränkten Metrik d^* äquivalent ist.

Offenbar kommt es für die Betrachtung stetiger Abbildungen zwischen metrischen Räumen nicht auf die konkreten Metriken selber, sondern nur auf ihre Äquivalenzklassen an. Es stellt sich daher die Frage, ob man eine Äquivalenzklasse von Metriken auch beschreiben kann, ohne die Metriken selbst zu Hilfe zu nehmen. Dies gelingt durch den Begriff der „Topologie", der nun eingeführt werden soll.

Definition 2.1.4
1. Sei X eine Menge. Eine Topologie auf X ist eine Familie $\mathcal{T}$ von Teilmengen von X, so dass gilt:
    a) sind O_1, $O_2 \in \mathcal{T}$, so ist auch $O_1 \cap O_2 \in \mathcal{T}$,
    b) sind $O_i \in \mathcal{T}$ für $i \in I$, so ist auch $\bigcup O_i \in \mathcal{T}$
    c) es sind $\emptyset, X \in \mathcal{T}$.
2. Ein topologischer Raum ist ein Paar $(X, \mathcal{T})$, wobei X eine Menge und $\mathcal{T}$ eine Topologie auf X ist. In einem topologischen Raum $(X, \mathcal{T})$ heißt eine Teilmenge $O \subset X$ eine offene Teilmenge von X, wenn sie ein Element von $\mathcal{T}$ ist.

Wir betrachten wieder einige Beispiele:

1. Sei (X, d) metrischer Raum. Die metrische Topologie auf X ist indexAmetrisch!-e TopologieindexATopologie!metrische

    $$\mathcal{T}_d = \{ U \subset X \mid \text{zu } p \in U \text{ gibt es ein } \varepsilon > 0 \text{ mit } \{y \mid d(y, p) < \varepsilon\} \subset U \} .$$

2. Die zu einer Norm-Abbildung auf dem $\mathbf{R}^n$ gehörende metrische Topologie ist, wie oben angemerkt wurde, unabhängig von der Wahl der Norm. Sie heißt die kanonische Topologie des $\mathbf{R}^n$. Im folgenden wird meist vorausgesetzt, dass der $\mathbf{R}^n$ mit dieser Topologie versehen ist.

3. Die volle Potenzmenge $\mathcal{T}_\delta = \mathcal{P}(X)$ liefert die sogenannte diskrete Topologie auf X. Sie ist die metrische Topologie für die diskrete Metrik auf X.

4. $\mathcal{T}_\kappa = \{\emptyset, X\}$ liefert die sogenannte Klumpen-Topologie auf X. Wenn X nicht leer oder ein-elementig ist, ist die Klumpen-Topologie keine metrische Topologie.

5. Sei $(X, <)$ eine total-geordnete Menge. Für $a, b \in X$ sei $]a, b[:= \{x \mid a < x < b\}$. Dann erhält man eine Topologie auf X durch

$$\mathcal{T}_o = \{\, O \subset X \mid x \in O \Rightarrow \text{ es gibt } a, b \in O \text{ mit } x \in]a, b[\subset O \,\} \, .$$

6. Sei X eine Menge. $\mathcal{T}$ bestehe aus allen Teilmengen von X, die ein endliches Komplement haben, sowie aus der leeren Menge $\emptyset$. Dann ist $\mathcal{T}$ eine Topologie auf X. Topologien von ähnlichem Typ spielen in der algebraischen Geometrie eine große Rolle.

In einem topologischen Raum benutzt man noch die folgenden Begriffe, die sicher für metrische Räume auch allen Lesern aus der Analysis wohlvertraut sind:

Definition 2.1.5

Sei $(X, \mathcal{T})$ ein topologischer Raum, $M \subset X$ eine Teilmenge.

1. $M \subset X$ heißt abgeschlossen, wenn $X - M$ offen ist.

2. $U \subset X$ heißt Umgebung von M, wenn es eine offene Teilmenge $O \subset X$ gibt mit $M \subset O \subset U$.

3. p heißt innerer Punkt von M, wenn M Umgebung von p ist. Die Menge M° aller inneren Punkte von M heißt der offene Kern von M.

4. p heißt Berührungspunkt von M, wenn jede Umgebung von p einen nicht-leeren Durchschnitt mit M hat. Die abgeschlossene Hülle $\overline{M}$ von M ist die Menge aller Berührungspunkte von M.

5. p heißt Häufungspunkt von M, wenn p Berührungspunkt von $M - \{p\}$ ist.

6. p heißt Randpunkt von M, wenn p Berührungspunkt von M und von $X - M$ ist. $\mathrm{Rand}(M)$ sei die Menge aller Randpunkte von M.

Es ist zu beachten, dass eine Umgebung U eines Punktes p nicht schon offen sein muss, das heißt, dass sie nicht auch Umgebung aller anderen Punkte $q \in U$ sein muss. Wenn dies gemeint ist, werden wir U explizit als offene Umgebung von p bezeichnen.

Wir überlegen uns zunächst die folgenden wichtigen Eigenschaften dieser abgeleiteten Begriffe:

Satz 2.1.6

Sei $(X, \mathcal{T})$ topologischer Raum.

1. Seien $U_1, \ldots, U_n$ Umgebungen von p. Dann ist auch $U_1 \cap \ldots \cap U_n$ Umgebung von p. Ist $V \supset U_1$, so sind auch V und V° Umgebungen von p.

2. M° ist die größte offene Teilmenge von X, die in M enthalten ist. Es gilt $M_1 \subset M_2 \Rightarrow M_1^\circ \subset M_2^\circ$ und $(M_1 \cap M_2)^\circ = M_1^\circ \cap M_2^\circ$.

3. Es ist $X - M^\circ = \overline{X - M}$. Insbesondere ist M genau dann offen, wenn $X - M$ abgeschlossen ist.

4. $\overline{M}$ ist die kleinste abgeschlossene Teilmenge von X, die M enhält. Es gilt: $M_1 \subset M_2 \Rightarrow \overline{M_1} \subset \overline{M_2}$ und $\overline{M_1 \cup M_2} = \overline{M_1} \cup \overline{M_2}$.

Beweis: 1.: Nach Voraussetzung gibt es offene O_i mit $p \in O_i \subset U_i$. Dann ist auch $O_1 \cap \ldots \cap O_n$ offen und $p \in O_1 \cap \ldots \cap O_n \subset U_1 \cap \ldots \cap U_n$. Wegen $O_1 \subset U_1$ gilt $O_1 = O_1{}^\circ \subset V^\circ \subset V$.

2.: Es ist eine Tautologie, dass jeder innere Punkt von M auch innerer Punkt von M° ist. Ebenso ist die Implikation $M_1 \subset M_2 \Rightarrow M_1{}^\circ \subset M_2{}^\circ$ trivial. Aus ihr folgt $(M_1 \cap M_2)^\circ \subset M_1{}^\circ \cap M_2{}^\circ$. Da der Durchschnitt offener Mengen offen ist, ist die andere Inklusions-Beziehung ebenfalls erfüllt.

3.: Nach Definition ist $p \in \overline{X - M}$ genau dann, wenn p kein innerer Punkt von $X - (X - M) = M$ ist.

4.: Dies folgt unmittelbar aus 3. und den Eigenschaften für offene Mengen. $\qquad \square$

Topologien lassen sich auch durch diese abgeleiteten Begriffe definieren. Die folgenden Aufgaben seien als eine gute Übung für diejenigen empfohlen, die mit den Grundbegriffen noch nicht so vertraut sind:

Aufgabe 2.1.7
Sei jedem Element x der Menge X eine nicht-leere Familie $\mathcal{U}_x$ von Teilmengen zugeordnet. Dann gibt es genau dann eine Topologie $\mathcal{T}$ auf X, so dass $\mathcal{U}_x$ jeweils die Familie der Umgebungen von x bezüglich der Topologie $\mathcal{T}$ ist, wenn gilt:

1. $U \in \mathcal{U}_x \Rightarrow x \in U$.

2. $U_1, U_2 \in \mathcal{U}_x \Rightarrow U_1 \cap U_2 \in \mathcal{U}_x$.

3. $U \in \mathcal{U}_x, V \supset U \Rightarrow V \in \mathcal{U}_x$.

4. Ist $U \in \mathcal{U}_x$, so gibt es ein $V \in \mathcal{U}_x$ für das gilt: $y \in V \Rightarrow U \in \mathcal{U}_y$.

Aufgabe 2.1.8
Sei X eine Menge und sei jeder Teilmenge $M \subset X$ eine Teilmenge $\mathcal{K}(M) \subset X$ zugeordnet. Dann gibt es genau dann eine Topologie $\mathcal{T}$ auf X, so dass $\mathcal{K}(M)$ (für jedes M) der offene Kern M° von M bezüglich der Topologie $\mathcal{T}$ ist, wenn $\mathcal{K}$ die folgenden Eigenschaften hat:

1. $\mathcal{K}(M) \subset M$ und $\mathcal{K}(X) = X$.

2. $\mathcal{K}(\mathcal{K}(M)) = \mathcal{K}(M)$.

3. $\mathcal{K}(M_1 \cap M_2) = \mathcal{K}(M_1) \cap \mathcal{K}(M_2)$.

Aufgabe 2.1.9
Sei X eine Menge und sei jeder Teilmenge $M \subset X$ eine Teilmenge $\mathcal{H}(M) \subset X$ zugeordnet. Dann gibt es genau dann eine Topologie $\mathcal{T}$ auf X, so dass $\mathcal{H}(M)$ (für jedes M) die abgeschlossene Hülle $\overline{M}$ von M bezüglich der Topologie $\mathcal{T}$ ist, wenn $\mathcal{H}$ die folgenden Eigenschaften hat:

1. $\mathcal{H}(M) \supset M$ und $\mathcal{H}(\emptyset) = \emptyset$.

2. $\mathcal{H}(\mathcal{H}(M)) = \mathcal{H}(M)$.

3. $\mathcal{H}(M_1 \cup M_2) = \mathcal{H}(M_1) \cup \mathcal{H}(M_2)$.

Wir wollen nun als zweiten Grundbegriff der Theorie die Stetigkeit von Abbildungen definieren.

Definition 2.1.10
Seien $(X, \mathcal{T})$, $(Y, \mathcal{R})$ topologische Räume, $f : X \to Y$ eine Abbildung.

1. f heißt stetig in $x_0 \in X$, wenn für jede Umgebung V von $f(x_0)$ in Y die Urbildmenge $f^{-1}(V)$ eine Umgebung von x_0 ist.

2. f heißt stetig auf X, wenn f in jedem Punkt von X stetig ist. Die Menge der stetigen Abbildungen von X nach Y werde mit $\mathcal{C}(X; Y)$ bezeichnet.

3. $f : X \to Y$ heißt ein Homöomorphismus, wenn f bijektiv ist und wenn f und f^{-1} beide stetig sind.

Offenbar ist eine Abbildung $f : (X, d) \to (Y, e)$ zwischen metrischen Räumen genau dann im früheren Sinne stetig, wenn sie stetig ist bezüglich der metrischen Topologien. Die Theorie der metrischen Räume und stetigen Abbildungen fügt sich also ohne weiteres in die der topologischen Räume ein.

Der Vollständigkeit halber notieren wir noch einmal die Selbstverständlichkeit:

Satz 2.1.11
Ist f stetig in x_0 und g stetig in $f(x_0)$, so ist $g \circ f$ stetig in x_0.

Im folgenden Satz wird die Stetigkeit einer Abbildung ohne Bezug auf die punktweise Stetigkeit charakterisiert. Diese Formulierung wird oft als Definition der Stetigkeit genommen. Der Beweis des Satzes ist trivial.

Satz 2.1.12
Sei $f : (X, \mathcal{T}) \to (Y, \mathcal{R})$ eine Abbildung topologischer Räume. Dann ist f genau dann stetig, wenn gilt: $O \in \mathcal{R} \Rightarrow f^{-1}(O) \in \mathcal{T}$.

Die aus der Analysis wohlbekannte Formulierung der Stetigkeit durch die Konvergenz von Folgen lässt sich allerdings nur stark modifiziert übertragen. Für die Unzulänglichkeit des Folgen-Konzepts findet man Beispiele in [StS70]. Die folgende modifizierte Version mag zunächst etwas ungewohnt erscheinen, ist aber beweistechnisch oft sehr hilfreich.

Definition 2.1.13
Sei X eine Menge.

1. Ein Filter $\mathcal{F}$ auf X ist eine Familie von Teilmengen von X mit folgenden Eigenschaften
   a) $F \in \mathcal{F}, G \supset F \Rightarrow G \in \mathcal{F}$
   b) $F_1, \ldots, F_n \in \mathcal{F} \Rightarrow F_1 \cap \ldots \cap F_n \in \mathcal{F}$.
   c) $\emptyset \notin \mathcal{F}$,

2. Sei $\mathcal{F}$ ein Filter auf X. Eine Filter-Basis $\mathcal{B}$ für $\mathcal{F}$ ist eine Teilfamilie $\mathcal{B} \subset \mathcal{F}$, so dass gilt: Zu jedem $F \in \mathcal{F}$ gibt es ein $F' \in \mathcal{B}$ mit $F' \subset F$.

3. Sei $\mathcal{F}$ Filter auf X und $f : X \to Y$ eine Abbildung. Der Bildfilter $f_\bullet(\mathcal{F})$ besteht aus allen Teilmengen von Y, die eine Menge der Gestalt $f(F)$ mit $F \in \mathcal{F}$ enthalten.

4. Seien $\mathcal{F}, \mathcal{G}$ Filter auf X. Dann heißt $\mathcal{F}$ feiner als $\mathcal{G}$ (und $\mathcal{G}$ gröber als $\mathcal{F}$), wenn $\mathcal{G} \subset \mathcal{F}$ ist.

Es ist klar, dass $\mathcal{B}$ genau dann Filter-Basis eines Filters $\mathcal{F}$ ist, wenn $\emptyset \notin \mathcal{B}$ ist und wenn aus $B_1, \ldots, B_n \in \mathcal{B}$ folgt, dass es ein $B \in \mathcal{B}$ gibt mit $B \subset B_1 \cap \ldots \cap B_n$. Der zugehörige Filter $\mathcal{F}$ ist dann eindeutig bestimmt als Familie aller Teilmengen von X, welche ein Element von $\mathcal{B}$ enthalten. Er heißt auch der von $\mathcal{B}$ erzeugte Filter. Ein von einem einzigen Punkt erzeugte Filter heißt auch Punkt-Filter oder trivialer Filter.

Im Gegensatz zum Bildfilter lässt sich ein Urbildfilter sinnvoll nur unter speziellen Voraussetzungen definieren.

In einem topologischen Raum $(X, \mathcal{T})$ bilden sämtliche Umgebungen eines Punktes $p \in X$ den Umgebungs-Filter von p. Eine Basis dieses Filters nennt man auch eine Umgebungs-Basis

von p. Mit Hilfe des Umgebungs-Filters wird nun der Konvergenz-Begriff definiert:

Definition 2.1.14

1. Für $p \in X$ besteht der Umgebungs-Filter $\mathcal{U}_p$ aus allen Umgebungen von p.

2. Ein Filter $\mathcal{F}$ auf X heißt konvergent gegen $p \in X$, wenn er feiner ist als der Umgebungs-Filter $\mathcal{U}_p$ von p.

3. $p \in X$ heißt Berührungspunkt des Filters $\mathcal{F}$, wenn es einen gegen p konvergenten Filter $\mathcal{F}'$ gibt, der feiner ist als $\mathcal{F}$.

Natürlich wird ein Filter nicht notwendig konvergent sein. Falls er konvergiert, so kann er unter Umständen durchaus gegen mehrere Punkte konvergieren. Ein Punkt p ist genau dann Berührungspunkt des Filters $\mathcal{F}$, wenn es einen Filter $\mathcal{G}$ gibt, der sowohl den Filter $\mathcal{F}$ wie den Umgebungs-Filter $\mathcal{U}_p$ von p verfeinert. Eine anschaulichere Beschreibung der Berührungs-Punkte eines Filters gibt das folgende Lemma:

Lemma 2.1.15

Sei $\mathcal{F}$ ein Filter auf dem topologischen Raum X. Die Menge der Berührungspunkte von $\mathcal{F}$ ist der Durchschnitt aller Mengen $\overline{F}$ für $F \in \mathcal{F}$.

Beweis: Sei der Filter $\mathcal{F}'$ konvergent gegen p und sei $F \in \mathcal{F}'$. Ist U eine Umgebung von p, so ist auch $U \in \mathcal{F}'$, also $U \cap F \neq \emptyset$. Dies zeigt $p \in \overline{F}$.

Sei nun umgekehrt p in jeder Menge $\overline{F}$ für $F \in \mathcal{F}$ enthalten. Sei $\mathcal{G} := \{\, G \subset X \mid p \in \overline{G} \,\}$. Offenbar ist $\mathcal{G}$ ein Filter, der sowohl den Umgebungsfilter $\mathcal{U}_p$ als auch den Filter $\mathcal{F}$ umfasst. $\qquad\square$

Als Beispiel betrachten wir eine Folge $(x_n)_{n \in \mathbf{N}}$ von Punkten $x_n \in X$. Der Filter $\mathcal{F}$ bestehe aus allen Teilmengen $F \subset X$, für die eine natürliche Zahl n_F existiert mit $\{\, x_n \mid n \geq n_F \,\} \subset F$. Dieser Filter $\mathcal{F}$ heißt der Fréchet-Filter zur Folge $(x_n)_{n \in \mathbf{N}}$. Für ihn ist die Konvergenz äquivalent zur Konvergenz der Folge (x_n) im klassischen Sinn.

Satz 2.1.16

Seien $(X, \mathcal{T})$, $(Y, \mathcal{R})$ topologische Räume und $f : X \to Y$ eine Abbildung. Dann ist f genau dann stetig im Punkte $p \in X$, wenn für jeden gegen p konvergenten Filter $\mathcal{F}$ der Bildfilter $f_\bullet(\mathcal{F})$ gegen $f(p)$ konvergiert.

Beweis: Es ist klar, dass die Bildfilter-Konstruktion $f_\bullet$ die „feiner"-Relation erhält. Deshalb ist die zweite Bedingung äquivalent dazu, dass der Bildfilter $f_\bullet \mathcal{U}_p$ feiner ist als der Umgebungsfilter $\mathcal{U}_{f(p)}$ von $f(p)$. Dies bedeutet aber, dass es zu jeder Umgebung V von $f(p)$ eine Umgebung U von p gibt mit $V \supset f(U)$, das heißt $f^{-1}(V) \supset U$. Das ist aber gerade die Stetigkeit von f in p. □

Wir haben nun die wichtigsten Grundbegriffe über topologische Räume kennengelernt. Im nächsten Abschnitt wollen wir uns damit beschäftigen, wie man aus gegebenen topologischen Räumen neue Räume mit interessanten Topologien konstruieren kann.

2.2 Konstruktion topologischer Räume

Topologien auf einer Menge X werden oft durch Extremal-Eigenschaften definiert. Deshalb beginnen wir mit dem Vergleich von Topologien.

Definition 2.2.1
Sei $(X, \mathcal{T})$ topologischer Raum.

1. Eine Topologie $\mathcal{R}$ auf X heißt feiner als $\mathcal{T}$ (und dann natürlich $\mathcal{T}$ gröber als $\mathcal{R}$), wenn $\mathcal{R} \supset \mathcal{T}$ gilt.

2. Eine Familie $\mathcal{B} \subset \mathcal{T}$ heißt Subbasis von $\mathcal{T}$, wenn $\mathcal{T}$ die gröbste Topologie ist, die $\mathcal{B}$ enthält. Eine Subbasis von $\mathcal{T}$ heißt Basis von $\mathcal{T}$, wenn gilt:

$$\text{Sind } B_1, \ldots, B_n \in \mathcal{B}, \text{ so gibt es } C_i \in \mathcal{B} \text{ mit } B_1 \cap \ldots \cap B_n = \bigcup_i C_i \ .$$

Eine alternative Formulierung von 1. ist, dass die identische Abbildung von X als Abbildung $(X, \mathcal{R}) \to (X, \mathcal{T})$ stetig ist.

Offenbar hat jede Topologie $\mathcal{T}$ eine Basis (zum Beispiel $\mathcal{T}$ selber). Für $\mathbf{R}^n$ erhält man eine abzählbare Basis $\mathcal{B}$ durch die Mengen

$$B_{k,x} = \{y \in \mathbf{R}^n \mid \|y - x\| < \frac{1}{k}\} \ ,$$

für $k \in \mathbf{N}$ und $x \in \mathbf{Q}^n$.

Lemma 2.2.2
Sei X eine Menge und $\mathcal{B}$ eine Familie von Teilmengen von X. Es sei

$$\mathcal{B}' := \{B_1 \cap \ldots \cap B_n \mid n \in \mathbf{N} \text{ und } B_1, \ldots, B_n \in \mathcal{B}\}$$

sowie

$$\mathcal{T} := \{\bigcup_i C_i \mid C_i \in \mathcal{B}'\} \cup \{\emptyset, X\}.$$

Dann ist $\mathcal{T}$ eine Topologie auf X mit Basis $\mathcal{B}'$ und Subbasis $\mathcal{B}$.

Beweis: Jede Topologie auf X, die $\mathcal{B}$ enthält, muss auch $\mathcal{T}$ enthalten. Es reicht daher zu zeigen, dass $\mathcal{T}$ eine Topologie ist. dass für $O_i \in \mathcal{T}$ auch $\bigcup O_i \in \mathcal{T}$ gilt, ist klar. Sei nun $O_1 = \bigcup_{j \in J_1} C_j$, $O_2 = \bigcup_{k \in J_2} C_k$ mit $C_j, C_k \in \mathcal{B}'$. Dann ist

$$O_1 \cap O_2 = \bigcup_{j \in J_1, k \in J_2} C_j \cap C_k \ .$$

Wegen $C_j \cap C_k \in \mathcal{B}'$ ist also auch $O_1 \cap O_2 \in \mathcal{T}$. □

Man nennt $\mathcal{T}$ auch die von $\mathcal{B}$ erzeugte Topologie auf X.

Zu Familien von Topologien auf X gibt es stets eine kleinste obere und eine größte untere Schranke:

Lemma 2.2.3
Seien $\mathcal{T}_j$ für $j \in J$ Topologien auf X.

1. $\mathcal{R} = \bigcap \mathcal{T}_j$ ist eine Topologie auf X; sie ist die feinste Topologie, die gröber ist als alle $\mathcal{T}_j$.

2. Die von $\bigcup \mathcal{T}_j$ erzeugte Topologie $\mathcal{T}$ ist die gröbste Topologie auf X, die feiner ist alle $\mathcal{T}_j$.

Beweis: Es ist klar, dass der Durchschnitt $\bigcap \mathcal{T}_j$ die Axiome für eine Topologie aus Definition 2.1.4 erfüllt. Die so definierte Topologie hat aber offensichtlich auch die verlangte Extremal-Eigenschaft.

Dagegen ist $\bigcup \mathcal{T}_j$ im allgemeinen keine Topologie. Da diese Menge aber in jeder Topologie, die feiner ist als alle $\mathcal{T}_j$, enthalten sein muss, hat die von ihr erzeugte Topologie die verlangte Eigenschaft. $\square$

Als Anwendung dieses Lemmas können wir nun finale und initiale Topologien definieren.

Definition 2.2.4
Sei X eine Menge, und seien $(X_i, \mathcal{T}_i)$ für $i \in I$ topologische Räume sowie $f_i : X \to X_i$ Abbildungen. Eine Topologie $\mathcal{T}$ auf X heißt initiale Topologie bezüglich der Abbildungen f_i, wenn gilt:

$g : (Y, \mathcal{R}) \to (X, \mathcal{T})$ ist genau dann stetig, wenn alle Kompositionen $f_i \circ g$ stetig sind.

Da die identische Abbildung auf X stetig ist (ganz egal, welche Topologie X trägt), folgt insbesondere, dass mit der initialen Topologie auf X alle Abbildungen $f_i : X \to X_i$ stetig sind. Der folgende Satz garantiert die Existenz von initialen Topologien. Sein Beweis ergibt sich trivial aus dem vorstehenden Lemma 2.2.3.

Satz 2.2.5
Sei X eine Menge, und seien $(X_i, \mathcal{T}_i)$ für $i \in I$ topologische Räume, $f_i : X \to X_i$ Abbildungen. Sei $\mathcal{T}$ die Topologie auf X mit Subbasis $f_i^{-1}(O_i)$ für $O_i \in \mathcal{T}_i$, $i \in I$. Dann ist $\mathcal{T}$ die initiale Topologie bezüglich der Abbildungen f_i. Sie ist die gröbste Topologie auf X, für welche alle Abbildungen $f_i : X \to X_i$ stetig sind.

Wir betrachten zwei besonders wichtige Beispiele:

Satz 2.2.6
Sei X eine Teilmenge des topologischen Raums $(Y, \mathcal{R})$. Die initiale Topologie $\mathcal{T}$ bezüglich der Inklusionsabbildung $X \hookrightarrow Y$ besteht aus allen Mengen $X \cap O$ für $O \in \mathcal{R}$. Sie heißt die Teilraum-Topologie auf X oder auch die auf X induzierte Topologie.

Beweis: Bezeichnet ι die Inklusionsabbildung, so ist gerade $X \cap O = \iota^{-1}(O)$. Es genügt also zu verifizieren, dass die Mengen $\iota^{-1}(O)$, $O \in \mathcal{R}$, bereits eine Topologie bilden. Dies ist aber klar, da das Bilden der Urbildmenge mit Durchschnitt und Vereinigung verträglich ist. $\square$

Diesen Satz werden wir immer wieder anwenden. Meist werden wir stillschweigend voraussetzen, dass eine Teilmenge X des topologischen Raums Y mit dieser Teilraum-Topologie versehen worden ist.

Satz 2.2.7
Seien $(X_i, \mathcal{T}_i)$, $i \in I$, topologische Räume. Sei $X = \prod X_i$ das mengentheoretische Produkt der X_i und $pr_i : X \to X_i$ die i-te Projektion. Die initiale Topologie bezüglich der Projektionen pr_i hat als Basis die Mengen

$$\prod_{i \in I} O_i \text{ mit } O_i \in \mathcal{T}_i \text{ und } O_i = X_i \text{ für fast alle } i \in I.$$

Sie heißt die Produkt-Topologie auf X.

Beweis: Ist $O_i = X_i$ für $i \notin \{i_1, \ldots, i_n\}$, so ist $\prod_{i \in I} O_i = pr_{i_1}^{-1}(O_{i_1}) \cap \ldots \cap pr_{i_n}^{-1}(O_{i_n})$. Die Produkt-Topologie muss also sicher alle derartigen Mengen $\prod_{i \in I} O_i$ als offene Mengen enthalten. Damit genügt es zu verifizieren, dass diese die Basis einer Topologie bilden. Das ist aber klar. $\square$

Man beachte, dass die Produkt-Topologie durch die Beziehung

$$\mathcal{C}(Y; \prod X_i) = \prod \mathcal{C}(Y; X_i)$$

definiert ist. Die Endlichkeits-Bedingung bei den im Satz beschriebenen Basis-Mengen mag auf den ersten Blick überraschend erscheinen, ergibt sich aber notwendig aus den Axiomen für Topologien.

Es ist oft wichtig zu wissen, dass die mehrfache Bildung von initialen Topologien miteinander verträglich ist.

Satz 2.2.8
Seien X_i, $X_{i,j}$ topologische Räume, X eine Menge, sowie $f_i : X \to X_i$ und $g_{i,j} : X_i \to X_{i,j}$ Abbildungen. Trägt jedes X_i die initiale Topologie bezüglich der Abbildungen $g_{i,j}$, so stimmen auf X die initialen Topologien bezüglich der Abbildungen f_i und bezüglich der Abbildungen $g_{i,j} \circ f_i$ miteinander überein.

Der Beweis ergibt sich unmittelbar aus der Definition 2.2.4 der initialen Topologie.

Ist zum Beispiel $X \subset Y \subset Z$ und hat Y die Teilraum-Topologie von Z, so stimmen auf X die Teilraum-Topologien bezüglich Y und bezüglich Z überein. Ist $X_i \subset Y_i$ ein Teilraum, so stimmen auf ΠX_i die Produkt-Topologie und die Teilraum-Topologie bezüglich $\Pi X_i \subset \Pi Y_i$ überein. Auch diese Eigenschaften werden wir von nun an meist stillschweigend verwenden.

Wir werden später noch ausführlicher auf weitere Eigenschaften der Teilraum- und der Produkt-Topologie eingehen. Zunächst wollen wir finale Topologien definieren.

Definition 2.2.9
Sei Y eine Menge, und seien $(Y_i, \mathcal{T}_i)$ topologische Räume, $g_i : Y_i \to Y$ Abbildungen. Eine Topologie $\mathcal{T}$ auf Y heißt finale Topologie bezüglich der Abbildungen g_i, wenn gilt:

$h : (Y, \mathcal{T}) \to (Z, \mathcal{R})$ ist genau dann stetig, wenn alle Kompositionen $h \circ g_i$ stetig sind.

Für eine finale Topologie sind dann die Abbildungen $g_i : Y_i \to Y$ alle stetig, wie man mit dem gleichen Argument wie bei initialen Topologien einsieht. Auch finale Topologien existieren stets:

Satz 2.2.10
Sei Y eine Menge, und seien $(Y_i, \mathcal{T}_i)$ topologische Räume, $g_i : Y_i \to Y$ Abbildungen. Sei $\mathcal{T} := \{O \subset Y \mid g_i^{-1}(O) \in \mathcal{T}_i \text{ für jedes } i\}$. Dann ist $\mathcal{T}$ die finale Topologie auf Y bezüglich der Abbildungen g_i. Sie ist die feinste Topologie auf Y, für welche alle Abbildungen $g_i : Y_i \to Y$ stetig sind.

Wieder ist der Beweis des Satzes klar nach dem Lemma 2.2.3 über die Existenz von oberen (und unteren) Schranken für Familien von Topologien.

Als Anwendungsbeispiel betrachten wir den Fall, dass Y die disjunkte Vereinigung der Y_i ist:

$$Y = \coprod_{i \in I} Y_i.$$

Es sei $g_i : Y_i \to Y$ die Inklusions-Abbildung. In der finalen Topologie bzgl. der Abbildungen g_i ist $O \subset Y$ genau dann offen, wenn jeder Durchschnitt $O \cap Y_i$ offen in Y_i ist. Analoges gilt für abgeschlossene Teilmengen.

Sind Y_i gegebene topologische Räume, die aber eventuell als Punktmengen nicht disjunkt sind, so möchte man trotzdem gelegentlich so etwas wie eine disjunkte Vereinigung bilden. Man ersetzt dann die Räume Y_i zweckmäßig zuerst durch homöomorphe Räume Y_i', welche paarweise disjunkt sind. Wie dies geschieht, ist nicht so wesentlich. Eine Standard-Möglichkeit besteht darin, $Y_i' = Y_i \times \{i\}$ zu definieren; ein Punkt von Y_i' trägt dann seinen Index i bei sich, so dass $Y_i' \cap Y_j' = \emptyset$ ist für $i \neq j$. Man vereinbart daher

$$\coprod_{i \in I} Y_i := \bigcup_{i \in I} Y_i'$$

als formale Definition der disjunkten Vereinigung der Räume Y_i.

Als besonders interessante und wichtige Beispiele für finale Topologien wollen wir nun Räume von Äquivalenzklassen betrachten.

Im folgenden sei X ein topologischer Raum und R eine Äquivalenz-Relation auf X. Es sei X/R die Menge der Äquivalenzklassen und $\pi : X \to X/R$ die kanonische Projektion.

Definition 2.2.11
Die finale Topologie bezüglich π heißt die Quotienten-Topologie auf X/R.

Die Quotienten-Topologie besteht also aus allen Teilmengen $O \subset X/R$, so dass $\pi^{-1}(O) \subset X$ offen ist.

Die Quotienten-Topologie kann dazu benutzt werden, Mengen zu topologisieren, deren Elemente durch Punkte eines topologischen Raumes parametrisiert sind. Denn ist $f :$

$X \to Y$ eine beliebige Abbildung zwischen zwei Mengen, so induziert f eine Äquivalenz-Relation R_f auf X durch

$$(x,y) \in R_f \Leftrightarrow f(x) = f(y) .$$

Ist f surjektiv, so können wir X/R_f mit Y und die kanonische Projektion $\pi : X \to X/R_f$ mit f identifizieren. Ist also X topologischer Raum, so erhält Y eine induzierte Quotienten-Topologie. Wir nennen X dann auch einen Quotienten-Raum von Y. Konkrete Beispiele hierfür werden wir am Schluss dieses Kapitels betrachten.

Der folgende Satz ist klar:

Satz 2.2.12
Sei $f : X \to Y$ eine stetige Abbildung, die auf bezüglich R äquivalenten Punkten x und x' gleiche Werte $f(x) = f(x')$ annimmt. Dann induziert f eine stetige Abbildung $\overline{f} : X/R \to Y$.

Die kanonische Projektion $\pi : X \to X/R$ von X auf den Quotienten-Raum X/R ist ein Beispiel einer Quotienten-Abbildung. Allgemeiner definiert man:

Definition 2.2.13
Sei $f : X \to Y$ eine Abbildung und R_f die von f auf X induzierte Äquivalenz-Relation. Dann heißt f eine Quotienten-Abbildung, wenn die induzierte Abbildung $\overline{f} : X/R_f \to Y$ ein Homöomorphismus ist.

Bevor wir zu weiteren Eigenschaften der Quotienten-Topologien kommen, überlegen wir uns noch die Transitivitäts-Eigenschaft für finale Topologien:

Satz 2.2.14
Seien $Y_i, Y_{i,j}$ topologische Räume, Y eine Menge und $g_{i,j} : Y_{i,j} \to Y_i, h_i : Y_i \to Y$ Abbildungen. Jedes Y_i trage die finale Topologie bezüglich der Abbildungen $g_{i,j}$. Dann stimmen auf Y die finalen Topologien bezüglich der Abbildungen h_i und bezüglich der Abbildungen $h_i \circ g_{ij} : Y_{ij} \to Y$ überein.

Dagegen ist das Mischen von initialen und finalen Topologien im allgemeinen problematischer. Um trotzdem unter günstigen Umständen hier Verträglichkeit zu erhalten, benötigen wir den folgenden Begriff.

Definition 2.2.15
Eine Abbildung $f : X \to Y$ zwischen topologischen Räumen heißt offen (bzw. abgeschlossen), wenn für jede offene (bzw. abgeschlossene) Teilmenge $Z \subset X$ das Bild $f(Z)$ offen (bzw. abgeschlossen) in Y ist.

Es ist klar, dass die Komposition offener Abbildungen wieder offen ist (und dass die gleiche Argumentation für abgeschlossene Abbildungen gilt). Ein wichtiges Beispiel für offene Abbildungen findet sich in dem folgenden Satz:

Satz 2.2.16
Sei $X = \prod_{i \in I} X_i$ Produktraum der X_i und $pr_i : X \to X_i$ die kanonische Projektion. Dann ist pr_i eine offene Abbildung.

Beweis: Es genügt zu zeigen, dass die Mengen aus einer Subbasis der Produkt-Topologie offene Bilder haben. Das ist aber klar nach der Beschreibung der Produkt-Topologie in Satz 2.2.7. ◻

Am Beispiel der Hyperbel $xy = 1$ im $\mathbf{R}^2$ sieht man, dass die Projektions-Abbildungen im allgemeinen nicht abgeschlossen sind.

Seien nun X, Y topologische Räume und $f : X \rightarrow Y$ eine stetige Abbildung. Ferner sei R_f die durch f auf X definierte Äquivalenz-Relation und $\overline{f} : X/R_f \rightarrow Y$ die von f induzierte Abbildung. Wie oben in Satz 2.2.12 notiert, ist $\overline{f}$ stetig.

Satz 2.2.17
Ist f eine offene (oder abgeschlossene) Abbildung, so ist $\overline{f}$ ein Homöomorphismus von X/R_f auf den Teilraum $f(X)$ von Y.

Beweis: Ist f offen, so folgt unmittelbar, dass $\overline{f}$ ebenfalls offen ist und somit ein Homöomorphismus auf sein (offenes) Bild sein muss. Der Beweis für abgeschlossenes f geht analog. ◻

Weitere Überlegungen zu Quotientenräumen werden wir in Abschnitt 2.5 anstellen.

2.3 Trennung und Zusammenhang

Wie bereits zu Anfang dieses Kapitels angedeutet wurde, sind die an eine allgemeine Topologie gestellten Anforderungen zu schwach, um manche pathologische Eigenschaften auszuschließen. (Was pathologisch ist, kann natürlich eine Frage des Standpunkts sein; so haben aus der Sicht der algebraischen und geometrischen Topologie die in der algebraischen Geometrie vorkommenden Topologien manche merkwürdige Eigenschaften, die jedoch ihren Nutzen für die algebraische Geometrie keineswegs schmälern). In der Topologie haben sich als sinnvolle Zusatzanforderungen die sogenannten Trennungs-Axiome herausgebildet. Dabei ist, aus dem verständlichen Wunsch heraus, möglichst allgemein zu bleiben, eine ganze Hierarchie dieser Axiome entstanden. In der Praxis wird für uns durchweg das (im folgenden erläuterte) Axiom (T_2) erfüllt oder zumindest erwünscht sein. Der Vollständigkeit und historischen Bedeutung halber sollen aber auch die anderen Axiome hier kurz vorgestellt werden.

Wir klären zunächst, was wir unter „Trennung" verstehen wollen:

Lemma 2.3.1
Sei X ein topologischer Raum und seien $A, B \subset X$ nicht-leere, zueinander disjunkte Teilräume. Dann sind folgende Aussagen äquivalent:

1. $\overline{A} \cap B = \emptyset$ und $A \cap \overline{B} = \emptyset$.

2. A, B sind offen (und abgeschlossen) in $A \cup B$,

3. die kanonische Abbildung $A \amalg B \rightarrow A \cup B$ ist ein Homöomorphismus.

Beweis: 1 ⇔ 2: A ist genau dann offen in $A \cup B$, wenn B in $A \cup B$ abgeschlossen ist. Dies ist äquivalent zu $B = \overline{B} \cap (A \cup B)$, das heißt $\overline{B} \cap A = \emptyset$.

$2 \Leftrightarrow 3$ ist klar. $\qquad\qquad\qquad\qquad\qquad\qquad\qquad\qquad\qquad\qquad\qquad\square$

Wir sagen, dass A, B in X getrennt liegen, wenn die (äquivalenten) Bedingungen des vorangehenden Lemmas erfüllt sind. Beispielsweise liegen zwei offene Teilmengen genau dann getrennt, wenn sie disjunkt sind. Das gleiche gilt für abgeschlossene Teilmengen. Zwei Punkte liegen getrennt, wenn keiner ein Berührungspunkt des anderen ist.

Wir formulieren nun die Trennungs-Axiome. Es sei X ein topologischer Raum. Wir betrachten die folgenden Bedingungen an X:

(T_0): Von zwei verschiedenen Punkten von X ist (mindestens) einer kein Häufungspunkt des anderen.

(T_1): Je zwei verschiedene Punkte von X liegen getrennt.

(T_2): Je zwei verschiedene Punkte von X haben disjunkte Umgebungen.

$(T_{2.5})$: Je zwei verschiedene Punkte von X haben disjunkte abgeschlossene Umgebungen.

(T_3): Ist $A \subset X$ abgeschlossen, $b \notin A$, so haben A und b disjunkte Umgebungen.

(T_4): Sind $A, B \subset X$ abgeschlossen und disjunkt, so haben sie disjunkte Umgebungen.

(T_5): Zwei getrennte Teilmengen von X haben disjunkte Umgebungen.

Die meisten der Beziehungen zwischen diesen Axiomen sind in den folgenden beiden Lemmata enthalten. Für weitere Informationen verweisen wir auf den Anhang A.3, der eine Tabelle über die wichtigsten Implikationen enthält.

Lemma 2.3.2
Es gilt:

1. $(T_i) \Rightarrow (T_j)$ für $(i, j) = (5, 4), (2.5, 2), (2, 1), (1, 0)$.

2. X erfüllt genau dann (T_1), wenn jede einpunktige Teilmenge von X abgeschlossen ist.

3. Sind (T_3) und (T_0) für X gültig, so auch $(T_{2.5})$.

4. Sind (T_4) und (T_1) für X gültig, so auch (T_3).

Beweis: 1.: ist trivial.

2.: Die Implikation „$\Leftarrow$" ist ebenfalls trivial. Wir beweisen die Implikation „$\Rightarrow$": Sei $p \in X$ und $q \in X - \{p\}$. Wegen der Eigenschaft (T_1) ist p in $\{p, q\}$ abgeschlossen. Also existiert eine offene Menge O_q in X, die q enthält, aber nicht p. Es folgt, dass $X - \{p\} = \bigcup_{q \neq p} O_q$ offen ist.

3.: Wir zeigen zunächst, dass X das Axiom (T_2) erfüllt: Seien p, q zwei Punkte von X. Da (T_0) gilt, können wir annehmen, dass etwa $p \notin \overline{\{q\}}$ ist. Da (T_3) gilt, haben $\overline{\{q\}}$ und p disjunkte offene Umgebungen O_q und O_p. Diese trennen dann auch q und p.

Nun wenden wir (T_3) auf $q \notin \overline{O_p}$ an. Es existieren also offene Mengen O_p', O_q' mit $\overline{O_p} \subset O_p'$, $q \in O_q'$ und $O_p' \cap O_q' = \emptyset$. Es folgt $\overline{O_p} \cap \overline{O_q'} = \emptyset$.

4.: Das ist klar wegen 2. $\qquad\qquad\qquad\qquad\qquad\qquad\qquad\qquad\qquad\qquad\qquad\square$

Der Beweis des folgenden Lemmas ist trivial.

Lemma 2.3.3
Sei $i \neq 4$. Ist X ein (T_i)-Raum, so auch jeder Unterraum von X.

Bemerkung: Dies ist für das Axiom (T_4) nicht richtig, da zwei in $Y \subset X$ abgeschlossene disjunkte Teilmengen nicht notwendig disjunkte abgeschlossene Hüllen in X haben.

Wegen ihrer besonderen Bedeutung erhalten die folgenden, mit dem Axiom (T_2) verbundenen Trennungs-Eigenschaften eigene Namen:

Definition 2.3.4
Ein Raum X heißt

1. Hausdorff-Raum, wenn er das Axiom (T_2) erfüllt,

2. regulär, wenn er (T_3) und (T_2) erfüllt,

3. normal, wenn er (T_4) und (T_2) erfüllt,

4. vollständig normal, wenn er (T_5) und (T_2) erfüllt.

Wie schon erwähnt wurde, ist hiervon die Hausdorff-Bedingung die mit Abstand bedeutendste. Eine sehr wichtige Umformulierung dieser Bedingung findet sich in dem folgenden Satz:

Satz 2.3.5
Ein topologischer Raum X ist genau dann hausdorffsch, wenn die Diagonale $\Delta = \{ (x,x) \mid x \in X \}$ in $X \times X$ abgeschlossen ist.

Beweis: Nach Definition der Produkt-Topologie ist $X \times X - \Delta$ genau dann offen in $X \times X$, wenn zu $p, q \in X$ mit $p \neq q$ Umgebungen U von p und V von q existieren, so dass $U \times V \cap \Delta = \emptyset$ ist. Das bedeutet aber gerade $U \cap V = \emptyset$. $\square$

Die vorstehende Charakterisierung liefert einen interessanten Ersatz für das Axiom (T_2), falls man einen guten Grund hat, $X \times X$ mit einer anderen Topologie als der Produkt-Topologie zu versehen. Dies ist zum Beispiel in der algebraischen Geometrie der Fall, aber auch beim Studium der Topologie von Funktionenräumen.

Die Räume, mit denen wir später zu tun haben werden, erfüllen üblicherweise die meisten der Trennungsaxiome. Insbesondere gilt für metrische Räume:

Satz 2.3.6
Jeder metrische Raum ist vollständig normal.

Beweis: Sei (X, d) ein metrischer Raum. Wir zeigen zunächst, dass X ein (T_2)-Raum ist: Sind $p, q \in X$ mit $p \neq q$, so ist $\delta = d(p,q) > 0$, und $U_p = \{ x \mid d(x,p) < \frac{1}{2}\delta \}$, $U_q = \{ y \mid d(y,q) < \frac{1}{2}\delta \}$ sind disjunkte offen Umgebungen von p und q.
Seien nun $A, B \subset X$ getrennt liegende Teilmengen. Da $X - \overline{B}$ offen ist, existiert zu $p \notin \overline{B}$ ein $\varepsilon_p > 0$ mit $d(p,x) \geq \varepsilon_p$ für $x \in B$; ebenso gibt es zu $q \notin \overline{A}$ ein $\delta_q > 0$ mit $d(q,y) \geq \delta_q$ für $y \in A$. Sei dann

$$U_A = \bigcup_{p \in A} \{\, x \mid d(x,p) < \tfrac{1}{2}\varepsilon_p \,\} \text{ und } U_B = \bigcup_{q \in B} \{\, y \mid d(y,q) < \tfrac{1}{2}\delta_q \,\} \,.$$

Dies sind offenbar disjunkte offene Umgebungen von A und B. $\qquad\qquad\square$

Die Wichtigkeit der Trennungs-Axiome beruht vor allem auf den Konsequenzen für die Existenz genügend vieler stetiger Funktionen, zu denen wir nun kommen. Für das folgende benötigen wir zunächst:

Satz 2.3.7

Sei X ein T_4-Raum. Dann gilt:

1. Zwei disjunkte abgeschlossene Teilmengen A, B von X haben disjunkte abgeschlossene Umgebungen.

2. Ist $A \subset X$ abgeschlossen, $U \supset A$ Umgebung von A, so existiert eine abgeschlossene Umgebung V von A mit $A \subset V \subset U^{\circ}$.

Beweis: 1.: Seien U_A, U'_B offene Umgebungen von A beziehungsweise B mit $U_A \cap U'_B = \emptyset$. Dann ist $\overline{U_A} \cap B \subset \overline{U_A} \cap U'_B = \emptyset$. Also gibt es (wieder wegen Eigenschaft (T_4)) disjunkte offene Umgebungen U'_A, U_B von $\overline{U_A}$ und B.

2.: Wir wenden 1. auf A und $B = X - U^{\circ}$ an und erhalten Umgebungen U_A und U_B von A beziehungsweise B mit $\overline{U_A} \cap \overline{U_B} = \emptyset$. Es sei $V = X - U_B$. $\qquad\square$

Die folgenden beiden Sätze 2.3.8 und 2.3.9 sind von fundamentaler Wichtigkeit, da sie die Konstruktion von vielen stetigen Funktionen auf einem genügend guten topologischen Raum erlauben.

Satz 2.3.8 (Urysohnsches Trennungs-Lemma)

Sei X ein T_4-Raum, $B, C \subset X$ abgeschlossene, zueinander disjunkte Teilmengen. Seien $a, b \in \mathbf{R}$ mit $a < b$. Dann existiert eine stetige Funktion $F : X \to [a,b]$ mit $F|_B = a$ und $F|_C = b$.

Zum Beweis genügt es, den Fall $a = 0$, $b = 1$ zu betrachten. Wir wollen zunächst für geeignete $r, s \in [0,1]$ abgeschlossene Teilmengen $X(r,s)$ von X definieren, die als Mengen

$$X(r,s) = \{\, x \in X \mid r \le F(x) \le s \,\} \tag{2.1}$$

dienen können; dabei sollen für $r_1 \le r_2 \le r_3$ die offensichtlichen Beziehungen zwischen Durchschnitten und Vereinigungen der $X(r_\mu, r_\nu)$ erfüllt sein.

Seien i, j, n natürliche Zahlen mit $0 \le i \le j \le 3^n$. Für $r = i/3^n$, $s = j/3^n$ definieren wir nun $X(r,s)$ durch Induktion über n.

Für $n = 0$ sei

$$X(0,0) = B, \quad X(0,1) = X, \quad X(1,1) = C \,.$$

Wir führen den Fall $n = 1$ zunächst explizit aus: Sei U abgeschlossene Umgebung von $X(0,0)$, welche $X(1,1)$ nicht trifft, und V abgeschlossene Umgebung von $X(1,1)$, welche $X(0,0)$ nicht trifft. Wir setzen

$$X(0, \tfrac{1}{3}) = U \text{ und } X(\tfrac{2}{3}, 1) = V \,.$$

Schließlich sei noch

$$X(\tfrac{1}{3}, \tfrac{2}{3}) = \left(\ \overline{(X - X(0, \tfrac{1}{3}))} \cap \overline{(X - X(\tfrac{2}{3}, 1))} \ \right) \ .$$

Diese Menge schneidet $X(0,0)$ und $X(1,1)$ nicht, und es ist

$$X = X(0, \tfrac{1}{3}) \cup X(\tfrac{1}{3}, \tfrac{2}{3}) \cup X(\tfrac{2}{3}, 1) \ .$$

Man betrachte hierzu die Skizze auf der nächsten Seite.

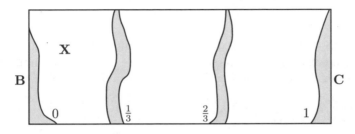

Abbildung 2.1: Die Mengen $X(r, s)$

Im allgemeinen Induktionsschritt wollen wir $X(\tfrac{i}{3^n}, \tfrac{i+1}{3^n})$ verfeinern. Wir setzen $X' = X(\tfrac{i}{3^n}, \tfrac{i+1}{3^n})$ und $B' - X(\tfrac{i}{3^n}, \tfrac{i}{3^n})$, $C' - X(\tfrac{i+1}{3^n}, \tfrac{i+1}{3^n})$ Dann ist der Induktionsschnitt für $X(\tfrac{i}{3^n}, \tfrac{i+1}{3^n})$ nichts anderes als der Schluss von $n = 0$ auf $n = 1$ für die Menge X'.

Nun seien alle Mengen $X(\tfrac{i}{3^n}, \tfrac{j}{3^n})$ (für i, j ganz, $0 \le i \le j \le 3^n$) konstruiert. Sie sind abgeschlossen und erfüllen die offensichtlichen Inklusionsbeziehungen. Wir definieren eine Folge von (unstetigen) Funktionen F_n auf X durch

$$F_n(x) = \tfrac{i}{3^n}, \text{ falls } x \in X(0, \tfrac{i}{3^n}), \ x \notin X(0, \tfrac{i-1}{3^n}) \cup X(\tfrac{i+1}{3^n}, 1) \ .$$

Offenbar existiert zu jedem $x \in X$ genau ein passendes i, so dass F_n wohldefiniert ist.

In der Umgebung $X - (X(0, \tfrac{i-1}{3^n}) \cup X(\tfrac{i+1}{3^n}, 1))$ von x ist F_n konstant. Ferner gilt für $m \ge n$ in dieser Umgebung die Abschätzung $|F_m(y) - F_n(y)| \le \tfrac{1}{3^n}$.

Sei $F(x) = \lim_{n \to \infty} F_n(x)$. Es ist nun klar, dass F stetig ist und die Gleichung $F|_A = f$ erfüllt. Damit ist das Urysohnsche Trennungslemma bewiesen.

Satz 2.3.9 (Tietzesches Erweiterungs-Lemma)
Sei X ein T_4-Raum, $A \subset X$ abgeschlossen und $f : A \to [-1, 1]$ stetig. Dann hat f eine stetige Erweiterung $F : X \to [-1, 1]$ mit $F|_A = f$.

Beweis: Sei $f_n : A \to [-s_n, s_n]$ stetig und

$$B_n := f_n^{-1}([-s_n, -\tfrac{1}{3} s_n]) \text{ sowie } C_n := f_n^{-1}([\tfrac{1}{3} s_n, s_n]) \ .$$

Dann sind B_n und C_n abgeschlossen in A, also auch in X. Nach dem Lemma 2.3.8 von Urysohn gibt es eine stetige Funktion $g_n : X \to [0, 1]$ mit $g_n|_{B_n} = 0$ und $g_n|_{C_n} = 1$. Sei

$$F_{n+1}(x) := -\tfrac{1}{3} s_n + \tfrac{2}{3} s_n \cdot g_n(x) \ .$$

Für $a \in A$ ist dann

$$|f_n(a) - F_{n+1}(a)| \le \frac{2}{3} s_n := s_{n+1} \ .$$

Wir setzen $f_{n+1} := f_n - F_{n+1}|_A$.

Beginnend mit $f_0 := f$ und $s_0 = 1$ erhalten wir so eine Folge stetiger Funktionen F_n auf X. Wegen $|F_{n+1}| \le \frac{1}{3} s_n$ existiert $F := \sum_{n \ge 1} F_n$. Für $a \in A$ wird

$$F(a) = \sum_{n \ge 0} \big(f_n(a) - f_{n+1}(a)\big) = f(a) \ .$$

Damit ist der Satz bewiesen. □

Wir kommen nun zum zweiten Thema dieses Abschnitts, dem Zusammenhangs-Begriff. Statt der schon in Abschnitt 1.2 angeschnittenen Idee des Wegzusammenhangs werden wir zunächst eine auf den topologischen Grundbegriffen aufbauende Variation betrachten.

Definition 2.3.10
Sei X ein topologischer Raum.

1. X heißt zusammenhängend, wenn X nicht homöomorph zur disjunkten Vereinigung zweier (nicht-leerer) Räume ist.

2. Eine Zusammenhangskomponente (oder kurz Komponente) von X ist ein maximaler zusammenhängender Teilraum von X.

3. X heißt total unzusammenhängend, wenn die Komponenten von X einpunktig sind.

Bemerkung: dass X zusammenhängend ist, lässt sich auch äquivalent durch eine der folgenden Bedingungen formulieren:

1. Ist $A \cup B = X$, $A \cap B = \emptyset$ für offene Mengen A, B, so ist $A = X$ oder $B = X$.

2. Es gibt keine stetige surjektive Abbildung $f : X \to \{0, 1\}$.

Man sollte übrigens den Begriff total unzusammenhängend nicht mit der Vorstellung von einer diskreten Topologie vermengen. Zum Beispiel ist $\mathbf{Q}$ total unzusammenhängend, aber natürlich kein diskreter Raum.

Wir notieren zunächst einige elementare Eigenschaften dieses Zusammenhangsbegriffs.

Lemma 2.3.11

1. Ist $A \subset X$ zusammenhängend und $A \subset B \subset \overline{A}$, so ist B zusammenhängend.

2. Sind $A_i \subset X$ zusammenhängend mit $\bigcap A_i \ne \emptyset$, so ist auch $\bigcup A_i$ zusammenhängend.

3. Jeder Punkt von X liegt in genau einer Komponente von X.

4. Die Komponenten von X sind abgeschlossene Teilräume.

Beweis: 1.: Seien $M_1, M_2 \subset X$ abgeschlossen mit $B \subset M_1 \cup M_2$ und $B \cap M_1 \cap M_2 = \emptyset$. Sei etwa $A \cap M_1 \ne \emptyset$. Es ist zu zeigen, dass $B \cap M_2 = \emptyset$ ist. Da A zusammenhängend ist, ist aber $A \subset M_1$, also auch $\overline{A} \subset M_1$.

2.: Sei $A = \bigcup A_i$. Seien U, V disjunkt und offen (in A) mit $A = U \cup V$. Sei $p \in \bigcap A_i$ und o.B.d.A. $p \in U$. Aus $A_i = (A_i \cap U) \cup (A_i \cap V)$ und $p \in A_i \cap U$ folgt $A_i \cap V = \emptyset$, da A_i zusammenhängend ist. Aber dann ist auch $A \cap V = \emptyset$.

3.: Die Vereinigung aller zusammenhängenden Teilräume von X, die den Punkt p enthalten, ist offenbar der einzige maximale zusammenhängende Teilraum, der p enthält.

4.: Dies folgt sofort aus 1. $\qquad\square$

Der folgende Satz ist oft ein wichtiges Hilfsmittel. Er impliziert insbesondere, dass ein Quotientenraum eines zusammenhängenden Raumes wieder zusammenhängend ist.

Satz 2.3.12
Sei $f : X \to Y$ eine stetige Abbildung. Ist X zusammenhängend, so auch $f(X)$.

Beweis: Sind A, B offen mit $f(X) \subset A \cup B$, so ist $X = f^{-1}(A) \cup f^{-1}(B)$ offene Überdeckung von X. Ist $A \cap B \cap f(X) = \emptyset$, so folgt $f^{-1}(A) \cap f^{-1}(B) = \emptyset$. Sei etwa $f^{-1}(A) \neq \emptyset$. Da X zusammenhängend ist, folgt $f^{-1}(B) = \emptyset$, also $f(X) \cap B = \emptyset$. $\qquad\square$

Manchmal werden auch die Zusammenhangs-Eigenschaften von Produkt-Räumen benötigt:

Satz 2.3.13
Ein Produkt nicht-leerer Räume ist genau dann zusammenhängend, wenn jeder Faktor zusammenhängend ist.

Beweis: Wegen des vorangehenden Satzes ist klar, dass aus dem Zusammenhang des Produkt-Raums der der Faktoren folgt.

Seien nun die X_i für $i \in I$ zusammenhängend und $X = \prod X_i$. Sei f eine stetige Abbildung von X in den diskreten Raum $\{0, 1\}$. Ist $f^{-1}(0)$ nicht leer, so gibt es nach Definition der Produkt-Topologie eine endliche Teilmenge $J \subset I$ und Elemente $x_i^* \in X_i$, so dass $f(x) = 0$ ist für alle $x = (x_i) \in X$ mit $x_j = x_j^*$ für $j \in J$. Sei $\varphi_j : X_j \to X$ für $j \in J$ definiert durch $\mathrm{pr}_j \circ \varphi_j(y) = y$ und $\mathrm{pr}_i \circ \varphi_j(y) = x_i^*$ für $i \neq j$. Da X_j zusammenhängend ist, muss $f \circ \varphi_j$ konstant gleich 0 sein. Es folgt nun leicht, dass auch f selbst konstant gleich 0 ist. $\qquad\square$

Zum Schluss müssen wir noch die Verbindung zu dem früher benutzten Begriff des Wegzusammenhangs herstellen. Der wesentliche Punkt dabei ist die folgende einfache Tatsache:

Lemma 2.3.14
Jedes Intervall $J \subset \mathbf{R}$ ist zusammenhängend.

Beweis: Es genügt, dies für ein offenes Intervall zu beweisen. Sei $A \subset J$ offen, abgeschlossen und nicht leer. Wir müssen zeigen, dass $J - A$ leer ist. Andernfalls sei $t_0 \in A$, $t_1 \in J - A$ und etwa $t_0 < t_1$. Dann kann $a := \sup \{\, a \in A \mid a < t_1 \,\}$ wegen der Offenheit von A nicht zu A gehören, muss aber wegen der Abgeschlossenheit von A doch ein Element von A sein. $\qquad\square$

Wir wiederholen nun noch einmal die Definition des Wegzusammenhangs, jetzt allerdings für allgemeine topologische Räume:

Definition 2.3.15

Sei X ein topologischer Raum.

1. Ein Weg in X ist eine stetige Abbildung $\omega : [0,1] \to X$. Die Punkte $\omega(0)$ bzw. $\omega(1)$ heißen Anfangs- bzw. Endpunkt des Weges.

2. X heißt wegzusammenhängend, wenn sich je zwei Punkte von X durch einen Weg verbinden lassen.

Wichtige Eigenschaften dieses Begriffs sind die folgenden:

Satz 2.3.16

Sei X ein wegzusammenhängender Raum. Dann gilt:

1. X ist zusammenhängend.

2. Ist $f : X \to Y$ stetig, so ist $f(X)$ wegzusammenhängend.

Beweis: Das Einheits-Intervall $\mathbf{I}$ ist zusammenhängend. Die zweite Eigenschaft ist klar.

$\square$

Die Implikation für die erste Behauptung lässt sich nicht umkehren. Zum Beispiel ist $\{\, (x,y) \in \mathbf{R}^2 \mid x \neq 0 \Rightarrow y = \sin \frac{1}{x} \,\}$ zwar zusammenhängend, aber nicht wegzusammenhängend.

Manchmal kann man aber doch aus dem Zusammenhang auf den Wegzusammenhang schließen, dann nämlich, wenn der betrachtete Raum X lokal wegzusammenhängend ist. Dies soll bedeuten, dass zu jeder Umgebung U eines Punktes p von X eine wegzusammenhängende Umgebung V existiert mit $p \in V \subset U$. Es ist leicht zu sehen, dass für einen lokal wegzusammenhängenden Raum aus dem Zusammenhang auf den Wegzusammenhang geschlossen werden kann.

2.4 Kompaktheit

Der Kompaktheits-Begriff begegnet uns schon in der reellen Analysis in Gestalt der Sätze von Bolzano-Weierstraß und von Heine-Borel. Die Erweiterung der Definition auf allgemeine topologische Räume führte in den ersten Jahrzehnten dieses Jahrhunderts zunächst zu den verschiedensten Varianten von Kompaktheits-Begriffen und es dauerte einige Zeit, bis sich die bedeutendsten unter ihnen herauskristallisiert hatten.

Selbst heute ist die Terminologie noch nicht ganz einheitlich. So wird, dem Beispiel von Bourbaki folgend, in vielen Publikationen (vor allem im Bereich des französischen Sprachraums) ein kompakter Raum stets als Hausdorff-Raum verstanden. Ein Raum mit der endlichen Überdeckungs-Eigenschaft wird dort als quasi-kompakt bezeichnet. Wir werden jedoch diesem Vorbild nicht folgen, sondern uns der inzwischen wohl im überwiegenden Teil der Literatur anzutreffenden Praxis anschließen, keine Trennungs-Eigenschaften vorauszusetzen.

Wir benötigen die folgenden Begriffe:

Definition 2.4.1
Eine Familie $\mathcal{U}$ von Teilmengen des topologischen Raums X heißt eine Überdeckung von X, wenn $\bigcup_{U \in \mathcal{U}} U = X$ ist. Die Überdeckung heißt offen (beziehungsweise abgeschlossen), wenn jedes $U \in \mathcal{U}$ offen (beziehungsweise abgeschlossen) ist. Eine Teil-Überdeckung von $\mathcal{U}$ ist eine Teilfamilie $\mathcal{W} \subset \mathcal{U}$, die ebenfalls Überdeckung von X ist.

Das folgende Lemma beschreibt einige triviale Umformulierungen dieser endlichen Überdeckungs-Eigenschaft:

Lemma 2.4.2
Für einen topologischen Raum X sind äquivalent:

1. Jede offene Überdeckung hat eine endliche Teil-Überdeckung.

2. Sind A_i, $i \in I$, abgeschlossene Teilmengen mit $\bigcap A_i = \emptyset$, so gibt es endlich viele Indizes $i_1, \ldots, i_n$ mit $A_{i_1} \cap \ldots \cap A_{i_n} = \emptyset$.

3. Jeder Filter $\mathcal{F}$ auf X hat einen Berührungspunkt.

Beweis: „1. $\Rightarrow$ 2.": Die Komplemente $U_i = X - A_i$ bilden eine offene Überdeckung von X. Aus $X = U_{i_1} \cup \ldots \cup U_{i_n}$ folgt aber $A_{i_1} \cap \ldots \cap A_{i_n} = \emptyset$.
„2. $\Rightarrow$ 3.": Sei $\mathcal{F} = \{F_i\}$. Sei $A_i = \overline{F_i}$ die abgeschlossene Hülle von F_i. Dann ist stets $A_{i_1} \cap \ldots \cap A_{i_n} \neq \emptyset$, da $\mathcal{F}$ als Filter vorausgesetzt ist. Jeder Punkt von $\bigcap A_i$ ist dann Berührungspunkt von $\mathcal{F}$.
„3. $\Rightarrow$ 1.": Falls $\mathcal{U}$ keine endliche Teil-Überdeckung hat, so ist die Familie der Komplemente $X - U$ für $U \in \mathcal{U}$ eine Filterbasis. Da diese Komplemente abgeschlossen sind, erhalten wir aus (3.),dass $\bigcap_U (X - U) \neq \emptyset$ ist. Dies steht im Widerspruch dazu, dass $\mathcal{U}$ Überdeckung ist. $\qquad\square$

Definition 2.4.3
Ein topologischer Raum X heißt kompakt, wenn er die Bedingungen von Lemma 2.4.2 erfüllt.

In der Analysis wird dieser Begriff meist nur für metrische Räume formuliert. Dabei benutzt die klassische Charakterisierung kompakter Teilmengen des $\mathbf{R}^n$ die folgenden Begriffe, die mit Hilfe einer Metrik definiert werden müssen (und nicht nur von der Äquivalenz-Klasse der Metrik abhängen).

Definition 2.4.4
Sei (X, d) ein metrischer Raum.

1. Eine Folge (x_n) in X heißt Cauchy-Folge, wenn es zu jedem $\varepsilon > 0$ ein $n_0 \in \mathbf{N}$ gibt mit $d(x_m, x_n) < \varepsilon$ für alle $m, n \geq n_0$.

2. X heißt vollständig, wenn jede Cauchy-Folge in X konvergiert.

3. X heißt total beschränkt, wenn es zu jedem $\varepsilon > 0$ endlich viele $x_i \in X$ gibt, so dass X von den ε-Kugeln $K_i = \{\, x \in X \mid d(x, x_i) < \varepsilon \,\}$ überdeckt wird.

Wir notieren:

Satz 2.4.5

Sei (X, d) ein metrischer Raum. Dann sind die folgenden Bedingungen äquivalent:

1. X ist kompakt.

2. Jede Folge (x_n) in X hat einen Häufungspunkt.

3. Jede Folge (x_n) in X hat eine konvergente Teilfolge.

4. X ist vollständig und total beschränkt.

Beweis: Die Implikationen „1. $\Rightarrow$ 2." und „3. $\Rightarrow$ 2." sind offenbar für beliebige topologische Räume gültig. Da in einem metrischen Raum ein Häufungspunkt der Folge (x_n) eine abzählbare Umgebungs-Basis hat, folgt hier aus 2. auch Bedingung 3..

Wir zeigen nun, dass 4. eine Konsequenz von 3. ist. Dabei ist die Vollständigkeit klar. Wäre aber X nicht total beschränkt, so gäbe es ein $\varepsilon > 0$, für das endlich viele ε-Kugeln nicht ausreichen, X zu überdecken. Doch dann könnten wir induktiv eine Folge (x_n) konstruieren mit $d(x_{n+1}, x_i) \geq \varepsilon$ für $i \leq n$. Diese enthielte offenbar keine konvergente Teilfolge.

Für „4. $\Rightarrow$ 1." sei $\mathcal{U}$ eine offene Überdeckung von X. Es reicht zu zeigen, dass es ein $\varepsilon > 0$ gibt, so dass jede ε-Kugel in einem $U \in \mathcal{U}$ enthalten ist. Andernfalls gibt es aber zu jedem $n \in \mathbf{N}$ ein $x_n \in X$, so dass die Kugel K_n mit Radius $1/n$ um x_n in keinem $U \in \mathcal{U}$ enthalten ist. Da die Punkte x_n für jedes $\varepsilon > 0$ in insgesamt endlich vielen ε-Kugeln liegen, können wir nach dem Schubfach-Prinzip eine Teilfolge $y_i = x_{n_i}$ finden, welche Cauchy-Folge ist. Der Grenzwert y der Folge (y_i) liegt dann in einem $U \in \mathcal{U}$ und dieses U enthält K_{n_i} für genügend große i (im Widerspruch zur Definition der K_n). $\qquad\square$

Wir wenden uns nun wieder beliebigen topologischen Räumen zu. Der folgende Satz liefert eine andere Charakterisierung des Kompaktheits-Begriffs, die vor allem wegen ihrer Eignung zur Verallgemeinerung von besonderer theoretischer Wichtigkeit ist.

Satz 2.4.6

Ein Raum X ist genau dann kompakt, wenn für jeden topologischen Raum T die Projektions-abbildung $\mathrm{pr}_2 : X \times T \to T$ abgeschlossen ist.

Beweis: Sei X kompakt. Für $U \subset X \times T$ und $x \in X$ sei $U_x = \{\, t \mid (x,t) \in U \,\}$. Die Bedingung an pr_2 ist äquivalent dazu, dass für offenes $U \subset X \times T$ auch der Durchschnitt $\bigcap_{x \in X} U_x \subset T$ offen ist. Nun existieren zu $t_0 \in \bigcap_{x \in X} U_x$ offene Umgebungen V_x von x und W_x von t_0 mit $V_x \times W_x \subset U$ und $W_x \subset U_x$. Ist $X = \bigcup_{x \in X} V_x = V_{x_1} \cup \ldots \cup V_{x_n}$, so sei $W := W_{x_1} \cap \ldots \cap W_{x_n}$; wegen $V_{x_i} \times W \subset U$ ist dann $W \subset \bigcap_{x \in X} U_x$.

Sei nun umgekehrt für jeden Raum T die Projektion $\mathrm{pr}_2 : X \times T \to T$ als abgeschlossen vorausgesetzt. Sei $\mathcal{F}$ ein Filter auf X. Wir müssen zeigen, dass $\mathcal{F}$ einen Berührungspunkt in X hat.

Wir konstruieren einen Test-Raum $T := X \cup \{\infty\}$, indem wir zu X einen neuen Punkt ∞ (der nicht in X enthalten ist) hinzunehmen. Auf T definieren wir eine Topologie $\mathcal{T}$ durch

$$\mathcal{T} := \{U \mid U \subset X\} \cup \{U \cup \{\infty\} \mid U \in \mathcal{F}\} \,.$$

Es ist klar, dass dies eine Topologie auf T definiert, für die ∞ ein Häufungspunkt von X ist.

Sei $\triangle := \{\, (x,x) \in X \times T \mid x \in X \,\}$. Dann ist $X = \mathrm{pr}_2(\triangle)$. Da pr_2 abgeschlossen ist, folgt: $T = \overline{X} \subset \mathrm{pr}_2(\overline{\triangle})$. Insbesondere ist also $\infty \in \mathrm{pr}_2(\overline{\triangle})$, so dass ein $x_0 \in X$ existieren muss mit $(x_0, \infty) \in \overline{\triangle}$. Dieses x_0 ist ein Berührungspunkt von $\mathcal{F}$. $\square$

Immer wieder benutzte Eigenschaften kompakter Räume sind die des folgenden Satzes. Dabei ist die zweite Eigenschaft die Grundlage des uns aus der Analysis vertrauten Maximum-Prinzips: Jede stetige reelle Funktion auf einem kompakten Raum besitzt ein Maximum.

Satz 2.4.7
Sei X ein kompakter Raum. Dann gilt:

1. Jeder abgeschlossene Teilraum von X ist kompakt.

2. Ist $f : X \to Y$ stetig und surjektiv, so ist Y kompakt.

Beweis: 1.: Sei $Z \subset X$ abgeschlossen. Ist $\mathcal{U}$ offene Überdeckung von Z, so gibt es eine Familie $\mathcal{U}'$ von offenen Mengen in X mit $\mathcal{U} = \{\, Z \cap U' \mid U' \in \mathcal{U}' \,\}$. Sei $\mathcal{W} = \mathcal{U}' \cup \{X - Z\}$. Dann ist $\mathcal{W}$ eine offene Überdeckung von X; da X kompakt ist, ist also $X = (X - Z) \cup U_1' \cup \ldots \cup U_n'$. Dann ist aber Z in $(Z \cap U_1') \cup \ldots \cup (Z \cap U_n') = U_1 \cup \ldots \cup U_n$ enthalten.
2.: Sei $\mathcal{U}$ eine offene Überdeckung von Y. Dann ist $\{\, f^{-1}(U) \mid U \in \mathcal{U} \,\}$ eine offene Überdeckung von X. Aus $X = f^{-1}(U_1) \cup \ldots \cup f^{-1}(U_n)$ folgt $Y = U_1 \cup \ldots \cup U_n$. $\square$

Besonders gute Eigenschaften ergeben sich für kompakte Räume im Zusammenspiel mit der Hausdorff-Bedingung (T_2). Wir untersuchen im folgenden die wichtigsten Folgerungen aus diesen beiden Voraussetzungen.

Satz 2.4.8
Sei X Teilraum des Hausdorff-Raums Y. Ist X kompakt, so ist X abgeschlossen in Y.

Beweis: Sei $p \notin X$. Zu $x \in X$ existieren in Y offene Umgebungen O_x von p und U_x von x, so dass $O_x \cap U_x = \emptyset$ ist. Ist $X = X \cap \bigcup_{x \in X} U_x$ schon in $U_{x_1} \cup \ldots \cup U_{x_n}$ enthalten, so ist $O_{x_1} \cap \ldots \cap O_{x_n}$ Umgebung von p, die X nicht trifft. $\square$

Das folgende Korollar zeigt klar, warum kompakte Hausdorff-Räume von besonderer Wichtigkeit sind.

Korollar 2.4.9
Sei $f : X \to Y$ stetig und bijektiv. Sei X kompakt und Y Hausdorffsch. Dann ist f ein Homöomorphismus.

Beweis: Ist $A \subset X$ abgeschlossen, so ist A nach Satz 2.4.7, (1.) kompakt. Nach Satz 2.4.7 (2.) und dem vorangehenden Satz ist auch $f(A)$ als Teilraum von Y abgeschlossen. $\square$

Die obige Aussage lässt sich auch wie folgt formulieren: Ist $(X, \mathcal{T})$ kompakter Hausdorff-Raum, so ist jede Topologie, die echt feiner als $\mathcal{T}$ ist, nicht kompakt, und jede echt gröbere Topologie ist nicht Hausdorffsch.

Wir leiten noch weitere nützliche Eigenschaften von kompakten Hausdorff-Räumen her.

Hilfssatz 2.4.10
Seien $K, L \subset X$ Teilräume, so dass jeder Punkt p von K zu L getrennt liegt. Ist K kompakt, so liegen auch K und L getrennt.

Beweis: Zu $p \in K$ gibt es offen disjunkte Umgebungen U_p von p und V_p von L. Da K kompakt ist, gibt es endlich viele $p_1, \ldots, p_n \in K$, so dass $K \subset U_{p_1} \cup \ldots \cup U_{p_n} =: U$ ist. Mit $V := V_{p_1} \cap \ldots \cap V_{p_n}$ haben wir die gesuchten Umgebungen gefunden. □

Korollar 2.4.11
Sei X Hausdorff-Raum. Sind $K_1, K_2 \subset X$ kompakt mit $K_1 \cap K_2 = \emptyset$, so haben K_1, K_2 disjunkte Umgebungen in X.

Beweis: Wir wenden den Hilfssatz zunächst auf $K = K_1$ und $L = \{q\}$ für ein $q \in K_2$ an. Es folgt, dass jeder Punkt von K_2 zu K_1 getrennt liegt. Nochmalige Anwendung des Hilfssatzes auf $K = K_2$ und $L = K_1$ liefert die Behauptung. □

Als wichtige Folgerung erhalten wir:

Korollar 2.4.12
Jeder kompakte Hausdorff-Raum ist normal.

Damit haben wir die wichtigsten Eigenschaften kompakter Räume behandelt. Es fehlt allerdings noch der folgende Satz, der wohl als einer der bekanntesten Sätze der Allgemeinen Topologie anzusehen ist und besonders in der Analysis eine wichtige Rolle spielt. Den Beweis werden wir allerdings nur skizzieren.

Satz 2.4.13 (Satz von Tychonoff)
Ein Produkt-Raum $X = \prod_{i \in I} X_i$ von nicht-leeren Räumen ist genau dann kompakt, wenn jedes X_i kompakt ist.

Beweis (Skizze): X_i ist stetiges Bild von X, also nach Satz 2.4.7 mit X ebenfalls ein kompakter Raum.
Der Beweis der Umkehrung ist schwieriger: Sei jedes X_i kompakt. Sei $\mathcal{F}$ ein Filter auf X, und sei $\widetilde{\mathcal{F}} \supset \mathcal{F}$ ein maximaler Filter, der feiner ist als $\mathcal{F}$ (man muss natürlich beweisen, dass solch ein $\widetilde{\mathcal{F}}$ existiert). Dann ist $\mathrm{pr}_{i\bullet}(\widetilde{\mathcal{F}})$ ebenfalls maximal (wegen der Surjektivität von pr_i). Es folgt aus der Kompaktheit von X_i, dass $\mathrm{pr}_{i\bullet}\widetilde{\mathcal{F}}$ von der Gestalt $\{U_i \subset X_i \mid x_i \in U_i\}$ sein muss für ein geeignetes $x_i \in X_i$. Es ist nun klar, dass $(x_i)_{i \in I} \in X$ ein Berührungspunkt von $\mathcal{F}$ ist. □

Eine vollständige Version des Beweises mit einer ausführlichen Diskussion des Satzes findet man zum Beispiel in [Jae80].

Wenn auch oft die Kompaktheits-Eigenschaft eine beträchtliche technische Hilfe sein wird, so können wir doch in vielen Fällen die Betrachtung nicht kompakter Räume nicht vermeiden. Dann ist es manchmal nützlich, wenn ein Raum sich wenigstens durch kompakte Teilräume ausschöpfen lässt. Die folgende Definition spielt vor allem beim Studium von Abbildungs-Räumen eine große Rolle:

Definition 2.4.14
Ein topologischer Raum X heißt lokal-kompakt, wenn jeder Punkt eine kompakte Umgebung in X besitzt.

Abgeschlossene Teilräume von lokal-kompakten Räumen sind offenbar wieder lokal-kompakt.

Bemerkung: In der Literatur kommen noch folgende verwandte, aber nicht äquivalente Begriffsbildungen vor:

1. jeder Punkt hat eine abgeschlossene kompakte Umgebung,
2. jede Umgebung eines Punktes enthält eine kompakte Umgebung.

Beide implizieren Lokal-Kompaktheit im Sinne der obigen Definition. Unsere Definition beinhaltet jedoch nicht, dass X „lokal" (d.h. im Kleinen) kompakt ist: Hierunter würde man verstehen, dass jeder Punkt beliebig kleine kompakte Umgebungen besitzt.

Die zweite Eigenschaft ist aber für lokal-kompakte Hausdorff-Räume immer erfüllt:

Satz 2.4.15
Sei X lokal-kompakter Hausdorff-Raum.

1. X ist regulär.
2. Jede Umgebung eines Punktes von X enthält eine kompakte Umgebung.

Beweis: Sei U Umgebung von p in X. Sei K eine kompakte Umgebung von p. Da K nach Satz 2.4.12 regulär ist, existiert in K eine abgeschlossene Umgebung V von p mit $V \subset U \cap K$. Dann ist V auch abgeschlossen in X, und V ist kompakt als Teilraum von K. $\qquad\square$

Bei der Betrachtung nicht kompakter Räume ist es oft hilfreich, diese zu kompaktifizieren, das heißt in einen kompakten Raum einzubetten. Lokal-kompakte Hausdorff-Räume lassen sich auf besonders einfache Weise kompaktifizieren:

Satz 2.4.16
Sei X lokal-kompakter Hausdorff-Raum. Dann gibt es einen (bis auf Homöomorphie eindeutig bestimmten) kompakten Hausdorff-Raum X^+, welcher X als Teilraum enthält, so dass $X^+ - X$ einpunktig ist.

Beweis: Sei $X^+ := X \cup \{\infty\}$, wobei $\infty \notin X$ ist. Eine Teilmenge $U \subset X^+$ heiße offen, wenn die folgenden Bedingungen erfüllt sind:

1. $X \cap U$ ist offen in X,
2. ist $\infty \in U$, so ist $X - U \subset X$ kompakt.

Es ist klar, dass dies eine Topologie auf X^+ definiert.
Weiter folgt, dass X^+ kompakt ist, denn für eine offene Überdeckung $\mathcal{U}$ von X^+ muss es ein $U_\infty \in \mathcal{U}$ geben mit $\infty \in U_\infty$. Dann ist $X^+ - U_\infty = X - U_\infty$ kompakt. Um zu

zeigen, dass U^+ Hausdorff-Raum ist, genügt es, einen Punkt $p \in X$ von $\infty \in X^+$ zu trennen. Sei $U \subset X$ kompakte Umgebung von p. Dann sind U° und $X^+ - U$ disjunkte offene Umgebungen von p und ∞. $\qquad\qquad\qquad\qquad\qquad\qquad\qquad\qquad\qquad$ $\square$

Bemerkung: X^+ heißt die Einpunkt-Kompaktifizierung von X. Der in $X^+ - X$ liegende Punkt heißt auch unendlich ferner Punkt von X^+; er wird meist wie im obigen Beweis mit ∞ bezeichnet. Ist X selbst schon kompakt, so ist $X^+ \cong X \amalg \{\infty\}$. Ein anderes wichtiges Beispiel ist die Homöomorphie $(\mathbf{E}^n)^+ \cong (\mathbf{R}^n)^+ \cong \mathbf{S}^n$.

Man beachte aber, dass nicht jede stetige Abbildung $f : X \to Y$ zwischen lokal-kompakten Hausdorff-Räumen eine stetige Abbildung von X^+ nach Y^+ induziert. Dies gilt nur für Abbildungen mit einer zusätzlichen Kompaktheits-Eigenschaft:

Definition 2.4.17

Eine stetige Abbildung $f : X \to Y$ heißt eigentlich, wenn für jeden topologischen Raum T die Abbildung $f \times \mathrm{id}_T : X \times T \to Y \times T$ abgeschlossen ist.

Nach Satz 2.4.6 ist also eine Abbildung von X auf einen einpunktigen Raum genau dann eigentlich, wenn X kompakt ist.

Das Bild einer eigentlichen Abbildung $f : X \to Y$ ist ein abgeschlossener Teilraum von Y. Insbesondere gilt für injektive Abbildungen:

Lemma 2.4.18

Sei $f : X \to Y$ stetig und injektiv. Dann ist die Abbildung f genau dann eigentlich, wenn sie einen Homöomorphismus von X auf einen abgeschlossenen Teilraum von Y induziert.

Beweis: Wenn f eigentlich ist, folgt unmittelbar aus der Abgeschlossenheit von f, dass X homöomorph auf einen abgeschlossenen Teilraum von Y abgebildet wird.

Ist umgekehrt f ein Homöomorphismus von X auf den abgeschlossenen Teilraum X' von Y, so ist für jeden Raum T die Abbildung $f \times \mathrm{id}_T$ ein Homöomorphismus von $X \times T$ auf den abgeschlossenen Teilraum $X' \times T$. Insbesondere ist $f \times \mathrm{id}_T$ abgeschlossen. $\qquad$ $\square$

Das folgende Lemma zeigt unter anderem, dass eine eigentliche Abbildung f sich stets als Komposition $f_2 \circ f_1$ darstellen lässt, wobei f_1 eigentlich und surjektiv ist und f_2 eigentlich und injektiv.

Lemma 2.4.19

Sei $f : X \to Y$ eine eigentliche Abbildung. Dann gilt:

1. Für jeden Teilraum $Y' \subset Y$ ist $f|_{f^{-1}(Y')} : f^{-1}(Y') \to Y'$ eigentlich.
2. Ist $g : Y \to Z$ eigentlich, so auch $g \circ f$.

Beweis: Dies folgt unmittelbar aus der Definition. $\qquad\qquad\qquad\qquad\qquad\qquad\qquad$ $\square$

Der folgende Satz verallgemeinert die in Satz 2.4.6 gegebene Charakterisierung kompakter Räume und vermittelt eine anschauliche Interpretation des Eigentlichkeits-Begriffs:

Satz 2.4.20
Sei $f : X \to Y$ stetig. Dann ist f genau dann eigentlich, wenn f abgeschlossen ist und wenn alle Urbilder von Punkten $y \in Y$ kompakte Teilmengen von X sind.

Beweis: Sei f eigentlich. Setzen wir in der Definition eine einpunktige Menge T ein, so folgt die Abgeschlossenheit von f. Für $y \in Y$ ist $f|_{f^{-1}(y)} : f^{-1}(y) \to \{y\}$ nach Lemma 2.4.19 eigentlich. Nach Satz 2.4.6 ist $f^{-1}(y)$ kompakt.

Sei nun f abgeschlossen und seien die Urbilder einpunktiger Mengen kompakt. Wir haben zu zeigen: $g = f \times \mathrm{id} : X \times T \to Y \times T$ ist abgeschlossen.

Sei $A \subset X \times T$ abgeschlossen und $(y_0, t_0) \in Y \times T - g(A)$. Wir müssen eine Umgebung von (y_0, t_0) in $Y \times T$ finden, die zu $g(A)$ disjunkt ist. Ist $y_0 \notin f(X)$, so besitzt y_0 eine Umgebung W mit $W \cap f(X) = \emptyset$; dann ist sicher $(W \times T) \cap g(A) = \emptyset$. Sei also $y_0 \in f(X)$. Zu $x \in f^{-1}(y_0)$ existieren offene Umgebungen U_x von x und V_x von t_0 mit $U_x \times V_x \subset X \times T - A$. Wegen der Kompaktheit von $f^{-1}(y_0)$ ist dann $f^{-1}(y_0) \subset U_{x_1} \cup \ldots \cup U_{x_n} =: U$. Mit $V := V_{x_1} \cap \ldots \cap V_{x_n}$ ist $U \times V \subset X \times T - A$. Da f abgeschlossen ist, existiert eine Umgebung W von y_0 mit $f^{-1}(W) \subset U$.

Dann ist $f^{-1}(W \times V) \subset X \times T - A$, also $W \times V \subset Y \times T - g(a)$. $\qquad \square$

Eine wichtige Folgerung ist noch:

Lemma 2.4.21
Ist $f : X \to Y$ eigentlich, so ist für kompaktes $K \subset Y$ das Urbild $f^{-1}(K) \subset X$ ebenfalls kompakt.

Beweis: Nach dem Lemma 2.4.19 über eigentliche Abbildungen ist $f : f^{-1}(K) \to K$ eigentlich. Wegen der Kompaktheit von K ist $K \to \mathbf{D}^0$ eigentlich, also nach Lemma 2.4.19 auch die Komposition $f^{-1}(K) \to \mathbf{D}^0$. $\qquad \square$

Hieraus folgt nun leicht:

Satz 2.4.22
Sei $f : X \to Y$ eigentliche Abbildung zwischen lokal-kompakten Hausdorff-Räumen. Dann induziert f eine stetige Abbildung $f^+ : X^+ \to Y^+$.

Dabei soll natürlich $f^+ : X^+ \to Y^+$ die unendlich fernen Punkte ineinander überführen und auf X mit f übereinstimmen.

Beweis: Es ist zu zeigen, dass für offenes $U \subset Y^+$ die Urbildmenge $f^{+-1}(U) \subset X^+$ offen ist. Dies ist klar, falls $\infty \notin U$ ist. Ist aber $\infty \in U$ und $V = U - \{\infty\}$, so ist $Y - V$ kompakt, also nach dem vorangehenden Lemma auch $X - f^{-1}(V)$. Dies bedeutet aber gerade, dass $f^{-1}(V) \cup \{\infty\}$ in X^+ offen ist. $\qquad \square$

2.5 Quotientenräume

In diesem letzten Abschnitt von Kapitel 2 wollen wir uns eingehender mit Quotienten-Räumen beschäftigen. Dabei wird es vor allem um den Gesichtspunkt der Vertauschbar-keit von finalen mit initialen Konstruktionen gehen.

Aus dem Korollar 2.4.9 über stetige bijektive Abbildungen von einem kompakten Raum auf einen Hausdorff-Raum gewinnen wir unmittelbar die folgende wichtige Konsequenz:

Satz 2.5.1

Sei $f : X \to Y$ stetig, R_f die durch f auf X induzierte Äquivalenzrelation. Sei X kompakt und Y ein Hausdorff-Raum. Dann induziert f einen Homöomorphismus

$$X/R_f \xrightarrow{\overline{f}} f(X)$$

zwischen dem Quotienten-Raum X/R_f und dem Teilraum $f(X)$ von Y.

Dies zeigt, dass man unter günstigen Umständen manchmal Teilraum- und Quotienten-Bildung vertauschen kann:

Korollar 2.5.2

Sei R Äquivalenzrelation auf X, $\pi : X \to X/R$ die Projektion. Sei $A \subset X$ ein Teilraum und R_A die von R auf A induzierte Äquivalenzrelation. Ist A kompakt und X/R Hausdorffsch, so ist A/R_A homöomorph zu $\pi(A) \subset X/R$.

Es ist daher oft wichtig zu wissen, wann ein Quotientenraum X/R ein Hausdorff-Raum ist.

Eine Teilmenge $M \subset X$ heiße saturiert (bezüglich der Äquivalenz-Relation R), wenn aus $(x, y) \in R$ und $x \in M$ folgt, dass $y \in M$ ist. Das folgende Lemma ist nur eine triviale Umformulierung der Hausdorff-Bedingung.

Lemma 2.5.3

X/R ist genau dann Hausdorffsch, wenn je zwei verschiedene Äquivalenzklassen in X disjunkte saturierte Umgebungen haben.

Die Äquivalenzrelation R auf X heiße offen (bzw. abgeschlossen), wenn $\pi : X \to X/R$ eine offene (bzw. abgeschlossene) Abbildung ist. R ist offenbar genau dann offen, wenn für jede offene Teilmenge $O \subset X$ die Saturierung $\widetilde{O} = \{\, x \in X \mid x \sim y \text{ für ein } y \in O \,\}$ wieder offen ist. (Eine analoge Aussage gilt für abgeschlossene Äquivalenzrelationen).

Lemma 2.5.4

Sei R Äquivalenzrelation auf X und Γ_R der Graph von R. Ist X/R Hausdorffsch, so ist $\Gamma_R \subset X \times X$ abgeschlossen. Ist R zudem noch offen, so gilt hiervon auch die Umkehrung.

Beweis: $\pi \times \pi : X \times X \to X/R \times X/R$ ist stetig, und Γ_R ist das Urbild der Diagonalen Δ von X/R. Aber X/R ist genau dann Hausdorffsch, wenn Δ in X/R abgeschlossen ist. Ist R offen und $\Gamma_R \subset X \times X$ abgeschlossen, so ist $X/R \times X/R - \Delta$ offen als Bild von

$X \times X - R$ unter π. □

Wir bringen nun zusätzlich Kompaktheits-Eigenschaften ins Spiel:

> **Satz 2.5.5**
> Sei R eine Äquivalenzrelation auf dem kompakten Hausdorff-Raum X und sei Γ der Graph von R. Dann sind äquivalent:
>
> 1. R ist abgeschlossen,
>
> 2. die kanonische Projektion $\pi : X \to X/R$ ist eigentlich,
>
> 3. X/R ist Hausdorffsch,
>
> 4. $\Gamma \subset X \times X$ ist abgeschlossen.

Beweis: „1. ⇒ 2.": Da X Hausdorff-Raum und π nach Voraussetzung abgeschlossen ist, sind Punkte $y \in X/R$ abgeschlossen. Dann ist aber auch $\pi^{-1}(y)$ abgeschlossen und damit kompakt.

„2. ⇒ 3.": Die Diagonale von X/R ist das Bild der Diagonalen von X.

„3. ⇒ 4.": Γ ist das Urbild der Diagonalen von X/R.

„4. ⇒ 1.": Sei $A \subset X$ abgeschlossen. Wir müssen zeigen, dass $\pi^{-1}(\pi(A))$ abgeschlossen ist. Nach Vor. ist $\Gamma \cap (A \times X)$ abgeschlossen in $X \times X$, damit aber auch kompakt. Also ist $\mathrm{pr}_2(\Gamma \cap (A \times X)) \subset X$ als kompakte Teilmenge eines Hausdorff-Raums abgeschlossen. Es ist aber $\mathrm{pr}_2(\Gamma \cap (A \times X)) = \pi^{-1}(\pi(A))$. □

Ein interessantes Problem bieten Äquivalenzrelationen auf Produkträumen. Im allgemeinen ist der Übergang zu Quotientenräumen mit der Produkt-Topologie nicht verträglich. Wir beginnen mit relativ starken Voraussetzungen:

> **Satz 2.5.6**
> Seien R, S offene Äquivalenz-Relationen auf X beziehungsweise Y. Dann ist die kanonische Abbildung $(X \times Y)/(R \times S) \to (X/R) \times (Y/S)$ ein Homöomorphismus.

Beweis: Die Abbildung $X \times Y \to (X/R) \times (Y/S)$ ist nicht nur stetig, sondern auch offen. □

Für allgemeinere Äquivalenzrelationen sind die Verhältnisse komplizierter. Auf den ersten Blick mag es überraschen, dass die Behauptung des folgenden Satzes überhaupt Voraussetzungen an X erforderlich macht; ein Gegenbeispiel zu der allgemeineren Behauptung findet man in [Bou66, Aufgabe 6 zu §I.5].

> **Satz 2.5.7**
> Sei X lokal-kompakter Hausdorff-Raum. Ist $\pi : Y \to Z$ eine Quotienten-Abbildung, so auch $\mathrm{id}_X \times \pi : X \times Y \to X \times Z$.

Beweis: Es ist zu zeigen, dass eine Teilmenge $W \subset X \times Z$ genau dann offen in der Produkt-Topologie ist, wenn ihr Urbild unter $\widetilde{\pi} := \mathrm{id}_X \times \pi$ offen in $X \times Y$ ist. Sei $\widetilde{W} := \widetilde{\pi}^{-1}(W)$ als offen vorausgesetzt und $(x_0, z_0) \in W$. Wir wählen $y \in \pi^{-1}(z_0)$. Sei $U \subset X$ kompakte Umgebung von x_0 mit $U \times \{y\} \subset \widetilde{W}$. Da $\widetilde{W}$ saturiert ist bezüglich $\widetilde{\pi}$, ist auch $U \times \pi^{-1}(z_0)$

in $\widetilde{W}$ enthalten. Mit $V := \{\, z \in Z \mid U \times \pi^{-1}(z) \subset \widetilde{W} \,\}$ ist sicher $(x_0, z_0) \in U \times V \subset W$. Es reicht also zu zeigen, dass V Umgebung von z_0 in Z ist. Aber $U \times Y - \widetilde{W}$ ist abgeschlossen in $U \times Y$, also ist in Y die Menge

$$\mathrm{pr}_2(U \times Y - \widetilde{W}) = \{\, y \in Y \mid U \times \pi^{-1}(y) \not\subset \widetilde{W} \,\}$$

ebenfalls abgeschlossen; diese ist gerade das Komplement von $\pi^{-1}(V)$. $\qquad\square$

Abschließend wollen wir die folgende Situation betrachten: Sei $\{\, X_i \mid i \in I \,\}$ eine Überdeckung von X. Ist eine Abbildung $f : X \to Y$ schon stetig, wenn jede Einschränkung $f|_{X_i}$ stetig ist? In zwei wichtigen Fällen ist dies erfüllt:

> **Satz 2.5.8**
> Sei $\{\, X_i \mid i \in I \,\}$ eine offene Überdeckung von X. Dann ist die kanonische Abbildung $\coprod_{i \in I} X_i \to X$ eine Quotienten-Abbildung.

Beweis: Eine Teilmenge $O \subset X$ ist genau dann offen, wenn jeder Durchschnitt $O \cap X_i$ offen in X_i ist. $\qquad\square$

Eine Überdeckung von X heißt lokal-endlich, wenn jeder Punkt eine Umgebung hat, die nur endlich viele der Überdeckungs-Mengen trifft.

> **Satz 2.5.9**
> Sei $\{\, X_i \mid i \in I \,\}$ eine lokal-endliche abgeschlossene Überdeckung von X. Dann ist die kanonische Abbildung $\coprod_{i \in I} X_i \to X$ eine Quotienten-Abbildung.

Beweis: Sei $A \subset X$ eine Teilmenge, so dass jedes $A \cap X_i$ abgeschlossen in X_i ist. Zu $p \in X$ existiert dann eine offene Umgebung U, die nur endlich viele der X_i trifft; es folgt, dass $A \cap U = \bigcup (A \cap X_i) \cap U$ abgeschlossen in U ist. Da dies für jedes p zutrifft, ist A abgeschlossen in X. $\qquad\square$

Anschaulich gesagt, entsteht X durch Verkleben der Räume X_i entlang der Unterräume $A_{i,j} = X_i \cap X_j$. Im Falle von zwei Räumen X_1 und X_2 mit $X_1 \cap X_2 = A$ schreibt man auch

$$X = X_1 \cup_A X_2 \,.$$

Ein häufig vorkommender Spezialfall ist der, dass A einpunktig ist. Unter einem punktierten Raum verstehen wir ein Paar (X, x_0), wobei $x_0 \in X$ ein ausgezeichneter Punkt ist, der dann Basispunkt von X genannt wird. Eine Abbildung zwischen Punktierten Räumen heißt punkierte Abbildung

Sind (X_1, x_1) und (X_2, x_2) punktierte Räume, so ist

$$X = X_1 \vee X_2 := X_1 \amalg X_2 / \sim$$

der punktierte Raum, der durch Identifikation von x_1 und x_2 zu $x \in X$ entsteht. Er wird als Einpunkt-Vereinigung oder auch als „Wedge" von (X_1, x_1) und (X_2, x_2) bezeichnet. Sind allgemeiner (X_i, x_i) punktierte Räume, so entsteht

$$X = \bigvee_i X_i = \coprod_i X_i / \sim$$

durch Identifikation aller Basispunkte zu einem Basispunkt $* \in X$. Hierbei ist es üblich (und kaum gefährlich), die Basispunkte aller Räume X_i ebenfalls einheitlich mit $*$ zu bezeichnen.

Zum Schluss dieses Kapitels wollen wir noch einige wichtige allgemeine Konstruktionen und konkrete Beispiele für Quotienten-Räume kennenlernen.

Definition 2.5.10
Sei $A \subset X$ ein nicht-leerer Teilraum. Dann sei X/A der Quotienten-Raum von X nach der Äquivalenz-Relation $\sim$, die von $a \sim a'$ für a, $a' \in A$ erzeugt wird.

Es werden also alle Punkte von A zu einem Basispunkt $*$ von X/A identifiziert, und es ist $X/A - \{*\}$ homöomorph zu $X - A$. Diese Formulierung macht es plausibel, $X/\emptyset$ als $X \amalg \{*\}$ zu definieren.

Einen wichtigen Spezialfall erhalten wir für punktierte Räume (X, x_0) und (Y, y_0): Der Raum

$$X \wedge Y := X \times Y / X \vee Y$$

heißt das Smash-Produkt von X und Y.

Definition 2.5.11
Seien X und Y zwei topologische Räume. Der Join $X * Y$ von X und Y ist der Quotienten-Raum von $X \times \mathbf{I} \times Y$ nach der Äquivalenz-Relation $\sim$, die von $(x, 0, y) \sim (x, 0, y')$ und $(x, 1, y) \sim (x', 1, y)$ (für x, $x' \in X$ und y, $y' \in Y$) erzeugt wird.

Die Äquivalenz-Klasse des Punktes (x, t, y) in $X * Y$ bezeichnen wir mit $[x, t, y]$. Hierfür findet sich in der Literatur auch oft die Schreibweise $(1 - t)x + ty$. Der Leser möge sich überlegen, dass $X * Y$ für kompakte $X \subset \mathbf{R}^m$ und $Y \subset \mathbf{R}^n$ tatsächlich homöomorph zu dem in Definition 1.1.4 konstruierten Raum ist. Es ist aber anzumerken, dass gelegentlich auch andere Topologien auf dem Join zweier Räume betrachtet werden.

Wir definieren nun noch Kegel und Einhängung für beliebige Räume:

Definition 2.5.12
Sei X ein Raum. Dann heißt $\mathbf{K}(X) := X * \mathbf{D}^0$ der Kegel über X und $\mathbf{S}(X) := X * \mathbf{S}^0$ die Einhängung von X.

Den Kegel können wir auch beschreiben als Quotienten-Raum $(X \times \mathbf{I})/(X \times \{1\})$ des Zylinders $X \times \mathbf{I}$ durch den Zylinder-Deckel $X \times \{1\}$. Wie früher auch entsteht die Einhängung durch Identifikation der Böden zweier Kegel. Eine einfache Beschreibung erhält man noch durch die Identifikations-Abbildung $\Phi_X : X \times \mathbf{D}^1 \to \mathbf{S}(X)$ mit

$$\Phi_X(x, t) = [x, (t + 1)/2, \mathrm{sign}(t)] \,,$$

wobei wie oben die eckigen Klammern für die Äquivalenzklassen-Bildung in $X * \mathbf{S}^0$ stehen.

Aufgabe 2.5.13
Man hat eine kanonische stetige Abbildung $(\mathbf{K}(X) \times Y) \cup_{X \times Y} (X \times \mathbf{K}(Y)) \to X * Y$; diese ist ein Homöomorphismus, falls X und Y lokal-kompakte Hausdorff-Räume sind.

Ist (X, x_0) ein punktierter Raum, so enthält $\mathbf{S}(X)$ den Unterraum $\mathbf{S}(x_0) = \{x_0\} * \mathbf{S}^0 = \Phi_X(\{x_0\} \times \mathbf{D}^1) \cong \mathbf{D}^1$. Der Quotienten-Raum $\mathbf{S}(X)/\mathbf{S}(x_0)$ ist kanonisch homöomorph zu $X \wedge (\mathbf{D}^1/\mathbf{S}^0) \cong X \wedge \mathbf{S}^1$ und heißt auch die reduzierte Einhängung von (X, x_0).

Als Basispunkt für die Sphäre wählen wir den Punkt $* = e_1 \in \mathbf{S}^n$, da dann die kanonische Inklusion $\mathbf{S}^{n-1} \hookrightarrow \mathbf{S}^n$ basispunkt-erhaltend ist. Zum Beweis des folgenden Satzes genügt es anzumerken, dass die konstruierte Abbildung eine stetige Bijektion zwischen kompakten Hausdorff-Räumen ist.

Satz 2.5.14
Die Abbildung $\Phi_n : \mathbf{S}^{n-1} \times \mathbf{D}^1 \to \mathbf{S}^n$ mit

$$(x, t) \mapsto \begin{cases} ((1-t)x + te_1, +\sqrt{1 - \|(1-t)x + te_1\|^2}) & , \quad t \geq 0 \,, \\ ((1+t)x - te_1, -\sqrt{1 - \|(1+t)x - te_1\|^2}) & , \quad t \leq 0 \end{cases}$$

induziert einen Homöomorphismus $\mathbf{S}^{n-1} \wedge \mathbf{S}^1 \overset{\cong}{\to} \mathbf{S}^n$.

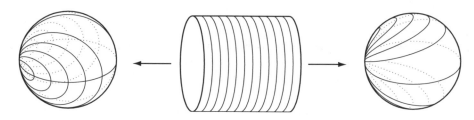

Abbildung 2.2: Die Abbildung Φ_n

Bei dieser Abbildung wird also $\{x\} \times \mathbf{D}^1$ für $x \neq e_1$ ganz in einen Kreis abgebildet, der x mit e_1 verbindet. Dieser Kreis ist der Drchschnitt von $\mathbf{S}^n$ mit der Ebene durch die Punkte x, e_1 und $e_1 + e_{n+1}$.

Ein nicht nur in der Topologie wichtiges Beispiel für einen Quotienten-Raum ist der projektive Raum. Lesern, die mit projektiver Geometrie noch keine Bekanntschaft gemacht haben, sei das Büchlein [Fis01] als Einführung empfohlen. An dieser Stelle können wir jedoch auf die enorme geometrische Bedeutung der projektiven Räume (auch für die Topologie) nicht eingehen. Unser Ziel ist es hier lediglich, sie mit einer Topologie zu versehen. Wir behandeln dabei reelle, komplexe und quaternionale projektive Räume parallel.

Sei also $\mathbb{K}$ einer der Körper $\mathbf{R}$, $\mathbf{C}$ oder $\mathbf{H}$ und $d = \dim_{\mathbf{R}} \mathbb{K} \in \{1, 2, 4\}$. Mit $\mathbb{K}\mathbf{P}^n$ bezeichnen wir die Menge aller Rechts-$\mathbb{K}$-Unterräume[1] U von $\mathbb{K}^{n+1}$ mit $\dim_{\mathbb{K}} U = 1$. Die Abbildung $\pi : \mathbf{S}^{d(n+1)-1} \to \mathbb{K}\mathbf{P}^n$ ordne jedem Vektor x in $\mathbf{S}^{d(n+1)-1} = \mathbf{S}(\mathbb{K}^{n+1})$ den von x erzeugten $\mathbb{K}$-Vektorraum $x\mathbb{K} \subset \mathbb{K}^{n+1}$ zu.

---

[1]Die Unterscheidung zwischen Links- und Rechts-Unterräumen spielt nur für $\mathbb{K} = \mathbf{H}$ eine Rolle.

Definition 2.5.15

Der n-dimensionale projektive Raum $\mathbb{K}\mathbf{P}^n$ über $\mathbb{K}$ ist die Menge aller eindimensionalen $\mathbb{K}$-Untervektorräume von $\mathbb{K}^{n+1}$, versehen mit der Quotienten-Topologie bezüglich der Abbildung $\pi : \mathbf{S}^{d(n+1)-1} \to \mathbb{K}\mathbf{P}^n$.

Es ist üblich, Punkte des projektiven Raumes in homogenen Koordinaten zu beschreiben. Für $(x_0, x_1, \ldots, x_n) \in \mathbb{K}^{n+1} - \{0\}$ bezeichnet man mit $[x_0 : x_1 : \ldots : x_n]$ die $\mathbb{K}$-Gerade in $\mathbb{K}^{n+1}$, die den Punkt $(x_0, x_1, \ldots, x_n)$ enthält; falls nicht aus dem Zusammenhang klar ist, auf welchen Körper $\mathbb{K}$ sich die Notation bezieht, schreibt man genauer $[x_0 : x_1 : \ldots : x_n]_{\mathbb{K}}$. Offenbar ist $[x_0 t : x_1 t : \ldots : x_n t] = [x_0 : x_1 : \ldots : x_n]$ für $t \in \mathbb{K} - \{0\}$. Insbesondere kann man eine weitere Normierung durch die Bedingung $\sum |x_i|^2 = 1$ erreichen. Die offenen Mengen

$$U_i = \{ [x_0 : x_1 : \ldots : x_n] \in \mathbb{K}\mathbf{P}^n \mid x_i \neq 0 \}$$

für $0 \leq i \leq n$ werden durch $y_j = x_j / x_i$ homöomorph auf $\mathbb{K}^n$ abgebildet und überdecken $\mathbb{K}\mathbf{P}^n$. Der projektive Raum kann also auch beschrieben werden als Vereinigung des affinen Raumes $U_n = \mathbb{K}^n$ mit dem sogenannten unendlich fernen $(n-1)$-dimensionalen projektiven Raum, der definiert ist als $\{ [x_0 : x_1 : \ldots : x_n] \in \mathbb{K}\mathbf{P}^n \mid x_n = 0 \}$.

3 Homotopie

Der in Abschnitt 1.5 eingeführte Begriff der Umlaufszahl war auf die Untersuchung von stetigen Wegen in einer gelochten Ebene beschränkt. Wir wollen ihn in diesem Kapitel zu einer Theorie erweitern, die es ermöglicht, Wege in einem beliebigen topologischen Raum X zu studieren. Der wesentliche Schritt wird dabei darin bestehen, einem stetigen geschlossenen Weg in X eine algebraische Invariante zuzuordnen, die unter Deformationen konstant bleibt. Diese Invariante ist dann die gesuchte Verallgemeinerung der Umlaufszahl; sie wird jedoch nicht mehr einfach durch eine ganze Zahl beschrieben, sondern als Element einer im allgemeinen nicht abelschen Gruppe, die darüber hinaus von dem Raum X abhängt.

Es zeigt sich, dass es zweckmäßig ist, nur geschlossene Wege mit vorgegebenem festen Anfangspunkt $x_0 \in X$ zu betrachten. Einen solchen geschlossenen Weg nennt man auch eine Schleife in dem punktierten Raum (X, x_0). Die Äquivalenz-Klassen solcher Schleifen unter stetigen Deformationen bilden die Fundamentalgruppe von (X, x_0), deren Studium der größte Teil dieses Kapitels gewidmet ist.

Wir werden sehen, dass die Fundamentalgruppe eine topologische Invariante ist, die zumindest für endliche Polyeder in gewisser Weise berechenbar ist. In den Beweis der letzten Behauptung geht dabei wesentlich der simpliziale Approximations-Satz ein, den wir in Abschnitt 3.3 beweisen werden. Dieser Satz besagt, dass eine stetige Abbildung endlicher simplizialer Polyeder nach einer eventuellen stetigen Deformation als stückweise linear auf jedem Simplex vorausgesetzt werden kann. Mit ihm haben wir ein ganz fundamentales technisches Hilfsmittel zum Studium stetiger Abbildungen bis auf Deformation zur Verfügung.

Im zweiten Abschnitt studieren wir allgemein Deformationen stetiger Abbildungen; der Fachausdruck hierfür ist das Wort „Homotopie". Damit verallgemeinern wir dann die Fundamentalgruppe zu höheren Homotopiegruppen. Über diese werden einige Sätze bewiesen, doch bleibt die Berechnung nicht-trivialer Beispiele späteren Abschnitten vorbehalten.

Gegen Schluss dieses Kapitels werden wir als Anwendung die Theorie der Überlagerungen vorstellen, die insbesondere in der Funktionentheorie Riemannscher Flächen eine große Rolle spielt. Der letzte Abschnitt ist dem topologischen Studium dieser Flächen gewidmet; er enthält die Klassifikation geschlossener kombinatorischer Flächen. Die vorher erzielten Resultate über die Fundamentalgruppe werden schließlich den Nachweis dafür ermöglichen, dass die verschiedenen Typen aus der Klassifikation untereinander nicht homöomorph sind.

3.1 Die Fundamentalgruppe

Definition 3.1.1

Sei X ein topologischer Raum. Für $x_0, x_1 \in X$ bezeichne

$$\Omega(X; x_0, x_1) := \{\, \omega : \mathbf{I} \to X \mid \omega \text{ ist stetiger Weg mit } \omega(0) = x_0,\ \omega(1) = x_1 \,\}$$

die Menge aller Wege von x_0 nach x_1. Die Elemente von $\Omega(X; x_0) := \Omega(X; x_0, x_0)$ heißen auch Schleifen des punktierten Raums (X, x_0).

Man kann $\Omega(X; x_0, x_1)$ selbst wieder zu einem topologischen Raum machen, indem man für offene Teilmengen $U \subset X$ und kompakte Teilmengen $K \subset \mathbf{I}$ die Mengen $\{\, \omega \mid \omega(K) \subset U \,\}$ als Elemente einer Subbasis wählt.

Offenbar können wir ein Element ω von $\Omega(X; x_0)$ auch als Abbildung $\widetilde{\omega}$ von $(\mathbf{S}^1, 1)$ nach (X, x_0) ansehen, indem wir $\omega(t) = \widetilde{\omega}(\mathrm{Exp}(t))$ setzen. Wir werden im folgenden oft auch diese Interpretation benutzen.

Definition 3.1.2

Für $\omega \in \Omega(X; x_0, x_1)$ und $\eta \in \Omega(X; x_1, x_2)$ sei das Produkt $\omega * \eta \in \Omega(X; x_0, x_2)$ definiert durch

$$\omega * \eta\, (t) := \begin{cases} \omega(2t) & , \quad 0 \le t \le 1/2\,, \\ \eta(2t - 1) & , \quad 1/2 \le t \le 1\,. \end{cases}$$

Ferner sei der inverse Weg $\omega^{-1} \in \Omega(X; x_1, x_0)$ zu ω definiert durch $\omega^{-1}(t) := \omega(1 - t)$.

Der Produkt-Weg ensteht also so, dass beide Wege nacheinander durchlaufen werden, allerdings jeder mit der doppelten Geschwindigkeit, damit die Gesamtzeit von einer Einheit auch eingehalten werden kann. Das Inverse eines Weges ist einfach der rückwärts vom Endpunkt zum Anfangspunkt durchlaufene Weg.

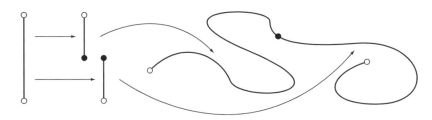

Abbildung 3.1: Produkt von Wegen

Wir führen nun den Begriff der stetigen Deformation eines Weges (bei festgehaltenen Endpunkten) ein.

Definition 3.1.3
Seien $\omega, \eta \in \Omega(X; x_0, x_1)$. Eine Homotopie zwischen ω und η ist eine stetige Abbildung $H : \mathbf{I} \times \mathbf{I} \to X$, so dass gilt:

$$H(t,0) = \omega(t), \quad H(t,1) = \eta(t), \quad H(0,s) = x_0, \quad H(1,s) = x_1 .$$

Man nennt dann ω und η homotop und schreibt: $\omega \simeq \eta$.

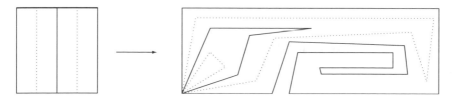

Abbildung 3.2: Homotopie von Schleifen

Als bequeme Schreibweise werden wir häufig die Notation $H_s(t) := H(t, s)$ verwenden. Dann ist für $x_0 = x_1$ jedes H_s eine Schleife in (X, x_0). Man nennt eine solche Homotopie daher auch oft eine stetige Familie von Schleifen in (X, x_0).
Bemerkung: Bei diesem Homotopie-Begriff handelt es sich, genauer gesagt, um die Homotopie mit festgehaltenen Endpunkten. Wir werden später noch allgemeinere Homotopie-Begriffe kennenlernen.
Eine bekannte Anwendung dieses Begriffs in der Analysis ist die folgende: Für stetig differenzierbare Wege ω im $\mathbf{R}^2$ ist das Integral $\int_\omega \lambda$ einer stetigen Differentialform $\lambda = u(x,y)dx + v(x,y)dy$ definiert. Ist λ eine geschlossene Form (also $d\lambda = 0$), so ist dieses Integral invariant unter (stetig differenzierbaren) Homotopien.
Auch in Abschnitt 1.5 hatten wir schon eine Anwendung kennengelernt: Sind ω, η Schleifen in $(\mathbf{C} - \{0\}, x_0)$, so gilt für die Umlaufzahlen um 0:

$$\omega \simeq \eta \Rightarrow \ \mathrm{Um}(\omega; 0) = \ \mathrm{Um}(\eta; 0) .$$

Lemma 3.1.4
Die Homotopie-Relation $\simeq$ ist eine Äquivalenzrelation auf $\Omega(X; x_0, x_1)$.

Beweis: Offenbar ist $K_s(t) := \omega(t)$ eine Homotopie von ω nach ω. Ist $L_s(t)$ Homotopie von ω nach η, so ist $L_{1-s}(t)$ Homotopie von η nach ω. Ist schließlich $M_s(t)$ noch eine Homotopie von η nach ζ, so definiert

$$N_s(t) = \left\{ \begin{array}{lll} L_{2s}(t) & , & 0 \leq s \leq 1/2 , \\ M_{2s-1}(t) & , & 1/2 \leq s \leq 1 , \end{array} \right.$$

eine Homotopie von ω nach ζ. Man verdeutlicht sich solche Homotopien am besten anhand einer Skizze wie in der Abbildung. $\qquad\square$

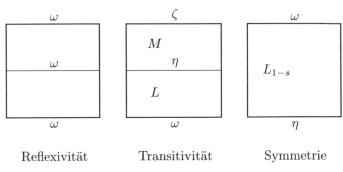

Reflexivität   Transitivität   Symmetrie

Abbildung 3.3: Die Homotopie-Relation

Das folgende Lemma formulieren wir nur für den besonders interessanten Fall von Schleifen, obwohl es, wie man sich leicht überlegt, auch allgemeiner gilt. Mit $\varepsilon \in \Omega(X; x_0)$ bezeichnen wir die konstante Schleife $\varepsilon(t) = x_0$.

Lemma 3.1.5
Es gilt in $\Omega(X; x_0)$:

1. $\omega \simeq \omega', \eta \simeq \eta' \Rightarrow \omega * \eta \simeq \omega' * \eta'$,

2. $\varepsilon * \omega \simeq \omega * \varepsilon \simeq \omega$,

3. $\omega * \omega^{-1} \simeq \omega^{-1} * \omega \simeq \varepsilon$,

4. $(\omega * \eta) * \zeta \simeq \omega * (\eta * \zeta)$.

Beweis: Diese Relationen sind unmittelbar aus den folgenden Skizzen ersichtlich.   □

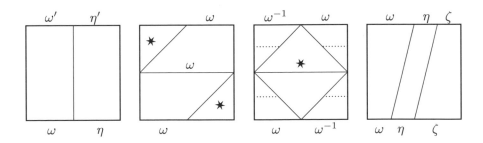

Abbildung 3.4: Zum Beweis von Lemma 3.1.5

Wir führen nun eine Notation für die Menge der Homotopiegruppen von Schleifen in (X, x_0) ein. In Vorwegnahme der folgenden Definition und des späteren Satz 3.1.7 verwenden wir schon jetzt die Bezeichnung „Gruppe" für diese Menge.

Definition 3.1.6

Die Menge der Homotopiegruppen von Schleifen auf (X, x_0) heißt die Fundamentalgruppe $\pi_1(X; x_0)$ von (X, x_0). Für eine Schleife $\omega \in \Omega(X; x_0)$ bezeichne $[\omega] \in \pi_1(X; x_0)$ ihre Homotopieklasse.

Wir können nun ein induziertes Produkt auf der Menge der Homotopieklassen von Schleifen definieren:

Satz 3.1.7

Die Multiplikation von Schleifen induziert eine Multiplikation auf $\pi_1(X; x_0)$. Mit dieser Multiplikation ist $\pi_1(X; x_0)$ eine Gruppe.

Beweis: Für $[\omega], [\eta] \in \pi_1(X; x_0)$ sei

$$[\omega] \cdot [\eta] := [\omega * \eta] \quad \text{und} \quad [\omega]^{-1} := [\omega^{-1}] \ .$$

Nach Lemma 3.1.5 ist klar, dass diese Operationen auf $\pi_1(X; x_0)$ wohldefiniert sind und dass die Gruppen-Axiome erfüllt sind. $\qquad \square$

Als nächstes wollen wir uns überlegen, dass diese Multiplikations-Struktur auf $\pi_1(X; x_0)$ eine topologische Invariante von (X, x_0) ist. Dazu bemerken wir, dass sie im folgenden Sinne mit stetigen Abbildungen zwischen punktierten Räumen verträglich ist:

Definition 3.1.8

Für eine stetige Abbildung $f : (X; x_0) \to (Y; y_0)$ sei die induzierte Abbildung

$$\pi_1(f) = f_\natural : \pi_1(X; x_0) \to \pi_1(Y; y_0)$$

durch $f_\natural[\omega] := [f \circ \omega]$ definiert.

Die Abbildung $f_\natural$ werden wir gelegentlich der Deutlichkeit halber auch mit $\pi_1(f) : \pi_1(X; x_0) \to \pi_1(Y; y_0)$ bezeichnen.

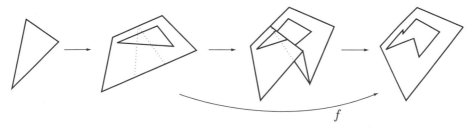

Abbildung 3.5: Die Abbildung $f_\natural$

Es ist wieder klar, dass $f_\natural$ wohldefiniert ist. Offenbar gilt:

Satz 3.1.9
1. $f_\natural : \pi_1(X; x_0) \to \pi_1(Y; y_0)$ ist Homomorphismus von Gruppen.
2. Es gilt $\mathrm{id}_\natural = \mathrm{id}$ und $(f \circ g)_\natural = f_\natural \circ g_\natural$.

Korollar 3.1.10
Ist $f : (X; x_0) \to (Y; y_0)$ ein Homöomorphismus, so ist $f_\natural : \pi_1(X; x_0) \to \pi_1(Y; y_0)$ ein Isomorphismus.

Die Fundamentalgruppe ist im allgemeinen eine nicht-abelsche Gruppe. Seien etwa $i_1, i_2 : \mathbf{S}^1 \to \mathbf{S}^1 \vee \mathbf{S}^1$ die kanonischen Inklusionen und sei $\alpha = [i_1]$ und $\beta = [i_2] \in \pi_1(\mathbf{S}^1 \vee \mathbf{S}^1)$. Dann hat (wie wir in 3.5.12 beweisen werden) jedes Element u von $\pi_1(\mathbf{S}^1 \vee \mathbf{S}^1)$ eine eindeutige Darstellung

$$u = \alpha^{e_1} \beta^{e_2} \alpha^{e_3} \ldots \alpha^{e_{2k-1}} \beta^{e_{2k}}$$

mit $k > 0$ und $e_1, e_2, \ldots, e_{2k} \in \mathbf{Z}$; dabei ist $e_i \neq 0$ für $1 < i < 2k$. Diese Elemente bilden die sogenannte freie Gruppe mit den Erzeugenden α und β.

Aus dem Abschnitt über die Umlaufszahl erhalten wir nun unsere erste Berechnung einer Fundamentalgruppe:

Satz 3.1.11
Abbildungsgrad und Umlaufszahl induzieren Isomorphismen

$$\pi_1(\mathbf{S}^1; 1) \cong \mathbf{Z} \cong \pi_1(\mathbf{C} - \{0\}; 1) \,.$$

Beweis: Wegen der in Satz 1.5.6 und Korollar 1.5.8 notierten Homotopie-Invarianz von Abbildungs-Grad und Umlaufs-Zahl ist klar, dass diese wohldefinierte Homomorphismen nach $\mathbf{Z}$ induzieren. Das im Anschluss an Gleichung (1.2) behandelte Beispiel der Abbildung $z \mapsto z^n$ beweist die Surjektivität dieser Homomorphismen, so dass nur noch die Injektivität zu zeigen ist. Ist aber $\omega \in \Omega(\mathbf{C} - \{0\}; 1)$, so ist $\frac{\omega(t)}{\|\omega(t)\|^s}$ eine Homotopie zwischen ω und einem Element η von $\Omega(\mathbf{S}^1; 1)$. Mit dem Hochhebungs-Lemma 1.5.2 können wir η schreiben als $\eta(\exp(t)) = \exp(F(t))$; hier ist $F : \mathbf{R} \to \mathbf{S}^1$ stetig mit $F(0) = 0$ und $F(1) = k = \mathrm{grad}(\eta) \in \mathbf{Z}$. Dann ist schließlich $\exp(t) \mapsto \exp((1 - s)F(t) + skt)$ eine Homotopie zwischen η und der Standard-Abbildung $z \mapsto z^k$ vom Grad k. $\qquad \square$

Andere interessante Berechnungen sind allerdings in diesem Abschnitt noch nicht in Reichweite. Die wenigen weiteren Resultate beruhen auf zwei einfachen theoretischen Sätzen, die nun formuliert werden sollen.

Eine Teilmenge $X \subset \mathbf{R}^n$ heißt sternförmig bezüglich $x_0 \in X$, wenn für $p \in X$ die Verbindungs-Strecke $\mathrm{Kon}(p, x_0) = \{ (1 - s)p + sx_0 \mid 0 \leq s \leq 1 \}$ ganz in X enthalten ist. Die im Beweis des folgenden Satzes benötigte Homotopie kommt immer wieder vor:

Satz 3.1.12
Ist $X \subset \mathbf{R}^n$ sternförmig bezüglich $x_0 \in X$, so ist $\pi_1(X; x_0)$ die triviale Gruppe.

Beweis: Für $\omega \in \Omega(X; x_0)$ ist $H_s(t) = (1-s)\omega(t) + sx_0$ eine Null-Homotopie. $\square$

Eine weitere Berechnungs-Möglichkeit ergibt sich daraus, dass die Fundamentalgruppe eines Produkts zweier punktierter Räume (X, x_0) und (Y, y_0) zum Produkt der Fundamentalgruppen isomorph ist. Hierbei ist natürlich die Gruppen-Struktur für die Produkt-Gruppe komponentenweise definiert.

Satz 3.1.13
Die kanonischen Projektionen induzieren einen Isomorphismus von Gruppen

$$\pi_1(X \times Y; (x_0, y_0)) \cong \pi_1(X; x_0) \times \pi_1(Y; y_0) \ .$$

Beweis: Offenbar induzieren die Projektionen eine Bijektion

$$\Omega(X \times Y; (x_0, y_0)) \cong \Omega(X; x_0) \times \Omega(Y; y_0)$$

und diese ist mit Homotopien und den Verknüpfungs-Operationen verträglich. $\square$

Damit kennen wir zum Beispiel die Fundamentalgruppe auch für Produkte von 1-Sphären. So wird für den Torus $\mathbf{T}^2 = \mathbf{S}^1 \times \mathbf{S}^1$ die Fundamentalgruppe isomorph zu $\mathbf{Z} \times \mathbf{Z}$.

Zum Abschluss dieses Abschnitts wollen wir noch untersuchen, ob und wie die Fundamentalgruppe $\pi_1(X; x_0)$ von der Auswahl des Basispunktes $x_0 \in X$ abhängt.

Zunächst ist klar, dass für $\pi_1(X; x_0)$ nur die Wegkomponente $X_0 \subset X$ des Punktes x_0 relevant ist und dass für Punkte x_0, x_1 in verschiedenen Wegkomponenten im allgemeinen keine Beziehung zwischen den zugehörigen Fundamentalgruppen bestehen wird. Wir setzen daher für das folgende den Raum X als wegzusammenhängend voraus.

Seien nun $x_0, x_1 \in X$ und sei γ ein Weg von x_0 nach x_1. Wir definieren eine Abbildung

$$\widetilde{\Gamma}_\gamma : \Omega(X; x_1) \to \Omega(X; x_0)$$

durch

$$\widetilde{\Gamma}_\gamma(\omega) := \gamma * \omega * \gamma^{-1} \ ,$$

wobei das Produkt in irgend einer Weise geklammert sei.

Satz 3.1.14
$\widetilde{\Gamma}_\gamma$ induziert einen Isomorphismus

$$\Gamma_\gamma : \pi_1(X; x_1) \to \pi_1(X; x_0) \ .$$

Ist δ ein zweiter Weg von x_0 nach x_1, so ist

$$\Gamma_\delta(\alpha) = \kappa \cdot \Gamma_\gamma(\alpha) \cdot \kappa^{-1}$$

mit $\kappa = [\delta * \gamma^{-1}]$.

Beweis: Zunächst ist klar, dass $\Gamma_\gamma : \pi_1(X; x_1) \to \pi_1(X; x_0)$ eine wohldefinierte Abbildung ist. Wegen

$$\gamma * (\omega * \eta) * \gamma^{-1} \simeq (\gamma * \omega * \gamma^{-1}) * (\gamma * \eta * \gamma^{-1})$$

ist ebenfalls klar, dass Γ_γ ein Homomorphismus ist.

Ist nun β ein Weg von x_1 nach x_2, so wird

$$\Gamma_{\gamma*\beta} = \Gamma_\gamma \circ \Gamma_\beta \ ,$$

denn es ist $(\gamma * \beta) * \omega * (\gamma * \beta)^{-1} \simeq \gamma * (\beta * \omega * \beta^{-1}) * \gamma^{-1}$.

Schließlich ist klar, dass Γ_γ nur von der Homotopiegruppe von γ abhängt. Es ist also

$$\Gamma_\gamma \circ \Gamma_{\gamma^{-1}} = \Gamma_{\gamma*\gamma^{-1}} = \Gamma_\varepsilon = \mathrm{id} \ .$$

Wegen

$$\delta * \omega * \delta^{-1} \simeq (\delta * \gamma^{-1}) * (\gamma * \omega * \gamma^{-1}) * (\delta * \gamma^{-1})^{-1}$$

folgt endlich auch die letzte Behauptung. $\qquad\qquad\qquad\qquad\qquad\qquad\square$

Für einen wegzusammenhängenden Raum hängt also die Fundamentalgruppe bis auf Isomorphie nicht von der Wahl des Basispunkts ab. Diese Isomorphie ist jedoch keineswegs kanonisch, sondern ihrerseits abhängig von der Wahl eines Verbindungswegs der betreffenden Basispunkte.

Dagegen ist die folgende Definition offenbar unabhängig von der Wahl des Basispunktes $x_0 \in X$:

> **Definition 3.1.15**
> Ein wegzusammenhängender Raum X heißt einfach zusammenhängend, wenn seine Fundamentalgruppe $\pi_1(X; x_0)$ die triviale Gruppe ist.

Nach Satz 3.1.12 ist also zum Beispiel jeder sternförmige Raum einfach zusammenhängend.

3.2 Der Homotopiebegriff

Als erstes verallgemeinern wir den Homotopie-Begriff für Schleifen zu einem Homotopie-Begriff für stetige Abbildungen. Dabei verwenden wir wieder für eine Abbildung $H : X \times \mathbf{I} \to Y$ die Notation $H_s(x) = H(x, s)$ (für $x \in X$ und $s \in \mathbf{I}$).

> **Definition 3.2.1**
> Seien X, Y topologische Räume und $f, g : X \to Y$ zwei (stetige) Abbildungen.
>
> 1. $f, g : X \to Y$ heißen homotop, und wir schreiben dann $f \simeq g$, wenn es eine stetige Abbildung $H : X \times \mathbf{I} \to Y$ gibt mit $H_0 = f$ und $H_1 = g$. Die Abbildung H heißt eine Homotopie zwischen f und g.
> 2. Ist $A \subset X$ ein Unterraum, so dass $f|_A = g|_A$ ist, so heißt $H : X \times \mathbf{I} \to Y$ mit $H_0 = f$ und $H_1 = g$ eine Homotopie relativ A, wenn $H_s(a) = f(a) = g(a)$ ist für alle $s \in \mathbf{I}$ und $a \in A$. Wir schreiben dann $f \simeq_A g$.

Der Beweis des folgenden Lemmas ist ganz analog zu dem des entsprechenden Lemmas 3.1.4 für die Homotopie von Schleifen.

Lemma 3.2.2
Die Relationen „homotop" und „homotop relativ A" sind Äquivalenzrelationen.

Wir bezeichnen die Menge der Homotopieklassen stetiger Abbildungen von X nach Y mit $[X;Y]$. Analog sei $[X;Y]_{f|A}$ die Menge der Homotopieklassen relativ A von stetigen Abbildungen, die auf A mit der gegebenen Abbildung $f : X \to Y$ übereinstimmen. Allgemeiner bezeichnen wir schließlich für $X_i \subset X$ und $Y_i \subset Y$ mit

$$[X, X_1, \ldots, X_m \, ; \, Y, Y_1, \ldots, Y_m]_{f|A}$$

die Menge der Homotopieklassen relativ A von stetigen Abbildungen $g : X \to Y$ mit $g(X_i) \subset Y_i$ (für $1 \le i \le m$), die auf A mit f übereinstimmen; hierbei soll auch für die Homotopien H stets $H_s(X_i) \subset Y_i$ sein (für $s \in \mathbf{I}$ und $1 \le i \le m$) sowie $H_s(a) = f(a) = g(a)$ (für $s \in \mathbf{I}$ und $a \in A$).

Von besonderer Wichtigkeit wird für uns der Fall von punktierten Räumen (X, x_0) und (Y, y_0) sein. Es ist bequem (und üblich), die Basispunkte x_0, y_0 kurzerhand mit dem Symbol $*$ zu bezeichnen und auch $*$ für die konstante Abbildung $x \mapsto *$ zu schreiben; es wird im Einzelfall stets klar sein, welcher Basispunkt jeweils mit dem Symbol $*$ gemeint ist. Wir schreiben dann

$$[X;Y]_* - [X, x_0; Y, y_0]_*$$

für die Menge der Homotopieklassen relativ $*$; die Klassen selbst nennen wir kurz punktierte Homotopieklassen.

Im Sinne dieser Definition ist also zum Beispiel $\pi_1(X; x_0) = [\mathbf{S}^1; X]_*$.

Wir werden im folgenden oft statt $\simeq_*$ auch einfach die Notation $\simeq$ für die punktierte Homotopie-Relation benutzen. Wenn wir bei punktierten Räumen betonen wollen, dass der Basispunkt von einer Homotopie nicht notwendig festgelassen werden soll, sprechen wir auch von einer freien Homotopie.

Satz 3.2.3
Sind $f, g : (X, x_0) \to (Y, y_0)$ punktiert homotop, so stimmen die induzierten Homomorphismen der Fundamentalgruppen überein:

$$f_\natural = g_\natural : \pi_1(X; x_0) \to \pi_1(Y; y_0) \, .$$

Beweis: Sei H eine punktierte Homotopie von f nach g. Für $\omega \in \Omega(X; x_0)$ ist dann $K_s(t) = H_s(\omega(t))$ eine Homotopie zwischen $f \circ \omega$ und $g \circ \omega$. $\qquad\square$

Wenn f und g frei homotop sind, ist die Behauptung des obigen Satzes im allgemeinen nicht richtig, da auch die Wege $f \circ \omega$ und $g \circ \omega$ dann nur frei homotop sind. Wir leiten nun die korrekte Beziehung zwischen $f_\natural$ und $g_\natural$ her.

Sei wie im Beweis des Satzes $K_s(t) = H_s(\omega(t))$. Weiter sei $\varphi : \mathbf{I} \times \mathbf{I} \to \mathbf{I} \times \mathbf{I}$ durch

$$\varphi(t, s) := \begin{cases} (0, 4t) & , \quad 0 \le 4t \le s \, , \\ \left(\frac{4t-s}{4-2s}, s\right) & , \quad s \le 4t \le 4-s \, , \\ (1, 4-4t) & , \quad 4-s \le 4t \le 4 \, . \end{cases}$$

Dann ist $K \circ \varphi$ eine punktierte Homotopie zwischen $f \circ \omega$ und $(\delta * (g \circ \omega)) * \delta^{-1}$, wobei δ durch $\delta(s) = H_s(x_0)$ definiert ist.

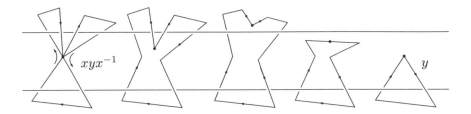

Abbildung 3.6: Freie Homotopie von Schleifen

Satz 3.2.4
Sei H eine freie Homotopie zwischen den punktierten Abbildungen $f, g : (X, x_0) \to (Y, y_0)$ und sei $\delta \in \Omega(X; x_0)$ durch $\delta(s) = H_s(x_0)$ definiert. Dann gilt

$$f_\natural([\omega]) = [\delta] \cdot g_\natural([\omega]) \cdot [\delta]^{-1}$$

für jedes $[\omega] \in \pi_1(X; x_0)$.

Im Hinblick auf die Homotopie-Relation ist die folgende Abschwächung des Homöomorphie-Begriffs oft sehr nützlich.

Definition 3.2.5
Sei $f : X \to Y$ eine stetige Abbildung. Dann heißt f eine Homotopie-Äquivalenz, wenn es eine stetige Abbildung $g : Y \to X$ gibt mit

$$f \circ g \simeq \mathrm{id}_Y \quad \text{und} \quad g \circ f \simeq \mathrm{id}_X \,.$$

Die Abbildung g heißt eine zu f inverse Homotopie-Äquivalenz. Wir nennen dann die Räume X und Y zueinander homotopie-äquivalent und schreiben $X \simeq Y$.

Es ist trivial, dass es sich bei der Relation „homotopie-äquivalent" tatsächlich um eine Äquivalenz-Relation handelt. Offensichtlich ist jeder Homöomorphismus insbesondere auch eine Homotopie-Äquivalenz. Nach dem vorangehenden Satz 3.2.4 erhalten wir:

Lemma 3.2.6
Sind f, g zueinander inverse Homotopie-Äquivalenzen, so sind $f_\natural$ und $g_\natural$ Isomorphismen der Fundamentalgruppen, die bis auf Konjugation invers zueinander sind.

Im Zusammenhang mit der Fundamentalgruppe ist es meist natürlicher, mit punktierten Homotopie-Äquivalenzen zu arbeiten. Dabei heißen Abbildungen $f : (X, x_0) \to (Y, y_0)$ und $g : (Y, y_0) \to (X, x_0)$, die Basispunkt in Basispunkt abbilden, zueinander inverse punktierte Homotopie-Äquivalenzen, wenn $f \circ g \simeq_* \mathrm{id}_Y$ und $g \circ f \simeq_* \mathrm{id}_X$ ist. Der Deutlichkeit halber schreiben wir dann auch $\simeq_*$ für punktierte Homotopie-Äquivalenz.

Homotopie-Äquivalenzen können durchaus drastisch von Homöomorphismen veschieden sein. So ist z.B. eine Scheibe zu einem Punkt homotopie-äquivalent. Als weiteres Beispiel betrachten wir eine einpunktige Teilmenge $P \subset \mathbf{T}^2$ des Torus und eine zweipunktige Teilmenge $Q = \{1, -1\} \subset \mathbf{C}$. Wir behaupten, dass $\mathbf{T}^2 - P$ und $\mathbf{C} - Q$ zu $\mathbf{S}^1 \vee \mathbf{S}^1$ homotopie-äquivalent sind. Die folgende Abbildung illustriert dies.

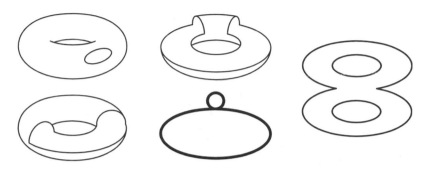

Abbildung 3.7: Zwei Homotopie-Äquivalenzen

Manchmal wird auch für Homotopie-Äquivalenzen die nicht ganz korrekte, aber intuitive Ausdrucksweise benutzt, dass sich die Räume X und Y stetig ineinander deformieren lassen.

Wichtig ist noch der folgende Spezialfall einer Homotopie-Äquivalenz:

Definition 3.2.7
Ein punktierter Raum heißt zusammenziehbar, wenn er zu einem einpunktigen Raum homotopie-äquivalent ist.

Die Fundamentalgruppe eines zusammenziehbaren Raumes ist trivial. Als Beispiel betrachten wir einen Teilraum $X \subset \mathbf{R}^n$, der sternförmig bezüglich $x_0 \in X$ ist. Dann sind mit $P = \{x_0\}$ die Inklusion $P \hookrightarrow X$ und die konstante Abbildung $X \to P$ zueinander inverse Homotopie-Äquivalenzen.

Häufig wird uns noch der allgemeinere Fall begegnen, dass sich ein Raum X in einen Unterraum A deformieren lässt.

Definition 3.2.8
Sei $A \subset X$ ein Unterraum und $i : A \hookrightarrow X$ die Inklusions-Abbildung. Dann heißt A

1. ein Retrakt von X, wenn es eine Retraktion von X auf A gibt, das heißt eine stetige Abbildung $r : X \to A$ mit $r|_A = \mathrm{id}_A$,

2. ein Deformations-Retrakt von X, wenn es eine Retraktion $r : X \to A$ gibt mit $i \circ r \simeq \mathrm{id}_X$,

3. ein starker Deformations-Retrakt von X, wenn es eine Retraktion $r : X \to A$ gibt mit $i \circ r \simeq_A \mathrm{id}_X$.

Insbesondere der letzte dieser Begriffe hat vielfache Anwendungen.

Als Folgerung aus dem Brouwerschen Fixpunktsatz hatten wir schon hergeleitet, dass $\mathbf{S}^1 \subset \mathbf{D}^2$ kein Retrakt von $\mathbf{D}^2$ ist. Daher soll nun zwei wichtige Beispiele für Unterräume folgen, die starke Deformationsretrakte sind. Das m-Skelett eines simplizialen Polyeders ist die Vereinigung aller Simplizes einer Dimension $\leq m$.

Satz 3.2.9
Sei $(K, \mathfrak{K})$ ein endliches simpliziales Polyeder der Dimension $n > 0$ und sei K' das $(n-1)$-Skelett von K. Sei $N \subset K - K'$ eine Teilmenge, die jedes n-Simplex von $\mathfrak{K}$ in genau einem Punkt trifft. Dann ist K' ein starker Deformations-Retrakt von $K - N$.

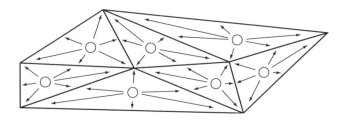

Abbildung 3.8: Retraktion auf K'

Beweis: N treffe das n-Simplex $\Delta(\sigma)$ in dem inneren Punkt n_σ. Dann schreibt sich jeder Punkt x von $\Delta(\sigma) - \{n_\sigma\}$ eindeutig in der Form $x = tn_\sigma + (1-t)q$ mit $q \in \partial\Delta(\sigma)$ und $0 \leq t < 1$. Die Deformation $H_s^{(\sigma)}(x) = stn_\sigma + (1-st)q$ ist die Identität auf $\partial\Delta(\sigma)$, wo ja $t = 0$ ist. Da die $\Delta(\sigma)$ mit K' eine lokal-endliche abgeschlossene Überdeckung von K bilden, setzen sich die $H^{(\sigma)}$ zu einer stetigen Abbildung $H : (K - N) \times \mathbf{I} \to (K - N) \times \mathbf{I}$ zusammen. H ist dann eine Homotopie relativ K' zwischen der Identität von $K - N$ und der Retraktion H_0. $\qquad\qquad\square$

Ein weiteres wichtiges Beispiel sei als Übungs-Aufgabe gestellt, da es in diesem Buch nicht benötigt wird:

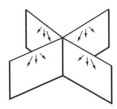 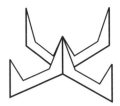 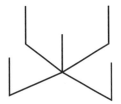

Abbildung 3.9: Retraktion zur Homotopie-Erweiterung

Aufgabe 3.2.10
Sei $(K, \mathfrak{K})$ ein endliches simpliziales Polyeder und sei K' das $(n-1)$-Skelett von K. Dann ist $(K \times \{0\}) \cup (K' \times \mathbf{I})$ ein starker Deformations-Retrakt von $K \times \mathbf{I}$.

3.3 Höhere Homotopiegruppen

Wir wollen in diesem Abschnitt den Begriff der Fundamentalgruppe verallgemeinern und höhere Homotopiegruppen definieren. Wir benötigen zunächst eine bequeme Darstellung der Punkte von $\mathbf{S}^n$. Dazu verwenden wir die Abbildung $\Phi_n : \mathbf{S}^{n-1} \times \mathbf{D}^1 \to \mathbf{S}^n$ aus Satz 2.5.14; die konkrete Beschreibung durch

$$(x,t) \mapsto \begin{cases} ((1-t)x + te_1, +\sqrt{1 - \|(1-t)x + te_1\|^2}) & , \quad t \geq 0 \,, \\ ((1+t)x - te_1, -\sqrt{1 - \|(1+t)x - te_1\|^2}) & , \quad t \leq 0 \,, \end{cases}$$

ist für uns jetzt nicht so wichtig. Es kommt nur darauf an, dass Φ_n einen Homöomorphismus zwischen $\mathbf{S}^{n-1} \wedge \mathbf{S}^1$ und $\mathbf{S}^n$ induziert und den Teilraum $\mathbf{S}^{n-1} \times \mathbf{S}^0 \cup \{e_1\} \times \mathbf{D}^1$ von $\mathbf{S}^{n-1} \times \mathbf{D}^1$ ganz in den Basispunkt abbildet; diese letzte Eigenschaft macht erst die folgenden Definitionen möglich.

> **Definition 3.3.1**
> Sei (X, x_0) ein punktierter Raum und seien $\omega, \eta : \mathbf{S}^n \to X$ punktierte Abbildungen. Dann ist die Abbildung $\omega + \eta : \mathbf{S}^n \to X$ definiert durch
>
> $$(\omega + \eta)(\Phi_n(x,t)) = \begin{cases} \omega(\Phi_n(x, 2t+1)) & , \quad -1 \leq t \leq 0 \,, \\ \eta(\Phi_n(x, 2t-1)) & , \quad 0 < t < 1 \,. \end{cases}$$

Es ist trivial zu prüfen, dass $\omega + \eta$ wohldefiniert ist. Für $n = 1$ ist $+$ gerade die früher mit $*$ bezeichnete Multiplikation von Schleifen. Für $n > 1$ ist die additive Schreibweise sinnvoll, wie wir bald sehen werden.

> **Satz 3.3.2**
> Die Operation $+$ induziert auf $[\mathbf{S}^n; X]_{x_0}$ eine Gruppen-Struktur.

Beweis: Das ist eine wörtliche Übertragung der Argumente aus Abschnitt 3.1. Denn mit Hilfe der Abbildung Φ_n kann man ein Element von $[\mathbf{S}^n; X]_{x_0}$ als Abbildung von $\mathbf{S}^{n-1} \times \mathbf{D}^1$ nach X ansehen oder auch als eine durch $\mathbf{S}^{n-1}$ parametrisierte Schleife in X. Der Beweis ist also lediglich eine parametrisierte Form des Beweises von Lemma 3.1.5 (beziehungsweise von Satz 3.1.7). $\qquad\square$

> **Definition 3.3.3**
> Die Gruppe
>
> $$\pi_n(X; x_0) = [\mathbf{S}^n; X]_{x_0}$$
>
> mit der oben definierten Operation $+$ heißt die n-te Homotopiegruppe des punktierten Raums (X, x_0). Für eine Abbildung $f : (X, x_0) \to (Y, y_0)$ ist der induzierte Homomorphismus $f_\sharp : \pi_n(X; x_0) \to \pi_n(Y; y_0)$ durch $f_\sharp[\omega] = [f \circ \omega]$ definiert.

Die Homotopiegruppen gehören zu den wichtigsten algebraischen Invarianten in der Topologie. Sie beinhalten viel Information über einen Raum, sind aber im allgemeinen extrem schwierig zu berechnen. Im folgenden Abschnitt werden wir beweisen, dass $\pi_n(\mathbf{S}^m)$ für $m > n$ verschwindet, aber erst in Kapitel 5 werden wir beweisen können, dass

$\pi_n(\mathbf{S}^n)$ zu $\mathbf{Z}$ isomorph ist. Der Rest dieses Abschnittes dient dazu, noch einige allgemeine homotopie-theoretische Eigenschaften der Gruppen $\pi_n(X;x_0)$ bereitzustellen, die dann benötigt werden.

Satz 3.3.4
Für $n > 1$ ist die Gruppe $\pi_n(X;x_0)$ abelsch.

Beweis: Durch Φ_n und Φ_{n-1} erhalten wir eine surjektive Abbildung Φ' von $\mathbf{S}^{n-2}\times\mathbf{D}^1\times\mathbf{D}^1$ auf $\mathbf{S}^n$. Seien $f, g : \mathbf{S}^n \to \mathbf{S}^n$ gegebene punktierte Abbildungen. Dann ist $f + g$ definiert durch

$$(f + g)(\Phi'(z,t_1,t_2)) = \begin{cases} f(\Phi'(z,t_1,2t_2 + 1)) & , \quad 2t_2 \leq 0 \,, \\ g(\Phi'(z,t_1,2t_2 - 1)) & , \quad 2t_2 \geq 0 \,; \end{cases}$$

diese Formel wird in der Abbildung durch die linke Skizze angedeutet.

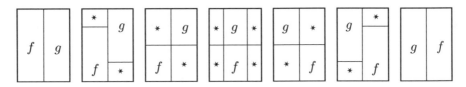

Abbildung 3.10: Kommutativität

Wir führen nun die in der Abbildung skizzierten Homotopien aus; zum Beispiel ist die erste Teil-Homotopie in Formeln durch die folgende Vorschrift gegeben:

$$H_s(\Phi'(z,t_1,t_2)) = \begin{cases} f(\Phi'(z,\tfrac{2t_1+s}{2-s},2t_2 + 1)) & , \quad t_1 \leq 1 - s \text{ und } t_2 \leq 0 \,, \\ g(\Phi'(z,\tfrac{2t_1-s}{2-s},2t_2 - 1)) & , \quad t_1 \geq s - 1 \text{ und } t_2 \geq 0 \,, \\ x_0 & \quad \text{sonst} \,. \end{cases}$$

Am Ende dieser Homotopie ist also H_1 auf zwei Teilquadraten der Kantenlänge 1 von $\mathbf{D}^1 \times \mathbf{D}^1$ nicht trivial, und zwar auf einem der Quadrate gleich f, auf dem anderen Quadrat gleich g.

Wir schieben nun diese Teilquadrate wie in der Abbildung (beziehungsweise mit ähnlichen Formeln) umeinander herum, bis die Deformation in die Abbildung $g + f$ erreicht ist. $\square$

Als nächstes definieren wir nun die Einhängung auf dem Niveau der Homotopie-Gruppen. Es sei $\Phi_X : X \times \mathbf{D}^1 \to X \wedge (\mathbf{D}^1/\mathbf{S}^0) \cong X \wedge \mathbf{S}^1$ die Identifikations-Abbildung. Im folgenden sei $n \geq 2$.

Definition 3.3.5
Sei $f : \mathbf{S}^{n-1} \to X$ eine stetige punktierte Abbildung. Die reduzierte Einhängung von f ist die Abbildung

$$\widetilde{\mathbf{S}}(f) : \mathbf{S}^n \to X \wedge \mathbf{S}^1$$

mit $\widetilde{\mathbf{S}}(f)(\Phi_n(x,t)) = \Phi_X(f(x),t)$ für $x \in \mathbf{S}^{n-1}$ und $t \in \mathbf{D}^1$.

Wir erhalten eine Abbildung $\widetilde{S} : \pi_{n-1}(X) \to \pi_n(X \wedge S^1)$, die wir als Einhängungs-Abbildung bezeichnen. Wir zeigen nun:

Satz 3.3.6
Die Einhängungs-Abbildung $\widetilde{S} : \pi_{n-1}(X) \to \pi_n(X \wedge S^1)$ ist ein Homomorphismus.

Beweis: Wir verwenden im wesentlichen die gleiche Technik wie im Beweis für den obigen Satz 3.3.4 über die Kommutativität der Addition. Seien $f, g : S^{n-1} \to X$ Repräsentanten für Elemente von $\pi_{n-1}(X)$. Sei wieder $\Phi' : S^{n-2} \times D^1 \times D^1 \to S^n$ die durch Φ_n und Φ_{n-1} definierte Abbildung.

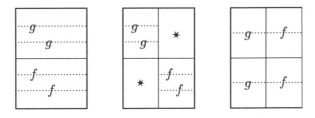

Abbildung 3.11: Summe der Einhängungen

Die Abbildung $\widetilde{S}(f) + \widetilde{S}(g)$ wird beschrieben durch

$$\Phi'(z, t_1, t_2) \mapsto \begin{cases} \Phi_X(f(z, t_1), 2t_2 + 1) & , \quad t_2 \leq 0 \,, \\ \Phi_X(g(z, t_1), 2t_2 - 1) & , \quad t_2 \geq 0 \,, \end{cases}$$

die Abbildung $\widetilde{S}(f + g)$ dagegen durch

$$\Phi'(z, t_1, t_2) \mapsto \begin{cases} \Phi_X(f(z, 2t_1 + 1), t_2) & , \quad t_1 \leq 0 \,, \\ \Phi_X(g(z, 2t_1 - 1), t_2) & , \quad t_1 \geq 0 \,, \end{cases}$$

Diese sind im Bild jeweils links und rechts skizziert. Wir führen nun die skizzierte Homotopie aus. Dies ist die gleiche Verschiebung, die im Beweis von Satz 3.3.4 für die Kommutativität der Addition benutzt wurde. $\square$

Für die höheren Homotopiegruppen spielt der Basispunkt eine genauso wesentliche Rolle wie für die Fundamentalgruppe. Für spätere Zwecke halten wir noch fest, dass diese Einschränkung bei einfach zusammenhängenden Räumen hinfällig wird:

Lemma 3.3.7
Sei X wegzusammenhängend, $x_0 \in X$ ein Basispunkt. Dann ist die kanonische Abbildung

$$[S^n; X]_{x_0} \longrightarrow [S^n; X]$$

surjektiv. Ist X sogar einfach zusammenhängend, so ist diese Abbildung bijektiv.

Beweis: Sei $f : \mathbf{S}^n \to X$ stetig und $x_1 \in X$ das Bild des Basispunktes $* \in \mathbf{S}^n$. Sei w ein Weg von x_0 nach x_1 in X. Sei wieder $\Phi_n : \mathbf{S}^{n-1} \times \mathbf{D}^1 \to \mathbf{S}^n$ die oben definierte Abbildung. Für $z \in \mathbf{S}^{n-1}$ und $-1 \le t \le 1$, $0 \le s \le 1$ setzen wir

$$H_s(\Phi_n(z,t)) = \begin{cases} w(\alpha_s(t)) & , \quad 2t \le s - 2 , \\ f(\Phi_n(z, \beta_s(t))) & , \quad s - 2 \le 2t \le 2 - s , \\ w(\alpha_s(-t)) & , \quad 2t \ge 2 - s . \end{cases}$$

Dabei sei $\alpha_s(t) = 2t - s + 3$ und $\beta_s(t) = \frac{2t}{4-2s}$.

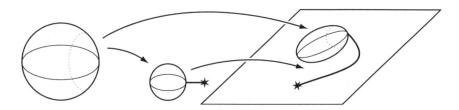

Abbildung 3.12: Eine freie Abbildung wird punktiert

Dann ist offenbar H eine Homotopie zwischen $H_0 = f$ und der den Basispunkt erhaltenden Abbildung H_1.

Seien nun $K : \mathbf{S}^n \times \mathbf{I} \to X$ eine Homotopie, so dass die Abbildungen K_0 und K_1 den Basispunkt $*$ von S^n in x_0 abbilden. Sei w der geschlossene Weg $w(s) = K_s(*)$ und sei $L : \mathbf{I} \times \mathbf{I} \to X$ eine Null-Homotopie für w. Es sei dabei $L_s(1) = w(s)$ sowie $L_s(t) = x_0$, falls $ts(1 - s) = 0$ ist.

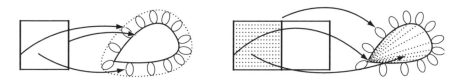

Abbildung 3.13: Eine freie Homotopie wird punktiert

Wir definieren nun $M : \mathbf{S}^n \times \mathbf{I} \to X$ analog zu dem obigen Vorgehen durch die Formeln

$$M_s(\Phi_n(z,t)) = \begin{cases} L_s(2t + 2) & , \quad 2t \le -1 , \\ K_s(\Phi_n(z, 2t)) & , \quad -1 \le 2t \le 1 , \\ L_s(2 - 2t)) & , \quad 2t \ge 1 . \end{cases}$$

Dann bildet M_s Basispunkt in Basispunkt ab und für $s = 0$ oder $s = 1$ ist die Abbildung M_s gleich der Summe $* + K_s + *$, also punktiert homotop zu H_s. $\qquad \square$

3.4 Simpliziale Approximation

Sämtliche stetige Abbildungen zwischen zwei topologischen Räumen studieren zu wollen, ist wohl ein hoffnungsloses Unterfangen. Oft ist es jedoch möglich, stetige Abbildungen durch eine spezielle Klasse von Abbildungen mit besonders schönen oder angenehmen geometrischen Eigenschaften zu approximieren. Zum Beispiel wird man es in der Analysis vorziehen, Funktionen mit ausreichender Differenzierbarkeit zu betrachten. Für die Topologie ist der im Abschnitt 1.1 eingeführte Begriff der simplizialen Abbildung besonders nützlich.

Wir erinnern zunächst an die Definition 1.1.10 eines endlichen simplizialen Polyeders $(X, \mathfrak{X})$, wobei wir vereinbaren, von nun an den expliziten Zusatz des Wortes „simplizial" wegfallen zu lassen; unter einem Polyeder soll also stets ein simpliziales Polyeder verstanden werden. Bei einem solchen Polyeder war $\mathfrak{X} = \bigcup_n \mathfrak{X}_n$ eine endliche Familie endlicher nicht-leerer Teilmengen des $\mathbf{R}^N$, so dass

1. jedes $\sigma \in \mathfrak{X}_n$ eine $(n+1)$-elementige affin unabhängige Teilmenge des $\mathbf{R}^N$ ist,

2. $\mathfrak{X}$ mit $\sigma \in \mathfrak{X}_n$ auch jede nicht-leere Teilmenge von σ enthält,

3. für $\sigma \in \mathfrak{X}_n$, $\tau \in \mathfrak{X}_m$ der Durchschnitt der zugehörigen Simplizes $\Delta(\sigma)$ und $\Delta(\tau)$ entweder leer ist oder aus der gemeinsamen Seite $\Delta(\sigma \cap \tau)$ besteht.

Der Raum X war dann definiert als

$$ X = \bigcup_{\sigma \in \mathfrak{X}} \Delta(\sigma) . $$

Man beachte, dass insbesondere jedes $\sigma \in \mathfrak{X}_n$ gleichzeitig eine Teilmenge von X ist.

In Definition 1.1.11 hatten wir den Begriff der simplizialen Abbildung eingeführt: Eine Abbildung $f : X \to Y$ zwischen endlichen Polyedern $(X, \mathfrak{X})$, $(Y, \mathfrak{Y})$ heißt simplizial, wenn für jedes $\sigma \in \mathfrak{X}$

1. die Bildmenge $f(\sigma)$ ein Element von $\mathfrak{Y}$ ist und

2. $f|_{\Delta(\sigma)} : \Delta(\sigma) \to \Delta(f(\sigma))$ eine affine Abbildung ist.

Man beachte, dass $f|\Delta(\sigma) : \Delta(\sigma) \to \Delta(f(\sigma))$ zwar surjektiv ist, aber im allgemeinen nicht injektiv; f kann durchaus die Dimension eines Simplex erniedrigen.

Es liegt auf der Hand, dass die simplizialen Abbildungen eine besonders einfache Klasse von Abbildungen zwischen Polyedern bilden. Ziel dieses Abschnittes ist es, in einem geeigneten Sinn beliebige stetige Abbildungen durch simpliziale zu approximieren. Wir geben zunächst ein einfaches hinreichendes Kriterium dafür an, dass zwei Abbildungen zwischen Polyedern zueinander homotop sind.

Lemma 3.4.1
Sei $(Y, \mathfrak{Y})$ ein endliches Polyeder, X ein topologischer Raum. Ferner seien $f, g : X \to Y$ zwei stetige Abbildungen. Es gebe zu jedem Punkt $x \in X$ ein Simplex $\sigma_x \in \mathfrak{Y}$, so dass die Punkte $f(x)$ und $g(x)$ beide in $\Delta(\sigma_x)$ enthalten sind. Dann ist $f \simeq g$.

Beweis: Eine Homotopie ist gegeben durch $H_t(x) = (1-t)f(x) + tg(x) \in \Delta(\sigma_x)$. □

Wir führen nun den entscheidenden technischen Begriff ein, der es ermöglicht, auf elegante Weise das Problem der Deformation von stetigen Abbildungen in simpliziale Abbildungen zu behandeln.

Definition 3.4.2
Seien $(X, \mathfrak{X})$, $(Y, \mathfrak{Y})$ endliche Polyeder. Sei $f : X \to Y$ stetig, und sei $g : X \to Y$ eine simpliziale Abbildung. Dann heißt g eine simpliziale Approximation von f, wenn für jeden Punkt $x \in X$ und jedes Simplex $\sigma \in \mathfrak{Y}$ gilt

$$f(x) \in \Delta(\sigma) \implies g(x) \in \Delta(\sigma) .$$

Nach dem vorangehenden Lemma ist also sicherlich $f \simeq g$.

Wir wollen nun ein einfaches Kriterium dafür entwickeln, dass eine stetige Abbildung eine simpliziale Approximation besitzt. Dazu müssen wir uns etwas näher mit speziellen geometrischen Eigenschaften von Polyedern beschäftigen.

Definition 3.4.3
Sei $(Y, \mathfrak{Y})$ ein endliches Polyeder und $p \in \mathfrak{Y}_0$. Der Stern um p ist das Komplement der Vereinigung aller Simplizes, die p nicht enthalten:

$$\operatorname{St}(p; \mathfrak{Y}) := Y - \bigcup_{p \notin \sigma \in \mathfrak{Y}} \Delta(\sigma) .$$

Eine andere, vielleicht etwas anschaulichere Beschreibung ist:

$$\operatorname{St}(p; \mathfrak{Y}) = \bigcup_{p \in \sigma \in \mathfrak{Y}} \left(\Delta(\sigma) - \partial(\Delta(\sigma)) \right) ;$$

$\operatorname{St}(p; \mathfrak{Y})$ setzt sich aus dem Inneren aller Simplizes zusammen, die p enthalten.

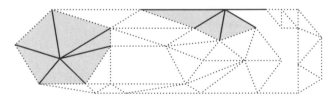

Abbildung 3.14: Stern-Umgebungen

Lemma 3.4.4
Sei $(Y, \mathfrak{Y})$ ein endliches Polyeder.

1. Für $p \in \mathfrak{Y}_0$ ist $\operatorname{St}(p; \mathfrak{Y})$ eine offene Umgebung von p in Y.
2. Sind $p_0, \ldots, p_m \in \mathfrak{Y}_0$, so ist genau dann $\{p_0, \ldots, p_m\} \in \mathfrak{Y}$, wenn der Durchschnitt $\bigcap_{0 \le i \le m} \operatorname{St}(p_i, \mathfrak{Y})$ der Sterne um $p_0, \ldots, p_m$ nicht leer ist.

Beweis: Zu 1.: Es ist klar, dass das Komplement des Sterns in Y abgeschlossen ist und p nicht enthält. Zu 2.: Es sei $\sigma = \{p_0, \ldots, p_m\}$ und $m > 0$. Ist $\sigma \in \mathfrak{Y}$, so ist $b_\sigma = \frac{1}{m+1} \sum_i p_i$ ein Punkt in $\bigcap_{0 \leq i \leq m} \mathrm{St}(p_i, \mathfrak{Y})$.

Sei nun umgekehrt $c \in \bigcap_{0 \leq i \leq m} \mathrm{St}(p_i, \mathfrak{Y})$. Sei $\tau \in \mathfrak{Y}$ ein Simplex mit $c \in \Delta(\tau)$. Wegen $c \in \mathrm{St}(p_i, \mathfrak{Y})$ ist dann $p_i \in \Delta(\tau)$, also $\sigma \subset \tau$ ein Simplex in $\mathfrak{Y}$. $\qquad\square$

Damit können wir die simplizialen Abbildungen innerhalb der Menge aller Abbildungen von $\mathfrak{X}_0$ nach $\mathfrak{Y}_0$ wie folgt charakterisieren:

Korollar 3.4.5

Seien $(X, \mathfrak{X})$, $(Y, \mathfrak{Y})$ endliche Polyeder. Eine Abbildung $\varphi : \mathfrak{X}_0 \to \mathfrak{Y}_0$ definiert genau dann eine simpliziale Abbildung $\widetilde{\varphi} : X \to Y$, wenn für jedes $\sigma = \{p_0, \ldots, p_m\} \in \mathfrak{X}_m$ gilt:

$$\bigcap_{0 \leq i \leq m} \mathrm{St}(\varphi(p_i), \mathfrak{Y}) \neq \emptyset .$$

Beweis: Ist diese Bedingung erfüllt, so ist $\widetilde{\varphi}(\sum_i t_i p_i) = \sum_i t_i \varphi(p_i)$ (für $0 \leq t_i \leq 1$, $\sum t_i = 1$) ein wohldefinierter Punkt von Y. $\qquad\square$

Dieses Resultat ermöglicht es nun, auch die simplizialen Approximationen einer stetigen Abbildung f innerhalb der Menge aller Abbildungen von $\mathfrak{X}_0$ nach $\mathfrak{Y}_0$ zu charakterisieren:

Lemma 3.4.6

Seien $(X, \mathfrak{X})$, $(Y, \mathfrak{Y})$ endliche Polyeder, $f : X \to Y$ eine stetige Abbildung. Sei $\varphi : \mathfrak{X}_0 \to \mathfrak{Y}_0$ eine Abbildung mit
$$f(\mathrm{St}(p; \mathfrak{X})) \subset \mathrm{St}(\varphi(p); \mathfrak{Y}) \text{ für jedes } p \in \mathfrak{X}_0 .$$
Dann definiert φ eine simpliziale Approximation $\widetilde{\varphi}$ von f.

Beweis: Sei $x \in X$ und $\sigma \in \mathfrak{X}$ minimal mit $x \in \Delta(\sigma)$. Mit $\sigma = \{p_0, \ldots, p_m\}$ ist dann $x \in \bigcap_{0 \leq i \leq m} \mathrm{St}(p_i, \mathfrak{X})$. Es folgt

$$f(x) \in \bigcap_{0 \leq i \leq m} f(\mathrm{St}(p_i, \mathfrak{X})) \subset \bigcap_{0 \leq i \leq m} \mathrm{St}(\varphi(p_i), \mathfrak{Y}) .$$

Nach dem vorangehenden Korollar definiert φ eine simpliziale Abbildung $\widetilde{\varphi}$. Aber $f(x)$ und $\widetilde{\varphi}(x)$ liegen beide in $\Delta(\varphi(p_0), \ldots, \varphi(p_m))$. $\qquad\square$

Wir erhalten schließlich das oben erwähnte Kriterium dafür, dass eine Abbildung eine simpliziale Approximation besitzt:

Korollar 3.4.7

Seien $(X, \mathfrak{X})$, $(Y, \mathfrak{Y})$ endliche Polyeder. Eine stetige Abbildung $f : X \to Y$ besitzt genau dann eine simpliziale Approximation, wenn zu jedem $p \in \mathfrak{X}_0$ ein $q \in \mathfrak{Y}_0$ existiert mit
$$f(\mathrm{St}(p; \mathfrak{X})) \subset \mathrm{St}(q; \mathfrak{Y}) .$$

Leider kann man nicht erwarten, dass eine beliebige Abbildung f zwischen zwei Polyedern schon bezüglich der gegebenen simplizialen Strukturen homotop zu einer simplizialen Abbildung ist. Stellen wir zum Beispiel die Kreislinie $\mathbf{S}^1$ einmal als Polyeder $\mathfrak{X}$ mit 3 Null-Simplizes dar und ein anderes mal als Polyeder $\mathfrak{Y}$ mit 4 Null-Simplizes, so gibt es keine surjektive simpliziale Abbildung von $\mathfrak{X}$ nach $\mathfrak{Y}$. Jede solche simpliziale Abbildung ist also null-homotop.

Die gewünschte Homotopie lässt sich jedoch bewerkstelligen, wenn die Simplizes von $\mathfrak{X}$ zunächst genügend fein unterteilt werden. Bereits in Abschnitt 1.4 haben wir von dieser Methode Gebrauch gemacht.

Definition 3.4.8
Sei $(X, \mathfrak{X})$ ein endliches Polyeder. Eine (endliche) Unterteilung von $(X, \mathfrak{X})$ ist ein endliches Polyeder $(X', \mathfrak{X}')$ mit $X' = X$ und $\mathfrak{X}'_0 \supset \mathfrak{X}_0$, so dass zu jedem $\sigma' \in \mathfrak{X}'_n$ ein $k \geq n$ und ein $\sigma \in \mathfrak{X}_k$ existieren mit $\Delta(\sigma') \subset \Delta(\sigma)$. Zwei endliche Polyeder heißen kombinatorisch äquivalent, wenn sie isomorphe Unterteilungen haben.

Es ist einleuchtend, dass je zwei Unterteilungen $(X', \mathfrak{X}')$ und $(X'', \mathfrak{X}'')$ des endlichen Polyeders $(X, \mathfrak{X})$ ihrerseits kombinatorisch äquivalent sind.

Die sogenannte baryzentrische Unterteilung eines n-Simplex ist wie folgt definiert:

Definition 3.4.9
Sei $\sigma = \{p_0, \ldots, p_m\}$ eine affin unabhängige Teilmenge des $\mathbf{R}^N$.

1. Der Schwerpunkt von σ ist der Punkt

$$\mathrm{bz}\,(\sigma) = \frac{1}{m+1} \sum_i p_i \in \Delta(\sigma) \,.$$

2. Die baryzentrische Unterteilung von $\Delta(\sigma)$ ist das endliche Polyeder $\mathcal{BU}(\sigma)$ mit

$$\mathcal{BU}(\sigma)_n = \{\, \{\mathrm{bz}\,(\tau_0), \ldots, \mathrm{bz}\,(\tau_n)\} \mid \tau_i \subset \tau_{i+1} \subset \sigma \,,\; \tau_i \neq \tau_{i+1} \,\} \,.$$

  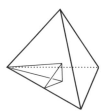

Abbildung 3.15: Baryzentrische Unterteilungen

Die Null-Simplizes der baryzentrischen Unterteilung von $\Delta(\sigma)$ sind also gerade die Schwerpunkte aller Teil-Simplizes von $\Delta(\sigma)$. Diese Konstruktion lässt sich nun unmittelbar auf beliebige endliche Polyeder verallgemeinern.

Lemma 3.4.10
Sei $(X, \mathfrak{X})$ ein endliches Polyeder.
Dann ist

$$\mathcal{B}\mathcal{U}(\mathfrak{X}) = \bigcup_{\sigma \in \mathfrak{X}} \mathcal{B}\mathcal{U}(\sigma)$$

eine Unterteilung von X. Hat $\mathfrak{X}$ die Dimension d und hat jedes Simplex von $(X, \mathfrak{X})$ einen Durchmesser $\leq D$, so hat jedes Simplex von $\mathcal{B}\mathcal{U}(\mathfrak{X})$ einen Durchmesser $\leq \frac{dD}{d+1}$.

Beweis: Hier ist der Durchmesser eines Simplex $\Delta(\sigma)$ natürlich bezüglich der Metrik des X enthaltenden euklidischen Raums zu verstehen. Er stimmt überein mit dem Maximum der Längen aller eindimensionalen Teilsimplizes von $\Delta(\sigma)$.
Für die baryzentrische Unterteilung von $\Delta(\sigma)$ ist daher der Durchmesser jedes Unterteilungs-Simplex höchstens gleich dem Maximum der Abstände des Schwerpunkts von $\Delta(\sigma)$ zu den Eckpunkten von $\Delta(\sigma)$.
Für $\sigma = \{p_0, \ldots, p_d\}$ ist aber

$$\| \mathrm{bz}\, (\sigma) - p_0 \| = \tfrac{1}{d+1} \| \sum_{1 \leq i \leq d} (p_i - p_0) \| \leq \tfrac{d}{d+1} D \; . \qquad \square$$

Korollar 3.4.11
Sei $(X, \mathfrak{X})$ ein endliches Polyeder und sei $\mathcal{U}$ eine offene Überdeckung von X. Dann gibt es eine endliche Unterteilung $(X', \mathfrak{X}')$ von $\mathfrak{X}$, so dass jede Stern-Umgebung von $\mathfrak{X}'$ ganz in einer offenen Menge von $\mathcal{U}$ enthalten ist.

Beweis: Wegen der Kompaktheit von X gibt es ein $\varepsilon > 0$, so dass jede Kugel-Umgebung in X vom Durchmesser $< \varepsilon$ ganz in einer offenen Menge von $\mathcal{U}$ enthalten ist. Indem wir das Lemma wiederholt anwenden, können wir erreichen, dass nach endlich-maliger baryzentrischer Unterteilung der Durchmesser jedes Simplex $< \varepsilon/2$ ist. Die Behauptung folgt. $\qquad \square$

Wir haben nun alles beisammen, um das Hauptergebnis dieses Abschnitts zu beweisen.

Satz 3.4.12 (Simplizialer Approximations-Satz)
Seien $(X, \mathfrak{X})$, $(Y, \mathfrak{Y})$ endliche Polyeder und $f : X \to Y$ eine stetige Abbildung. Dann gibt es eine endliche Unterteilung $(X', \mathfrak{X}')$ von $\mathfrak{X}$ und eine simpliziale Abbildung $\varphi : \mathfrak{X}' \to \mathfrak{Y}$, so dass φ simpliziale Approximation von f ist.

Dieser Satz ist fundamental für alle tieferen Eigenschaften der Homotopie-Theorie. Als erste wichtige Konsequenz beweisen wir:

Satz 3.4.13
Für $m < n$ ist jede stetige Abbildung $f : \mathbf{S}^m \to \mathbf{S}^n$ nullhomotop.

Beweis: Wir triangulieren $\mathbf{S}^n$ als $\partial\Delta^{n+1}$. Eine simpliziale Abbildung eines m-dimensionalen Polyeders nach $\partial\Delta^{n+1}$ kann dann insbesondere nicht surjektiv sein. Jede nicht-surjektive

Abbildung nach $\mathbf{S}^n$ ist aber nullhomotop, denn $\mathbf{S}^n - \{p\} \cong \mathbf{E}^n$ ist zusammenziehbar. Nach dem Approximations-Satz ist aber f homotop zu einer simplizialen Abbildung, also selbst nullhomotop. $\qquad\square$

Korollar 3.4.14
Für $n \geq 2$ ist $\mathbf{S}^n$ einfach zusammenhängend.

Beweis: Nach dem Satz ist jede Schleife ω in $\mathbf{S}^n$ frei nullhomotop. Aber dann ist $[\omega]$ in $\pi_1(\mathbf{S}^n; *)$ konjugiert zu einer trivialen Schleife, also selbst trivial. $\qquad\square$

3.5 Fundamentalgruppen endlicher Polyeder

Wir wollen in diesem Abschnitt eine kombinatorische Methode entwickeln, welche es erlaubt, die Fundamentalgruppe eines endlichen Polyeders durch endlich viele Erzeugende und Relationen zu beschreiben.

Dazu werden wir den simplizialen Approximations-Satz auf Schleifen in dem gegebenen Polyeder anwenden. Für die kombinatorische Beschreibung ist es aber bequemer, mit einem modifizierten Schleifen-Begriff zu arbeiten, bei dem das Produkt von Schleifen sogar strikt assoziativ ist, also nicht nur assoziativ bis auf Homotopie. Diese Variante ist auch in anderen Situationen oft sehr nützlich.

Definition 3.5.1
1. Sei X ein topologischer Raum. Ein Moore-Weg in X ist ein Paar (ω, T), wobei T eine nicht-negative reelle Zahl ist und $\omega : [0, T] \to X$ eine stetige Abbildung. Der Punkt $\omega(0)$ ist der Anfangspunkt, der Punkt $\omega(T)$ der Endpunkt von (ω, T).
   Es sei $\Omega^*(X; p, q)$ die Menge aller Moore-Wege in X mit Anfangspunkt p und Endpunkt q.

2. Sind $(\omega, T) \in \Omega^*(X; p, q)$ und $(\eta, S) \in \Omega^*(X; q, r)$ Moore-Wege, so ist ihr Produkt der Moore-Weg $(\omega * \eta, T + S)$ mit

$$\omega * \eta : t \mapsto \begin{cases} \omega(t), & 0 \leq t \leq T, \\ \eta(t - T), & T \leq t \leq T + S, \end{cases}$$

Wir werden meistens der Bequemlichkeit halber einen Moore-Weg (ω, T) einfach mit ω bezeichnen. Die Zahl T wird auch die Länge von (ω, T) genannt. Wie auch sonst üblich schreiben wir $\Omega^*(X; p)$ für $\Omega^*(X; p, p)$.

Das folgende Lemma ist trivial zu verifizieren:

Lemma 3.5.2
Das Produkt von Moore-Wegen ist strikt assoziativ. Der konstante Weg in p von der Länge 0 ist neutrales Element für die Multiplikation in $\Omega^*(X; p)$.

Ein Moore-Weg kann offenbar auch betrachtet werden als ein Paar $(\widetilde{\omega}, T)$, wobei T wieder eine nicht-negative reelle Zahl ist und $\widetilde{\omega}$ eine stetige Abbildung von $\mathbf{R}$ in X, so dass

$\widetilde{\omega}(t) = \widetilde{\omega}(0)$ ist für $t \leq 0$ und $\widetilde{\omega}(t) = \widetilde{\omega}(T)$ für $t \geq T$. Manchmal ist diese Interpretation etwas bequemer als die obige Definition. Insbesondere liefert sie eine einfache Definition für die Homotopie-Relation $\simeq$ zwischen Moore-Wegen mit Anfangspunkt p und Endpunkt q: Eine Homotopie ist eine stetige Abbildung $H : \mathbf{R} \times \mathbf{I} \to X$, so dass jedes $H_s : \mathbf{R} \to X$ ein Moore-Weg mit Anfangspunkt p und Endpunkt q ist in dem gerade beschriebenen Sinn, das heißt für eine geeignete stetige Längen-Funktion $s \mapsto T_s$.

Es ist klar, dass die Menge $\Omega^*(X; p)/\simeq$ der Homotopiegruppen von Moore-Schleifen die Fundamentalgruppe $\pi_1(X; p)$ ist; wenn wir Homotopien erlauben, spielt die Länge keine Rolle mehr und kann wie früher auf 1 normiert werden.

Im folgenden sei nun $(X, \mathfrak{X})$ ein zusammenhängendes endliches Polyeder. Es sei $* \in \mathfrak{X}_0$ ein fest gewähltes Null-Simplex.

Definition 3.5.3

1. Ein Kanten-Weg w in $\mathfrak{X}$ ist eine endliche Folge $w = a_0 a_1 \ldots a_m$, wobei die a_i Punkte in $\mathfrak{X}_0$ sind, so dass $\{a_i, a_{i+1}\}$ ein Simplex von $\mathfrak{X}$ ist (von der Dimension 1 oder 0). Der Punkt a_0 ist der Anfangspunkt von w, der Punkt a_m ist der Endpunkt von w.

2. Sind $w = a_0 a_1 \ldots a_m$ und $w' = a_0' a_1' a_2' \ldots a_n'$ Kanten-Wege, so dass der Anfangspunkt von w' und der Endpunkt von w übereinstimmen, so ist das Produkt $w\,w'$ definiert als der Kanten-Weg $w\,w' = a_0 a_1 \ldots a_m a_1' a_2' \ldots a_n'$.

Die Menge der Kanten-Wege mit Anfangspunkt p und Endpunkt q werde mit $\Omega(\mathfrak{X}; p, q)$ bezeichnet. Einen Kanten-Weg der Gestalt $w = a_0 a_1$ nennen wir natürlich einfach eine Kante von $\mathfrak{X}$. Die Menge $\Omega(\mathfrak{X}; p, p)$ der geschlossenen Kanten-Wege mit Anfangspunkt p kürzen wir wieder zu $\Omega(\mathfrak{X}; p)$ ab.

Definition 3.5.4

1. Für eine Kante $a_0 a_1$ in $\mathfrak{X}_1$ sei $\widetilde{\kappa}(a_0 a_1)$ der Moore-Weg der Länge 1 mit $t \mapsto (1-t)a_0 + ta_1$.

2. Für einen Kanten-Weg $w = a_0 a_1 \ldots a_m \in \Omega(\mathfrak{X}; p, q)$ sei

$$\widetilde{\kappa}(w) := \widetilde{\kappa}(a_0 a_1) * \ldots * \widetilde{\kappa}(a_{m-1} a_m) \in \Omega^*(X; p, q) \, .$$

Wir wollen nun die Abbildung

$$\widetilde{\kappa} : \Omega(\mathfrak{X}; *) \to \Omega^*(X; *)$$

benutzen, um die Fundamentalgruppe $\pi_1(X; *)$ zu bestimmen.

Definition 3.5.5

In den folgenden Fällen sollen zwei Kanten-Wege w, w' in $\Omega(\mathfrak{X}; *)$ elementar homotop heißen:

1. $w = a_0 \ldots a_{i-1} a_i a_{i+1} \ldots a_m$ und $w' = a_0 \ldots a_{i-1} a_{i+1} \ldots a_m$, falls $\{a_{i-1}, a_i, a_{i+1}\} \in \mathfrak{X}$ ein Simplex ist,

2. $w = a_0 \ldots a_i a_{i+1} \ldots a_m$, und $w' = a_0 \ldots a_i a_i a_{i+1} \ldots a_m$.

Natürlich ist diese Definition so zu verstehen, dass sie symmetrisch in w und w' sein soll: Ist w elementar homotop zu w', so auch w' zu w.

Definition 3.5.6
Zwei Kanten-Wege w, w' in $\Omega(\mathfrak{X}; *)$ heißen homotop, wenn es eine Folge $w = w_1, w_2, \ldots, w_{r-1}, w_r = w'$ von Kanten-Wegen in $\Omega(\mathfrak{X}; *)$ gibt, so dass w_i und w_{i+1} elementar homotop sind.

Es ist klar, dass die Homotopie von Kanten-Wegen eine Äquivalenz-Relation auf $\Omega(\mathfrak{X}; *)$ ist. Wir bezeichnen die Menge der Homotopiegruppen von Kanten-Wegen mit $\pi_1(\mathfrak{X}; *)$.

Lemma 3.5.7
Die Multiplikation von Kanten-Wegen definiert auf $\pi_1(\mathfrak{X}; *)$ eine Gruppen-Struktur.

Der Beweis hiervon ist klar: Neutrales Element ist die Homotopiegruppe des trivialen Kantenwegs $**$ und das Inverse von $w = a_0 a_1 \ldots a_m$ ist durch $w^{-1} = a_m \ldots a_1 a_0$ gegeben.

Wir kommen nun zum Hauptsatz dieses Abschnitts:

Satz 3.5.8
$\widetilde{\kappa}$ induziert einen Isomorphismus

$$\kappa : \pi_1(\mathfrak{X}; *) \to \pi_1(X; *) .$$

Beweis: Es ist trivial, dass $\widetilde{\kappa}$ einen wohldefinierten Gruppen-Homomorphismus in π_1 induziert. Aus dem simplizialen Approximations-Satz folgt unmittelbar, dass κ surjektiv ist. Für die Injektivität wenden wir den simplizialen Approximations-Satz auf eine Homotopie an. $\qquad\square$

Wir erhalten unmittelbar eine wichtige Folgerung:

Korollar 3.5.9
Die Fundamentalgruppe eines punktierten zusammenhängenden endlichen Polyeders $(X, \mathfrak{X})$ hängt nur von seinem 2-Skelett ab.

Man kann den Satz dazu benutzen, eine einfache Präsentation (das heißt Beschreibung durch Erzeugende und Relationen) für $\pi_1(X; *)$ herzuleiten:

Ein endliches Polyeder $\mathfrak{B}$ heißt ein Baum, wenn gilt:

1. $\mathfrak{B}$ ist zusammenhängend und 1-dimensional,

2. Ist $w = pq$ eine Kante von $\mathfrak{B}$, so gibt es keinen die Punkte p und q verbindenden Kantenweg in $\mathfrak{B}$, in dem die Kante w nicht vorkommt.

Sei nun $\mathfrak{B} \subset \mathfrak{X}$ ein maximaler Baum, der den Basispunkt $*$ enthält. Es ist leicht zu sehen, dass $\mathfrak{B}_0 = \mathfrak{X}_0$ ist. Zu jedem $p \in \mathfrak{X}_0$ gibt es daher einen Kantenweg w_p in $\mathfrak{B}$, der $*$ mit p verbindet.

Wir wählen nun eine Ordnungs-Relation $<$ auf $\mathfrak{X}_0$. Jedes 1-Simplex $\{p, q\} \in \mathfrak{X}_1$ definiert eine Kante $w_{\{p,q\}} = pq$ mit $p < q$. Es sei

$$g_{\{p,q\}} := [w_p * w_{\{p,q\}} * w_q^{-1}] \in \pi_1(\mathfrak{X}; *) .$$

Ferner sei für $\{p, q, r\} \in \mathfrak{X}_2$ mit $p < q < r$

$$R_{\{p,q,r\}} := g_{\{p,q\}} g_{\{q,r\}} g_{\{p,r\}}^{-1} \ .$$

Satz 3.5.10
Die Gruppe $\pi_1(\mathfrak{X}; *)$ wird erzeugt von den Elementen

$$g_{\{p,q\}} \quad \text{für} \quad \{p,q\} \in \mathfrak{X}_1$$

mit einzigen definierenden Relationen

$$g_{\{p,q\}} = 1 \quad \text{für} \quad \{p,q\} \in \mathfrak{B}_1 \quad \text{und} \quad R_{\{p,q,r\}} = 1 \quad \text{für} \quad \{p,q,r\} \in \mathfrak{X}_2 \ .$$

Für ausführlichere Informationen über die Beschreibung von Gruppen durch Erzeugende und Relationen müssen wir auf die entsprechenden Lehrbücher der Gruppen-Theorie verweisen. Eine umfassende Darstellung findet man zum Beispiel in [MKS66]. Hier sei lediglich darauf hingewiesen, dass eine Präsentation einer Gruppe zwar die Gruppe bis auf Isomorphie eindeutig festlegt, aber im allgemeinen keinen unmittelbaren Zugang zu den Elementen der Gruppe bietet. So gibt es nachweislich kein effektives Verfahren, mit dem man feststellen könnte, ob eine beliebige vorgegebene Präsentation eine triviale Gruppe definiert oder nicht. Analoges gilt für die Frage, ob die betreffende Gruppe endlich ist.

Aus dem letzten Satz ergibt sich aber noch die folgende Konsequenz, deren Beweis wir jedoch nicht durchführen wollen:

Aufgabe 3.5.11
Jede endlich präsentierte Gruppe ist isomorph zu der Fundamentalgruppe eines endlichen Polyeders.

Als Berechnungs-Beispiel betrachten wir hier nur den folgenden einfachen Fall:

Satz 3.5.12
Sei $Q_r \subset \mathbf{R}^2$ eine Teilmenge mit r Elementen. Dann ist $\pi_1(\mathbf{R}^2 - Q_r; *)$ eine freie Gruppe F_r mit r Erzeugenden.

Abbildung 3.16: Triangulierung von $\bigvee_{1 \leq i \leq r} \mathbf{S}^1$

Beweis: $\mathbf{R}^2 - Q_r$ ist homotopie-äquivalent zu $X := \bigvee_{1 \leq i \leq r} \mathbf{S}^1$. Eine Triangulierung von X ist gegeben durch

$$\mathfrak{X}_1 = \{\, \{*, p_i\} \mid 1 \leq i \leq r \,\} \cup \{\, \{*, q_i\} \mid 1 \leq i \leq r \,\} \cup \{\, \{p_i, q_i\} \mid 1 \leq i \leq r \,\} \ .$$

Ein maximaler Baum besteht aus allen Kanten, die den Punkt $*$ enthalten. Da X keine 2-Simplizes enthält, gibt es keine Relationen zwischen den Erzeugenden $g_{\{p_i,q_i\}}$. $\qquad\square$

Für Berechnungen ist manchmal auch der folgende Satz hilfreich. Es seien $\mathfrak{X}^{(1)}$, $\mathfrak{X}^{(2)}$ zusammenhängende Unterkomplexe von $\mathfrak{X}$ mit $\mathfrak{X}^{(1)} \cup \mathfrak{X}^{(2)} = \mathfrak{X}$. Ferner sei $\mathfrak{X}^{(0)} := \mathfrak{X}^{(1)} \cap \mathfrak{X}^{(2)}$ zusammenhängend mit $* \in \mathfrak{X}^{(0)}$. Schließlich seien $i_\nu : \mathfrak{X}^{(\nu)} \to \mathfrak{X}$ und $j_\nu : \mathfrak{X}^{(0)} \to \mathfrak{X}^{(\nu)}$ die Inklusions-Abbildungen.

Satz 3.5.13 (Satz von van Kampen für Polyeder)
Unter den obigen Voraussetzungen wird die Gruppe $\pi_1(\mathfrak{X}; *)$ von den Untergruppen $i_{\nu\natural}(\pi_1(\mathfrak{X}^{(\nu)}; *))$ erzeugt mit einzigen definierenden Relationen $j_{1\natural}(\alpha) = j_{2\natural}(\alpha)$ für $\alpha \in \pi_1(\mathfrak{X}^{(0)}; *)$.

Beweis: Wir können für $\nu = 1, 2$ maximale Bäume $\mathfrak{B}^{(\nu)} \subset \mathfrak{X}^{(\nu)}$ finden, so dass $\mathfrak{B} := \mathfrak{B}^{(1)} \cup \mathfrak{B}^{(2)}$ ein maximaler Baum von $\mathfrak{X}$ und $\mathfrak{B}^{(0)} := \mathfrak{B}^{(1)} \cap \mathfrak{B}^{(2)}$ ein maximaler Baum von $\mathfrak{X}^{(0)}$ ist.

dass $\pi_1(\mathfrak{X}; *)$ von den angegebenen Untergruppen erzeugt wird, ist damit klar. Ebenso ist klar, dass die angegebenen Relationen gelten.

Sei $\tau = \{p, q, r\} \in \mathfrak{X}_2$ ein 2-Simplex. Dann muss τ schon ganz in einem $\mathfrak{X}^{(\nu)}$ enthalten sein, so dass die durch τ definierte Relation R_τ schon von $\pi_1(\mathfrak{X}^{(\nu)}; *)$ kommt. $\qquad\square$

Als Beispiel betrachen wir hier nur die projektive Ebene $X = \mathbf{R}P^2$; sie ist Vereinigung von einer Scheibe $X^{(1)}$ und einem Möbius-Band $X^{(2)}$. Der Durchschnitt $X^{(0)}$ ist eine Kreislinie und $j_2 : \mathbf{Z} = \pi_1(X^{(0)}; *) \to \pi_1(X^{(2)}; *) = \mathbf{Z}$ ist die Multiplikation mit 2. Es folgt, dass

$$\pi_1(\mathbf{R}P^2; *) \cong \mathbf{Z}/2\mathbf{Z}$$

eine Gruppe mit zwei Elementen ist.

3.6 Überlagerungen

Wir hatten die Fundamentalgruppe des Kreises $\mathbf{S}^1$ mit Hilfe der Abbildung $\mathrm{Exp} : \mathbf{R} \to \mathbf{S}^1$ ausgerechnet. Ein besonderes Merkmal dieser Abbildung ist es, dass genügend kleine offene Teilmengen von $\mathbf{R}$ homöomorph auf ihr Bild abgebildet werden.

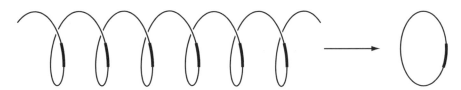

Abbildung 3.17: Überlagerung von $\mathbf{S}^1$ durch $\mathbf{R}$

Man sagt, dass Exp ein lokaler Homöomorphismus ist. Dies ist eine charakteristische Eigenschaft der Überlagerungs-Abbildungen, die wir nun definieren.

Definition 3.6.1

Sei $p : E \to B$ eine stetige Abbildung.

1. Ein Teilraum $U \subset B$ heißt durch p trivial überlagert, wenn es einen diskreten topologischen Raum F_U und einen Homöomorphismus $\Phi_U : p^{-1}(U) \to U \times F_U$ gibt, so dass $p(e) = \mathrm{pr}_U(\Phi_U(e))$ ist für $e \in p^{-1}(U)$.

2. p heißt Überlagerung, wenn jeder Punkt $b \in B$ eine durch p trivial überlagerte Umgebung U in B besitzt.

Ist p Überlagerung, so heißt B Basis, E Totalraum und p Projektion der Überlagerung. Für $b \in B$ heißt $E_b := p^{-1}(b)$ die Faser über b.

Bemerkung: Es ist offensichtlich, dass eine Überlagerung p stets eine offene surjektive Abbildung ist, bezüglich deren B die Quotienten-Topologie hat. Jedes $e \in E$ hat eine Umgebung V, so dass $p|_V$ ein Homöomorphismus von V auf $p(V) \subset B$ ist. p ist also insbesondere ein lokaler Homöomorphismus.

Das offensichtliche triviale Beispiel für eine Überlagerung ist die Projektions-Abbildung $\mathrm{pr}_1 : B \times F \to B$, wobei die typische Faser F ein diskreter topologischer Raum sein soll. Ein weiteres einfaches Beispiel ist die oben erwähnte Abbildung $\mathrm{Exp} : \mathbf{R} \to \mathbf{S}^1$, denn für jedes $z \in \mathbf{S}^1$ ist $\mathbf{S}^1 - \{z\}$ trivial überlagert. Aus dem gleichen Grund ist $p_n : \mathbf{S}^1 \to \mathbf{S}^1$ mit $p_n(z) = z^n$ eine Überlagerung. Jede Faser besteht aus n Punkten. Man sagt, dass p_n eine n-blättrige Überlagerung ist.

Ist $p : E \to B$ eine Überlagerung und $\aleph$ eine beliebige Kardinalzahl, so ist die Menge $\{\, b \in B \mid E_b \text{ hat } \aleph \text{ Elemente}\,\}$ offen in B. Ist B zusammenhängend, so haben also alle Fasern die gleiche Mächtigkeit. Diese nennt man dann auch die Zahl der Blätter in der Überlagerung.

Die Theorie der Überlagerungen hängt eng mit der Theorie der Gruppen-Operationen zusammen, die wir im nächsten Kapitel ausführlicher studieren wollen. Wir wollen jedoch schon an dieser Stelle (zumindest für diskrete Gruppen) die Grundbegriffe dieser Theorie einführen. So erhalten wir insbesondere wichtige Beispiele für Überlagerungen.

Im folgenden werden wir oft eine Gruppe G als topologischen Raum betrachten müssen. Dafür werden wir dann meistens G mit der diskreten Topologie versehen, in der also jede Teilmenge von G offen und abgeschlossen ist. Um auf diese Topologie hinzuweisen, werden wir auch G als eine diskrete Gruppe bezeichnen.

Definition 3.6.2

Sei G eine diskrete Gruppe mit Gruppen-Multiplikation $\mu : G \times G \to G$ und mit neutralem Element e. Eine G-Operation (oder G-Aktion) auf dem Raum X ist eine stetige Abbildung $\nu : G \times X \to X$, so dass gilt

$$\nu(e, x) = x \quad \text{und} \quad \nu(\mu(g_1, g_2), x) = \nu(g_1, \nu(g_2, x))\,.$$

Die Stetigkeit von ν bedeutet wegen der Diskretheit der Topologie auf G lediglich, dass für jedes $g \in G$ die Abbildung $\nu_g = \nu(g, \ldots) : X \to X$ stetig ist; diese muss dann wegen $\nu_{g^{-1}} = \nu_g^{-1}$ sogar ein Homöomorphismus sein. Es bezeichne $\mathcal{H}(X)$ die Gruppe aller Homöomorphismen von X auf sich selbst. Eine Operation einer diskreten Gruppe

G auf X kann dann auch beschrieben werden als ein Gruppen-Homomorphismus von G in die Gruppe $\mathcal{H}(X)$.

Üblicherweise verwendet man die Bezeichnungen

$$g_1 g_2 = \mu(g_1, g_2) \quad \text{und} \quad gx = \nu(g, x)$$

für die Gruppen-Multiplikation und für die Operation auf X. Bezeichnet man noch das neutrale Element von G mit 1, so schreiben sich die Eigenschaften der Operation in der suggestiven Form

$$1\,x = x \quad \text{und} \quad (g_1\,g_2)x = g_1(g_2 x) \ .$$

Wir führen nun noch weitere wichtige Begriffe ein:

Definition 3.6.3
Die diskrete Gruppe G operiere auf dem Raum X.

1. Für $x \in X$ heißt

$$Gx := \{\, gx \mid g \in G \,\} \subset X$$

   die Bahn (oder der Orbit) von x. Der Orbit-Raum X/G ist der Quotientenraum von X, der aus allen Bahnen in X besteht. Die kanonische Projektion $\pi : X \to X/G$ ordnet jedem Punkt $x \in X$ seine Bahn $Gx \in X/G$ zu.

2. Für $x \in X$ heißt

$$G_x := \{\, g \in G \mid gx = x \,\}$$

   die Standgruppe (oder Isotropiegruppe) von x.

Für die Überlagerungs-Theorie sind vor allem freie Gruppen-Operationen wichtig:

Definition 3.6.4
Eine Operation einer diskreten Gruppe G auf dem topologischen Raum X heißt frei, wenn jede Isotropiegruppe trivial ist (also nur aus dem Einselement von G besteht).

Um den Zusammenhang zwischen freien diskreten Gruppen-Operationen und Überlagerungen herzustellen und möglichst durchsichtig zu machen, benötigen wir milde Voraussetzungen allgemein-topologischer Natur, die wir nun formulieren wollen.

Sei wieder G eine diskrete Gruppe, die auf X operiert. Zu der Operations-Abbildung $\nu : G \times X \to X$ mit $\nu(g, x) = gx$ definieren wir die Scherungs-Abbildung $\widetilde{\nu} : G \times X \to X \times X$ durch $\widetilde{\nu}(g, x) = (\nu(g, x), x)$. Es sei Γ das Bild von $\widetilde{\nu}$. Ist G endlich und X ein Hausdorff-Raum, so ist $\widetilde{\nu}$ trivialerweise eine abgeschlossene Abbildung: Für abgeschlossenes $A \subset X$ ist $(g \times 1)\Delta_A = \{\, (ga, a) \mid a \in A \,\} \subset X \times X$ abgeschlossen, also ebenfalls $\Gamma = \bigcup_g (g \times 1)\Delta_A$. Insbesondere ist dann $\widetilde{\nu}$ eine eigentliche Abbildung. Dies ist die Bedingung, die wir brauchen.

Definition 3.6.5
Eine Operation einer diskreten Gruppe G auf dem topologischen Raum X heißt eigentlich, wenn die Scherungs-Abbildung $\widetilde{\nu} : G \times X \to X \times X$ eine eigentliche Abbildung ist.

Eine Operation einer endlichen diskreten Gruppe auf einem Hausdorff-Raum ist also immer eigentlich.

Wir betrachten einige einfache Beispiele:

1. Sei G zyklische Gruppe der Ordnung 2 mit Erzeugendem T. Dann operiert G frei auf $\mathbf{S}^n$ durch $Tx := -x$. Der Orbit-Raum ist der reelle projektive Raum $\mathbf{RP}^n$.

2. Sei G zyklische Gruppe der Ordnung k mit Erzeugendem T. Sei $\zeta_k := \mathrm{Exp}(\frac{1}{k})$ primitive k-te Einheitswurzel. Dann operiert G frei auf $\mathbf{S}^{2n-1} \subset \mathbf{C}^n$ durch $Tx := \zeta_k x$. Der Orbit-Raum wird auch als Standard-Linsenraum bezeichnet. (Für $k = 2$ haben wir natürlich wieder das erste Beispiel erhalten).

3. Die additive Gruppe $\mathbf{R}^n$ operiert auf $\mathbf{R}^n$ durch Translationen. Sei $G \subset \mathbf{R}^n$ eine diskrete Untergruppe, jetzt in dem Sinne, dass sie als Teilraum von $\mathbf{R}^n$ die diskrete Topologie trägt. Dann ist die Operation von G auf $\mathbf{R}^n$ durch Translationen frei und ebenfalls eigentlich.

Es stellt sich heraus, dass eine diskrete Untergruppe G des $\mathbf{R}^n$ aus allen ganzzahligen Linearkombinationen einer geeigneten Familie von linear unabhängigen Vektoren besteht und somit isomorph zu $\mathbf{Z}^k$ ist. Der Orbit-Raum ist in diesem Falle homöomorph zu $\mathbf{T}^k \times \mathbf{R}^{n-k}$, wobei $\mathbf{T}^k = \mathbf{S}^1 \times \ldots \times \mathbf{S}^1$ der k-dimensionale Torus ist.

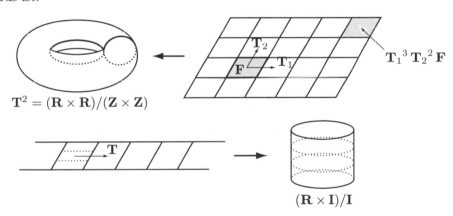

$$\mathbf{T}^2 = (\mathbf{R} \times \mathbf{R})/(\mathbf{Z} \times \mathbf{Z})$$

$$(\mathbf{R} \times \mathbf{I})/\mathbf{I}$$

Abbildung 3.18: Operationen diskreter Gruppen

Wir kommen nun zu dem schon angedeuteten Zusammenhang zwischen freien Operationen diskreter Gruppen und Überlagerungen:

Satz 3.6.6
Die diskrete Gruppe G operiere frei und eigentlich auf dem Hausdorff-Raum X. Dann gibt es zu je zwei Punkten x und y in X Umgebungen V_x von x und W_y von y, so dass die Menge aller $g \in G$ mit $V_x \cap gW_y \neq \emptyset$ höchstens einelementig ist. Die kanonische Projektion $p: X \to X/G$ ist eine Überlagerung.

Beweis: Sei wieder $\widetilde{\nu} : G \times X \rightarrow X \times X$ die Scherungsabbildung; sie ist nach Voraussetzung eine abgeschlossene Abbildung.

Seien $x, y \in X$. Wenn es ein $g_0 \in G$ gibt mit $y = g_0 x$, so setzen wir $G' := G - \{g_0\}$, andernfalls $G' := G$. Dann ist $\widetilde{\nu}(G' \times X)$ eine abgeschlossene Teilmenge von $X \times X$, die den Punkt (y, x) nicht enthält, also auch nicht eine geeignete Umgebung $W_y \times V_x$.

Es bleibt noch zu zeigen, dass die Orbit-Abbildung p eine Überlagerung ist. Dazu setzen wir in der nun bewiesenen ersten Behauptung $x = y$. Dann wird $U = V_x \cap W_y$ eine Umgebung von x, deren Bild in X/G trivial überlagert ist. $\qquad\square$

Die obigen Beispiele für Operationen diskreter Gruppen liefern also insbesondere auch Beispiele für Überlagerungs-Abbildungen.

Wir beginnen nun mit der allgemeinen Theorie der Überlagerungen.

Definition 3.6.7
Sei $p : E \rightarrow B$ eine Überlagerung und $f : X \rightarrow B$ eine stetige Abbildung. Eine Hochhebung von f ist eine stetige Abbildung $F : X \rightarrow E$ mit $p \circ F = f$.

Für eine Hochhebung ist also das folgende Diagramm kommutativ:

Manchmal nennt man eine Hochhebung auch einen Lift von f.

Satz 3.6.8 (Eindeutigkeits-Satz für Hochhebungen)
Seien $F, G : X \rightarrow E$ Hochhebungen von $f : X \rightarrow B$ in der Überlagerung $p : E \rightarrow B$. Sei X zusammenhängend. Wenn es ein $x_0 \in X$ gibt mit $F(x_0) = G(x_0)$, so ist $F = G$.

Beweis: Sei $V := \{\, x \in X \mid F(x) = G(x) \,\}$ und $W := X - V$. Wir zeigen, dass V und W offen in X sind. Hieraus folgt die Behauptung des Satzes, denn es ist $X = V \amalg W$ und aus $V \neq \emptyset$ folgt $X = V$.

Sei nun $x \in X$ und sei U offene trivial überlagerte Umgebung von $f(x) \in B$. Es sei $\phi_U : p^{-1}(U) \cong U \times T_U$ ein mit der Projektion verträglicher Homöomorphismus, wobei T_U diskret ist. Sei $\phi_U(F(x)) \in U \times \{j\}$ und $\phi_U(G(x)) \in U \times \{k\}$. Dann ist $D := F^{-1}\phi_U^{-1}(U \times \{j\}) \cap G^{-1}\phi_U^{-1}(U \times \{k\})$ eine offene Umgebung von x. Es ist $D \subset V$, falls $j = k$ ist, und $D \subset W$ andernfalls. $\qquad\square$

Die folgende Eigenschaft von Überlagerungen ist von fundamentaler Bedeutung.

Satz 3.6.9 (Homotopie-Hochhebungssatz)
Sei $p : E \rightarrow B$ eine Überlagerung. Ferner seien $F : X \rightarrow E$ und $H : X \times \mathbf{I} \rightarrow B$ stetige Abbildungen mit $H_0(x) = p(F(x))$ für alle $x \in X$. Dann existiert genau eine Hochhebung $\widetilde{H}$ von H mit $\widetilde{H}_0 = F$.

Den Homotopie-Hochhebungssatz verdeutlichen wir durch das folgende Diagramm:

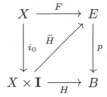

Beweis: Die Eindeutigkeit ist klar nach dem vorigen Satz. Für die Existenz reicht es, folgendes zu beweisen:

(∗) Zu jedem $x \in X$ gibt es eine Umgebung U_x von x in X und eine stetige Abbildung $H^{(x)} : U_x \times \mathbf{I} \to E$, so dass $p \circ H^{(x)} = H|(U_x \times \mathbf{I})$ ist und $H_0^{(x)}(y) = F(y)$ für alle $y \in U_x$.

Denn dann stimmen wegen der Eindeutigkeit die jeweiligen Abbildungen $H^{(x)}$ auf dem Durchschnitt ihrer Definitionsbereiche überein, so dass wir eine wohldefinierte stetige Abbildung $\widetilde{H} = \bigcup_x H^{(x)}$ erhalten.

Wir beweisen nun die Behauptung (∗). Sei $x \in X$. Zu $t \in \mathbf{I}$ sei ε_t eine positive reelle Zahl und $U_{x,t}$ eine Umgebung von x in X, so dass $H(U_{x,t} \times [t - \varepsilon_t, t + \varepsilon_t])$ in einer trivial überlagerten Umgebung von $H(x, t)$ enthalten ist. Wegen der Kompaktheit von $\mathbf{I}$ gibt es dann sogar eine Umgebung U_x von x in X und eine Zerlegung $0 = t_0 < t_1 < \ldots < t_m = 1$ des Einheits-Intervalls, so dass $H(U_x \times [t_k, t_{k+1}])$ ganz in einer trivial überlagerten offenen Menge $V(k)$ enthalten ist.

Wir können nun induktiv $H^{(x)} : U_x \times [0, t_k] \to E$ definieren: Sei $\Phi_k : p^{-1}(V(k)) \cong V(k) \times F_k$ ein mit der Projektion verträglicher Homöomorphismus, wobei F_k diskret ist. Ist $H^{(x)}(x, t_k) \in V(k) \times \{j\}$, so definieren wir $H^{(x)}$ auf $U_x \times [t_k, t_{k+1}]$ als Komposition

$$U_x \times [t_k, t_{k+1}] \xrightarrow{H} V(k) \xrightarrow{\cong} V(k) \times \{j\} \xhookrightarrow{\Phi_k^{-1}} E \ .$$

Der Induktionsanfang ist dabei durch $H^{(x)}(0) = F(x)$ gegeben. □

Wenden wir diesen Satz auf einen einpunktigen Raum X an, so erhalten wir den folgenden interessanten Spezialfall:

Korollar 3.6.10 (Wege-Hochhebungssatz)
Sei $p : E \to B$ eine Überlagerung und $\omega : \mathbf{I} \to B$ ein Weg in B mit Anfangspunkt $b = \omega(0)$. Dann gibt es zu $e \in E_b = p^{-1}(b)$ genau einen Weg $\widetilde{\omega} : \mathbf{I} \to E$ mit $p \circ \widetilde{\omega} = \omega$ und Anfangspunkt $\widetilde{\omega}(0) = e$.

Dieses Korollar ist die Grundlage für die Untersuchungen zum Verhalten der Fundamentalgruppe in Überlagerungen, die wir im nächsten Abschnitt durchführen werden.

3.7 Klassifikation von Überlagerungen

In diesem Abschnitt bezeichnet $p : E \to B$ stets eine Überlagerung. Es sei $e_0 \in E$ und $b_0 = p(e_0)$.

Wir konstruieren zunächst eine „natürliche" Bijektion zwischen zwei Fasern von p, deren Fußpunkte durch einen Weg verbunden sind. Die folgende Definition macht Sinn wegen des Wege-Hochhebungssatzes 3.6.10.

Definition 3.7.1
Sei $\omega : \mathbf{I} \to B$ ein Weg in B mit Anfangspunkt $b_0 = \omega(0)$ und Endpunkt $b_1 = \omega(1)$. Es sei

$$\widetilde{\Lambda}_\omega : E_{b_0} \times \mathbf{I} \to E$$

die eindeutig bestimmte Abbildung mit $p(\widetilde{\Lambda}_\omega(e,t)) = \omega(t)$ und $\widetilde{\Lambda}_\omega(e,0) = e$. Ferner sei

$$\Lambda_\omega(e) := \widetilde{\Lambda}_\omega(e,1) .$$

Wir notieren zunächst einige einfache Eigenschaften dieser Abbildungen.

Lemma 3.7.2
Es gilt:

1. Λ_ω ist eine stetige Abbildung von E_{b_0} in E_{b_1}.
2. $\Lambda_{\omega*\eta} = \Lambda_\eta \circ \Lambda_\omega$.
3. Ist $\omega \simeq \eta$, so ist $\Lambda_\omega = \Lambda_\eta$.
4. $\Lambda_\omega : E_{b_0} \to E_{b_1}$ ist bijektiv.

Beweis: Die ersten drei Behauptungen sind unmittelbar klar und implizieren die letzte.
□

Wir betrachten nun diese Abbildungen Λ_ω für geschlossene Wege ω. Mit den obigen Bezeichnungen ist also $b_1 = b_0$ und $\Lambda_\omega : E_{b_0} \to E_{b_0}$. Nach dem vorangehenden Lemma erhalten wir eine Abbildung

$$\Lambda : E_{b_0} \times \pi_1(B;b_0) \to E_{b_0}$$

durch $\Lambda(e,[\omega]) = \Lambda_\omega(e)$. Offenbar gilt:

$$\Lambda(\Lambda(e,[\omega_1]),[\omega_2]) = \Lambda(e,[\omega_1 * \omega_2]) .$$

Λ definiert also eine Operation der Gruppe $\pi_1(B;b_0)$ von rechts auf $E_{b_0} = p^{-1}(b_0)$. Die Standgruppe eines Punktes $e_0 \in E_{b_0}$ besteht dabei offenbar gerade aus den Elementen von $p_\natural(\pi_1(E;e_0))$.

Ist E wegzusammenhängend, so gibt es zu zwei Punkten e_0, $e_1 \in E_{b_0}$ einen diese verbindenden Weg η in E. Dann ist $\omega = p \circ \eta$ eine Schleife in B mit Anfangspunkt b_0 und es gilt $\Lambda(e_0,[\omega]) = e_1$. Es gibt also ein Element von $\pi_1(B;b_0)$, das e_0 in e_1 transportiert.

Man nennt eine Operation der Gruppe π auf dem Raum F transitiv, wenn F nur aus einem einzigen π-Orbit besteht.

Wir fassen zusammen:

Korollar 3.7.3
Die Fundamentalgruppe $\pi_1(B; b_0)$ operiert vermöge Λ von rechts auf der Faser $E_{b_0} = p^{-1}(b_0)$. Die Isotropiegruppe des Punktes e_0 ist die Untergruppe $H(p; e_0) = p_\natural(\pi_1(E; e_0))$ von $\pi_1(B; b_0)$. Ist E wegzusammenhängend, so ist die Operation transitiv und induziert eine Bijektion

$$E_{b_0} \cong H(p; e_0) \backslash \pi_1(B; b_0) \; .$$

Als unmittelbare Konsequenz aus dem Homotopie-Hochhebungssatz ergibt sich noch, dass $p_\natural : \pi_1(E; e_0) \to \pi_1(B; b_0)$ injektiv ist, also $H(p; e_0) \cong \pi_1(E; e_0)$ ist.

Unser nächstes Ziel ist es, eine Klassifikation aller Überlagerungen eines festen Raumes B durch Untergruppen von $\pi_1(B; b_0)$) zu geben. Dazu sind allerdings milde Voraussetzungen an die Topologie von B erforderlich.

Definition 3.7.4
Der Raum B heißt lokal wegzusammenhängend, wenn zu jedem Punkt $b \in B$ und zu jeder Umgebung U von b eine in U enthaltene wegzusammenhängende Umgebung von b existiert.

Wie man sich leicht überlegt, gilt:

Lemma 3.7.5
Sei B lokal wegzusammenhängend. Dann ist jede Komponente von B offen in B und jede zusammenhängende offene Teilmenge von B ist wegzusammenhängend.

Ist B ein lokal wegzusammenhängender Raum, so ist $p : E \to B$ genau dann eine Überlagerung, wenn für jede Komponente B' von B die Einschränkung $p|_{p^{-1}(B')} : p^{-1}(B') \to B'$ eine Überlagerung ist.

Wir können nun den folgenden wichtigen Satz beweisen.

Satz 3.7.6 (Hochhebungs-Satz)
Es sei X ein wegzusammenhängender und lokal wegzusammenhängender Raum sowie $f : X \to B$ eine stetige Abbildung mit $f(x_0) = b_0$. Dann besitzt f genau dann eine Hochhebung $F : X \to E$ mit $F(x_0) = e_0$ (und $p \circ F = f$), wenn gilt:

$$f_\natural \pi_1(X; x_0) \subset p_\natural \pi_1(E; e_0) \; .$$

Beweis: Es ist klar, dass die Bedingung erfüllt ist, wenn F existiert.

Sei nun $x \in X$. Wir wählen einen Weg ω von x_0 nach x und definieren $F(x) := \Lambda_{f \circ \omega}(e_0)$. Wenn das gesuchte F überhaupt existiert, muss es offenbar dieser Gleichung genügen.

Wir haben zunächst zu zeigen, dass F wohldefiniert ist. Sei also η ein zweiter Weg von x_0 nach x. Dann ist $\Lambda_{f \circ \omega}(e_0) = \Lambda_{f \circ \eta}(e_0)$, falls $f \circ (\omega * \eta^{-1})$ sich zu einem geschlossenen Weg mit Anfangspunkt e_0 hochheben lässt. Dies wird aber gerade durch die obige Bedingung sichergestellt.

Es ist schließlich noch zu zeigen, dass das so definierte F auch stetig ist. Dies ist klar für eine triviale Überlagerung und folgt im allgemeinen Fall sofort aus dem lokalen Wegzusammenhang von X. $\qquad \square$

Wir benutzen diesen Satz, um verschiedene Überlagerungen über dem gleichen Basis-Raum zu vergleichen:

Korollar 3.7.7
Sei B wegzusammenhängend und lokal wegzusammenhängend. Seien $p : E \to B$ und $p' : E' \to B$ Überlagerungen mit wegzusammenhängenden Totalräumen. Es seien $e_0 \in E$, $e_0' \in E'$ und $b_0 = p(e_0) = p'(e_0')$. Dann existiert genau dann eine stetige Abbildung $f : E \to E'$ mit $p' \circ f = p$ und $f(e_0) = e_0'$, wenn gilt:

$$p_\natural \pi_1(E; e_0) \subset p'_\natural \pi_1(E'; e_0') .$$

Bemerkung: Eine solche Abbildung f ist als Hochhebung der identischen Abbildung von B dann eindeutig bestimmt.

Wir betrachten nun die Situation $E = E'$. Ist $\widetilde{\omega}$ ein Weg von e_0 nach e_0' in E und $\omega = p \circ \widetilde{\omega}$, so ist $p_\natural \pi_1(E; e_0') = [\omega]^{-1} * p_\natural \pi_1(E; e_0) * [\omega]$. Wenn diese Untergruppe wieder $p_\natural \pi_1(E; e_0)$ enthält, erhalten wir aus dem vorangehenden Korollar 3.7.7 eine stetige Abbildung $f : E \to E$, die mit p verträglich ist und e_0 in e_0' abbildet. Insbesondere trifft dies zu, wenn $[\omega]$ die Untergruppe $p_\natural \pi_1(E; e_0)$ normalisiert. Wir erhalten:

Satz 3.7.8
Sei B wegzusammenhängend und lokal wegzusammenhängend und sei $p : E \to B$ eine Überlagerung mit wegzusammenhängendem Totalraum. Es sei $H(p; e_0) := p_\natural \pi_1(E; e_0) \subset \pi_1(B; b_0)$ und

$$N(p; e_0) := \{ \omega \in \pi_1(B; b_0) \mid [\omega]^{-1} * H(p; e_0) * [\omega] = H(p; e_0) \}$$

der Normalisator von $H(p; e_0)$ in $\pi_1(B; b_0)$. Dann operiert die diskrete Gruppe $N(p; e_0)/H(p; e_0)$ frei und eigentlich (von rechts) auf E. Für eine Untergruppe K von $N(p; e_0)$ mit $K \supset H$ ist $\overline{p} : E/K \to B$ eine Überlagerung mit

$$\overline{p}_\natural \pi_1(E/K; e_0 K) = K \subset \pi_1(B; b_0) .$$

Beweis: Die erste Behauptung ist nichts anderes als eine Kombination der Beschreibung der π_1-Operation in Korollar 3.7.3 mit dem Korollar 3.7.7 des Hochhebungs-Satzes. Nach dem Satz 3.6.6 über freie Gruppen-Operationen ist $\overline{p} : E/K \to B$ eine Überlagerung. Die Behauptung über das Bild von $\overline{p}_\natural$ ergibt sich unmittelbar aus dem Korollar 3.7.3. $\qquad\square$

Es folgt noch, dass die Gruppe $N(p; e_0)/H(p; e_0)$ bis auf kanonische Isomorphie unabhängig von der Auswahl des Punktes e_0 ist. Sie heißt die Gruppe der Decktransformationen von p.

Mit diesem Satz können wir alle wegzusammenhängenden Überlagerungen unseres Raums B konstruieren, sobald wir eine einfach zusammenhängende Überlagerung gefunden haben.

Definition 3.7.9
Eine Überlagerung $p : E \to B$ heißt universelle Überlagerung von B, wenn E einfach zusammenhängend ist.

In einer universellen Überlagerung $p : E \to B$ von B gilt offenbar für jede trivial überlagerte Teilmenge U von B, dass

$$\pi_1(U; b_0) \to \pi_1(B; b_0)$$

der triviale Homomorphismus ist, denn jeder geschlossene Weg in U lässt sich ja zu einem geschlossenen Weg in E hochheben. Dies ist also eine notwendige Bedingung für die Existenz einer universellen Überlagerung.

Definition 3.7.10

Ein Raum B heißt semi-lokal einfach zusammenhängend, wenn jeder Punkt $b \in B$ eine Umgebung U hat, so dass $\pi_1(U; b) \to \pi_1(B; b)$ der triviale Homomorphismus ist.

Es muss also ein Raum B, der eine universelle Überlagerung besitzt, semi-lokal einfach zusammenhängend sein.

Satz 3.7.11

Sei B wegzusammenhängend, lokal wegzusammenhängend und semi-lokal einfach zusammenhängend. Dann hat B eine universelle Überlagerung.

Beweis: Sei $b_0 \in B$. Wir definieren E als Menge aller Paare $(b, [\omega])$, wobei $b \in B$, $\omega \in \Omega(B; b_0, b)$ und $[\omega]$ die Homotopiegruppe von ω ist. Die Abbildung $p : E \to B$ sei durch $p(b, [\omega]) = b$ definiert. Ferner sei $e_0 := (b_0, [*])$.

Sei nun $b_1 \in B$ und U eine wegzusammenhängende offene Umgebung von b_1 in B, so dass $\pi_1(U; b_1) \to \pi_1(B; b_1)$ trivial ist. Sei $F(b_1)$ die Menge aller Homotopiegruppen von Wegen von b_0 nach b_1. Für $(b, [\omega]) \in p^{-1}(U)$ sei η_b ein Weg von b nach b_1, der ganz in U verläuft, und

$$\Phi(b, [\omega]) := (b, [\omega * \eta_b]) \in U \times F(b_1) \ .$$

Dann ist nach Wahl von U klar, dass Φ wohldefiniert ist und eine Bijektion $\Phi : p^{-1}(U) \to U \times F(b_1)$ liefert.

Für $\alpha \in F(b_1)$ sei schließlich $V(U, \alpha) := \Phi^{-1}(U \times \{\alpha\})$. Dann ist $p|_{V(U,\alpha)} : V(U, \alpha) \to U$ bijektiv. Wir geben $V(U, \alpha)$ die Topologie, welche diese Abbildung zu einem Homöomorphismus macht.

Die Mengen $V(U, \alpha)$ überdecken die ganze Menge E. Ein Durchschnitt $V(U, \alpha) \cap V(U', \alpha')$ ist entweder leer oder von der Gestalt $\bigcup V(U_i'', \alpha_i'')$. Daher gibt es genau eine Topologie auf E, für welche die $V(U, \alpha)$ offene Teilräume sind.

Es ist nun klar, dass $p : E \to B$ eine Überlagerung ist. Ein Weg ω in B mit Anfangspunkt b_0 hat die Hochhebung $\widetilde{\omega} : s \mapsto (\omega(s), [\omega_s])$, wobei $\omega_s(t) = \omega(st)$ ist. Insbesondere ist mit B auch E wegzusammenhängend. Ist ω ein geschlossener Weg, so ist die Hochhebung $\widetilde{\omega}$ genau dann wieder geschlossen, wenn ω null-homotop ist. Nach unseren früheren Sätzen ist E also einfach zusammenhängend.

Damit ist alles bewiesen. $\qquad\qquad\square$

3.8 Flächen

Unter einer Fläche (ohne Rand) versteht man einen Hausdorff-Raum, in dem jeder Punkt eine Umgebung hat, die zu einer offenen Kreisscheibe homöomorph ist. Das Studium solcher Flächen ging zunächst aus der elementaren Differential-Geometrie und aus der komplexen Funktionen-Theorie hervor, in der die Flächen natürliche Definitionsbereiche für holomorphe Funktionen darstellen.

Die topologischen Untersuchungen von Flächen beruhen zumeist darauf, dass man eine zusätzliche Struktur auf der betrachteten Fläche X postuliert. Dies kann zum Beispiel ein Differenzierbarkeitsbegriff für stetige Funktionen auf X sein oder eine kombinatorische Struktur, wie wir sie gleich definieren werden. In einem zweiten Schritt wäre dann zu zeigen, dass jede Fläche eine solche zusätzliche Struktur zulässt. Wir werden uns im folgenden auf kompakte Flächen beschränken. Dabei zeigt es sich, dass es zweckmäßig ist, die Definition dahingehend zu verallgemeinern, dass auch Flächen mit Rand zugelassen werden. Kompakte Flächen ohne Rand nennt man auch geschlossene Flächen.

Definition 3.8.1

Eine kombinatorische Fläche ist ein endliches simpliziales Polyeder $(X, \mathfrak{X})$ mit folgenden Eigenschaften:

1. Jedes Simplex von $\mathfrak{X}$ ist in einem 2-Simplex enthalten.

2. Jedes 1-Simplex von $\mathfrak{X}$ ist in höchstens zwei 2-Simplizes enthalten.

3. Ist p_0 ein 0-Simplex von $\mathfrak{X}$, so gibt es eine Anordnung $\Delta_1, \ldots, \Delta_n$ der 2-Simplizes von $\mathfrak{X}$, welche p_0 enthalten, so dass Δ_i und Δ_{i+1} (für $1 \leq i < n$) jeweils eine Seite e_i gemeinsam haben.

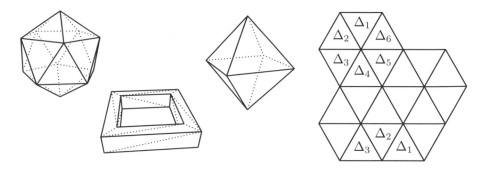

Abbildung 3.19: Kombinatorische Flächen

Der Rand von $\mathfrak{X}$ ist die Vereinigung aller 1-Simplizes von $\mathfrak{X}$, die nur in einem 2-Simplex von $\mathfrak{X}$ enthalten sind. In Bedingung 3. kann es sein, dass auch Δ_n und Δ_1 noch eine gemeinsame Seite haben. Dann ist p_0 kein Randpunkt der Fläche, sondern ein sogenannter innerer Punkt. Wenn dagegen Δ_n und Δ_1 jeweils eine p_0 enthaltende freie Seite haben, so gehören p_0 und diese freien Seiten zum Rand der Fläche.

Zwei kombinatorische Flächen heißen kombinatorisch äquivalent, wenn es endliche Unterteilungen gibt, die sogar isomorph sind. Es wurde von T. Rado 1924 bewiesen, dass jede kompakte Fläche die Struktur einer kombinatorischen Fläche zulässt. Wir werden im folgenden die kombinatorischen Flächen bis auf kombinatorische Äquivalenz klassifizieren. Es wird sich aus dem Ergebnis ablesen lassen, dass für Flächen Homöomorphie und kombinatorische Äquivalenz gleichwertig sind.

Die in diesem Abschnitt betrachteten Flächen werden von nun an als kombinatorische Flächen verstanden.

Für die folgenden Betrachtungen sei $(X, \mathfrak{X})$ eine fest gewählte kombinatorische Fläche. Unser Ziel ist es, eine möglichst einfache Darstellung dieser Fläche zu erhalten. Wir wollen sie dabei als zusammenhängend voraussetzen; dies wird die Allgemeinheit unserer Überlegungen nicht beeinträchtigen.

Definition 3.8.2

Eine Zerschneidung von $(X, \mathfrak{X})$ besteht aus einer kombinatorischen Fläche $(Y, \mathfrak{Y})$ und einer simplizialen Abbildung $\varphi : \mathfrak{Y} \to \mathfrak{X}$, so dass $\varphi : \mathfrak{Y}_2 \to \mathfrak{X}_2$ bijektiv ist.

Für ein 1-Simplex e von $\mathfrak{X}$ besteht dann $\varphi^{-1}(e)$ entweder aus einem oder aus zwei 1-Simplizes von $\mathfrak{Y}$; in letzterem Fall wurde $\mathfrak{X}$ entlang e aufgeschnitten. Umgekehrt entsteht $\mathfrak{X}$ aus $\mathfrak{Y}$ durch eine Identifikation von Kanten auf dem Rand von $\mathfrak{Y}$ (vermöge der Abbildung φ).

Wir wollen eine kombinatorische Fläche ein n-Eck nennen, wenn sie zu einem 2-Simplex kombinatorisch äquivalent ist und wenn ihr Rand aus genau n 1-Simplizes besteht. Da je zwei Triangulierungen des 2-Simplex kombinatorisch äquivalent sind, kommt es auf die Triangulierung im Inneren nicht wirklich an.

Hilfssatz 3.8.3

Sei $\varphi : \mathfrak{Y} \to \mathfrak{X}$ eine Zerschneidung von $\mathfrak{X}$ entlang eines 1-Simplex e von $\mathfrak{X}$. Sei $\mathfrak{Y}$ die disjunkte Vereinigung eines m-Ecks und eines n-Ecks. Dann ist $\mathfrak{X}$ ein $(m + n - 2)$-Eck.

Beweis: Wenn man ein m-Eck und ein n-Eck längs genau einer äußeren Kante aneinanderklebt, entsteht offenbar ein $(m + n - 2)$-Eck. $\square$

Damit erhalten wir nun:

Satz 3.8.4

Eine zusammenhängende kombinatorische Fläche $\mathfrak{X}$ lässt sich zu einem m-Eck zerschneiden.

Beweis: Eine Zerschneidung $\mathfrak{Y}$ von $\mathfrak{X}$ heiße flach, wenn jede Komponente $\mathfrak{Y}_i$ von $\mathfrak{Y}$ ein n_i-Eck ist. Solche flachen Zerschneidungen existieren offenbar: So können wir für $\mathfrak{Y}$ zum Beispiel die disjunkte Vereinigung aller 2-Simplizes von $\mathfrak{X}$ nehmen. Sei $\mathfrak{Y}$ unter allen flachen Zerschneidungen so gewählt, dass die Zahl der Komponenten minimal ist; wir zeigen, dass diese Anzahl gleich 1 sein muss. Denn wenn das nicht so ist, gibt es, da $\mathfrak{X}$ zusammenhängend ist, eine Kante von $\mathfrak{X}$, deren Urbilder in verschiedenen Komponenten von $\mathfrak{Y}$ liegen. Nach dem vorigen Hilfssatz können wir durch Zusammenkleben entlang dieser Kante die Zahl der Komponenten von $\mathfrak{Y}$ verringern, wobei die neue Zerschneidung wieder flach ist. □

Wir haben nun das folgende Bild einer kombinatorischen Fläche $\mathfrak{X}$ erhalten: Sie entsteht aus einem (triangulierten) n-Eck durch Identifikation derjenigen Paare von Simplizes auf dem Rand, die unter der Abbildung φ auf das gleiche Simplex von $\mathfrak{X}$ abgebildet werden. Ist also $e = \langle p_0, p_1 \rangle$ und $e' = \langle p_0', p_1' \rangle$, so werden e und e' in $\mathfrak{X}$ identifiziert, wenn $\varphi(p_0) = \varphi(p_0')$ und $\varphi(p_1) = \varphi(p_1')$ ist. Die Identifikation φ induziert eine Äquivalenzrelation $\sim$ auf dem Rand des n-Ecks $\mathfrak{Y}$.

Wir beobachten nun, dass es auf die genaue Wahl der Triangulierung auf diesem n-Eck $\mathfrak{Y}$ gar nicht mehr ankommt:

Hilfssatz 3.8.5
Sei das n-Eck $\mathfrak{Y}$ eine Zerschneidung von $\mathfrak{X}$. Dann entsprechen die Unterteilungen von $\mathfrak{X}$ eindeutig den Unterteilungen von $\mathfrak{Y}$, die mit der Äquivalenzrelation $\sim$ verträglich sind.

Beweis: Durch $\varphi : \mathfrak{Y} \to \mathfrak{X}$ wird jedes Simplex von $\mathfrak{Y}$ bijektiv abgebildet, so dass sich eine Unterteilung von $\mathfrak{X}$ einfach nach $\mathfrak{Y}$ zurückziehen lässt. □

Wir können daher die Triangulierung des Inneren von $\mathfrak{Y}$ ignorieren. Außerdem wollen wir von nun an voraussetzen, dass $\mathfrak{X}$ geschlossen ist, also keinen Rand hat. Dann müssen die Rand-Simplizes von $\mathfrak{Y}$ in Paaren erscheinen, die jeweils mittels φ zu einem Simplex von $\mathfrak{X}$ identifiziert werden.

Wir beachten noch, dass es für diese Identifikation zweier 1-Simplizes $\Delta(p_0, p_1)$ und $\Delta(q_0, q_1)$ auf dem Rand von $\mathfrak{Y}$ genau zwei Möglichkeiten gibt: Entweder wird p_0 mit q_0 und p_1 mit q_1 identifiziert oder p_0 mit q_1 und p_1 mit q_0. Wenn wir jedes dieser 1-Simplizes orientieren, indem wir für die Randpunkte eine Reihenfolge festlegen, ist die Identifizierung dadurch festgelegt, ob sie orientierungserhaltend ist oder nicht. Wir bezeichnen für eine orientierte Kante a die entgegengesetzt orientierte Kante mit a^{-1}. Ist also $\mathfrak{K} = \{a_1, \ldots, a_{2n}\}$ die Menge der Kanten von $\mathfrak{Y}$, so ist jedes a_i mit einem $a_j^{\pm 1}$ zu identifizieren, wobei noch $j \neq i$ sein muss. Dabei können wir die Orientierung der a_i etwa dadurch festlegen, dass bei positivem Durchlaufen des 1-Simplex das Innere von $\mathfrak{Y}$ zur Linken liegen soll. Wir schreiben noch $\mathfrak{K}^o$ für die Menge $\{a_1, \ldots, a_{2n}, a_1^{-1}, \ldots, a_{2n}^{-1}\}$ der orientierten Kanten.

Das führt schließlich zu der folgenden Verallgemeinerung der Definition einer Zerschneidung von $\mathfrak{X}$:

Definition 3.8.6
Ein Polygon-Modell besteht aus einem $2n$-Eck $\mathfrak{Y}$ mit Kantenmenge $\mathfrak{K}$ und einer Involution $\psi : \mathfrak{K}^o \to \mathfrak{K}^o$. Dabei soll die folgende Bedingung erfüllt sein: Sind $a, b \in \mathfrak{K}$ und ist $\psi(a) = b^\varepsilon$, so ist $b \neq a$ und $\psi(a^{-1}) = b^{-\varepsilon}$.

Wir werden die zur Identifikation benutzte Involution in Skizzen dadurch verdeutlichen, dass wir zwei in dieser Beziehung zueinander stehende Kanten mit dem gleichen Buchstaben bezeichnen und das Vorzeichen ε durch Pfeile andeuten, die beim Durchlaufen des Randes in die gleiche Richtung zeigen für $\varepsilon = 1$ oder in entgegengesetzte Richtungen für $\varepsilon = -1$.

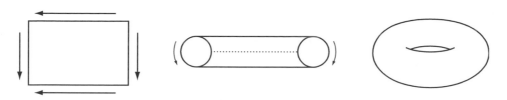

Abbildung 3.20: Polygon-Modelle

Diese Definition ist insofern allgemeiner als die einer Zerschneidung, als in dem aus $\mathfrak{Y}$ durch Identifikationen mittels ψ entstehenden Raum die Bilder der Kanten nicht mehr die 1-Simplizes einer Triangulierung bilden müssen. Zum Beispiel ist es erlaubt, dass Anfangs- und Endpunkt einer Kante von $\mathfrak{Y}$ in diesem Raum das gleiche Bild haben.

Definition 3.8.7
Sei $(\mathfrak{Y}, \psi)$ ein Polygon-Modell. Die Realisierung $|\mathfrak{Y}|$ von $(\mathfrak{Y}, \psi)$ entsteht durch Identifizierung mittels ψ; sie erhält die durch eine geeignete Unterteilung von $\mathfrak{Y}$ induzierte kombinatorische Struktur. Zwei Polygon-Modelle heißen äquivalent, wenn ihre Realisierungen kombinatorisch äquivalent sind.

Ist $\mathfrak{X}$ eine zusammenhängende kombinatorische Fläche ohne Rand, so ist also ein Polygon-Modell $(\mathfrak{Y}, \psi)$ ein Modell für $\mathfrak{X}$, wenn eine geeignete Triangulierung von $\mathfrak{Y}$ eine Zerschneidung einer zu $\mathfrak{X}$ kombinatorisch äquivalenten Fläche ist. Wir haben bisher gezeigt, dass jede geschlossene Fläche ein Polygon-Modell besitzt.

Wir kommen nun zu der abschließenden kombinatorischen Definition für die Beschreibung von Polygon-Modellen.

Definition 3.8.8
Ein Flächen-Wort (über dem Alphabet $\{a_1, \ldots, a_r\}$) ist ein formaler Ausdruck

$$a_{i_1}^{\varepsilon_1} a_{i_2}^{\varepsilon_2} \ldots a_{i_{2r}}^{\varepsilon_{2r}} ,$$

wobei jedes $\varepsilon_\nu = \pm 1$ ist und jeder Index $i \in \{1, \ldots, r\}$ unter den Indizes i_ν genau zweimal vorkommt. Das zu diesem Flächen-Wort gehörende Polygon-Modell besteht aus einem $2r$-Eck mit zyklisch angeordneten Kanten $b_1, \ldots, b_{2r}$ und der Identifizierung

$$\psi(b_\mu) = b_\nu^\varepsilon \text{ für } i_\mu = i_\nu \text{ und } \varepsilon_\mu = \varepsilon\varepsilon_\nu .$$

Zwei Flächen-Worte heißen äquivalent, wenn die zugehörigen Polygon-Modelle äquivalent sind.

Im Bild werden wir für die Darstellung weiterhin die oben erläuterten Konventionen für Benennungen und Pfeilrichtungen befolgen.

Wir schreiben Flächen-Worte im folgenden meistens in einer selbst-erklärenden Kurzform, in der nur die Bestandteile hingeschrieben werden, auf die es ankommt. So steht zum Beispiel $\ldots b \ldots b^{-1} \ldots$ für ein Wort, in dem der Buchstabe b früher vorkommt als das auch noch vorkommende b^{-1}; dagegen schreiben wir zum Beispiel $\ldots b \ldots c \ldots b^{-1} \ldots$, falls zwischen diesen beiden mindestens ein weiterer Buchstabe stehen soll.

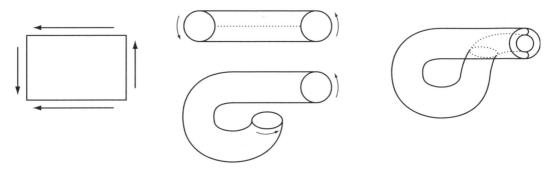

Abbildung 3.21: Flächen-Worte

Unser Ziel im folgenden wird es sein, die Menge der Äquivalenz-Klassen von Flächen-Worten zu finden. Die folgenden Eigenschaften der Äquivalenz-Relation sind trivial:

Hilfssatz 3.8.9

Die folgenden sind äquivalente Umformungen von Flächen-Worten:

1. $a_{i_1}^{\varepsilon_1} a_{i_2}^{a\varepsilon_2} \ldots a_{i_{2r}}^{\varepsilon_{2r}}$ wird durch zyklische Vertauschung in $a_{i_2}^{\varepsilon_2} \ldots a_{i_{2r}}^{\varepsilon_{2r}} a_{i_1}^{\varepsilon_1}$ überführt.

2. $\ldots a^{\varepsilon} \ldots a^{\varepsilon'} \ldots$ wird durch Invertieren von a in $\ldots a^{-\varepsilon} \ldots a^{-\varepsilon'} \ldots$ überführt.

3. $\ldots ab \ldots ab \ldots$ wird durch Weglassen von b in das kürzere Wort $\ldots a \ldots a \ldots$ überführt.

4. $\ldots ab \ldots b^{-1} a^{-1} \ldots$ wird durch Weglassen von b und b^{-1} in das kürzere Wort $\ldots a \ldots a^{-1} \ldots$ überführt.

Mit den letzten beiden Operationen, die dem Zusammenfassen eines Kantenzugs aus zwei Kanten zu einer neuen Kante entsprechen, ist dabei etwas Vorsicht geboten: Wir wollen von jetzt an aber ausdrücklich zulassen, dass es sich bei einem Polygon-Modell auch um ein Zwei-Eck handeln darf, obwohl ein Zwei-Eck ja allenfalls als entartetes Polygon gelten mag. Wir wollen uns in diesem Fall die beiden Kanten als oberen und unteren Halbkreis auf dem Rand der Einheits-Scheibe vorstellen.

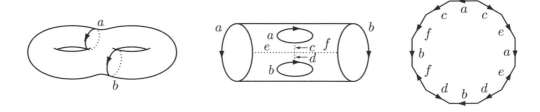

Abbildung 3.22: Polygon-Modelle mit zwei Kanten

Nehmen wir als konkretes Modell für die Einheits-Scheibe noch eine Halbkugel auf der 2-Sphäre, so sehen wir, dass diese Zwei-Ecke als Realisierungen gerade die Sphäre $\mathbf{S}^2$ (für das Wort aa^{-1} und die projektive Ebene $\mathbf{RP}^2$ (für das Wort aa) haben.

Die Flächen-Worte aa und aa^{-1} nehmen wir schon einmal in die noch zu erstellende Liste von Äquivalenz-Klassen auf. Im folgenden setzen wir daher voraus, dass die betrachteten Flächen-Worte eine Länge größer als 2 haben.

Mit den obigen Äquivalenz-Beziehungen können wir schon eine erste Vereinfachung eines Flächen-Worts $a_{i_1}^{\varepsilon_1} a_{i_2}^{\varepsilon_2} \ldots a_{i_{2r}}^{\varepsilon_{2r}}$ vornehmen. Mit zyklischer Vertauschung kann $a_1 \neq a_{2r}$ erreicht werden. Das erste Auftreten einer Kante c in dem Wort kann immer mit positivem Exponenten angenommen werden. Kommt also c zweimal mit dem gleichen Exponenten vor, so in der Form $\ldots c \ldots c \ldots$. In der Realisierung erkennen wir dann ein Möbius-Band, das vor allem in der älteren Literatur auch eine Kreuzhaube genannt wird.

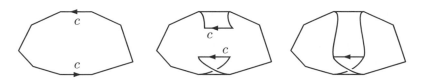

Abbildung 3.23: Kreuzhauben

Ein Wort der Gestalt $\ldots a \ldots b \ldots a^{-1} \ldots b^{-1} \ldots$ enthält einen sogenannten Henkel.

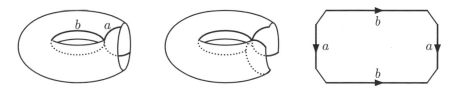

Abbildung 3.24: Henkel

Wir werden nun die Flächen-Worte weiter äquivalent vereinfachen, um in fünf Schritten eine Normalform erreichen.

Lemma 3.8.10 (Beiziehen)
Das Flächen-Wort $\ldots abb^{-1}c \ldots$ wird durch Weglassen von b und b^{-1} in das kürzere äquivalente Wort $\ldots ac \ldots$ überführt.

Beweis: Der Fall $a = c$ ist hier natürlich nicht ausgeschlossen.

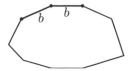 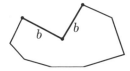 

Abbildung 3.25: Beiziehen

Beiziehen Wir können die Identifikation der beiden Kanten b direkt in dem Polygon vornehmen. Das Ergebnis ist ein Polygon mit zwei Kanten weniger. □

Ein Flächen-Wort heißt gekürzt, wenn (auch modulo zyklischer Permutationen!) kein solcher Bestandteil bb^{-1} oder $b^{-1}b$ mehr vorkommt.

Für ein Polygon-Modell zerfällt die Menge der Eckpunkte auf dem Rand des Polygons in Äquivalenz-Klassen bezüglich der Identifikations-Abbildung. Die Anzahl der Äquivalenz-Klassen nennen wir kurz die Ecken-Zahl des Polygon-Modells oder auch des repräsentierenden Flächen-Wortes.

Lemma 3.8.11 (Ecken-Reduktion)
Ein gekürztes Flächen-Wort ist äquivalent zu einem gekürzten Flächen-Wort mit Eckenzahl 1.

Beweis: Wir nehmen an, dass es eine Kante a gibt, deren Endpunkt P und Anfangspunkt Q nicht äquivalent sind. Sei b die von P ausgehende Kante und R ihr Endpunkt. Das Flächen-Wort ist nun von der Gestalt $ab\ldots b^{\varepsilon}\ldots$. Schneiden wir entlang der Sehne $c = QR$ auf und identifizieren anschließend die beiden vorkommenden Kanten b und b^{ε}, so erhalten wir das äquivalente Flächen-Wort $c\ldots(a^{-1}c)^{\varepsilon}$, in dem der Eckpunkt Q nun einmal öfter, dagegen der Eckpunkt P einmal weniger vorkommt.

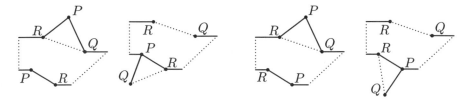

Abbildung 3.26: Ecken-Reduktion

Nach genügender Iteration des Verfahrens (mit eventuellem Beiziehen, das die Länge des Wortes ja verkürzt) wird schließlich die Ecke P nur noch einmal vorkommen. Dann muss das Flächenwort von der Gestalt $aa^{-1}\ldots$ sein. Ist schon aa^{-1} das ganze Wort, so ist die Eckenzahl gleich 1; andernfalls kann aber wieder beigezogen werden. □

Lemma 3.8.12 (Kreuzhauben-Normierung)
Ein gekürztes Flächen-Wort mit Eckenzahl 1 und k Kreuzhauben ist äquivalent zu einem Wort der Gestalt

$$c_1 c_1 \ldots c_2 c_2 \ldots c_k c_k \ldots ,$$

wobei alle von $c_1, \ldots, c_k$ verschiedenen Kanten jeweils einmal mit Exponent $+1$ und einmal mit Exponent -1 vorkommen.

Beweis: Wir nehmen zunächst an, dass mindestens eine Kreuzhaube der Gestalt $\ldots ca \ldots c \ldots$ vorkommt.

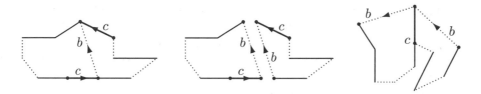

Abbildung 3.27: Kreuzhauben-Normierung

Wir verbinden den Endpunkt der ersten Kante c mit dem Endpunkt der zweiten Kante c durch eine Linie b. Dann schneiden wir entlang b auf und kleben entlang c wieder zusammen. Dabei erhalten wir statt der alten eine neue Kreuzhaube $\ldots bb \ldots$ in normierter Form.

Schon vorhandene Kreuzhauben der Form dd werden bei diesem Verfahren ebenso wenig verändert wie die Gesamtzahl der Kreuzhauben. $\square$

Lemma 3.8.13 (Henkel-Normierung)
Ein gekürztes Flächen-Wort mit Eckenzahl 1 ist äquivalent zu einem Produkt von Worten der Gestalt $c_i c_i$ und $a_j b_j a_j^{-1} b_j^{-1}$.

Das Produkt von Worten ist dabei natürlich einfach das Hintereinander-Schreiben.

Beweis: Wir können annehmen, dass alle Kreuzhauben schon in der Form des vorigen Hilfssatzes vorliegen. Es mögen nun außerdem noch a und a^{-1} vorkommen. Dann muss unser Wort von der Gestalt $\ldots a \ldots b \ldots a^{-1} \ldots b^{\pm 1} \ldots$ sein, denn sonst würde der Rand des Polygons nach Wegnehmen der Kanten a in zwei Zusammenhangs-Komponenten zerfallen, was wegen der vorgenommenen Ecken-Reduktion nicht sein kann. Der Exponent in $b^{\pm 1}$ muss aber -1 sein, da die Kreuzhauben schon normiert angenommen sind.

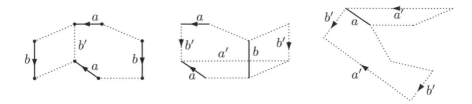

Abbildung 3.28: Henkel-Normierung

Wir wollen zunächst eine äquivalente Umformung zu $\ldots aba^{-1}\ldots b^{-1}\ldots$ erreichen, falls diese Form nicht schon vorliegt. Dazu verbinden wir die beiden Endpunkte von a durch eine Linie b', schneiden entlang b' auf und kleben die beiden Kanten b zusammen.

Wir können also jetzt von dem Wort $aba^{-1}\ldots b^{-1}\ldots$ ausgehen. Falls einer der gepunkteten Teile leer ist, haben wir schon die normierte Form für das Paar a, b erreicht. Andernfalls verbinden wir nun die beiden Endpunkte von b durch eine Linie a', schneiden entlang a' auf und kleben die beiden Kanten a zusammen. Wir erhalten einen normierten Henkel $a'b'$.

Da bei diesem Verfahren normierte Henkel und normierte Kreuzhauben nicht zerstört werden, führt es durch wiederholte Anwendung schließlich zu der Behauptung des Hilfssatzes. $\square$

Es stellt sich heraus, dass beim gleichzeitigen Auftreten von Kreuzhauben und Henkeln noch weitere Vereinfachungen möglich sind:

Lemma 3.8.14 (Henkel-Elimination)
Ein gekürztes Flächen-Wort mit Eckenzahl 1, das mindestens eine Kreuzhaube enthält, ist äquivalent zu einem Wort der Gestalt

$$c_1 c_1 \, c_2 c_2 \ldots c_k c_k \, .$$

Beweis: Falls mindestens eine Kreuzhaube und ein Henkel vorkommen, enthält das Wort in der bisherigen Normierung einen Kantenzug $cc\,aba^{-1}b^{-1}\ldots$.

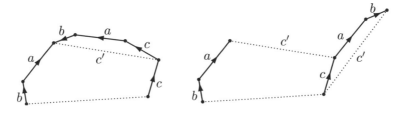

Abbildung 3.29: Henkel-Elimination

Wir verbinden wir die Mitte von cc mit der Mitte von $aba^{-1}b^{-1}$ durch eine Linie c', schneiden entlang c' auf und kleben die beiden Kanten c zusammen. Das neu entstandene Flächen-Wort hat einen Henkel weniger und zwei Kreuzhauben mehr, die allerdings erst wieder normiert werden müssen. □

Wir haben nun zwei endgültige Normalformen von Flächen-Worten erhalten. Es ist leicht zu verifizieren, dass diese Normalformen tatsächlich Modelle für geschlossene kombinatorische Flächen liefern, indem man passende Triangulierungen der Polygon-Modelle konstruiert.

Definition 3.8.15
Sei g eine natürliche Zahl.

1. Die orientierbare Fläche F_g vom Geschlecht $g \geq 1$ ist die Realisierung des Flächen-Worts $a_1 b_1 a_1^{-1} b_1^{-1} \ldots a_g b_g a_g^{-1} b_g^{-1}$; die orientierbare Fläche F_0 vom Geschlecht $g = 0$ ist die Realisierung des Flächen-Worts aa^{-1}.

2. Die nicht-orientierbare Fläche N_g vom Geschlecht $g \geq 1$ ist die Realisierung des Flächen-Worts $c_1 c_1 \, c_2 c_2 \ldots c_g c_g$.

Wir haben bisher bewiesen:

Satz 3.8.16
Eine zusammenhängende kombinatorische Fläche ohne Rand ist zu einer der Flächen F_g für $g \geq 0$ oder N_g für $g \geq 1$ äquivalent.

Skizzen dieser Flächen finden sich in der Abbildung 3.30 auf der nächsten Seite.

Um die Klassifikation der geschlossenen kombinatorischen Flächen zu vollenden, müssen wir noch zeigen, dass diese untereinander nicht äquivalent sein können. Dazu berechnen wir die Fundamentalgruppen dieser Flächen.

Lemma 3.8.17
Sei
$$w(a_1, \ldots, a_r) = a_{i_1}^{\varepsilon_1} a_{i_2}^{\varepsilon_2} \ldots a_{i_{2r}}^{\varepsilon_{2r}}$$
ein Flächen-Wort über dem Alphabet $\{a_1, \ldots, a_r\}$ mit Eckenzahl 1. Sei X die Realisierung des zugehörigen Polygon-Modells und $x_0 \in X$ das Bild der Endpunkte der Kanten a_i. Dann hat $\pi_1(X; x_0)$ die Präsentation
$$\pi_1(X; x_0) = \langle \, a_1, \ldots, a_r \mid w(a_1, \ldots, a_r) = 1 \, \rangle \ .$$

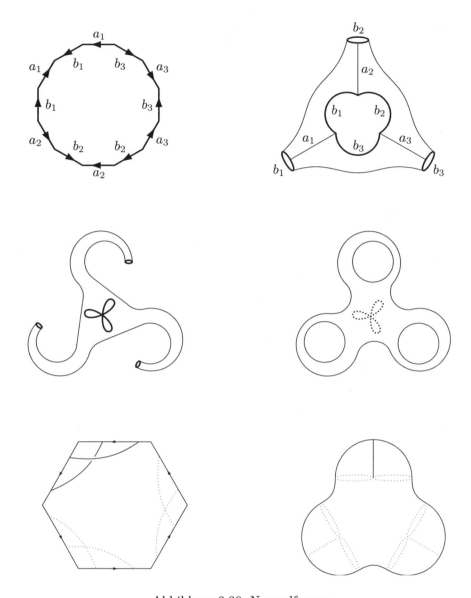

Abbildung 3.30: Normalformen

Beweis: von Lemma 3.8.17:   Sei $Y \subset X$ das Bild der Kanten $a_1, \ldots a_r$ in X. Dann ist Y ein Bouquet $\bigvee_{1 \leq i \leq r} \mathbf{S}^1$ von 1-Sphären und hat als Fundamentalgruppe die freie Gruppe in Erzeugenden $a_1, \ldots, a_r$. In dem Polygon-Modell wählen wir nun ein 2-Simplex, das den Rand des Polygons nicht trifft. Sei P_0 der Rand des Simplex, und seien P_1, P_2 jeweils das Äußere und Innere einschließlich des Randes. Endlich sei $X_i \subset X$ das Bild von P_i in X.

Da X_0 ein Kreis ist, ist $\pi_1(X_0) \cong \mathbf{Z}$. Die Inklusion $Y \hookrightarrow X_1$ ist eine Homotopie-Äquivalenz, da der Rand des Polygons ein Deformations-Retrakt von P_1 ist. Der durch die Inklusion induzierte Homomorphismus

$$\pi_1(X_0) \to \pi_1(X_1) \cong \pi_1(Y)$$

bildet $1 \in \mathbf{Z}$ auf das Wort $w(a_1, \ldots, a_r)$ ab. Da $\pi_1(X_2)$ trivial ist, folgt die Behauptung des Lemmas nun unmittelbar aus dem Satz 3.5.13 von van Kampen. $\square$

Damit erhalten wir als Fundamentalgruppen der Flächen vom Geschlecht g:

Korollar 3.8.18
Die Fundamentalgruppe der orientierbaren Fläche vom Geschlecht $g \geq 1$ ist

$$\pi_1(F_g) = \langle a_1, b_1 \ldots, a_g, b_g \mid a_1 b_1 a_1^{-1} b_1^{-1} a_2 b_2 a_2^{-1} b_2^{-1} \ldots a_g b_g a_g^{-1} b_g^{-1} = 1 \rangle \ .$$

Die Fundamentalgruppe der nicht-orientierbaren Fläche vom Geschlecht $g \geq 1$ ist

$$\pi_1(N_g) = \langle c_1, \ldots, c_g \mid c_1^2 c_2^2 \ldots c_g^2 = 1 \rangle \ .$$

Aus dieser Beschreibung ist nicht unmittelbar klar, dass die erhaltenen Fundamental-Gruppen paarweise nicht isomorph sind. Wir können jedoch nun leicht die abelsch gemachten Fundamentalgruppen berechnen. Dabei ist für eine Gruppe G die abelsch gemachte Gruppe G^{ab} definiert als der Quotient nach dem Normalteiler, der durch alle Kommutatoren $[a, b] = aba^{-1}b^{-1}$ für $a, b \in G$ erzeugt wird. Ist G durch eine Präsentation gegeben, so erhält man einen Präsentation von G^{ab} mit den gleichen Erzeugenden $a_1, \ldots, a_r$, indem man zu den Relationen für G die Relationen $[a_i, a_j] = 1$ hinzunimmt.

Wir erhalten so:

Satz 3.8.19
Die abelsch gemachte Fundamentalgruppe der orientierbaren Fläche vom Geschlecht $g \geq 1$ ist die freie abelsche Gruppe vom Rang $2g$:

$$\pi_1(F_g)^{ab} \cong \mathbf{Z}^{2g} \ .$$

Die Fundamentalgruppe der nicht-orientierbaren Fläche vom Geschlecht $g \geq 1$ ist

$$\pi_1(N_g)^{ab} \cong \mathbf{Z}^{g-1} \oplus \mathbf{Z}/2\mathbf{Z} \ .$$

Insbesondere sind zwei der Flächen F_g, N_g genau dann homöomorph, wenn sie das gleiche Geschlecht und das gleiche Orientierbarkeits-Verhalten haben.

4 Lie-Gruppen und homogene Räume

Gruppen-Operationen auf topologischen Räumen sind als Hilfsmittel in der Topologie unentbehrlich geworden. Für diskrete Gruppen haben wir sie schon im letzten Kapitel kennengelernt. Ihre wahre Bedeutung entfalten sie jedoch erst, wenn auch Gruppen mit einer nicht-trivialen Topologie mit einbezogen werden.

Eine besonders intensiv untersuchte und gut verstandene Familie von topologischen Gruppen bilden die Lie-Gruppen. Ihre Theorie ist außerordentlich weit entwickelt und spielt eine zentrale Rolle in vielen Gebieten der modernen Mathematik. In der Topologie kommen Lie-Gruppen und ihre homogenen Räume bei zahlreichen geometrischen Fragestellungen vor, wobei sich ihr Auftritt vor allem über die Theorie der Faserbündel und klassifizierenden Räume vollzieht. Ein Verständnis der topologischen Eigenschaften von Lie-Gruppen ist hier ein unentbehrliches Hilfsmittel.

Das vorliegende Kapitel soll in die Theorie der Lie-Gruppen und ihrer geometrisch-topologischen Anwendungen auf möglichst konkrete Weise einführen, ohne dass allzu viele neue und abstrakte Begriffswelten überwunden werden müssen. Das bedeutet, dass wir nicht mit der allgemeinen Definition einer Lie-Gruppe arbeiten werden, sondern uns auf die in den Anwendungen vor allem wichtigen Matrizen-Gruppen beschränken wollen. Auch werden wir die zur Verwendung kommenden Methoden nur an Hand konkreter Beispiele vorstellen, ohne hier schon die zu Grunde liegenden allgemeinen Definitionen aus der Theorie der Mannigfaltigkeiten zu entwickeln.

In den ersten Abschnitten müssen wir jedoch zunächst die Grundlagen über topologische Gruppen und deren Operationen auf topologischen Räumen bereitstellen. Danach werden wir die wichtigsten Eigenschaften der klassischen Matrizen-Gruppen kennenlernen. In Abschnitt 4.5 wird dann mit Hilfe der Theorie der Clifford-Algebren die Spin-Gruppen als universelle Überlagerung der speziellen orthogonalen Gruppen eingeführt. Als weitere wichtige Anwendung der Theorie der Clifford-Algebren konstruieren wir im darauf folgenden Abschnitt die Clifford-Vektorfelder auf Sphären; diese sind Verallgemeinerungen der Vektorfelder, die wir früher in Abschnitt 1.7 definiert hatten. Sie werden im letzten Abschnitt als Schnitte in Stiefel-Mannigfaltigkeiten interpretiert. Wir analysieren zum Schluss die Topologie der speziellen orthogonalen Gruppe und bestimmen ihre Fundamentalgruppe.

4.1 Topologische Gruppen

Im Abschnitt über Überlagerungen hatten wir schon Gruppen-Operationen auf topologischen Räumen betrachtet. Allerdings hatten wir es dort nur mit diskreten Gruppen zu tun. Wir müssen nun die früheren Definitionen modifizieren, um den Fall von Gruppen mit einer interessanteren, nicht-diskreten Topologie mit einzuschließen.

Wir geben zunächst die Definition einer topologischen Gruppe:

Definition 4.1.1
Sei G eine Gruppe. Eine Topologie auf G ist mit der Gruppen-Struktur von G verträglich, wenn die Gruppen-Multiplikation $\mu : G \times G \to G$ und die Inversen-Abbildung $i : G \to G$ beide stetige Abbildungen bezüglich dieser Topologie sind. Unter einer topologischen Gruppe verstehen wir eine Gruppe zusammen mit einer mit der Gruppen-Struktur verträglichen Topologie.

Zu diesen Objekten benötigen wir wie immer den zugehörigen Abbildungs-Begriff:

Definition 4.1.2
Sind G, H topologische Gruppen, so heißt eine Abbildung $f : G \to H$ ein Homomorphismus topologischer Gruppen, wenn f gleichzeitig stetig und ein Gruppen-Homomorphismus ist. f heißt Isomorphismus, wenn f Homöomorphismus und Gruppenisomorphismus ist.

Wie üblich schreiben wir meistens xy statt $\mu(x,y)$. Ebenso steht x^{-1} für $i(x)$ und 1 für das Einselement. Falls die Gruppe abelsch ist, werden wir oft auch die Bezeichnungen $x + y$, $-x$ und 0 hierfür verwenden.

In der Literatur wird vielfach noch verlangt, dass eine topologische Gruppe ein Hausdorff-Raum ist. Dies erscheint insofern sinnvoll, als uns keine topologischen Gruppen begegnen werden, die diese Bedingung nicht erfüllen. Da es uns in diesem Abschnitt jedoch gerade darum geht, für Gruppen die elementaren topologischen Eigenschaften und deren Beziehungen untereinander zu untersuchen, wollen wir keine weitergehenden Voraussetzungen machen.

Es ist wohl klar, dass eine Topologie auf der abstrakten Gruppe G genau dann mit der Gruppenstruktur verträglich ist, wenn die Abbildung $q : G \times G \to G$ mit $q(x,y) := xy^{-1}$ stetig ist. Wir werden meistens dieses kürzere Kriterium benutzen, wenn es darum geht, die Verträglichkeit einer gegebenen Topologie mit der Gruppen-Struktur nachzuweisen.

Wir betrachten einige einfache Beispiele:

1. Für jede abstrakte Gruppe ist die diskrete Topologie mit der Gruppen-Struktur verträglich.

2. Reelle Vektorräume mit der kanonischen Topologie sind topologische Gruppen.

3. Auf den multiplikativen Gruppen $\mathbf{R}^*$, $\mathbf{C}^*$, $\mathbf{H}^*$ der von Null verschiedenen reellen, komplexen oder quaternionalen Zahlen definiert die übliche metrische Topologie die Struktur einer topologischen Gruppe.

4. Ist G eine topologische Gruppe, H eine (abstrakte) Untergruppe, so ist H mit der induzierten Topologie auch eine topologische Gruppe. Die Inklusionsabbildung

$H \hookrightarrow G$ ist dann ein Homomorphismus topologischer Gruppen.

5. Auf dem kartesischen Produkt zweier topologischer Gruppen ist die Produkt-Topologie mit der Gruppenstruktur verträglich.

6. Der n-Torus $\mathbf{T}^n$ ist das Produkt von n Faktoren $\mathbf{S}^1$.

Die Gruppe $\mathbf{GL}_n(\mathbf{R})$ der invertierbaren reellen $n\times n$-Matrizen versehen mit der Teilraum-Topologie von $\mathrm{Mat}(n \times n; \mathbf{R}) \cong \mathbf{R}^{n^2}$ ist wohl das wichtigste Beispiel einer topologischen Gruppe. dass die Matrizen-Multiplikation stetig ist, ist dabei klar, denn diese ist eine bilineare Abbildung auf dem Vektorraum aller Matrizen. Die Stetigkeit der Inversen-Abbildung folgt aber sofort aus der Stetigkeit von $A \mapsto \det(A) \mapsto \det(A)^{-1}$.

Die uns interessierenden Gruppen werden (neben endlichen diskreten Gruppen) vor allem abgeschlossene Untergruppen einer $GL(n, \mathbf{R})$ sein. Konkretere Beispiele dafür werden wir in Abschnitt 2.4 eingehender betrachten.

Sei nun G eine topologische Gruppe. Für ein Gruppen-Element $g \in G$ bezeichnen wir mit $\mathcal{U}_g = \{V \subset G \mid V \text{ Umgebung von } g\}$ den Umgebungs-Filter von g. Ferner seien die Translations-Abbildungen

$$L_g, R_g : G \to G$$

definiert durch $L_g(x) = gx$ und $R_g(x) = xg$.

Das folgende Lemma ist offensichtlich:

Lemma 4.1.3
Die Translations-Abbildungen L_g und R_g sind Homöomorphismen. Es ist $\mathcal{U}_g = L_g(\mathcal{U}_1) = R_g(\mathcal{U}_1)$.

Die Topologie von G ist also völlig durch die Familie der Umgebungen des Einselements von G bestimmt. Dies gilt auch analog für die Stetigkeit von Homomorphismen:

Korollar 4.1.4
Seien G, H topologische Gruppen und $f : G \to H$ ein Homomorphismus abstrakter Gruppen. Dann ist f genau dann stetig (also Homomorphismus topologischer Gruppen), wenn f stetig bei $1 \in G$ ist.

Beweis: f ist genau dann stetig im Punkt $g \in G$, wenn $L_{f(g)^{-1}} \circ f$ es ist. Diese Abbildung stimmt aber mit $f \circ L_{g^{-1}}$ überein; sie ist genau dann stetig in g, wenn f stetig in 1 ist. $\square$

Wie in der Gruppen-Theorie üblich setzen wir für Teilmengen $A, B \subset G$

$$A^{-1} = \{x^{-1} \mid x \in A\} \quad \text{und} \quad AB = \{xy \mid x \in A, y \in B\}.$$

Analog sind gA, Ag für $g \in G$ definiert.

Wir formulieren nun die Verträglichkeit von Topologie und Gruppen-Struktur allein durch Eigenschaften des Umgebungs-Filters von $1 \in G$.

Satz 4.1.5

Sei G abstrakte Gruppe und $\mathcal{F}$ ein Filter auf G, dessen Elemente sämtlich das Einselement 1 von G enthalten. $\mathcal{F}$ ist genau dann Umgebungs-Filter von 1 für eine topologische Gruppen-Struktur auf G, wenn gilt:

1. Zu $U \in \mathcal{F}$ existieren $U_1, U_2 \in \mathcal{F}$ mit $U_1 U_2 \subset U$.

2. Ist $U \in \mathcal{F}$, so auch $U^{-1} \in \mathcal{F}$.

3. Ist $U \in \mathcal{F}$ und $g \in G$, so ist $gUg^{-1} \in \mathcal{F}$.

Beweis: Die Notwendigkeit dieser Bedingungen ist klar.

Sei also $\mathcal{F}$ ein Filter mit den obigen Eigenschaften. Wir nennen dann ein nicht-leeres $O \subset G$ genau dann eine Umgebung von $g \in O$, wenn $L_{g^{-1}}O = g^{-1}O \in \mathcal{F}$ ist. Wie üblich heißt ein $O \subset G$ offen, wenn es Umgebung aller seiner Elemente ist. Es ist klar, dass dies eine Topologie auf G definiert.

Aus 1. folgt offenbar, dass die Multiplikations-Abbildung stetig ist. Es bleibt die Stetigkeit der Inversen-Abbildung zu zeigen.

Wegen 3. gilt nun

$$g^{-1}O \in \mathcal{F} \Leftrightarrow Og^{-1} \in \mathcal{F} \, .$$

Ist also O Umgebung von g, so ist $Og^{-1} \in \mathcal{F}$, also nach 2. auch

$$(Og^{-1})^{-1} = gO^{-1} = L_g(O^{-1}) \in \mathcal{F} \, .$$

Das zeigt, dass O^{-1} Umgebung von g^{-1} ist. Also ist die Inversen-Abbildung stetig. Aus 1. folgt offenbar, dass auch die Multiplikations-Abbildung stetig ist. $\square$

Für topologische Gruppen werden wir in späteren Abschnitten in der Regel die Hausdorff-Bedingung voraussetzen. Deswegen ist es nützlich, für sie eine bequeme Formulierung zu haben.

Satz 4.1.6

Sei G topologische Gruppe. Die folgenden Aussagen sind äquivalent:

1. G ist ein T_0-Raum.

2. Ist $g \in G$ in jeder Umgebung von $1 \in G$ enthalten, so ist $g = 1$.

3. G ist Hausdorff-Raum.

4. $\{1\} \subset G$ ist abgeschlossen.

Beweis: Die Implikationen „3. $\Rightarrow$ 2." und „2. $\Rightarrow$ 1." sind klar.

„4. $\Rightarrow$ 3.": Sei $1 \in G$ ein abgeschlossener Punkt. Sei wieder $q : G \times G \to G$ durch $q(x, y) = xy^{-1}$ definiert. Die Diagonale von G ist dann $\triangle_G = q^{-1}(1)$. Da q stetig ist, ist $\triangle_G$ abgeschlossen, also G Hausdorffsch.

„1. $\Rightarrow$ 4.": Es ist zu zeigen, dass $G - \{1\}$ offen ist. Sei $g \in G - \{1\}$. Wenn g kein innerer Punkt von $G - \{1\}$ ist, so gibt es eine offene Umgebung U von 1, die g nicht enthält. Sei $V = \{gh^{-1} \,|\, h \in U\}$. Dann ist V offen und $g \in V \subset G - \{1\}$. $\square$

Untergruppen topologischer Gruppen werden wir später vielfach als abgeschlossen voraussetzen wollen. Hier betrachten wir zunächst abstrakt die elementaren topologischen Begriffe für Untergruppen:

Satz 4.1.7
Sei G eine topologische Gruppe und $H < G$ eine Untergruppe. Dann gilt:

1. H ist genau dann offen, wenn 1 innerer Punkt von H ist.

2. H ist genau dann diskret, wenn 1 isolierter Punkt von H ist.

3. Die abgeschlossene Hülle $\overline{H}$ von H ist Untergruppe von G.

4. Ist H offen, so ist H auch abgeschlossen.

5. Ist H Normalteiler, so auch $\overline{H}$.

6. Ist H kommutativ und G Hausdorffsch, so ist auch $\overline{H}$ kommutativ.

Beweis: Die Behauptungen 1., 2. und 3. sind trivial zu verifizieren. Für 4. überlegen wir, dass $G - H = \bigcup_{g \in G-H} gH$ als Vereinigung offener Mengen offen ist. Ist nun $gHg^{-1} \subset H$, so auch $g\overline{H}g^{-1} \subset \overline{H}$. Daraus folgt Eigenschaft 5. Für 6. betrachten wir die Kommutator-Abbildung $\kappa(x, y) = xyx^{-1}y^{-1}$. Wenn H kommutativ ist, dann ist $\kappa(H \times H) = \{1\}$. Hieraus folgt $\kappa(\overline{H} \times \overline{H}) \subset \overline{\kappa(H \times H)} = \overline{\{1\}}$. $\square$

Eine wichtige Rolle spielt die Zusammenhangs-Komponente G_0 des Einselements der Gruppe G.

Satz 4.1.8
Sei G eine topologische Gruppe und $G_0 < G$ die Zusammenhangskomponente des Einselements. Dann ist G_0 ein abgeschlossener Normalteiler von G. Die Zusammenhangskomponente eines Elements g von G ist die Menge gG_0.

Beweis: Als Komponente ist G_0 abgeschlossen. Für $g \in G_0$ ist $g^{-1}G_0$ zusammenhängend und enthält 1; also ist auch $\bigcup_{g \in G_0} g^{-1}G_0 = G_0^{-1}G_0$ zusammenhängend. Es folgt $G_0^{-1}G_0 \subset G_0$, so dass G_0 auch Untergruppe sein muss. Weiter ist für beliebiges $g \in G$ die Untergruppe gG_0g^{-1} zusammenhängend und muss also in G_0 enthalten sein. $\square$

Damit wollen wir die Betrachtung der elementaren Eigenschaften topologischer Gruppen beenden. Zum Schluss dieses Abschnitts wollen wir aber noch ein tiefer liegendes technisches Hilfsmittel für den Umgang mit kompakten topologischen Gruppen kennenlernen. Es handelt sich um das Haarsche Maß, das es erlaubt, stetige Funktionen auf der Gruppe in einer mit der Gruppenstruktur verträglichen Weise zu integrieren.

Wir benötigen einige Vorbereitungen. Im folgenden sei G eine kompakte topologische Gruppe. Wir betrachten die Menge $\mathcal{C}(G; \mathbf{R})$ aller stetigen reell-wertigen Funktionen auf G. Für $f \in \mathcal{C}(G; \mathbf{R})$ sei $\|f\| := \sup_{x \in G} |f(x)|$. Da G kompakt ist, ist $\|f\| < \infty$; überdies gibt es zu f ein $x_0 \in G$ mit $f(x_0) = \|f\|$. Mit der Norm $\|\ldots\|$ wird $\mathcal{C}(G; \mathbf{R})$ zu einem normierten reellen Vektorraum.

Für $f \in \mathcal{C}(G; \mathbf{R})$ und $g \in G$ definieren wir Funktionen $R_g f$ und $L_g f \in \mathcal{C}(G; \mathbf{R})$ durch

$$R_g f(x) = f(xg) \quad \text{und} \quad L_g f(x) = f(gx) .$$

Offenbar ist $\|R_g f\| = \|L_g f\| = \|f\|$.

Satz 4.1.9

Es gibt (genau eine) stetige lineare Abbildung

$$\int_G : \mathcal{C}(G; \mathbf{R}) \to \mathbf{R}$$

mit folgenden Eigenschaften:

1. $\int_G R_g f = \int_G L_g f = \int_G f$ für jedes $g \in G$.
2. Für $f \geq 0$ ist $\int_G f \geq 0$.
3. Für konstantes f ist $\int_G f = f(1)$.

Das Funktional $\int_G$ heißt das Haarsche Maß auf G. Wie in der Analysis üblich schreibt man meistens $\int_{g \in G} f(g) \, dg$ statt $\int_G f$. Ist G endlich (mit $\sharp G$ Elementen), so ist natürlich $\int_G f = (\sharp G)^{-1} \sum_{g \in G} f(g)$ einfach der Mittelwert von f auf G.

Es gibt zahlreiche Anwendungen des Haarschen Maßes, von denen uns einige später begegnen werden. Da der Beweis des Satzes mehr in den Bereich der Analysis gehört, geben wir ihn in den im Vorwort angekündigten Ergänzungen.

4.2 Operationen topologischer Gruppen

Definition 4.2.1

Sei G eine topologische Gruppe, X ein topologischer Raum. Eine G-Operation auf X ist eine stetige Abbildung

$$\nu : G \times X \to X$$

so dass gilt:

$$\nu(1, x) = x \quad \text{und} \quad \nu(g, \nu(h, x)) = \nu(gh, x) \,.$$

Wie früher werden wir meistens statt $\nu(g, x)$ einfach gx zu schreiben. Die Bedingungen der Definition sind dann

$$1x = x \quad \text{und} \quad g(hx) = (gh)x \,.$$

Einen Raum mit einer gegebenen G-Operation nennt man auch einfach einen G-Raum. Als einfaches Beispiel notieren wir, dass eine topologische Gruppe G auf zwei Weisen auf sich selbst operiert, nämlich durch

$$\nu_R(g, x) := gx \quad \text{und} \quad \nu_L(g, x) := xg^{-1}$$

für g, $x \in G$. Der Exponent in der zweiten Formel wird dadurch notwendig, dass unsere obige Definition genau genommen eine Links-Operation von G auf X beschreibt. Es ist nur natürlich, auch Rechts-Operationen zu betrachten; dabei versteht man unter einer

Rechts-Operation von G auf X eine stetige Abbildung $\nu' : X \times G \to X$ mit $\nu'(x,1) = x$ und $\nu'((x,g),h) = \nu'(x,gh)$. Man schreibt wieder kürzer $xg := \nu'(x,g)$, so dass für eine Rechts-Operation gilt:

$$x1 = x \quad \text{und} \quad x(gh) = (xg)h \ .$$

Die Unterscheidung zwischen Links- und Rechts-Operationen ist meistens mehr oder weniger theoretisch, da man durch die Formel

$$\nu'(x,g) = \nu(g^{-1},x)$$

beide ineinander konvertieren kann. Wir werden nur gelegentlich Rechts-Operationen benutzen. Diese sind vor allem dann nützlich, wenn auf einem Raum zwei miteinander kommutierende Gruppen-Operationen gegeben sind. Betrachtet man eine Links-G_1-Operation und eine Rechts-G_2-Operation auf X, so lässt sich die Verträglichkeit durch die suggestive Formel

$$(g_1 x)g_2 = g_1(xg_2)$$

ausdrücken.

Das Beispiel der Operation von G auf sich selbst gewinnt an Interesse, wenn wir es mittels Homomorphismen ausdehnen: Ist nämlich $f : H \to G$ ein stetiger Homomorphismus, so erhalten wir auf die gleiche Weise zwei Operationen von H auf der Gruppe G.

Wir setzen nun unsere Diskusssion über allgemeine Gruppen-Operationen fort. Es operiere die topologische Gruppe G wieder auf dem Raum X. Wir müssen noch die folgenden Grundbegriffe einführen:

Definition 4.2.2
Für $x \in X$ heißt
$$Gx := \{\nu(g,x) \mid g \in G\} \subset X$$
der Orbit (oder auch die Bahn) von x; die Untergruppe
$$G_x := \{g \in G \mid gx = x\} \subset G$$
heißt die Isotropiegruppe (oder auch die Standgruppe) von X.

Es sei X/G die Menge der Orbiten von G in X. Die Abbildung $\pi : X \to X/G$, die jedem Punkt seinen Orbit zuordnet, heißt auch die kanonische Projektion von X auf X/G. Die Orbiten zerlegen den Raum X in paarweise disjunkte Teilmengen und definieren damit eine Einteilung in Äquivalenz-Klassen:

Definition 4.2.3
Der Orbit-Raum X/G ist der Quotientenraum von X nach der Äquivalenz-Relation $\sim_G$ auf X, die durch
$$x_1 \sim_G x_2 :\Leftrightarrow x_1 = gx_2 \text{ für ein } g \in G$$
definiert ist.

Es ist anzumerken, dass hier eine kleine Inkonsequenz in der Notation vorliegt: Es wäre (vielleicht) im allgemeinen vernünftiger, den Quotienten nach einer Links-Operation von

_G

G

G auf X mit $G\backslash X$ zu bezeichnen. Denn ist zum Beispiel G eine Untergruppe von G', so operiert G durch Multiplikation sowohl von links wie von rechts auf G'. Die Orbiträume werden in der Gruppentheorie üblicherweise als die Räume $G\backslash G'$ und G'/G der Rechts-beziehungsweise Links-Nebenklassen von G in G' bezeichnet. Allerdings hat sich inzwischen die Notation X/G für den Orbit-Raum aller möglichen Gruppen-Operationen in der Topologie allgemein eingebürgert.

Wir müssen uns nun mit einigen fundamentalen Tatsachen über die topologischen Eigenschaften von Orbit-Räumen vertraut machen.

Lemma 4.2.4
Die topologische Gruppe G operiere auf dem Raum X. Dann ist $\sim_G$ eine offene Äquivalenz-Relation.

Beweis: Ist $U \subset X$ offen, so auch $GU = \bigcup_{g \in G} gU$. $\qquad\square$

Die Offenheit von $\sim_G$ sorgt dafür, dass die Quotienten-Bildung gute Eigenschaften hat. So hat sie zum Beispiel die folgenden beiden angenehmen Konsequenzen:

Korollar 4.2.5
Die topologische Gruppe G operiere auf dem Raum X. Es sei $\pi : X \to X/G$ die Projektion. Ist $A \subset X$ ein G-invarianter Teilraum, so induziert die Inklusion $i : A \hookrightarrow X$ einen Homöomorphismus
$$\bar{\imath} : A/G \to \pi(A) \subset X/G\,.$$

Beweis: Offenbar ist $\bar{\imath}$ stetig und bijektiv. Sei $U \subset A$ offen, also $U = V \cap A$ mit offenem $V \subset X$. Dann ist $\bar{\imath}\pi(U) = \pi(A) \cap \pi(V)$ offen in $\pi(A)$, da $\pi(V) \subset X/G$ offen ist. $\qquad\square$

In Satz 2.5.6 wurde bewiesen, dass offene Äquivalenz-Relationen mit der Bildung von Produkten verträglich sind. Es folgt:

Korollar 4.2.6
Für $i = 1, 2$ operiere die topologische Gruppe G_i auf dem Raum X_i (für $i = 1, 2$). Dann operiert $G_1 \times G_2$ auf $X_1 \times X_2$ und es ist
$$(X_1 \times X_2)/(G_1 \times G_2) \cong (X_1/G_1) \times (X_2/G_2)\,.$$

Diese Homöomorphie werden wir im folgenden oft ausnutzen.

Wir betrachten nun Räume von Rechts-Nebenklassen einer topologischen Gruppe G nach einer Untergruppe H. Analog kann man natürlich auch Räume von Links-Nebenklassen betrachten.

Definition 4.2.7
Sei G eine topologische Gruppe, $H < G$ eine Untergruppe. Die kanonische Rechts-Operation von H auf G ist definiert durch
$$\nu\,'(g,h) = gh \quad (\text{für } g \in G\,, h \in H)\,.$$

Der Orbit-Raum nach dieser Rechts-Operation heißt der homogene Raum G/H.

Offenbar besteht G/H gerade aus den Rechts-Nebenklassen gH für $g \in G$. Die homogenen Räume von G sind, wie wir noch feststellen werden, ganz fundamentale Beispiele für G-Räume.

Satz 4.2.8
Sei G eine topologische Gruppe, H eine Untergruppe. Dann operiert G auf dem homogenen Raum G/H durch

$$\nu(g, xH) = gxH \quad (\text{für } g, x \in G).$$

Die Standgruppe von xH ist die Untergruppe xHx^{-1} von G. Der homogene Raum G/H ist genau dann Hausdorffsch, wenn H eine abgeschlossene Untergruppe von G ist. G/H ist genau dann diskret, wenn H eine offene Untergruppe von G ist.

Beweis: Die Stetigkeit von $G \times (G/H) \to G/H$ folgt aus der in Korollar 4.2.6 beschriebenen Homöomorphie $G \times (G/H) \cong (G \times G)/(1 \times H)$. Offenbar ist $gxH = xH$ genau dann, wenn $x^{-1}gxH = H$ ist, das heißt $x^{-1}gx \in H$.
Es ist G/H Hausdorffsch genau dann, wenn die Diagonale in $(G/H) \times (G/H)$ abgeschlossen ist. Wegen Korollar 4.2.6 bedeutet das aber gerade, dass die Teilmenge $\{(g, gh) \mid g \in G, h \in H\} \subset G \times G$ abgeschlossen ist. Letztere ist aber das Urbild von H unter $q : G \times G \to G$ mit $q(x, y) = x^{-1}y$.
Die letzte Behauptung ist klar. $\qquad\square$

In der bisherigen Allgemeinheit können Operationen topologischer Gruppen durchaus im Einzelfall noch gewisse pathologische Eigenschaften haben. Es ist sinnvoll, diese durch geeignete Kompaktheits-Annahmen einzudämmen. Eine genügend allgemeine Voraussetzung ist oft die folgende, die uns bei Operationen diskreter Gruppen ja schon begegnet ist:

Definition 4.2.9
Eine Operation ν von G auf X heißt eigentlich, wenn die zugehörige Scherungs-Abbildung

$$\tilde{\nu} : G \times X \to X \times X$$

mit

$$(g, x) \mapsto (gx, x)$$

eine eigentliche Abbildung ist.

Wir erinnern an die Definition aus Abschnitt 2.4: Für jeden Testraum T muss die Abbildung $\tilde{\nu} \times \mathrm{id}_T$ abgeschlossen sein. Da das Urbild eines Punktes (y, x) unter $\tilde{\nu}$ entweder leer oder homöomorph zur Standgruppe G_x von x ist, sind für eine eigentliche Operation alle Standgruppen kompakt. Äquivalent zur Eigentlichkeit der Operation ist damit, dass $\tilde{\nu}$ selbst eine abgeschlossene Abbildung ist und dass die Standgruppen der Operation kompakt sind.
Das Bild der Abbildung $\tilde{\nu}$ ist gerade der Graph Γ der durch die Aktion auf X definierten Äquivalenzrelation $\sim_G$. Für eine eigentliche Operation ist aber insbesondere das Bild von $\tilde{\nu}$ abgeschlossen; da $\sim_{G \times G}$ eine offene Äquivalenz-Relation auf $X \times X$ ist, ist das Bild von $X \times X - \Gamma$ offen in $(X/G) \times (X/G)$ und der Orbit-Raum X/G ist hausdorffsch.

Für eigentliche Operationen sind die Orbiten homogene Räume im Sinne der obigen Definition:

Satz 4.2.10
Die topologische Gruppe G operiere auf dem Raum X. Es sei $x \in X$. Dann induziert die Zuordnung $g \mapsto gx$ eine mit der G-Operation verträgliche bijektive stetige Abbildung des homogenen Raums G/G_x auf den Orbit $Gx \subset X$. Ist die Operation eigentlich, so ist diese Abbildung ein Homöomorphismus und Gx ist abgeschlossen in X.

Beweis: Nur für die zweite Behauptung ist etwas zu beweisen.
Wegen $\tilde{\nu}^{-1}(X \times \{x\}) = G \times \{x\}$ ist die Einschränkung $\tilde{\nu}|_{G \times \{x\}} : G \times \{x\} \to X \times \{x\}$ eigentlich, also auch die Abbildung $G \to X$ mit $g \mapsto gx$. Insbesondere ist diese Abbildung also abgeschlossen, woraus die Behauptung folgt. $\qquad\square$

An einem Beispiel zeigen wir, dass die Behauptungen des Satzes ohne diese Voraussetzung im allgemeinen nicht erfüllt sind: Sei $\mathbf{T}^2 = \mathbf{S}^1 \times \mathbf{S}^1$ der Torus. Für $\theta \in \mathbf{R}$ definieren wir einen Homomorphismus $\phi_\theta : \mathbf{R} \to \mathbf{T}^2$ durch

$$\phi_\theta(t) = (\exp(t), \exp(\theta t)) .$$

Ist $\theta = a/b \in \mathbf{Q}$ mit teilerfremden, von Null verschiedenen ganzen Zahlen a, b, so ist das Bild von ϕ_θ die abgeschlossene Untergruppe $\{(t_1, t_2) | t_1^a = t_2^b\}$ von $\mathbf{T}^2$. Der Kern von ϕ_θ ist dann die diskrete Untergruppe $\mathbf{Z}b \subset \mathbf{R}$. Jeder Orbit $\mathbf{R}(z_1, z_2)$ ist homöomorph zu $\mathbf{S}^1 \cong \mathbf{R}/\mathbf{Z}b$. Die Operation ist eigentlich.

Abbildung 4.1: $\mathbf{R}$-Operationen

Ist dagegen $\theta \notin \mathbf{Q}$, so ist ϕ_θ injektiv und $\mathrm{Bild}(\phi_\theta)$ eine dichte, nicht abgeschlossene Untergruppe von T^2. Insbesondere ist $\mathrm{Bild}(\phi_\theta)$ dann nicht homöomorph zu $\mathbf{R}/\mathrm{Kern}(\phi_\theta)$.

In Verallgemeinerung des früheren Eigentlichkeit-Resultats für Operationen endlicher Gruppen haben wir das folgende Lemma:

Lemma 4.2.11
Jede Operation einer kompakten topologischen Gruppe G auf einem Hausdorff-Raum X ist eigentlich.

Beweis: Die Operations-Abbildung $\nu : G \times X \to X$ faktorisiert als

$$G \times X \xrightarrow{\alpha} G \times X \xrightarrow{pr_2} X$$

mit $\alpha(g,x) = (g,gx)$. Da α ein Homöomorphismus und G kompakt ist, ist ν eine eigentliche Abbildung. Damit ist auch

$$\nu \times \mathrm{id}_X : G \times X \times X \longrightarrow X \times X \text{ mit } (g,x,y) \mapsto (gx,y)$$

eigentlich und schließlich ebenso $\tilde{\nu}$ als Komposition hiervon mit $\mathrm{id}_G \times \triangle_X$. $\square$

In der bisher entwickelten Theorie der Räume mit Gruppen-Operation fehlen uns nun noch einige Überlegungen hinsichtlich der mit den Gruppen-Operationen verträglichen Abbildungen.

Definition 4.2.12
Die topologische Gruppe G operiere auf den Räumen X und Y. Eine stetige Abbildung $f : X \to Y$ heißt G-äquivariant, wenn

$$f(gx) = gf(x)$$

ist für alle $g \in G$ und $x \in X$. Die Menge aller G-äquivarianten stetigen Abbildungen werde mit $\mathcal{C}_G(X;Y)$ bezeichnet.

Es ist klar, dass eine äquivariante Abbildung Orbiten in Orbiten überführt. Deshalb ist es wichtig, die äquivarianten Abbildungen zwischen homogenen Räumen zu kennen.

Satz 4.2.13
Seien H und K Untergruppen der topologischen Gruppe G. Es sei $N = \{g \in G \mid g^{-1}Kg \subset H\}$.

1. Ist N leer, so gibt es keine äquivarianten stetigen Abbildungen von G/K in G/H.
2. Für $n \in N$ sei $f_n(gK) = gnH$. Dann induziert $n \mapsto f_n$ eine Bijektion $N/H \to \mathcal{C}_G(G/K, G/H)$.

Beweis: Sei $f \in \mathcal{C}_G(G/K, G/H)$ und $n \in G$ mit $f(1K) = nH$. Dann muss $f(gK) = gnH$ sein wegen der Äquivarianz von f. Ist insbesondere $k \in K$, so folgt

$$knH = nH \ ,$$

also $n^{-1}kn \in H$, d.h. $n \in N$.
Ist $n \in N$, so ist f_n durch $f_n(gK) = gnH$ wohldefiniert. Es ist $f_n = f_{n'}$ genau dann, wenn $n' = nh$ ist für ein $h \in H$.
Damit ist alles bewiesen. $\square$

Schließlich betrachten wir noch Quotientengruppen topologischer Gruppen.

Satz 4.2.14
Sei G topologische Gruppe und $H \lhd G$ ein Normalteiler. Dann ist G/H mit der Quotienten-Topologie eine topologische Gruppe und die Projektion $\pi : G \to G/H$ ist Homomorphismus topologischer Gruppen. Ist $K < G$ eine Untergruppe, so ist ihr Bild $\pi(K)$ homöomorph zur Quotientengruppe KH/H.

Beweis: Es ist zu zeigen, dass die Abbildung $q : G/H \times G/H \to G/H$ mit $q(g_1 H, g_2 H) = g_1 g_2^{-1} H$ stetig ist. Wie oben angemerkt, ist

$$G/H \times G/H \cong (G \times G)/(H \times H) \, ,$$

und es reicht, dass die Komposition

$$\widetilde{q} : G \times G \to G \to G/H$$

mit $\widetilde{q}(g_1, g_2) = g_1 g_2^{-1} H$ stetig ist. $\qquad\square$

Bemerkung: Im allgemeinen ist der bijektive stetige Homomorphismus $K/K \cap H \to KH/H$ kein Homöomorphismus.

In vielen Fällen erbt der Quotienten-Raum eines G-Raums nach der Aktion einer Untergruppe H wieder eine interessante Gruppen-Operation. Allgemein gilt:

Satz 4.2.15

Die topologische Gruppe G operiere auf dem Raum X. Sei $H < G$ eine Untergruppe und $N < G$ der Normalisator von H in G. Dann operiert N/H auf X/H durch

$$(gH) \cdot (Hx) = Hgx \, .$$

Beweis: Die Abbildung ist wohldefiniert, denn ist $g' = gh_1$, $x' = h_2 x$ mit $h_1, h_2 \in H$, so ist mit $h = h_1 h_2$

$$Hg'x' = Hgh_1 h_2 x = H(ghg^{-1})gx = Hgx \, ,$$

da $ghg^{-1} \in H$ ist.

Es bleibt zu zeigen, dass die Abbildung

$$N/H \times X/H \to X/H$$

stetig ist. Hierzu reicht aber die Stetigkeit von

$$N \times X \to X \to X/H \, . \qquad\square$$

Eine besonders wichtige Klasse von Operationen der topologischen Gruppe G bilden die linearen Operationen auf Vektorräumen.

Definition 4.2.16

Sei G eine topologische Gruppe, $\mathbb{K}$ einer der Körper $\mathbf{R}$, $\mathbf{C}$ oder $\mathbf{H}$. Eine endlich-dimensionale $\mathbb{K}$-Darstellung von G ist ein stetiger Homomorphismus $\rho : G \to \mathrm{Aut}_{\mathbb{K}}(W)$, wobei W ein endlich-dimensionaler $\mathbb{K}$-Vektorraum ist. Zwei solche Darstellungen auf W_1 und W_2 heißen äquivalent, wenn es einen $\mathbb{K}$-Isomorphismus von W_1 auf W_2 gibt, der gleichzeitig G-äquivariant ist.

Offenbar operiert G dann auf dem Darstellungs-Raum W. Wir sagen meist einfach, dass W eine Darstellung von G ist, ohne den Homomorphismus ρ explizit zu erwähnen.

Es gibt eine schöne und umfangreiche Theorie der Darstellungen von kompakten Gruppen, die wir im Rahmen dieses Buches natürlich nicht ausbreiten können. Wir wollen jedoch einige wenige grundlegende Begriffe noch kurz erläutern.

Definition 4.2.17
Sei G eine topologische Gruppe und W eine endlich-dimensionale $\mathbb{K}$-Darstellung von G.

1. Eine Unterdarstellung von W ist ein $\mathbb{K}$-Untervektorraum von W, der von der G-Operation in sich übergeführt wird.

2. W heißt irreduzibel, wenn es keine von 0 und W verschiedenen Unterdarstellungen in W gibt.

3. W heißt unzerlegbar, wenn es keine von 0 und W verschiedenen Unterdarstellungen W_1 und W_2 in W gibt mit $W = W_1 \oplus W_2$.

Offenbar ist jede irreduzible Darstellung auch unzerlegbar. Die Umkehrung gilt nicht, wie das Beispiel $\rho : \mathbf{R} \to \mathbf{GL}_2(\mathbf{R})$ mit

$$\rho(t) = \begin{pmatrix} 1 & t \\ 0 & 1 \end{pmatrix}$$

zeigt.

Als Anwendung des Haarschen Maßes zeigen wir, dass für kompakte Gruppen G jede unzerlegbare endlich-dimensionale Darstellung auch irreduzibel ist. Hieraus folgt, dass eine beliebige endlich-dimensionale Darstellung W von G schon in eine direkte Summe irreduzibler Darstellungen zerfällt. Für dieses Verhalten von W benutzt man auch den Ausdruck, dass W vollständig reduzibel ist.

Lemma 4.2.18
Sei W eine endlich-dimensionale Darstellung der kompakten topologischen Gruppe G. Dann gibt es eine (hermitesche) Metrik $\langle \, , \, \rangle$ auf W, die G-invariant ist:

$$\langle \, gv, gw \, \rangle = \langle \, v, w \, \rangle \text{ für alle } g \in G \text{ und } v, w \in W \; .$$

Beweis: Sei $\mu(v, w)$ eine beliebige Metrik auf W. Für $v, w \in W$ ist dann $g \mapsto \mu(gv, gw)$ eine stetige Funktion auf G. Wir setzen

$$\langle \, v, w \, \rangle := \int_G \mu(gv, gw) dg \; .$$

Es ist trivial, dass dies wieder eine Metrik auf W ist. Die G-Invarianz folgt unmittelbar aus der Invarianz des Haarschen Maßes. $\qquad\square$

Es folgt:

Satz 4.2.19
Jede endlich-dimensionale $\mathbb{K}$-Darstellung einer kompakten Gruppe G ist vollständig reduzibel.

Beweis: Sei $\langle\,,\,\rangle$ eine G-invariante Metrik auf dem Darstellungs-Raum W. Ist $W_1 \subset W$ ein G-invarianter Unterraum, so ist $W_2 = W_1^\perp$ ebenfalls G-invariant und es ist $W = W_1 \oplus W_2$. Die Behauptung folgt nun trivial durch Induktion über die Dimension. $\qquad\square$

Eine einfache, aber eminent wichtige Folgerung aus der Definition der Irreduzibilität ist das Lemma von Schur: Ist W eine irreduzible $\mathbb{K}$-Darstellung von G, so ist jeder mit der G-Operation kommutierende $\mathbb{K}$-Endomorphismus von W entweder Null oder ein Isomorphismus. Denn Kern und Bild eines solchen Endomorphismus sind offensichtlich G-invariante Teilräume von W, also wegen der Irreduzibilität gleich 0 oder W. Als Folgerung erhalten wir:

> **Satz 4.2.20**
> Jede irreduzible komplexe Darstellung einer abelschen topologischen Gruppe G ist eindimensional.

Beweis: Wir bezeichnen die irreduzible Darstellung mit $\rho : G \to \operatorname{Aut}(W)$. Für $g \in G$ sei λ_g ein Eigenwert von $\rho(g)$; da G abelsch ist, ist der zugehörige Eigenraum G-invariant. Es folgt aus der Irreduzibilität, dass $\rho(g) = \lambda_g \operatorname{id}_W$ sein muss. Da dies für jedes $g \in G$ gilt, ist jeder Untervektorraum von W schon G-invariant. $\qquad\square$

Als Anwendung bestimmen wir alle endlich-dimensionalen komplexen Darstellungen des n-Torus $\mathbf{T}^n$ bis auf Äquivalenz. Wir schreiben die Elemente von $\mathbf{T}^n$ als Tupel $(t_1, \ldots, t_n)$ mit $t_j \in \mathbf{S}^1$.

> **Satz 4.2.21**
> 1. Ist $\chi : \mathbf{T}^n \to \mathbf{S}^1$ ein stetiger Homomorphismus, so gibt es ganze Zahlen $a_{k,j}$ mit $\chi(t_1, \ldots, t_n) = \prod_k t_k^{a_{k,j}}$.
> 2. Sei $\rho : \mathbf{T}^n \to \operatorname{Aut}(W)$ eine endlich-dimensionale komplexe Darstellung. Dann gibt es eine Basis $\{e_1, \ldots, e_n\}$ von W und stetige Homomorphismen $\chi_j : \mathbf{T}^n \to \mathbf{S}^1$ so dass gilt:
>
> $$\rho(t_1, \ldots, t_n)e_j = \chi_j(t_1, \ldots, t_n)e_j\,.$$

4.3 Die klassischen Gruppen

In diesem Abschnitt wollen wir uns mit Topologie und Struktur der allgemeinen linearen Gruppen über $\mathbf{R}$, $\mathbf{C}$ und $\mathbf{H}$ beschäftigen sowie mit gewissen ausgezeichneten Untergruppen. Als erstes untersuchen wir die allgemeine lineare Gruppe $\mathbf{GL}_n(\mathbf{R})$. Wie im Abschnitt über topologische Gruppen angemerkt wurde, wird sie mit der Teilraum-Topologie vom Vektorraum aller reellen $n \times n$-Matrizen versehen.

Wir legen zunächst Bezeichnungen für einige Standard-Untergruppen fest: Es sei

$$B_n := \{(a_{ij}) \mid a_{ij} = 0 \text{ für } i > j\}$$

die Gruppe der oberen Dreiecksmatrizen. Sie heißt auch eine Borel-Untergruppe von $\mathbf{GL}_n(\mathbf{R})$. In dieser haben wir die Untergruppe

$$B_n^+ := \{(a_{ij}) \in B_n \mid a_{ii} > 0\}\,,$$

und hierin
$$B_n^{(1)} = \{(a_{ij}) \in B_n \mid a_{ii} = 1\} \ ;$$

letztere heißt die Gruppe der unipotenten oberen Dreiecksmatrizen. Bezeichnet

$$D_n^+ = \left\{ \begin{pmatrix} \lambda_1 & \cdots & 0 \\ \vdots & \ddots & \vdots \\ 0 & \cdots & \lambda_n \end{pmatrix} \mid \lambda_i \in \mathbf{R}, \ \lambda_i > 0 \right\}$$

die Gruppe der Diagonal-Matrizen mit positiven Koeffizienten, so ist

$$B_n^+ \cong D_n^+ \times B_n^{(1)} \ ;$$

diese Homöomorphie ist jedoch für $n > 1$ kein Gruppen-Isomorphismus. Dagegen ist offenbar D_n^+ isomorph zu $(\mathbf{R}_+)^n = \mathbf{R}_+ \times \cdots \times \mathbf{R}_+$, wobei $\mathbf{R}_+$ die multiplikative Gruppe der positiven reellen Zahlen ist. Über eine Logarithmus-Abbildung ist $(\mathbf{R}_+)^n$ sogar als topologische Gruppe isomorph zum Vektorraum $\mathbf{R}^n$. Schließlich haben wir eine Homöomorphie zwischen $B_n^{(1)}$ und dem Vektorraum $\mathbf{R}^{n(n-1)/2}$, die aber für $n > 2$ kein Gruppen-Isomorphismus sein kann, da dann $B_n^{(1)}$ nicht abelsch ist. Ebenso ist dann B_n^+ homöomorph zu $\mathbf{R}^{n(n+1)/2}$, aber nicht isomorph als Gruppe.

Wie üblich bezeichne schließlich

$$\mathbf{O}(n) := \{A \in \mathbf{GL}_n(\mathbf{R}) \mid A^\top A = I_n\}$$

die Gruppe der orthogonalen $n \times n$-Matrizen. Sie besteht gerade aus den Automorphismen des $\mathbf{R}^n$, die die euklidische Metrik $\langle x, y \rangle = x^\top y = \sum_j x_j y_j$ invariant lassen.

Satz 4.3.1 (Iwasawa-Zerlegung)
Die Multiplikations-Abbildung $\mathbf{O}(n) \times B_n^+ \to \mathbf{GL}_n(\mathbf{R})$ definiert einen Homöomorphismus

$$\mathbf{GL}_n(\mathbf{R}) \cong \mathbf{O}(n) \times B_n^+ \cong \mathbf{O}(n) \times D_n^\mid \times B_n^{(1)} \ .$$

Beweis: Sei $B \in \mathbf{GL}_n(\mathbf{R})$ und $b_j = Be_j$ die j-te Spalte von B. Nach dem Orthonormalisierungs-Verfahren von Gram-Schmidt gibt es eine Orthonormalbasis $a_1, \ldots, a_n$, so dass gilt

$$b_j = \mu_{jj} a_j + \sum_{i < j} \mu_{ij} a_i$$

mit $\mu_{jj} > 0$. Das bedeutet gerade $B = AM$, wobei $M = (\mu_{ij}) \in B_n^+$ und $A = (a_1, \ldots, a_n) \in \mathbf{O}(n)$ ist.
Ist $A_1 M_1 = A_2 M_2$, so folgt $A_2^{-1} A_1 = M_2 M_1^{-1} \in \mathbf{O}(n) \cap B_n^+$. Es ist aber $\mathbf{O}(n) \cap B_n^+ = \{I_n\}$, da eine orthogonale $n \times n$ Matrix mit n positiven Eigenwerten die Einheitsmatrix sein muss. Es folgt $A_2 = A_1$, $M_2 = M_1$. Das Gram-Schmidt-Verfahren definiert also eine Umkehr-Abbildung $\mathbf{GL}_n(\mathbf{R}) \to \mathbf{O}(n) \times B_n^+$. Es ist klar, dass diese Abbildung stetig ist. $\quad\square$

Die in der Iwasawa-Zerlegung vorkommende Multiplikations-Abbildung $\mathbf{O}(n) \times B_n^+ \to \mathbf{GL}_n(\mathbf{R})$ ist für $n > 1$ kein Homomorphismus von Gruppen, da die Elemente von $\mathbf{O}(n)$ nicht mit denen von B_n^+ kommutieren.

Wir haben schon gesehen, dass die Gruppe B_n^+ homöomorph zu dem Vektorraum $\mathbf{R}^{n(n+1)/2}$ ist. Dagegen ist die orthogonale Gruppe $\mathbf{O}(n)$ kompakt, denn die Spalten-Vektoren orthogonaler Matrizen entsprechen eineindeutig den Orthonormal-Basen des $\mathbf{R}^n$ und die Menge aller Orthonormalbasen ist offenbar beschränkt und abgeschlossen in $\mathbf{R}^{n^2}$. Die Rolle der orthogonalen Gruppe in der Iwasawa-Zerlegung wird nun durch den folgenden Satz präzisiert:

Satz 4.3.2
$\mathbf{O}(n)$ ist maximal kompakte Untergruppe von $\mathbf{GL}_n(\mathbf{R})$.

Beweis: Sei $\mathbf{O}(n) < H < \mathbf{GL}_n(\mathbf{R})$ und H kompakt. Dann ist $K := H \cap B_n^+$ eine kompakte Untergruppe von B_n^+. Wegen der Iwasawa-Zerlegung 4.3.1 und $\mathbf{O}(n) < H$ ist $H = \mathbf{O}(n)K$; es reicht daher zu zeigen, dass jede kompakte Untergruppe K von B_n^+ trivial ist.

Sei also $K < B_n^+$ kompakt und sei $A \in K$; wegen der Kompaktheit von K liegt jeder Eigenwert von A in einer kompakten Untergruppe von $\mathbf{R}^*$, so dass tatsächlich A schon in $B_n^{(1)}$ liegen muss.

Nun sei $i \in \{1, \ldots, n\}$ minimal mit der Eigenschaft $i \leq j < k \Rightarrow A_{jk} = 0$. Wir haben zu zeigen, dass $i = 1$ ist. Wäre aber $i > 1$, so gäbe es ein $k \geq i$ mit $A_{i-1,k} \neq 0$. Für $C = A^m$ folgte durch Induktion $C_{i-1,k} = mA_{i-1,k}$. Im Widerspruch zur Kompaktheit von K wären also die Koeffizienten der Matrizen in K nicht beschränkt. $\square$

Aus der Existenz einer invarianten Metrik für Darstellungen kompakter Gruppen folgt sogar der folgende stärkere Sachverhalt:

Aufgabe 4.3.3
Eine kompakte Untergruppe von $\mathbf{GL}_n(\mathbf{R})$ ist in $\mathbf{GL}_n(\mathbf{R})$ zu einer Untergruppe von $\mathbf{O}(n)$ konjugiert.

Um die $\mathbf{GL}_n(\mathbf{R})$ als topologischen Raum besser zu verstehen, müssen wir uns näher mit der Gruppe $\mathbf{O}(n)$ beschäftigen.

Satz 4.3.4
Die Gruppe $\mathbf{O}(n)$ hat zwei Zusammenhangs-Komponenten. Die Komponente des Einselements ist die Untergruppe
$$\mathbf{SO}(n) := \{A \in \mathbf{O}(n)| \det(A) = 1\}.$$

Beweis: Da $\det : \mathbf{O}(n) \to \{\pm 1\}$ surjektiv ist, genügt es zu zeigen, dass $\mathbf{SO}(n)$ wegzusammenhängend ist. Dies zeigen wir durch Induktion über n, wobei wegen $\mathbf{SO}(2) \cong \mathbf{S}^1$ die Fälle $n = 1, 2$ klar sind.

Sei nun $A \in \mathbf{SO}(n)$. Sei $V \subset \mathbf{R}^n$ eine Ebene, die $x = e_n$ und $y = Ax$ enthält. Dann gibt es einen stetigen Weg B_t in $\mathbf{SO}(V) \subset \mathbf{SO}(n)$, der $B_0 = \mathrm{id}$ mit einer Abbildung B_1 verbindet, für die $B_1 y = x$ ist. Der Weg $B_t \circ A$ in $\mathbf{SO}(n)$ verbindet dann A mit einem Punkt in $\mathbf{SO}(n-1)$. $\square$

Ist $n = 2m + 1$ ungerade, so ist $-I_n$ im Zentrum von $\mathbf{O}(n)$, aber nicht in $\mathbf{SO}(n)$. Daher induziert dann die Multiplikation von Matrizen einen Isomorphismus topologischer

Gruppen

$$\mathbf{O}(2m+1) \cong \mathbf{SO}(2m+1) \times \{\pm I_{2m+1}\} \ .$$

Für gerades n erhalten wir lediglich einen Homöomorphismus von $\mathbf{SO}(n) \times \mathbf{Z}/2\mathbf{Z}$ zu $\mathbf{O}(n)$, wobei die Gruppe $\mathbf{Z}/2\mathbf{Z}$ von einer Spiegelung in $\mathbf{O}(n) - \mathbf{SO}(n)$ erzeugt wird.

$\mathbf{SO}(n)$ ist unsere erste Familie von (zusammenhängenden und kompakten) klassischen Gruppen. In der Lie-Theorie bezeichnet man $\mathbf{SO}(2n+1)$ als Gruppe vom Typ $\mathbf{B}_n$ und $\mathbf{SO}(2n)$ als Gruppe vom Typ $\mathbf{D}_n$. Der Index n wird dabei der Rang der Gruppe genannt. Weitere Ergebnisse über die topologische Struktur dieser Gruppen werden wir später herleiten. Wir wenden uns zunächst den beiden weiteren Familien klassischer Gruppen zu.

Die unitäre Gruppe $\mathbf{U}(n)$ besteht aus den Elementen von $\mathbf{GL}_n(\mathbf{C})$, die die hermitesche Metrik $(x,y) = \overline{x}^\top y = \sum_j \overline{x_j} y_j$ invariant lassen. Wegen $(Ax, Ay) = \overline{x}^\top \overline{A}^\top A y$ wird daher

$$\mathbf{U}(n) = \{\, A \in \mathbf{GL}_n(\mathbf{C}) \mid \overline{A}^\top A = I_n \,\} \ .$$

Nun hat der komplexe Vektorraum $\mathbf{C}^n$ mit der Standard-Basis $\{e_1, \ldots, e_n\}$ als Vektorraum über $\mathbf{R}$ die Basis $\{e_1, ie_1, \ldots, e_n, ie_n\}$. Die skalare Multiplikation mit $i \in \mathbf{C}$ hat bezüglich dieser Basis die Matrix

$$J_n := \begin{pmatrix} 0 & -1 & & & \\ 1 & 0 & & & \\ & & \ddots & & \\ & & & 0 & -1 \\ & & & 1 & 0 \end{pmatrix} \tag{4.1}$$

Wir können daher die Gruppe

$$\mathbf{GL}_n(\mathbf{C}) = \{A \in \mathbf{GL}_{2n}(\mathbf{R}) \mid A J_n = J_n A\} \tag{4.2}$$

als abgeschlossene Untergruppe von $\mathbf{GL}_{2n}(\mathbf{R})$ auffassen.

Das Hermitesche Skalarprodukt $(x,y) = \sum_j \overline{x_j} y_j$ auf $\mathbf{C}^n$ ist bezüglich des Euklidischen Skalarprodukts $\langle x, y \rangle$ auf dem $\mathbf{R}^{2n}$ durch

$$(x,y) = \langle x, y \rangle + i \langle J_n x, y \rangle \tag{4.3}$$

gegeben; insbesondere ist $\langle x, y \rangle = \Re(x,y)$. Hieraus folgt, dass

$$\mathbf{U}(n) = \mathbf{O}(2n) \cap \mathbf{GL}_n(\mathbf{C}) \subset \mathbf{GL}_{2n}(\mathbf{R})$$

ist. $\mathbf{U}(n)$ kann also auch beschrieben werden, als die Gruppe der Elemente von $\mathbf{O}(n)$, welche die reelle schiefsymmetrische Bilinearform $\langle J_n x, y \rangle$ invariant lassen.

Mit dem hermiteschen Gram-Schmidt Orthonormalisierungs-Verfahren folgt wie oben:

Satz 4.3.5

Die unitäre Gruppe

$$\mathbf{U}(n) = \{A \in \mathbf{GL}_n(\mathbf{C}) \mid \overline{A}^\top A = I_n\}$$

ist maximal kompakte Untergruppe von $\mathbf{GL}_n(\mathbf{C})$.

Wie üblich definiert

$$\mathbf{SU}(n) := \{\, A \in \mathbf{U}(n) \mid \det(A) = 1 \,\}$$

die spezielle unitäre Gruppe. Fassen wir $\mathbf{U}(1)$ über eine Einbettung $\mathbf{C} \hookrightarrow \mathbf{C}^n$ als Untergruppe von $\mathbf{U}(n)$ auf, so induziert die Matrizen-Multiplikation einen Homöomorphismus von $\mathbf{SU}(n) \times \mathbf{U}(1)$ nach $\mathbf{U}(n)$.

Die Gruppen $\mathbf{U}(n)$ beziehungsweise $\mathbf{SU}(n)$ bilden die zweite Familie zusammenhängender kompakter klassischer Gruppen. Genauer wird $\mathbf{SU}(n)$ (für $n > 1$) als klassische Gruppe vom Typ $\mathbf{A}_{n-1}$ bezeichnet. Der Rang von $\mathbf{SU}(n)$ ist $n - 1$.

Schließlich wenden wir uns der allgemeinen linearen Gruppe über dem Schiefkörper $\mathbf{H}$ der Quaternionen zu. Wir vereinbaren, den Vektorraum $\mathbf{H}^n$ der n-Tupel von Quaternionen als Rechts-Vektorraum von Spaltenvektoren aufzufassen. Dann können wir die Gruppe $\mathbf{GL}_n(\mathbf{H})$ der $\mathbf{H}$-linearen Automorphismen von $\mathbf{H}^n$ mit der Gruppe der invertierbaren $n \times n$-Matrizen mit Komponenten in $\mathbf{H}$ identifizieren, die durch Linksmultiplikation auf den Spaltenvektoren operiert.

Wieder erhalten wir eine Metrik auf $\mathbf{H}^n$ durch $\lfloor x, y \rfloor = \overline{x}^\top y = \sum_j \overline{x_j} y_j$, wobei die Koordinaten x_j, y_j nun Quaternionen sind; der Realteil von $\lfloor x, y \rfloor$ ist das euklidische Skalarprodukt $\langle x, y \rangle$ auf dem zugrunde liegenden reellen Vektorraum. Die symplektische Gruppe wird nun definiert als

$$\mathbf{Sp}(n) := \{\, A \in \mathbf{GL}_n(\mathbf{H}) \mid \langle Ax, Ay \rangle = \langle x, y \rangle \text{ für alle } x, y \in \mathbf{H}^n \,\} \,,$$

das heißt als Durchschnitt von $\mathbf{GL}_n(\mathbf{H})$ mit $\mathbf{O}(4n)$.

Indem wir $\mathbf{H}^n$ als komplexen Rechts-Vektorraum auffassen und dabei die (geordnete) Basis $(e_1, e_1 j, \ldots, e_n, e_n j)$ zugrunde legen, wird (analog zu den obigen Betrachtungen bei $\mathbf{U}(n)$)

$$\mathbf{GL}_n(\mathbf{H}) = \{ A \in \mathbf{GL}_{2n}(\mathbf{C}) \mid A J_n = J_n \overline{A} \} \,,$$

wobei hier J_n als komplexe $2n \times 2n$-Matrix zu betrachten ist. Die symplektische Gruppe kann also auch betrachtet werden als

$$\mathbf{Sp}(n) = \mathbf{GL}_n(\mathbf{H}) \cap \mathbf{U}(2n) \subset \mathbf{GL}_{2n}(\mathbf{C}) \,.$$

Man erhält sofort die Beschreibung

$$\mathbf{Sp}(n) = \{ A \in \mathbf{U}(2n) \mid A J_n A^\top = J_n \} \,,$$

da für $A \in \mathbf{U}(2n)$ ja $\overline{A} = (A^\top)^{-1}$ ist. Wieder ist $\mathbf{Sp}(n)$ maximal kompakte Untergruppe von $\mathbf{GL}_n(\mathbf{H})$. Die Gruppen $\mathbf{Sp}(n)$ sind die klassischen Gruppen vom Typ $\mathbf{C}_n$.

Mit dem gleichen Beweis wie zu Satz 4.3.4 zeigt man:

Satz 4.3.6
Die Gruppen $\mathbf{U}(n)$, $\mathbf{SU}(n)$ und $\mathbf{Sp}(n)$ sind wegzusammenhängend.

Zum Abschluss dieses Abschnitts wollen wir noch die Fundamentalgruppen der klassischen Gruppen von kleinem Rang untersuchen.

Die Gruppe $\mathbf{Sp}(1)$ ist gerade die multiplikative Gruppe der Quaternionen vom Betrag 1. Sie ist also homöomorph zur Einheits-Sphäre $S^3 \subset \mathbf{H}$. Insbesondere ist sie einfach zusammenhängend.

Wir definieren nun einen (stetigen) Homomorphismus

$$\rho : \mathbf{Sp}(1) \times \mathbf{Sp}(1) \to \mathbf{SO}(4)$$

wie folgt:

Definition 4.3.7
Für q_1, q_2 in $\mathbf{Sp}(1)$ und $x \in \mathbf{H}$ sei

$$\rho(q_1, q_2)(x) = q_1 \, x \, \overline{q_2} \ .$$

Ferner sei $\triangle : \mathbf{Sp}(1) \to \mathbf{Sp}(1) \times \mathbf{Sp}(1)$ die Diagonal-Abbildung und $\rho' = \rho \circ \triangle : \mathbf{Sp}(1) \to \mathbf{SO}(4)$.

Es ist klar, dass ρ ein Homomorphismus ist. Wir benötigen noch die folgende geometrische Beschreibung der Abbildung ρ':

Lemma 4.3.8
Sei $q \in \mathbf{H}$ rein imaginär mit $\|q\| = 1$ und sei $\alpha \in \mathbf{R}$. Dann ist $\rho'(\cos(\alpha) + \sin(\alpha)q)$ eine Drehung um den Winkel 2α in der Ebene von $\mathbf{H}$, welche orthogonal zu 1 und q ist.

Beweis: Sei $A = \rho'(\cos(\alpha) + \sin(\alpha)q)$. Offenbar ist $A(1) = 1$ und $A(q) = q$. Ist x ebenfalls rein imaginär, so ist $xq + qx = -2\langle x, q \rangle$. Ist also $\langle x, q \rangle = 0$, so wird $y = qx$ ebenfalls rein imaginär; es ist $yq = x$ und $\langle y, q \rangle = 0$ sowie $\langle y, x \rangle = 0$. Nun wird, wie eine leichte Rechnung zeigt, $A(x) = qx\overline{q} = \cos(2\alpha)x + \sin(2\alpha)y$. $\quad\square$

Damit können wir zeigen:

Satz 4.3.9
$\rho : \mathbf{Sp}(1) \times \mathbf{Sp}(1) \to \mathbf{SO}(4)$ ist eine zweifache Überlagerung. Ist $\mathbf{I} \subset \mathbf{H}$ der Untervektorraum der rein imaginären Quaternionen, so definiert ρ' eine zweifache Überlagerung $\rho' : \mathbf{Sp}(1) \to \mathbf{SO}(\mathbf{I}) \cong \mathbf{SO}(3)$.

Beweis: Wir bestimmen zunächst den Kern von ρ. Es ist $\rho(q_1, q_2) = \mathrm{id}$ genau dann, wenn für jedes $x \in \mathbf{H}$ gilt: $q_1 x = x q_2$. Für $x = 1$ folgt $q_1 = q_2$. Da q_1 nun im Zentrum von $\mathbf{H}$ liegt und den Betrag 1 hat, muss $q_1 = \pm 1$ sein.

Es bleibt zu zeigen, dass ρ und ρ' Surjektionen auf $\mathbf{SO}(\mathbf{H})$ beziehungsweise $\mathbf{SO}(\mathbf{I})$ sind. Für ρ' ist das klar nach Lemma 4.3.8. Sei nun $A \in \mathbf{SO}(\mathbf{H})$ und $A(1) = q \in \mathbf{H}$. Sei $B = \rho(1, q)$. Dann führt $B \circ A$ den Unterraum $\mathbf{I} \subset \mathbf{H}$ in sich über und liegt somit als Element von $\mathbf{SO}(\mathbf{I})$ im Bild von ρ. $\quad\square$

Wir wissen aber, dass $\mathbf{Sp}(1)$ und damit auch $\mathbf{Sp}(1) \times \mathbf{Sp}(1)$ einfach zusammenhängend ist, denn es ist ja $\mathbf{Sp}(1) \cong \mathbf{S}^3$. Damit folgt aus der Überlagerungs-Theorie:

Korollar 4.3.10
Es ist

$$\pi_1(\mathbf{SO}(3)) \cong \pi_1(\mathbf{SO}(4)) \cong \mathbf{Z}/2\mathbf{Z} \ .$$

Damit sind auch die Fundamentalgruppen von $\mathbf{SU}(2)$ und $\mathbf{U}(2)$ bestimmt, denn es ist $\mathbf{SU}(2) = \mathbf{Sp}(1) \subset \mathbf{U}(2)$ und $\mathbf{U}(2)$ homöomorph zu $\mathbf{SU}(2) \times \mathbf{S}^1$.

Die Fundamentalgruppen der klassischen Gruppen von höherem Rang werden wir erst später bestimmen können.

4.4 Lie-Gruppen

Als wesentliches technisches Hilfsmittel zur Untersuchung von Gruppen von Matrizen führen wir zunächst die sogenannte Exponential-Abbildung ein. Dazu definieren wir für jedes $A \in \mathrm{Mat}(n \times n, \mathbf{C})$ eine Matrix $\exp(A)$ durch die absolut konvergente Reihe

$$\exp(A) = \sum_{k \geq 0} \frac{1}{k!} A^k \ .$$

Lemma 4.4.1
Seien $A, B \in \mathrm{Mat}(n \times n, \mathbf{C})$. Dann gilt:

1. Ist $AB = BA$, so ist $\exp(A + B) = \exp(A)\exp(B)$. Insbesondere ist $\exp(A)\exp(-A) = I_n$, also $\exp(A) \in \mathbf{GL}_n(\mathbf{C})$.

2. Für $B \in \mathbf{GL}_n(\mathbf{C})$ ist $\exp(BAB^{-1}) = B\exp(A)B^{-1}$.

3. Die transponierte Matrix von $\exp(A)$ ist $(\exp(A))^\top = \exp(A^\top)$.

4. Es ist $\det(\exp(A)) = \exp(\mathrm{Spur}(A))$.

Beweis: 1.: Wegen der absoluten Konvergenz können wir das Produkt der unendlichen Reihen ausmultiplizieren. Der übliche Beweis für die Gleichung $\exp(a+b) = \exp(a)\exp(b)$ funktioniert hier genauso.

Die Behauptungen 2. und 3. sind klar.

4.: Wegen 2. genügt es, A als obere Dreiecks-Matrix anzunehmen. Dann ist $\exp(A)$ ebenfalls obere Dreiecks-Matrix. Die Diagonalkoeffizienten sind $\exp(a_{ii})$, woraus die Behauptung folgt. $\qquad\square$

Bemerkung: Fassen wir über $\mathbf{R} \subset \mathbf{C}$ jede reelle Matrix als komplexe Matrix auf, so erhalten wir die reelle Exponential-Abbildung $\mathrm{Mat}(n \times n; \mathbf{R}) \to \mathbf{GL}_n(\mathbf{R})$. Im Satz 4.4.1 haben wir $\mathbf{C}$ im wesentlichen aus beweistechnischen Gründen verwendet, um bei den letzten beiden Behauptungen mit Eigenvektoren arbeiten zu können. Mit der Einbettung $\mathbf{GL}_n(\mathbf{C}) \subset \mathbf{GL}_{2n}(\mathbf{R})$ von (4.2) sind die Exponential-Abbildungen aber auch verträglich.

Satz 4.4.2
Die Exponential-Abbildung $A \mapsto \exp(A)$ bildet eine Umgebung von $0 \in \mathrm{Mat}(n \times n; \mathbf{R})$ homöomorph auf eine Umgebung von $1 \in \mathbf{GL}_n(\mathbf{R})$ ab.

Beweis: Die Ableitung von $A \mapsto \exp(A)$ bei 0 ist

$$(D \exp)|_0(X) = \lim_{t \to 0} \frac{1}{t}(\exp(tX) - I_n) = X$$

Also ist $D \exp|_0 : \mathbf{R}^{n^2} \to \mathbf{R}^{n^2}$ ein Isomorphismus. Nach dem Umkehr-Satz der Analysis ist $A \mapsto \exp(A)$ ein lokaler Diffeomorphismus. $\square$

Man kann auch explizit eine lokale Umkehr-Abbildung angeben: Für $g = I_n + X \in \mathbf{GL}_n(\mathbf{R})$ mit $X = (x_{ij})$ und etwa $\sum x_{ij}^2 < 1$ sei

$$\log(g) = \sum_{k \geq 1} \frac{(-1)^{k-1}}{k} X^k \; .$$

Diese Reihe ist absolut konvergent und es ist $\exp(\log(g)) = g$.

In der Behauptung 1. des Lemmas ist die Voraussetzung $AB = BA$ ganz wesentlich. Ohne diese Voraussetzung ein Urbild von $\exp(A)\exp(B)$ unter exp zu finden, ist zwar möglich (durch eine ziemlich komplizierte Formel von Baker-Campbell-Hausdorff), doch können wir hier nicht darauf eingehen. Das folgende Lemma ist ein später benötigtes technisches Resultat, das immerhin die Addition in $\mathrm{Mat}(n \times n; \mathbf{R})$ zur Multiplikation in der Gruppe $\mathbf{GL}_n(\mathbf{R})$ in Beziehung setzt.

Lemma 4.4.3
Für $A, B \in \mathrm{Mat}(n \times n; \mathbf{R})$ gilt

$$\exp(A + B) = \lim_{n \to \infty} (\exp(\tfrac{1}{n}A) \exp(\tfrac{1}{n}B))^n \; .$$

Beweis: Es sei $g_t = \exp(tA)\exp(tB)$; für genügend kleines t liegt g_t dann wieder im Bild unter der Exponentialabbildung. Wir rechnen zunächst g_t modulo t^2 und höheren Potenzen von t aus:

$$g_t \equiv \exp(tA) \cdot \exp(tB) \equiv I_n + t(A + B) \; .$$

Also wird $\log(g_t) \equiv t(A + B)$; für $t = 1/n$ folgt hieraus

$$(\exp(\tfrac{1}{n}A) \exp(\tfrac{1}{n}B))^n = \exp(A + B) + R(n)$$

mit $\lim_{n \to \infty} R(n) = 0$. Das ist gerade die Behauptung. $\square$

Wir kommen nun zu einer besonders wichtigen Klasse von Gruppen, den sogenannten Lie-Gruppen. Beispiele sind insbesondere die oben betrachteten klassischen Gruppen.

141

Die allgemeine Definition erfordert Begriffe aus der Theorie der Mannigfaltigkeiten, die wir in diesem Buch nicht behandeln werden. Wir beschränken uns daher hier auf die für praktische Zwecke meistens völlig ausreichende Klasse der linearen Lie-Gruppen. Die folgende Definition ist weder üblich noch besonders elegant, reicht aber für unsere Zwecke völlig aus.

Definition 4.4.4

Sei G eine abgeschlossene Untergruppe von $\mathbf{GL}_n(\mathbf{R})$. Dann heißt G lineare Lie-Gruppe, wenn es in dem Vektorraum $\mathrm{Mat}(n \times n, \mathbf{R})$ einen Untervektorraum $\mathrm{Lie}(G)$ gibt, so dass die Exponential-Abbildung $A \mapsto \exp(A)$ eine Umgebung von $0 \in \mathrm{Lie}(G)$ homöomorph auf eine Umgebung von $1 \in G$ abbildet.

Die Dimension von $\mathrm{Lie}(G)$ heißt dann auch die Dimension $\dim(G)$ von G. Der Vektorraum $\mathrm{Lie}(G)$ heißt aus Gründen, die wir ein wenig später erläutern werden, die Lie-Algebra von G. Die nach Definition lokal existierende Umkehr-Funktion zu exp werden wir auch wieder mit log bezeichnen.

Nach dem vorangehenden Satz ist zum Beispiel $\mathbf{GL}_n(\mathbf{R})$ selbst eine Lie-Gruppe mit $\mathrm{Lie}(\mathbf{GL}_n(\mathbf{R})) = \mathrm{Mat}(n \times n; \mathbf{R})$. Ein einfaches Beispiel bilden noch die Gruppen $\mathbf{S}^1 \subset \mathbf{GL}_1(\mathbf{C}) \subset \mathbf{GL}_2(\mathbf{R})$. Wir können $\mathrm{Lie}(\mathbf{GL}_1(\mathbf{C}))$ zunächst mit $\mathrm{Mat}(1 \times 1; \mathbf{C})$ identifizieren; unter der Standard-Einbettung nach $\mathrm{Mat}(2 \times 2; \mathbf{R})$ wird $\mathrm{Lie}(\mathbf{GL}_1(\mathbf{C}))$ dann auf den Vektorraum der reellen 2×2-Matrizen der Gestalt $\left(\begin{smallmatrix} x & -y \\ y & x \end{smallmatrix}\right)$ abgebildet. $\mathrm{Lie}(\mathbf{S}^1)$ ist hierin der durch $x = 0$ definierte Unterraum. Es ist jedoch günstiger, den Raum $\mathrm{Lie}(\mathbf{S}^1)$ innerhalb $\mathrm{Mat}(1 \times 1; \mathbf{C})$ zu beschreiben, wo er gerade der reelle Vektorraum der rein imaginären komplexen Zahlen wird.

Bemerkung: Wichtig ist in unserer Definition von Lie-Gruppen vor allem die Abgeschlossenheit von G in $\mathbf{GL}_n(\mathbf{R})$. Tatsächlich lässt sich zeigen, dass die zweite Bedingung eine Konsequenz der Abgeschlossenheit ist, das heißt, dass jede abgeschlossene Untergruppe von $\mathbf{GL}_n(\mathbf{R})$ schon eine lineare Lie-Gruppe ist. Doch ist der Beweis davon nicht einfach, so dass wir uns mit der angegebenen redundanten Definition begnügen und auch das Manko in Kauf nehmen, dass wir immer auf eine Einbettung in $\mathbf{GL}_n(\mathbf{R})$ Bezug nehmen müssen. In der Praxis werden wir meistens eine Standard-Einbettung im Sinn haben und so die Schwierigkeit vermeiden, dass ein und dieselbe Gruppe sich möglicherweise in verschiedene lineare Gruppen auf ganz verschiedene Weisen einbetten lässt.

Die allgemeine Definition von Lie-Gruppen benutzt den Mannigfaltigkeits-Begriff, den wir hier einflechten wollen, um zumindest darauf hinweisen zu können, dass Lie-Gruppen Mannigfaltigkeiten sind:

Definition 4.4.5

Ein Hausdorff-Raum M mit abzählbarer Basis heißt eine Mannigfaltigkeit der Dimension d, wenn jeder Punkt in M eine offene Umgebung hat, die zu einer offenen Teilmenge des $\mathbf{R}^d$ homöomorph ist.

Eine Lie-Gruppe der Dimension d ist also insbesondere eine d-dimensionale Mannigfaltigkeit.

Es ist klar, dass das kartesische Produkt zweier Lie-Gruppen wieder eine Lie-Gruppe ist. Eine oft nützliche einfache Konsequenz der Definition ist noch

Lemma 4.4.6
Seien G_1, $G_2 \subset \mathbf{GL}_n(\mathbf{R})$ lineare Lie-Gruppen. Dann ist auch $G_1 \cap G_2 \subset \mathbf{GL}_n(\mathbf{R})$ Lie-Gruppe, und es gilt: $\mathrm{Lie}(G_1 \cap G_2) = \mathrm{Lie}(G_1) \cap \mathrm{Lie}(G_2)$.

Wir erläutern nun, warum $\mathrm{Lie}(G)$ als Lie-Algebra bezeichnet wird:

Satz 4.4.7
Sei $G \subset \mathbf{GL}_n(\mathbf{R})$ eine lineare Lie-Gruppe. Für $A, B \in \mathrm{Lie}(G)$ ist auch der Kommutator $[A, B] := AB - BA$ ein Element von $\mathrm{Lie}(G)$.

Beweis: Sei $g_t = \exp(tA)\exp(tB)\exp(-tA)\exp(-tB)$; für genügend kleines t liegt dann g_t im Bild von $\mathrm{Lie}(G)$ unter der Exponentialabbildung. Wir berechnen den Vektor

$$\frac{d^2}{dt^2}\Big|_{t=0} \log(g_t) \, ,$$

der dann sicher in $\mathrm{Lie}(G)$ liegt. Wir rechnen zunächst g_t modulo t^3 und höheren Potenzen von t aus:

$$
\begin{aligned}
g_t &\equiv \exp(tA)\cdot\exp(tB)\cdot\exp(-tA)\cdot\exp(-tB) \\
&\equiv \left(I_n + t(A+B) + \frac{t^2}{2}(A^2 + 2AB + B^2)\right) \cdot \\
&\quad \cdot \left(I_n - t(A+B) + \frac{t^2}{2}(A^2 + 2AB + B^2)\right) \\
&\equiv I_n + t^2 \cdot (AB - BA) \, .
\end{aligned}
$$

Also wird $\log(g_t) \equiv t^2(AB - BA)$. Es folgt:

$$2[A, B] = \frac{d^2}{dt^2}\Big|_{t=0} \log(g_t) \, .$$

Aber die rechte Seite liegt in $\mathrm{Lie}(G)$. □

Bemerkung: $[A, B]$ wird auch das Lie-Produkt von A und B genannt. Es hat die Eigenschaften $[A, A] = 0$ und

$$[[A, B], C] + [[B, C], A] + [[C, A], B] = 0 \, .$$

Die letzte Gleichung heißt die Jacobi-Identität. Man fasst das Lie-Produkt als Multiplikation in einer (nicht assoziativen) Algebra $\mathrm{Lie}(G)$ auf. Eine Algebra mit den beiden obigen Eigenschaften wird allgemein als Lie-Algebra bezeichnet.

Die Kommutator-Operation $(A, B) \mapsto [A, B]$ macht also $\text{Mat}(n \times n; \mathbf{R})$ zu einer Lie-Algebra und $\text{Lie}(G)$ zu einer Lie-Unteralgebra. Hier ist ein Wort der Warnung angebracht: Nicht jede Lie-Unteralgebra von $\text{Mat}(n \times n; \mathbf{R})$ ist auch die Lie-Algebra einer Lie-Untergruppe von $\mathbf{GL}_n(\mathbf{R})$.

Die Lie-Algebra einer Lie-Gruppe enthält schon sehr viel Information über die Gruppe selbst, insbesondere für kompakte Gruppen. Wir werden jedoch von dem Lie-Produkt nur wenig Gebrauch machen.

Als erstes zeigen wir, dass die klassischen Gruppen auch Lie-Gruppen sind:

Satz 4.4.8
$\mathbf{SO}(n)$ ist Lie-Gruppe der Dimension $\frac{n(n-1)}{2}$; ihre Lie-Algebra ist die Lie-Algebra der schiefsymmetrischen reellen $n \times n$-Matrizen:

$$\text{Lie}(\mathbf{SO}(n)) = \{\, X \in \text{Mat}(n \times n; \mathbf{R}) \mid X^\top = -X \,\}.$$

Satz 4.4.9
$\mathbf{SU}(n)$ ist Lie-Gruppe der Dimension $n^2 - 1$; ihre Lie-Algebra ist die Lie-Algebra der schiefhermiteschen komplexen $n \times n$-Matrizen mit Spur Null:

$$\text{Lie}(\mathbf{SU}(n)) = \{\, X \in \text{Mat}(n \times n; \mathbf{C}) \mid X^\top = -\overline{X} \text{ und } \text{Spur}(X) = 0 \,\}.$$

Satz 4.4.10
$\mathbf{Sp}(n)$ ist Lie-Gruppe der Dimension $n(2n + 1)$; ihre Lie-Algebra ist

$$\text{Lie}(\mathbf{Sp}(n)) = \{\, X \in \text{Mat}(2n \times 2n; \mathbf{C}) \mid X J_n - J_n \overline{X} = X^\top + \overline{X} = 0 \,\},$$

wobei J_n die Matrix aus (4.1) von Seite 137 ist.

Beweis: Sei X eine (reelle oder komplexe) $n \times n$-Matrix und $A = \exp(tX)$. Dann ist $\overline{A}^\top = \exp(t\overline{X}^\top)$. Durch Differentiation der Gleichung $\overline{A}^\top = A^{-1}$ nach t erhält man die Behauptungen für $\mathbf{SO}(n)$ und $\mathbf{SU}(n)$.

Sei nun $m = 2n$. Dann ist $A \in \mathbf{GL}_m(\mathbf{C})$ in $\mathbf{GL}_n(\mathbf{H})$ genau dann, wenn $A J_n = J_n \overline{A}$ ist oder $J_n^{-1} A J_n = \overline{A}$. Wenden wir nun den Logarithmus an, so folgt, dass $\mathbf{GL}_n(\mathbf{H})$ Lie-Gruppe ist mit

$$\text{Lie}(\mathbf{GL}_n(\mathbf{H})) = \{\, X \in \text{Mat}(2n \times 2n; \mathbf{C}) \mid X J_n = J_n \overline{X} \,\}.$$

Nun können wir einfach den Durchschnitt mit $\mathbf{U}(2n)$ bilden. $\qquad\square$

Wir kehren nun zur allgemeinen Theorie zurück. Für topologische Anwendungen ist vor allem wichtig, dass in einer kompakten Lie-Gruppe jede Lie-Untergruppe eine triviale Produkt-Umgebung in dem weiter unten spezifizierten Sinn hat. Wir benötigen noch ein vorbereitendes Lemma:

Lemma 4.4.11
Sei G eine Lie-Gruppe und seien $W_i \subset \mathrm{Lie}(G)$ für $1 \leq i \leq r$ Untervektorräume mit $\mathrm{Lie}(G) = W_1 \oplus \ldots \oplus W_r$. Sei $\varphi : W_1 \oplus \ldots \oplus W_r \to G$ durch $\varphi(A_1, \ldots, A_r) = \exp(A_1) \ldots \exp(A_r)$ definiert. Dann hat $0 \in \mathrm{Lie}(G)$ eine Umgebung V, die durch φ homöomorph auf eine Umgebung von 1 in G abgebildet wird.

Beweis: Sei noch $W_0 \subset \mathrm{Mat}(n \times n; \mathbf{R})$ gewählt mit $\mathrm{Mat}(n \times n; \mathbf{R}) = W_0 \oplus \mathrm{Lie}(G)$; es bezeichne $\pi : \mathrm{Mat}(n \times n; \mathbf{R}) \to \mathrm{Lie}(G)$ die zugehörige Projektion. $\widetilde{\varphi} : W_0 \oplus W_1 \oplus \ldots \oplus W_r \to \mathbf{GL}_n(\mathbf{R})$ sei definiert durch $\varphi(A_0, A_1, \ldots, A_r) = \exp(A_0)\varphi(A_1, \ldots, A_r)$.
Es sei nun U eine Umgebung von 1 in $GL_n(\mathbf{R})$, auf der eine Umkehr-Funktion $\log$ zu $\exp$ existiert. Wir setzen $V' = \widetilde{\varphi}^{-1}(U)$ und $V'' = \varphi^{-1}(U)$. Die Komposition

$$\psi : V'' \hookrightarrow V' \xrightarrow{\widetilde{\varphi}} U \xrightarrow{\log} \mathrm{Mat}(n \times n; \mathbf{R}) \xrightarrow{\pi} \mathrm{Lie}(G)$$

ist dann differenzierbar und hat als Ableitung im Punkte 0 die identische Abbildung. Sie bildet daher eine Umgebung $V \subset V''$ homöomorph ab. Dann gilt die letztere Behauptung auch für $\exp \circ \psi = \varphi$. $\qquad\square$

Satz 4.4.12
Seien $H < G$ kompakte lineare Lie-Gruppen und $W \subset \mathrm{Lie}(G)$ ein Untervektorraum mit

$$\mathrm{Lie}(G) = W \oplus \mathrm{Lie}(H) \ .$$

Für $\varepsilon > 0$ sei $W_\varepsilon = \{\, w \in W \mid \|w\| < \varepsilon \,\}$ die ε-Kugel in W. Dann induziert die Abbildung

$$\tau : W \times H \to G \quad \text{mit} \quad (w, h) \to \exp(w)\, h$$

für genügend kleines $\varepsilon > 0$ einen Homöomorphismus von $W_\varepsilon \times H$ auf eine offene Umgebung von H in G.

Beweis: Wir zeigen zunächst, dass τ lokal um $(0, 1)$ ein Homöomorphismus ist.
Die Abbildung $\widetilde{\tau} : W \oplus \mathrm{Lie}(H) \to G$ mit $\widetilde{\tau}(w, u) = \exp(w)\exp(u)$ bildet nach dem vorangehenden Lemma eine Produkt-Umgebung V' von 0 homöomorph auf eine Umgebung U' von 1 in G ab. Dann wird $V' \cap \mathrm{Lie}(H)$ homöomorph auf eine Umgebung von 1 in H abgebildet; diese wird jedoch unter Umständen echt in $U' \cap H$ enthalten sein.

Abbildung 4.2: Umgebung von $H \subset G$

Aber $\{1\}$ und $K := H - \exp(V' \cap \mathrm{Lie}(H))$ sind nun in G disjunkt und abgeschlossen. Es gibt zu jedem $k \in K$ eine Umgebung $V^{(k)}$ von 0, so dass $\widetilde{\tau}(V^{(k)})$ und $\widetilde{\tau}(V^{(k)}) \cdot k$ disjunkt sind. Da K kompakt ist, gibt es dann aber auch eine Umgebung V von 0, so dass $\widetilde{\tau}(V)$ und $\widetilde{\tau}(V)) \cdot k$ für jedes $k \in K$ disjunkt sind.

Nun enthalte V eine Produkt-Umgebung $W_\varepsilon \times W''$. Dann ist τ auf $W_\varepsilon \times H$ ein lokaler Homöomorphismus. Aber auf dieser Umgebung ist τ auch injektiv: Ist $\tau(w_1, h_1) = \tau(w_2, h_2)$, so folgt $\tau(w_1, 1) = \tau(w_2, k)$ mit $k = h_2 h_1^{-1}$. Wegen $w_1, w_2 \in W$ ist dann $k \notin K$, also $k \in \exp(V' \cap \mathrm{Lie}(H))$. Dann sind aber $(w_1, 0)$ und $(w_2, \log(k))$ beide in V' enthalten, und aus $\widetilde{\tau}(w_1, 0) = \widetilde{\tau}(w_2, \log(k))$ folgt $w_1 = w_2$ und $k = 1$. $\qquad\square$

Korollar 4.4.13

Seien $H < G$ kompakte lineare Lie-Gruppen, $k = \dim(G) - \dim(H)$. Dann hat jeder Orbit gH von H in G eine H-äquivariante Umgebung V homöomorph zu $\mathbf{E}^k \times gH$. Insbesondere ist der Orbit-Raum G/H eine Mannigfaltigkeit der Dimension k.

Die folgende Interpretation dieses Korollars ist noch wichtig. Bezeichne $\pi : G \to G/H$ die Projektion und $\varphi : \mathbf{E}^k \times gH \to V$ den Homöomorphismus, dessen Existenz im Korollar festgestellt wurde. Sei $\psi : \mathbf{E}^k \to G/H$ durch $\psi(x) = \pi(\varphi(x, g))$ definiert und U das Bild $\psi(\mathbf{E}^k)$ von ψ. Schließlich sei noch $s : U \to G$ durch $s(x) = \varphi((\psi^{-1}(x), g))$ definiert. Dann ist:

$$\pi(s(x)h) = x \quad \text{für alle } x \in U \text{ und } h \in H .$$

Die Abbildung s heißt ein auf $U \subset G/H$ definierter lokaler Schnitt von $\pi : G \to G/H$.

Als nächstes betrachten wir Homomorphismen von Lie-Gruppen. Ein vorbereitender Schritt ist die Bestimmung aller stetigen Homomorphismen von $\mathbf{R}$ nach G.

Satz 4.4.14

Sei G eine lineare Lie-Gruppe und $f : \mathbf{R} \to G$ ein stetiger Homomorphismus. Dann gibt es einen eindeutig bestimmten Vektor $X \in \mathrm{Lie}(G)$, so dass

$$f(t) = \exp(tX)$$

ist für alle $t \in \mathbf{R}$.

Bemerkung: f ist also (als Abbildung von $\mathbf{R}$ nach $\mathrm{Mat}(n \times n; \mathbf{R})$) automatisch unendlich oft differenzierbar.

Beweis: Es gibt ein $\varepsilon > 0$, so dass für $|t| < \varepsilon$ die Funktion $\varphi(t) := \log(f(t))$ definiert ist. Sie erfüllt $\varphi(s_1 + s_2) = \varphi(s_1) + \varphi(s_2)$ für $|s_1|, |s_2|, |s_1 + s_2| < \varepsilon$. Für $q = a/b \in \mathbf{Q}$ und $|s|, |qs| < \varepsilon$ folgt nun unmittelbar durch Vergleich mit $\varphi(s/b)$, dass gelten muss

$$\varphi(qs) = q\varphi(s) .$$

Wegen der Stetigkeit von φ gilt diese Gleichung dann auch für nicht rationale q. Sei nun $\xi \in \mathbf{R}$ mit $0 < \xi < \varepsilon$ und $X := \xi^{-1}\varphi(\xi)$. Dann ist für $|s| < \varepsilon$

$$\varphi(s) = \varphi((s\xi^{-1})\xi) = s\xi^{-1}\varphi(\xi) = sX .$$

Es folgt aber aus dieser Gleichung (für genügend großes n)

$$f(t) = f(\tfrac{t}{n})^n = \exp(\varphi(\tfrac{t}{n}))^n = \exp(\tfrac{t}{n}X)^n = \exp(tX). \qquad\square$$

Bemerkung: Einen Homomorphismus $f : \mathbf{R} \to G$ von topologischen Gruppen nennt man auch eine Einparameter-Untergruppe von G.

Damit können wir nun zeigen, dass Homomorphismen von (linearen) Lie-Gruppen durch Homomorphismen ihrer Lie-Algebren induziert werden.

Satz 4.4.15

Seien G, H lineare Lie-Gruppen und $f : G \to H$ ein Homomorphismus. Dann gibt es einen eindeutig bestimmten Homomorphismus

$$f' : \mathrm{Lie}(G) \to \mathrm{Lie}(H)$$

von Liealgebren mit

$$f(\exp(A)) = \exp(f'(A)) \quad \text{für } A \in \mathrm{Lie}(G) \ .$$

Beweis: Für $A \in \mathrm{Lie}(G)$ ist $t \mapsto f(\exp(tA))$ eine Einparameter-Untergruppe von H, also von der Gestalt $\exp(tf'(A))$ für ein $f'(A) \in \mathrm{Lie}(H)$. Dies definiert eine Abbildung $f' : \mathrm{Lie}(G) \to \mathrm{Lie}(H)$.

Wir haben zu zeigen, dass f' ein Homomorphismus ist.

Offensichtlich ist $f'(tA) = tf'(A)$ für $t \in \mathbf{R}$. Es bleibt $f'(A + B) = f'(A) + f'(B)$ zu zeigen. Dies folgt aber sofort aus unserem technischen Lemma 4.4.3. $\qquad\Box$

Damit ist das Problem, die Homomorphismen $G \to G'$ zwischen zwei Lie-Gruppen zu bestimmen, in mehrere Teile zerlegt: Als erstes hat man das rein algebraische Problem der Konstruktion aller Homomorphismen der zugehörigen Liealgebren. Im nächsten Schritt ist zu prüfen, welche von diesen sich zu stetigen Homomorphismen auf der Zusammenhangs-Komponente G_0 der Eins erweitern lassen; in der Lie-Theorie wird gezeigt, dass dies nur von den Fundamentalgruppen abhängt und für einfach zusammenhängendes G_0 immer möglich ist. Im letzten Schritt hat man dann das mehr algebraische Problem der Erweiterung von G_0 auf G.

Wir beenden damit unseren Exkurs in die Theorie der Lie-Gruppen. In den nächsten Abschnitten werden wir sie auf das Studium konkreter klassischer Gruppen anwenden.

4.5 Spinoren

Das Hauptziel dieses Abschnitts ist es, eine zusammenhängende zweifache Überlagerungs-Gruppe **Spin**(n) von **SO**(n) zu definieren. Dafür, und für weitere Anwendungen auf das Vektorfeld-Problem, benötigen wir die Theorie der Clifford-Algebren.

Wir beginnen mit einer ganz kurzen Rekapitulation von Grundbegriffen aus der Theorie der reellen Algebren. Es ist dabei bequem, für drei reelle Vektorräume U, V, W eine bilineare Abbildung $U \times V \to W$ als lineare Abbildung $U \otimes V \to W$ aufzufassen. Hier ist $U \otimes V$ das Tensor-Produkt der Vektorräume U und V. Die allgemeine Definition des Tensor-Produkts wird im Anhang erläutert; dort findet sich ebenfalls ein Kurz-Bericht zur elementaren Theorie der Algebren. Hier reicht es jedoch, sich das Tensor-Produkt von Vektorräumen durch die Angabe einer Basis definiert zu denken: Ist $\{u_i\}$ Basis von

U und $\{v_j\}$ Basis von V, so soll $U \otimes V$ als Basis die formalen Produkte $u_i \otimes v_j$ haben. Dieses Produkt $\otimes$ erweitert dann zu einer $\mathbf{R}$-bilinearen Abbildung $U \times V \to U \otimes V$. Diese ist die universelle bilineare Abbildung auf $U \times V$ in dem Sinne, dass jede bilineare Abbildung auf $U \times V$ durch $\otimes$ faktorisiert.

Unter einer $\mathbf{R}$-Algebra versteht man einen $\mathbf{R}$-Vektorraum A zusammen mit einer bilinearen Multiplikations-Abbildung $\mu : A \times A \to A$, die wir mit den obigen Erläuterungen auch als lineare Abbildung $\mu : A \otimes A \to A$ ansehen können. Wie üblich, schreiben wir dann wieder ab statt $\mu(a,b)$, wenn klar ist, welche Multiplikations-Abbildung gemeint ist.

In diesem Abschnitt sollen alle Algebren A (sofern nichts gegenteiliges gesagt wird) als assoziativ und unitär vorausgesetzt werden. Es gibt also ein Einselement $1 \in A$ mit $1a = a1 = a$, und es gilt $(ab)c = a(bc)$. Für $r \in \mathbf{R}$ schreiben wir auch einfach r statt $r1$ und fassen so $\mathbf{R}$ als Unteralgebra von A auf.

Ein Standard-Beispiel, das oft benötigt wird, ist die Endomorphismen-Algebra $\mathrm{End}(W)$ eines n-dimensionalen Vektorraums W mit der Komposition als Produkt. Sie kann natürlich (nach Basis-Wahl) auch als Algebra aller $n \times n$-Matrizen aufgefasst werden kann.

Weitere Beispiele, die wir im folgenden benötigen, sind die sogenannte Tensor-Algebra $\mathrm{Tens}(V)$ über einem $\mathbf{R}$-Vektorraum V und die äußere Algebra $\Lambda(V)$ über V. $\mathrm{Tens}(V)$ ist die „größte" von V erzeugte assoziative und unitäre Algebra; das Produkt in dieser Algebra wird traditionell als $\otimes$ geschrieben. Ist I_- das von allen Elementen $v \otimes v \in \mathrm{Tens}^2(V)$ mit $v \in V$ erzeugte Ideal, so ist $\Lambda(V)$ die Quotienten-Algebra $\mathrm{Tens}(V)/I_-$; es ist üblich, das Produkt von $x, y \in \Lambda(V)$ als $x \wedge y \in \Lambda(V)$ zu schreiben. In $\Lambda(V)$ gilt für $v, w \in V$ die Gleichung $v \wedge w = -w \wedge v$.

Diese Algebren werden in Anhang A.3 etwas näher betrachtet; insbesondere sind dort Basen angegeben.

Sei nun V ein $\mathbf{R}$-Vektorraum und $Q : V \otimes V \to \mathbf{R}$ eine symmetrische Bilinearform auf V.

Definition 4.5.1

Die Clifford-Algebra $\mathrm{Cliff}(V, Q)$ ist die von V erzeugte Algebra mit definierenden Relationen

$$v^2 = Q(v, v) \in \mathbf{R} \ \text{ für } v \in V \ .$$

Hier wird natürlich $\mathbf{R} \subset \mathrm{Cliff}(V, Q)$ als Menge aller Vielfachen des Einselements aufgefasst.

Die Clifford-Algebra hat also definitionsgemäß die universelle Eigenschaft, dass jeder Vektorraum-Homomorphismus f von V in eine $\mathbf{R}$-Algebra A, für den (in A) die Gleichungen $f(v)^2 = Q(v, v)$ erfüllt sind, zu einem Algebren-Homomorphismus $\widetilde{f} : \mathrm{Cliff}(V, Q) \to A$ fortgesetzt werden kann mit $\widetilde{f}(v) = f(v)$ für $v \in V$. Wir notieren noch, dass wegen $(v + w)^2 = v^2 + w^2 + vw + wv$ in $\mathrm{Cliff}(V, Q)$ für $v, w \in V$ die Gleichung

$$vw + wv = 2Q(v, w) \tag{4.4}$$

erfüllt ist.

Im folgenden sei V ein euklidischer Vektorraum mit Skalarprodukt $\langle\,,\,\rangle$. Mit $\mathbf{O}(V)$ und $\mathbf{SO}(V)$ bezeichnen wir die orthogonale beziehungsweise spezielle orthogonale Gruppe von V.

Definition 4.5.2
Die Clifford-Algebra Cliff(V) über V ist die zu der Bilinearform

$$Q(v,w) = -\langle v,w\rangle$$

gehörende Clifford-Algebra Cliff(V,Q).

Cliff(V) hat also die definierenden Relationen $v^2 = -\langle v,v\rangle$ für $v \in V$. Ist $\{e_1,\dots,e_n\}$ Orthonormal-Basis von V, so wird $e_i e_j + e_j e_i = -2\delta_{i,j}$.

Wir werden uns in diesem Abschnitt nicht mit den allgemeineren Clifford-Algebren beschäftigen, obwohl ein großer Teil der Theorie auch für diese Gültigkeit hat. Dies ist insofern nicht überraschend, als es für zwei *nicht-entartete* symmetrische Bilinearformen Q und Q' auf dem reellen Vektorraum V offenbar einen Algebren-Isomorphismus der Komplexifizierungen Cliff$(V,Q) \otimes \mathbf{C} \cong$ Cliff$(V,Q') \otimes \mathbf{C}$ geben muss.

Als erstes grundlegendes Ergebnis bestimmen wir eine Basis von Cliff(V).

Satz 4.5.3
Sei $\{e_1,\dots,e_k\}$ eine Orthonormal-Basis von V. Dann bilden die Elemente

$$e_{i_1} e_{i_2}\dots e_{i_r}, \quad r \geq 0,\ 1 \leq i_1 < i_2 < \dots < i_r \leq k,$$

eine Basis von Cliff(V). Insbesondere hat Cliff(V) die Dimension 2^k und die kanonische Abbildung $V \to$ Cliff(V) ist injektiv.

Beweis: Wir definieren eine Metrik $\langle\,,\,\rangle$ auf $\Lambda(V)$ durch

$$\langle v_1 \wedge \dots \wedge v_r, w_1 \wedge \dots \wedge w_s\rangle = \delta_{r,s}\det(\langle v_i, w_j\rangle)\,.$$

Dabei werden offensichtlich die Vektoren

$$e_{i_1} \wedge e_{i_2} \wedge \dots \wedge e_{i_r} \quad (\text{mit } r \geq 0,\ 1 \leq i_1 < \dots < i_r \leq k)$$

zu einer Orthonormal-Basis.

Für $v \in V$ sei nun $\lambda_v : \Lambda(V) \to \Lambda(V)$ definiert durch $\lambda_v(x) := v \wedge x$. Sei $\lambda_v^* : \Lambda(V) \to \Lambda(V)$ die bezüglich der soeben definierten Metrik adjungierte Abbildung. So erhalten wir zum Beispiel für $v = e_1$

$$\lambda_{e_1}(e_{i_1} \wedge \dots \wedge e_{i_r}) = \begin{cases} e_1 \wedge e_{i_1} \wedge \dots \wedge e_{i_r} & , \quad 1 < i_1 < i_2 < \dots < i_r, \\ 0 & \text{sonst}, \end{cases}$$

und

$$\lambda_{e_1}^*(e_{i_1} \wedge \dots \wedge e_{i_r}) = \begin{cases} e_{i_2} \wedge \dots \wedge e_{i_r} & , \quad 1 = i_1 < i_2 < \dots < i_r, \\ 0 & \text{sonst}. \end{cases}$$

Wir definieren nun

$$\varphi : V \to \operatorname{End}(\Lambda(V))$$

durch $v \mapsto \lambda_v - \lambda_v^*$. Mit Hilfe der obigen Formeln bestätigt man sofort, dass

$$\varphi(v)^2 = -\|v\|^2 \, \mathrm{id}_{\Lambda(V)}$$

ist.

Nach Definition der Clifford-Algebra definiert φ also einen Homomorphismus von Algebren

$$\widehat{\varphi} : \mathrm{Cliff}(V) \to \mathrm{End}(\Lambda(V))$$

Für $i_1 < i_2 < \ldots < i_r$ gilt

$$\widehat{\varphi}(e_{i_1} e_{i_2} \ldots e_{i_r})(1) = e_{i_1} \wedge \ldots \wedge e_{i_r} \,.$$

Hieraus folgt die lineare Unabhängigkeit der $e_{i_1} e_{i_2} \ldots e_{i_r}$ und, da $\mathrm{Cliff}(V)$ von V erzeugt wird, schließlich die Behauptung. $\square$

Der obige Beweis liefert insbesondere eine Darstellung von $\mathrm{Cliff}(V)$ durch Matrizen. Zum Beispiel wird für $\dim(V) = 2$

$$E_1 := \widehat{\varphi}(e_1) = \begin{pmatrix} 0 & -1 & 0 & 0 \\ 1 & 0 & 0 & 0 \\ 0 & 0 & 0 & -1 \\ 0 & 0 & 1 & 0 \end{pmatrix}$$

und

$$E_2 := \widehat{\varphi}(e_2) = \begin{pmatrix} 0 & 0 & -1 & 0 \\ 0 & 0 & 0 & 1 \\ 1 & 0 & 0 & 0 \\ 0 & -1 & 0 & 0 \end{pmatrix}$$

Man bestätigt leicht, dass

$$E_1^2 = E_2^2 = \begin{pmatrix} -1 & 0 & 0 & 0 \\ 0 & -1 & 0 & 0 \\ 0 & 0 & -1 & 0 \\ 0 & 0 & 0 & -1 \end{pmatrix}$$

ist und $E_1 E_2 = -E_2 E_1$.

Die Multiplikation in der Clifford-Algebra steht in enger Beziehung zur orthogonalen Gruppe. Die fundamentale Formel ist die folgende:

Lemma 4.5.4
Seien $v, w \in V$ und $\|v\| = 1$. Dann gilt in $\mathrm{Cliff}(V)$

$$v w v^{-1} = -R_v(w) \,,$$

wobei $R_v : V \to V$ die orthogonale Spiegelung an der Hyperebene $v^\perp \subset V$ ist.

Beweis: Aus $vw = -wv - 2\langle v, w \rangle$ folgt durch Rechtsmultiplikation mit v, dass

$$vwv = w - 2\langle v, w \rangle v$$

ist. Für $w\perp v$ ist also $vwv = w$, und für $w = v$ ist $vwv = -w$. $\square$

Wir versehen die Clifford-Algebra nun noch mit zwei zusätzlichen Struktur-Abbildungen.

Lemma 4.5.5
Es gibt eine **R**-lineare Abbildung $x \mapsto x^\top$ von $\mathrm{Cliff}(V)$ in sich mit

$$(xy)^\top = y^\top x^\top \quad \text{und} \quad v^\top = v \quad \text{für} \quad v \in V .$$

Beweis: Wir definieren vorübergehend ein zweites Produkt $*$ auf $\mathrm{Cliff}(V)$ durch $x*y = yx$. Dann ist $*$ assoziativ und unitär. Für $v \in V$ gilt $v*v = v^2 = -\|v\|^2 1$, so dass sich nach Definition der Clifford-Algebra die Abbildung $V \to (\mathrm{Cliff}(V), *)$ mit $v \mapsto v$ zu einem Homomorphismus $x \mapsto x^\top$ auf $\mathrm{Cliff}(V)$ erweitern lässt. $\square$

Die Abbildung $x \mapsto x^\top$ genügt offenbar der Beziehung $(x^\top)^\top = x$ und ist damit ihr eigenes Inverses. Weil sie die Reihenfolge bei der Clifford-Multiplikation umkehrt, nennt man sie einen Anti-Automorphismus von $\mathrm{Cliff}(V)$.

Ein anderer Anti-Automorphismus $x \mapsto x^*$ ist für uns ebenfalls wichtig.

Lemma 4.5.6
Es gibt einen Algebren-Automorphismus

$$\alpha : \mathrm{Cliff}(V) \to \mathrm{Cliff}(V)$$

mit $\alpha(v) = -v$ für $v \in V$.

Beweis: $\alpha : V \to \mathrm{Cliff}(V)$ mit $\alpha(v) = -v$ erfüllt $\alpha(v)^2 = v^2 = -\langle v, v \rangle$. $\square$

α kommutiert offenbar mit der Transpositions-Abbildung $x \mapsto x^\top$. Die Iteration α^2 ist die identische Abbildung von $\mathrm{Cliff}(V)$.

Definition 4.5.7
Es sei

$$\mathrm{Cliff}^0(V) = \{x \in \mathrm{Cliff}(V) \mid \alpha(x) = x\}$$

und

$$\mathrm{Cliff}^1(V) = \{x \in \mathrm{Cliff}(V) \mid \alpha(x) = -x\} .$$

$\mathrm{Cliff}^0(V)$ heißt der Untervektorraum der geraden Elemente und $\mathrm{Cliff}^1(V)$ der der ungeraden Elemente von $\mathrm{Cliff}(V)$.

Man nennt die Elemente von $\mathrm{Cliff}^0(V)$ und von $\mathrm{Cliff}^1(V)$ auch homogene Elemente von $\mathrm{Cliff}(V)$. Jedes $x \in \mathrm{Cliff}(V)$ lässt sich schreiben als

$$x = x^+ + x^- \quad \text{mit} \quad x^+ \in \mathrm{Cliff}^0(V), \ x^- \in \mathrm{Cliff}^1(V) ,$$

indem man

$$x^+ = \frac{x + \alpha(x)}{2} \quad , \quad x^- = \frac{x - \alpha(x)}{2}$$

setzt. Es ist also $\mathrm{Cliff}(V) \cong \mathrm{Cliff}^0(V) \oplus \mathrm{Cliff}^1(V)$. Ist $x \in C^\delta(V)$ homogen, so nennt man $\delta = \delta_x \in \mathbf{Z}/2$ auch den Grad von x. Hat x den Grad δ_x und y den Grad δ_y, so ist xy

homogen vom Grad $\delta_x + \delta_y \in \mathbf{Z}/2$. Die Clifford-Algebra ist damit eine $\mathbf{Z}/2$-graduierte Algebra.

Zum Rechnen in $\mathrm{Cliff}(V)$ ist die folgende Bemerkung noch nützlich. Sei $v \in V$ von Null verschieden und $W = v^\perp \subset V$ der zu v orthogonale Unterraum. Jedes $x \in \mathrm{Cliff}(V)$ lässt sich dann schreiben als $x = x_1 + vx_2$ wobei x_1, x_2 schon in der Unteralgebra $\mathrm{Cliff}(W)$ von $\mathrm{Cliff}(V)$ liegen. Ist $y \in C^\delta(W)$ homogen, so gilt die Vertauschungs-Regel

$$vy = (-1)^\delta yv \ .$$

Definition 4.5.8
Der Anti-Automorphismus $x \mapsto x^*$ von $\mathrm{Cliff}(V)$ ist definiert durch

$$x^* = \alpha(x^\top) = \alpha(x)^\top \ .$$

Statt x^* wird in der Literatur auch $\bar{x}$ geschrieben. Diese Konjugations-Abbildung ist mit dem Algebren-Homomorphismus

$$\widehat{\varphi} : \mathrm{Cliff}(V) \to \mathrm{End}(\Lambda(V))$$

verträglich, denn es ist $\widehat{\varphi}(x^*) = \widehat{\varphi}(x)^*$, wobei auf der rechten Seite der zu $\widehat{\varphi}(x)$ adjungierte Endomorphismus gemeint ist.

Sei wieder $\{e_1, \ldots, e_k\}$ Orthonormal-Basis von V. Es sei $x = e_{i_1} e_{i_2} \ldots e_{i_r}$ mit $i_1 < i_2 < \ldots < i_r$. Dann wird, wie man leicht nachrechnet,

$$\alpha(x) = (-1)^r x \ , \quad x^\top = (-1)^{\frac{r(r-1)}{2}} x \ , \quad x^* = (-1)^{\frac{r(r+1)}{2}} x \ .$$

Die Gruppe **Spin**(n) wird als Untergruppe der Einheiten-Gruppe in der Clifford-Algebra definiert werden. Wir benötigen jedoch noch einige Vorbereitungen.

Definition 4.5.9
Es sei

$$\mathrm{Cliff}(V)^* := \{x \in \mathrm{Cliff}(V) \mid xy = 1 \ \text{für ein} \ y \in \mathrm{Cliff}(V)\}$$

die Einheitengruppe von $\mathrm{Cliff}(V)$. Die Gruppe

$$\Gamma(V) := \{x \in \mathrm{Cliff}(V)^* \mid \alpha(x)vx^{-1} \in V \ \text{für jedes} \ v \in V\}$$

heißt die Clifford-Gruppe von V. Für $x \in \Gamma(V)$ sei die lineare Abbildung $\varrho(x) : V \to V$ durch $\varrho(x)(v) = \alpha(x)vx^{-1}$ definiert.

Offenbar ist $\varrho(\lambda x) = \varrho(x)$ für $\lambda \in \mathbf{R} - \{0\}$.

Lemma 4.5.10
Sei $x \in \Gamma(V)$.

1. Ist $\varrho(x) = \mathrm{id}_V$, so liegt x schon in $\mathbf{R} \subset \mathrm{Cliff}(V)$.

2. Es ist $x^*x = xx^* \in \mathbf{R} \subset \mathrm{Cliff}(V)$.

3. Es ist $\varrho(x) \in \mathbf{O}(V)$.

Beweis: Wir verifizieren die Behauptungen durch Nachrechnen.

1.: Ist $\varrho(x) = \mathrm{id}_V$, so ist $\alpha(x)y = yx$ für jedes $y \in V$. Sei $x = x_0 + x_1$ mit $x_i \in \mathrm{Cliff}^i(V)$. Dann ist

$$x_0 y = y x_0 \quad \text{und} \quad x_1 y = -y x_1 \; .$$

Sei nun $V' = \mathrm{Spann}\{e_2, \ldots, e_n\} \subset V$ und $x_0 = x_0' + e_1 x_0''$ mit $x_0', x_0'' \in \mathrm{Cliff}(V')$. Setzen wir $y = e_1$, so wird

$$\begin{aligned}
0 &= x_0 e_1 - e_1 x_0 = x_0' e_1 + e_1 x_0'' e_1 - e_1 x_0' + x_0'' \\
&= e_1 x_0' + x_0'' - e_1 x_0' + x_0'' = 2 x_0''
\end{aligned}$$

also $x_0'' = 0$ und in x_0 kommt e_1 nicht vor. Analog folgt, dass in x_0 kein e_i vorkommt, so dass $x_0 \in \mathbf{R}$ sein muss.

Nun schreiben wir $x_1 = x_1' + e_1 x_1''$ mit $x_1', x_1'' \in \mathrm{Cliff}(V')$ und setzen wieder $y = e_1$. Es wird

$$\begin{aligned}
0 &= x_1 e_1 + e_1 x_1 = x_1' e_1 + e_1 x_1'' e_1 + e_1 x_1' - x_1'' \\
&= -e_1 x_1' - x_1'' + e_1 x_1' - x_1'' = -2 x_1'' \; ,
\end{aligned}$$

so dass nach dem gleichen Argument wie oben sogar $x_1 = 0$ sein muss.

2.: Ist $y \in V$, so wird

$$\begin{aligned}
\alpha(x) y x^{-1} &= (\alpha(x) y x^{-1})^\top \\
&= (x^{-1})^\top y \, \alpha(x^\top)
\end{aligned}$$

also

$$x^\top \alpha(x) y x^{-1} \alpha(x^\top)^{-1} = y$$

oder

$$\alpha(\alpha(x)^\top x) \, y \, (\alpha(x)^\top x)^{-1} = y \; .$$

Nach Teil 1. ist $\alpha(x)^\top x = x^* x \in \mathbf{R}$. Es folgt $x^* = \lambda x^{-1}$ mit $\lambda \in \mathbf{R}$, also auch $x x^* = x^* x \in \mathbf{R}$.

3.: Es ist für $y \in V$

$$\begin{aligned}
\|\varrho(x) y\|^2 &= -(\varrho(x)(y))^2 = (\varrho(x)(y)) \cdot (\varrho(x) y)^* \\
&= (\alpha(x) y x^{-1})(\alpha(x) y x^{-1})^* \\
&= \alpha(x) \, y \, (x^* x)^{-1} y^* \alpha(x)^* .
\end{aligned}$$

Nach Teil 2. ist $x^* x \in \mathbf{R}$, so dass schließlich

$$\|\varrho(x)(y)\|^2 = \|y\|^2$$

folgt. $\qquad\qquad\qquad\qquad\qquad\qquad\qquad\qquad\qquad\qquad\qquad\qquad\qquad\qquad\qquad\square$

Wir können nun endlich die Spin-Gruppe definieren:

Definition 4.5.11

Es sei

$$\mathbf{Pin}(V) := \{x \in \Gamma(V) \mid xx^* = 1\}$$

und

$$\mathbf{Spin}(V) := \mathbf{Pin}(V) \cap \mathrm{Cliff}^0(V) \ .$$

Wir zeigen:

Satz 4.5.12

$\varrho : \mathbf{Pin}(V) \to \mathbf{O}(V)$ ist eine zweiblättrige Überlagerung. $\mathbf{Spin}(V) \subset \mathbf{Pin}(V)$ ist die Komponente des Einselements und zweiblättrige Überlagerung von $\mathbf{SO}(V)$.

Beweis: Sei $v \in V$ mit $\|v\| = 1$. Dann ist $v \in \mathbf{Pin}(V)$. Nach Lemma 4.5.4 ist dann

$$\varrho(v)(w) = \alpha(v)wv^{-1} = vwv = R_v(w) \ .$$

Da $\mathbf{O}(V)$ von den R_v erzeugt wird, ist $\varrho : \mathbf{Pin}(V) \to \mathbf{O}(V)$ surjektiv. Da ϱ Homomorphismus ist, ist $\varrho(x_1) = \varrho(x_2)$ genau dann, wenn $x_1 = \pm x_2$ ist. Als abgeschlossener Teilraum von $\Gamma(V)$ ist $\mathbf{Pin}(V)$ sicherlich lokal-kompakt. Es folgt, dass ϱ ein lokaler Homöomorphismus ist und damit Überlagerung. $\square$

Wir werden später zeigen, dass für $\dim(V) > 2$ die Gruppe $\mathbf{Spin}(V)$ tatsächlich die universelle Überlagerung von $\mathbf{SO}(V)$ ist.

4.6 Clifford-Vektorfelder

In diesem Abschnitt wollen wir als Anwendung der Theorie der Clifford-Algebren den Zusammenhang mit dem Problem der Vektorfelder auf Sphären erläutern.

Unter einer Darstellung einer **R**-Algebra A versteht man einen Algebren-Homomorphismus $\varphi : A \to \mathrm{End}(W)$, wobei W ein reeller Vektorraum ist. Sei eine solche Darstellung von $A = \mathrm{Cliff}^0(V)$ gegeben und $(e_1, \ldots, e_k)$ eine Orthonormalbasis von V. Wir definieren nun Elemente $\varphi_i \in \mathrm{End}(W)$ durch $\varphi_i := \varphi(e_i e_1^{-1})$.

Hilfssatz 4.6.1

Für jeden Vektor $p \in W - \{0\}$ sind die Vektoren $\varphi_i(p)$ linear unabhängig.

Beweis: Sind die $a_i \in \mathbf{R}$, so ist $\sum_i a_i \varphi_i(p) = \varphi(xe_1^{-1}p)$, wenn $x = \sum_i a_i e_i$ gesetzt wird. Ist nun $x \neq 0$, so ist $xe_1^{-1}p$ in $\mathrm{Cliff}^0(V)$ invertierbar, also auch $\varphi(xe_1^{-1}p)$ in $\mathrm{End}(W)$. $\square$

Wir erhalten damit:

Satz 4.6.2

Es besitze $\mathrm{Cliff}^0(\mathbf{R}^k)$ eine Darstellung auf einem n-dimensionalen Vektorraum. Dann besitzt die Sphäre $\mathbf{S}^{n-1}$ mindestens $k - 1$ orthonormale Vektorfelder.

Beweis: Sei $p \in S^{n-1}$. Mit den obigen Bezeichnungen entstehe die Folge $(v_1(p), \ldots, v_k(p))$ durch Orthonormalisieren von $(\varphi_1(p), \ldots, \varphi_k(p))$. Dann sind $v_2(p), \ldots, v_k(p)$ orthonormale Tangential-Vektoren im Punkte $p \in S^{n-1}$. Da jeder Homomorphismus endlich-dimensionaler **R**-Algebren stetig ist, sind die v_i stetig von $p \in S^{n-1}$ abhängig. □

Korollar 4.6.3
Sei $a(k)$ die kleinste positive Zahl m, so dass $\mathrm{Cliff}^0(\mathbf{R}^k)$ eine Darstellung auf einem m-dimensionalen Vektorraum besitzt. Dann hat jede Sphäre $\mathbf{S}^{n-1}$ (mit $n \equiv 0 \bmod a(k)$) mindestens $k-1$ orthonormale Vektorfelder.

Beweis: Sei $W^i = W \oplus \ldots \oplus W$. Durch Komposition mit $\mathrm{End}(W) \to \mathrm{End}(W^i)$ erhalten wir eine Darstellung von $\mathrm{Cliff}^0(\mathbf{R}^k)$ auf W^i. □

Die so definierte Zahl $a(k)$ heißt die k-te Radon-Hurwitz-Zahl. Unser Ziel im folgenden wird es sein, die Radon-Hurwitz-Zahlen zu bestimmen. Dazu brauchen wir eine explizite Beschreibung der Clifford-Algebren.

Wir wollen im folgenden die Struktur der Clifford-Algebra

$$C_k := \mathrm{Cliff}(\mathbf{R}^k) = \mathrm{Cliff}(\mathbf{R}^k, -\langle\,,\,\rangle)$$

eingehender studieren. Es zeigt sich, dass diese Untersuchung einfacher wird unter Einbeziehung von Clifford-Algebren zu nicht negativ-definiten Bilinearformen; die hier benötigte ist die Clifford-Algebra

$$C'_k := \mathrm{Cliff}(\mathbf{R}^k, \langle\,,\,\rangle)$$

zu der euklidischen Metrik auf $\mathbf{R}^k$.

C_k und C'_k haben beide die Dimension 2^k über **R**; sie werden beide von den kanonischen Basis-Vektoren $e_1, \ldots, e_k$ erzeugt, und es gelten die definierenden Relationen

$$e_i e_j + e_j e_i = -2\delta_{i,j} \quad \text{in } C_k$$

sowie

$$e_i e_j + e_j e_i = 2\delta_{i,j} \quad \text{in } C'_k \, .$$

Satz 4.6.4
Es gibt einen Algebren-Isomorphismus

$$C_k \cong C^0_{k+1} \, .$$

Beweis: Es sei $\psi : \mathbf{R}^k \to C^0_{k+1}$ durch $\psi(v) := v e_{k+1}$ definiert. Dann wird

$$\psi(v)^2 = v\, e_{k+1}\, v\, e_{k+1} = -v^2 e_{k+1}^2 = -\langle v, v \rangle \, ,$$

so dass ψ einen Algebren-Homomorphismus von C_k nach C^0_{k+1} induziert. Dieser ist offensichtlich surjektiv. Die Behauptung folgt, da beide Algebren die Dimension 2^k haben. □

Bemerkung: Man kann zeigen, dass $C'_k = (C'_k)^0 \oplus (C'_k)^1$ ebenfalls eine $\mathbf{Z}_2$-graduierte Algebra ist und, auf analoge Weise, dass auch $(C'_{k+1})^0 \cong C_k$ ist.

Im folgenden Satz wird das Tensor-Produkt zweier Algebren wie üblich mit der durch $(x \otimes y)(x' \otimes y') = (xx') \otimes (yy')$ definierten Algebren-Struktur versehen.

Satz 4.6.5

Es gibt Algebren-Isomorphismen

$$C_{k+2} \cong C_2 \otimes C'_k \text{ und } C'_{k+2} \cong C'_2 \otimes C_k .$$

Beweis: In $C_2 \otimes C'_k$ sei $b_r := e_1 e_2 \otimes e_r$ für $1 \leq r \leq k$ und $b_{k+s} := e_s \otimes 1$ für $s = 1, 2$. Man rechnet unmittelbar nach, dass gilt:

$$b_i b_j + b_j b_i = -2\delta_{i,j} .$$

Damit liefert $e_i \mapsto b_i$ den gewünschten Isomorphismus von C_{k+2} auf $C_2 \otimes C'_k$.
Die durch die gleichen Formeln definierten Elemente b_i in $C'_2 \otimes C_k$ liefern den zweiten Isomorphismus des Satzes. $\square$

Damit können wir die Struktur der Clifford-Algebren induktiv berechnen, wenn wir die Struktur der Tensorprodukte (über **R**) von einigen Standard-Algebren kennen.

Für eine beliebige Algebra A bezeichne $A(n)$ die Algebra der $n \times n$-Matrizen mit Koeffizienten in A. Offensichtlich ist $A(n) \cong A \otimes \mathbf{R}(n)$ als Algebra. Hier (und im folgenden) steht $\otimes$ immer für das Tensorprodukt über **R**. Die direkte Summe $A \oplus B$ zweier Algebren A und B wird mit dem komponentenweisen Produkt versehen.

Lemma 4.6.6

Es gibt Isomorphismen von Algebren

1. $\mathbf{C} \otimes \mathbf{C} \cong \mathbf{C} \oplus \mathbf{C}$,
2. $\mathbf{C} \otimes \mathbf{H} \cong \mathbf{C}(2)$,
3. $\mathbf{H} \otimes \mathbf{H} \cong \mathbf{R}(4)$.

Beweis: 1.: Wir betrachten $\mathbf{C} \otimes \mathbf{C}$ als **C**-Vektorraum bezüglich der skalaren Multiplikation auf dem linken Faktor des Tensorprodukts. Dann sind $u := i \otimes 1 - 1 \otimes i$ und $v := i \otimes 1 + 1 \otimes i$ linear unabhängige Vektoren in $\mathbf{C} \otimes \mathbf{C}$ mit $uv = 0$, so dass wir ψ_1 durch $\psi_1(1, 0) = u$ und $\psi_1(0, 1) = v$ definieren können.
2.: Sei $\mathbf{H} \to \mathbf{C}(2)$ durch

$$i \mapsto \begin{pmatrix} i & 0 \\ 0 & -i \end{pmatrix} \text{ und } j \mapsto \begin{pmatrix} 0 & -1 \\ 1 & 0 \end{pmatrix}$$

definiert und **C**-linear zu $\psi_2 : \mathbf{C} \otimes \mathbf{H} \to \mathbf{C}(2)$ fortgesetzt.
3.: Wir definieren $\psi_3 : \mathbf{H} \otimes \mathbf{H} \to \mathrm{End}_{\mathbf{R}}(\mathbf{H})$ durch $\psi(u \otimes v)(x) := ux\overline{v}$. $\square$

Satz 4.6.7

Es gibt Algebren-Isomorphismen

$$C_{k+8} \cong C_k(16) \text{ und } C^0_{k+8} \cong C^0_k(16) .$$

Beweis: Nach Satz 4.6.5 ist $C_{k+8} \cong C_2 \otimes C_2' \otimes C_2 \otimes C_2' \otimes C_k$.

Nun ist offensichtlich $C_1 \cong \mathbf{C}$ und $C_2 \cong \mathbf{H}$ sowie $C_1' \cong \mathbf{R} \oplus \mathbf{R}$ und $C_2' \cong \mathbf{R}(2)$, wobei der letzte Isomorphismus durch die Elemente

$$e_1 := \begin{pmatrix} 1 & 0 \\ 0 & -1 \end{pmatrix} \text{ und } e_2 := \begin{pmatrix} 0 & 1 \\ 1 & 0 \end{pmatrix}$$

definiert wird.

Wegen $C_2 \otimes C_2' \otimes C_2 \otimes C_2' \cong \mathbf{H} \otimes \mathbf{R}(2) \otimes \mathbf{H} \otimes \mathbf{R}(2) \cong \mathbf{R}(16)$ und Satz 4.6.4 folgt die Behauptung. $\qquad\square$

Die Clifford-Algebren in kleinen Dimensionen werden nun unmittelbar aus Satz 4.6.5 wie folgt berechnet:

k	C_k	C_k'	C_k^0
1	$\mathbf{C}$	$\mathbf{R} \oplus \mathbf{R}$	$\mathbf{R}$
2	$\mathbf{H}$	$\mathbf{R}(2)$	$\mathbf{C}$
3	$\mathbf{H} \oplus \mathbf{H}$	$\mathbf{C}(2)$	$\mathbf{H}$
4	$\mathbf{H}(2)$	$\mathbf{H}(2)$	$\mathbf{H} \oplus \mathbf{H}$
5	$\mathbf{C}(4)$	$\mathbf{H}(2) \oplus \mathbf{H}(2)$	$\mathbf{H}(2)$
6	$\mathbf{R}(8)$	$\mathbf{H}(4)$	$\mathbf{C}(4)$
7	$\mathbf{R}(8) \oplus \mathbf{R}(8)$	$\mathbf{C}(8)$	$\mathbf{R}(8)$
8	$\mathbf{R}(16)$	$\mathbf{R}(16)$	$\mathbf{R}(8) \oplus \mathbf{R}(8)$

Hiermit können wir die Radon-Hurwitz-Zahlen bestimmen. Dazu überlegen wir zunächst, wie die Darstellungen einer Algebra A mit denen der Matrizen-Algebra $A(n)$ zusammenhängen.

Hilfssatz 4.6.8
Jede Darstellung M von $A(n)$ ist von der Gestalt $M = N^n = N \oplus \ldots \oplus N$ für eine Darstellung N von A.

Beweis: Es sei $E_{i,j} \in A(n)$ die Matrix, deren (i,j)-te Komponente gleich 1 ist, während alle anderen Einträge verschwinden. Wir können die Unteralgebra der Diagonal-Matrizen in $A(n)$ mit A identifizieren. Die Elemente $E_{i,j}$ kommutieren mit dieser Unteralgebra. Setzen wir $N := E_{1,1}M$, so wird daher N ein A-Modul.

Auf $N^n = N \oplus \ldots \oplus N$ operiert dann $A(n)$. Es ist trivial zu verifizieren, dass M und N^n isomorph als $A(n)$-Moduln sind. $\qquad\square$

Aus Satz 4.6.7 und der obigen Tabelle folgt nun:

Satz 4.6.9
Für die Radon-Hurwitz-Zahlen gilt

$$a(k+8) = 16a(k) \ .$$

Für kleine k sind die Werte von $a(k)$ wie folgt:

k	1	2	3	4	5	6	7	8
$a(k)$	1	2	4	4	8	8	8	8

Damit erhalten wir die folgende untere Schranke für die Zahl linear unabhängiger Vektorfelder auf einer Sphäre:

Satz 4.6.10
Sei n durch 2^ν teilbar und $\nu = 4a + b$ mit $0 \leq b < 4$. Dann existieren auf der Sphäre $\mathbf{S}^{n-1}$ mindestes $8a + 2^b - 1$ linear unabhängige stetige Vektorfelder.

Beweis: Dies ist nun eine einfache Folgerung aus dem obigen Satz und Korollar 4.6.3, denn mit $k = 8a + 2^b$ ist $a(k) = 2^\nu$. $\qquad\square$

4.7 Stiefel-Mannigfaltigkeiten

Homogene Räume von Lie-Gruppen sind nicht nur für sich interessant, sondern stellen sich vielfach auch als geometrisch wichtige Objekte in der Topologie heraus. Die im Titel vorkommenden Stiefel-Mannigfaltigkeiten sind unter anderem von Bedeutung für das Problem der Vektorfelder auf Sphären.

Definition 4.7.1
Sei $1 \leq k \leq n$. Die Stiefel-Mannigfaltigkeit

$$\mathbf{V}_{k,n} = \{\, (v_1,\ldots,v_k) \in (\mathbf{R}^n)^k \mid \langle v_i, v_j \rangle = \delta_{i,j} \,\}$$

ist die Menge aller orthonormalen k-Beine im $\mathbf{R}^n$, versehen mit der Teilraum-Topologie von $(\mathbf{R}^n)^k = \mathbf{R}^{nk}$.

Es ist dann klar, dass $\mathbf{V}_{k,n}$ ein kompakter metrischer Raum ist. Wir werden etwas später sehen, dass die Stiefel-Mannigfaltigkeiten tatsächlich Mannigfaltigkeiten im Sinne von Definition 4.4.5 sind.
Bemerkung: Die Notation in der Literatur ist hinsichtlich der Rolle des ersten und zweiten Index nicht einheitlich; oft wird auch $\mathbf{V}_{n,k}$ für unser $\mathbf{V}_{k,n}$ geschrieben oder es werden k und $n-k$ als Indizes verwendet. Die obige Bezeichnung passt besser mit der Bezeichnung $\mathbf{V}_k(V)$ für die Stiefel-Mannigfaltigkeit der k-Beine in einem Vektorraum V zusammen.
Für $k = 1$ ist $\mathbf{V}_{1,n+1} = \mathbf{S}^n$ einfach die Einheits-Sphäre im $\mathbf{R}^{n+1}$. Für $k = 2$ erhalten wir die Menge $\mathbf{V}_{2,n+1}$ aller Paare (v,p) mit $p \in \mathbf{S}^n$ und $\langle v,p \rangle = 0$ sowie $\|v\| = 1$. Nun steht v senkrecht auf p, wenn $v \in T_p\mathbf{S}^n$ tangential zur Sphäre in p ist, so dass die letzten beiden Bedingungen sich zu $v \in \mathbf{S}(T_p\mathbf{S}^{n-1})$ zusammenfassen lassen. Es ist also $\mathbf{V}_{2,n+1}$ das sogenannte Einheits-Tangential-Bündel $\mathbf{S}(T\mathbf{S}^n)$ von $\mathbf{S}^n$.
Nun operiert offensichtlich $\mathbf{O}(n)$ von links auf $\mathbf{V}_{k,n}$ durch $A(v_1,\ldots,v_k) = (Av_1,\ldots,Av_k)$ für $A \in \mathbf{O}(n)$, $(v_1,\ldots,v_k) \in \mathbf{V}_{k,n}$. Sei $v^{(0)} = (e_1,\ldots,e_k)$ das Standard k-Bein der ersten k kanonischen Basis-Vektoren. Die Isotropiegruppe von $v^{(0)} \in \mathbf{V}_{k,n}$ ist dann die

Untergruppe

$$\mathbf{O}'(n-k) = \left\{ \begin{pmatrix} I_k & 0 \\ 0 & B \end{pmatrix} \mid B \in \mathbf{O}(n-k) \right\}$$

von $\mathbf{O}(n)$.

Aus den allgemeinen Sätzen von Abschnitt 4.1 erhalten wir die folgende Beschreibung der Stiefel-Mannigfaltigkeit als homogenen Raum der orthogonalen Gruppe:

Satz 4.7.2
Die Operation von $\mathbf{O}(n)$ auf $\mathbf{V}_{k,n}$ induziert einen Homöomorphismus

$$\mathbf{O}(n)/\mathbf{O}'(n-k) \cong \mathbf{V}_{k,n} \ .$$

Die Orbit-Raum-Projektion $\mathbf{O}(n) \to \mathbf{V}_{k,n}$ ordnet dabei einer orthogonalen $n \times n$-Matrix das k-Bein der ersten k Spalten zu.

Mit dem Korollar 4.4.13 über homogene Räume von Lie-Gruppen folgt sofort (nach Abzählen der Dimensionen)

Korollar 4.7.3
$\mathbf{V}_{k,n}$ ist eine Mannigfaltigkeit der Dimension $\frac{k(2n-k-1)}{2}$.

Zusätzlich operiert nun $\mathbf{O}(k)$ von rechts auf $\mathbf{V}_{k,n}$. Dies sieht man am leichtesten, wenn man $\mathbf{V}_{k,n}$ auffasst als Menge $\mathrm{Isom}(\mathbf{R}^k, \mathbf{R}^n)$ der isometrischen linearen Abbildungen von $\mathbf{R}^k$ nach $\mathbf{R}^n$; zu $(v_1, \ldots, v_k) \in \mathbf{V}_{k,n}$ gehört dabei die lineare Isometrie φ mit $\varphi(e_i) = v_i$. Es ist klar, dass $\mathbf{O}(k)$ auf $\mathrm{Isom}(\mathbf{R}^k, \mathbf{R}^n)$ durch $\varphi \mapsto \varphi \circ \alpha$ operiert (für $\alpha \in \mathbf{O}_k(\mathbf{R})$, $\varphi \in \mathrm{Isom}(\mathbf{R}^k, \mathbf{R}^n)$).

Eine andere Beschreibung dieser Operation erhalten wir durch die Interpretation von $\mathbf{V}_{k,n}$ als homogenem Raum: Auf $\mathbf{O}(n)$ operiert die Untergruppe

$$\mathbf{O}(k) = \left\{ \begin{pmatrix} A & 0 \\ 0 & I_{n-k} \end{pmatrix} \mid A \in \mathbf{O}(k) \right\}$$

von $\mathbf{O}(n)$ durch Rechts-Multiplikation. Da diese mit der Rechts-Operation von $\mathbf{O}'(n-k)$ kommutiert, erhalten wir eine induzierte Rechts-Operation von $\mathbf{O}(k)$ auf $\mathbf{O}(n)/\mathbf{O}'(n-k)$.

Der Orbit-Raum nach dieser Operation ist offensichtlich die Menge aller k-dimensionalen Teilräume des $\mathbf{R}^n$.

Definition 4.7.4
Die Graßmann-Mannigfaltigkeit

$$\mathbf{G}_{k,n} = \mathbf{V}_{k,n}/\mathbf{O}(k) = \mathbf{O}(n)/(\mathbf{O}(k) \times \mathbf{O}'(n-k))$$

ist der Raum aller k-dimensionalen Untervektorräume des $\mathbf{R}^n$.

Wie oben folgt

Korollar 4.7.5
$\mathbf{G}_{k,n}$ ist eine Mannigfaltigkeit der Dimension $k(n-k)$.

Offenbar ist $\mathbf{G}_{1,n} = \mathbf{RP}^{n-1}$ der $(n-1)$-dimensionale reelle projektive Raum, den wir damit auch als homogenen Raum von $\mathbf{O}(n)$ dargestellt haben.

Wir wollen die Topologie der Stiefel-Mannigfaltigkeiten noch eingehender untersuchen. Dazu betrachten wir nun die Abbildung

$$\pi_k : \mathbf{V}_{k+1,n+1} \longrightarrow \mathbf{V}_{1,n+1} = \mathbf{S}^n$$

mit $\pi_k(v_1, \ldots, v_{k+1}) = v_{k+1}$. Wir erinnern daran, dass

$$T_p\mathbf{S}^n = \{\, v \in \mathbf{R}^{n+1} \mid \langle v, p \rangle = 0 \,\}$$

der Tangentialraum von $\mathbf{S}^n$ im Punkt p ist. Daher ist

$$\pi_k^{-1}(p) = \{\, (v_1, \ldots, v_k, p) \mid (v_1, \ldots, v_k) \text{ ist orthonormales } k\text{-Bein in } T_p\mathbf{S}^n \,\} \ .$$

Die Abbildung π_k steht daher in unmittelbarer Beziehung zum Vektorfeld-Problem:

Lemma 4.7.6
Auf der Sphäre $\mathbf{S}^n$ gibt es genau dann k linear unabhängige stetige Vektorfelder, wenn eine stetige Abbildung $s_k : \mathbf{S}^n \to \mathbf{V}_{k,n+1}$ existiert, die das Diagramm

kommutativ macht.

Als Spezialfall erhalten wir die triviale Feststellung, dass die Sphäre $\mathbf{S}^n$ genau dann parallelisierbar ist, wenn $\pi_n : \mathbf{SO}(n+1) \to \mathbf{S}^n$ einen Schnitt hat. Dann ist $\mathbf{SO}(n+1)$ zu $\mathbf{SO}(n) \times \mathbf{S}^n$ homöomorph. Dies ist also für $n = 1, 3, 7$ der Fall.

Unsere früheren Überlegungen über stetige Vektorfelder können wir dann auch so formulieren: Es gibt stetige Abbildungen

$$s_k : \mathbf{S}^n \to \mathbf{V}_{k+1,n+1} \quad \text{mit} \quad \pi_k \circ s = \mathrm{id}_{\mathbf{S}^n}$$

immer dann, wenn $n + 1$ durch die Radon-Hurwitz-Zahl $a(k+1)$ teilbar ist.

Das Urbild eines Punktes $p \in \mathbf{S}^n$ unter π_k ist nach den obigen Überlegungen die Menge $\mathbf{V}_k(T_p\mathbf{S}^n)$ der orthonormalen k-Beine im Tangential-Raum $T_p\mathbf{S}^n$, also homöomorph zu $\mathbf{V}_{k,n-1}$.

Tatsächlich ist die Situation geometrisch noch viel schöner. Wir formulieren dies zunächst als allgemeines Resultat:

Satz 4.7.7

Sei G eine kompakte lineare Lie-Gruppe und seien $K \subset H$ Lie-Untergruppen von G. Sei

$$\pi : G/K \to G/H$$

die kanonische Projektion. Dann hat jeder Punkt p von G/H eine Umgebung U in G/H, so dass es einen Homöomorphismus

$$\varphi : \pi^{-1}(U) \xrightarrow{\cong} U \times H/K$$

gibt, der mit der Projektion nach U kommutiert.

Beweis: Seien $\tilde{\pi} : G \to G/H$ und $\pi' : G \to G/K$ die kanonische Projektionen, so dass $\tilde{\pi} = \pi \circ \pi'$ ist. Nach dem Korollar 4.4.13 über lokale Schnitte gibt es eine Umgebung U von p, für die eine stetige Abbildung $\tilde{s} : U \to G$ existiert mit $\tilde{\pi}(\tilde{s}(x)) = x$.
Wir können nun $\varphi : U \times H/K \to G/K$ durch $\varphi(u, hK) = \pi'(\tilde{s}h)$ definieren. Es ist dann klar, dass φ ein Homöomorphismus auf $\pi^{-1}(U)$ ist. $\qquad \square$

Zum Schluss wollen wir konkrete lokale Schnitte für die Abbildung

$$\pi_n : \mathbf{SO}(n+1) = \mathbf{V}_{n+1,n+1} \longrightarrow \mathbf{V}_{1,n+1} = \mathbf{S}^n$$

konstruieren, um so die Topologie der Gruppe $\mathbf{SO}(n+1)$ eingehender zu untersuchen. π_n ist definiert als die Orbit-Raum-Projektion nach der Rechts-Operation von $\mathbf{SO}(n)$ und gegeben durch

$$\pi_n(A) = Ae_{n+1} \quad \text{für } A \in \mathbf{SO}(n+1) \,,$$

wobei $e_1, \ldots, e_{n+1}$ die kanonische Basis des $\mathbf{R}^{n+1}$ bezeichnet. Ist $A_0 \in \mathbf{SO}(n+1)$ mit $\pi_n(A_0) = v$, so definiert $B \mapsto A_0 \circ B$ einen Homöomorphismus zwischen $\mathbf{SO}(n) \subset \mathbf{SO}(n+1)$ und $\pi_n^{-1}(v) = \{ A \in \mathbf{SO}(n+1) \mid Ae_{n+1} = v \}$.
Es sei nun $\mathbf{D}_+^n = \{ x \in \mathbf{S}^n \mid \langle x, e_{n+1} \rangle \geq 0 \}$ die nördliche Hemisphäre in $\mathbf{S}^n$ und

$$E_+ := \{ A \in \mathbf{SO}(n+1) \mid Ae_{n+1} \in \mathbf{D}_+^n \}$$

ihr Urbild unter π_n. Wir wollen eine Abbildung $s_+ : \mathbf{D}_+^n \to \mathbf{SO}(n+1)$ mit $\pi_n \circ s_+ = \mathrm{id}_{\mathbf{D}_+^n}$ definieren.

Definition 4.7.8

Die Spiegelungs-Abbildung $R : \mathbf{R}^n - \{0\} \to \mathbf{O}(n+1)$ ist definiert durch $v \mapsto R_v$ mit

$$R_v(x) = x - 2 \frac{\langle v,x \rangle}{\langle v,v \rangle} v \quad \text{für } x \in \mathbf{R}^{n+1} \,.$$

Offenbar ist $R_v(x) = x$ genau dann, wenn $\langle v, x \rangle = 0$ ist. Wegen $R_v(v) = -v$ ist also R_v die Spiegelung an der Hyperebene $v^\perp = \{ x \in \mathbf{R}^{n+1} \mid \langle v, x \rangle = 0 \}$. Es ist klar, dass $R : \mathbf{S}^n \to \mathbf{O}(n+1)$ stetig ist.
Seien nun Punkte $v, w \in \mathbf{S}^n$ gegeben mit $w \neq -v$. Wir wollen in stetiger Weise eine Drehung $D_{v,w} \in \mathbf{SO}(n+1)$ definieren mit $D_{v,w}(v) = w$. Da $v - w$ und $v + w$ orthogonal

zueinander sind, bildet R_{v+w} die Vektoren v und w auf $-w$ und $-v$ ab. Man verifiziert nun sofort, dass

$$D_{v,w} := R_{v+w} \circ R_v = R_w \circ R_{v+w}$$

die gesuchte Drehung ist.

Dann hat s_+ mit

$$s_+(v) := D_{e_{n+1},v}$$

die verlangte Eigenschaft $\pi_n(s_+(v)) = v$ für $v \neq -e_{n+1}$.

Für die südliche Halbkugel $\mathbf{D}^n_- = \{\, x \in \mathbf{S}^n \mid \langle x, e_{n+1} \rangle \leq 0 \,\}$ definieren wir nun analog das Urbild

$$E_-(n+1) := \{\, A \in \mathbf{SO}(n+1) \mid \pi_n A \in \mathbf{D}^n_- \,\} \ .$$

Zur Abkürzung führen wir schließlich noch die folgenden Elemente von $\mathbf{SO}(n+1)$ ein: $T_- = D_{e_{n+1},e_1} \circ D_{e_{n+1},e_1}$ (und $T_+ = \mathrm{id}$). Es ist also $T_-(e_{n+1}) = -e_{n+1}$. Wir setzen nun

$$s_-(v) = D_{e_{n+1},-v} \circ T_- \ .$$

Dann ist $\pi_n(s_-(v)) = v$ für $v \neq e_{n+1}$.

Lemma 4.7.9
Die Abbildung

$$\varphi_\varepsilon : \mathbf{D}^n_\varepsilon \times \mathbf{SO}(n) \to E_\varepsilon(n+1) \quad \text{mit} \quad \varphi_\varepsilon : (v, B) \mapsto s_\varepsilon(v) \circ B$$

ist ein Homöomorphismus, der mit der Rechts-Operation von $\mathbf{SO}(n)$ kommutiert.

Beweis: $\pi_n \varphi_\varepsilon(v, B) = v$ ist trivial zu verifizieren. Die Umkehr-Abbildung ist offenbar

$$A \mapsto (\pi_n(A), \ s_\varepsilon(\pi_n(A))^{-1} \circ A) \ . \qquad \square$$

Wir erhalten also $\mathbf{SO}(n+1) = E_+(n+1) \cup E_-(n+1)$ durch Verkleben von $\mathbf{D}^n_+ \times \mathbf{SO}(n)$ und $\mathbf{D}^n_- \times \mathbf{SO}(n)$ über den Homöomorphismus

$$\tau : \mathbf{S}^{n-1} \times \mathbf{SO}(n) \to \mathbf{S}^{n-1} \times \mathbf{SO}(n)$$

mit $\tau(v, B) = \varphi_+^{-1} \varphi_-(v, B)$. Dabei ist für $v \in \mathbf{S}^{n-1} = \mathbf{D}^n_+ \cap \mathbf{D}^n_-$

$$
\begin{aligned}
\tau(v, B) &= \varphi_+^{-1} \varphi_-(v, B) \\
&= \varphi_+^{-1}(D_{e_{n+1},-v} \circ T_- \circ B) \\
&= (v, \ D_{v,e_{n+1}} \circ D_{e_{n+1},v} \circ D_{e_{n+1},e_1} \circ D_{e_{n+1},e_1} \circ B) \\
&= (v, \tau_v \circ B)
\end{aligned}
$$

mit $\tau_v = D^2_{e_{n+1},-v} \circ D^2_{e_{n+1},e_1}$. Offenbar lässt τ_v den Vektor e_{n+1} fest, ist also eine Drehung in der Ebene durch e_1 und v.

Die Beschreibung von τ_v lässt sich weiter vereinfachen. Da in der definierenden Formel nur die drei Vektoren e_1, e_{n+1} und v mit $\langle v, e_{n+1} \rangle = 0$ vorkommen, können wir zur Vereinfachung annehmen, dass $e_1 = i$, $e_{n+1} = k$ und $v = \cos\alpha \cdot i + \sin\alpha \cdot j$ Vektoren in $\mathbf{H}$ sind. Mit $\varrho : \mathbf{S}^3 \to \mathbf{SO}(3)$ wie in Abschnitt 4.3 ist

$$D^2_{e_{n+1}, e_1} = \varrho j \quad \text{und} \quad D^2_{e_{n+1}, -v} = \varrho_{-\sin\alpha \cdot i + \cos\alpha \cdot j} \,,$$

also $\tau_v = \varrho_{-\sin\alpha \cdot k - \cos\alpha}$ eine Drehung um den Winkel 2α. Es folgt, dass $\tau_v = R_v \circ R_{e_1}$ ist.

Es bezeichne $\mathbf{D}^n_+ \times \mathbf{SO}(n) \cup_\tau \mathbf{D}^n_- \times \mathbf{SO}(n)$ den Raum, der aus der disjunkten Vereinigung $\mathbf{D}^n_+ \times \mathbf{SO}(n) \amalg \mathbf{D}^n_- \times \mathbf{SO}(n)$ durch die Identifikation von $\mathrm{in}_1(v, B)$ mit $\mathrm{in}_2(\tau(v, B)) = \mathrm{in}_2((v, \tau_v \circ B))$ entsteht. Dann können wir zusammenfassend $\mathbf{SO}(n+1)$ wie folgt beschreiben:

Satz 4.7.10
Für $(v, B) \in \mathbf{S}^{n-1} \times \mathbf{SO}(n)$ sei $\tau(v, B) = (v, \tau_v \circ B)$ mit $\tau_v = R_v \circ R_{e_1}$. Dann induzieren die Abbildungen $\varphi_\pm$ einen Homöomorphismus

$$\mathbf{D}^n_+ \times \mathbf{SO}(n) \cup_\tau \mathbf{D}^n_- \times \mathbf{SO}(n) \xrightarrow{\cong} \mathbf{SO}(n+1) \,,$$

der mit der Rechts-Operation von $\mathbf{SO}(n)$ verträglich ist.

Bemerkung: Man erhält analoge induktive Darstellungen der Stiefel-Mannigfaltigkeiten, indem man durch die Operation einer Untergruppe der $\mathbf{SO}(n)$ dividiert. Diese Untersuchungen gehören in die Theorie der Faser-Bündel, auf die wir in diesem Buch jedoch nicht näher eingehen können.

Damit haben wir nun eine gute Beschreibung des Raumes $\mathbf{SO}(n+1)$ erhalten. Wir können jetzt zeigen:

Satz 4.7.11
Sei X ein endliches Polyeder, $A \subset X$ ein Unterkomplex und $f : X \to \mathbf{SO}(n+1)$ eine stetige Abbildung mit $f(A) \subset \mathbf{SO}(n)$. Ist X von einer Dimension $< n$, so ist f relativ A homotop zu einer Abbildung g mit $g(X) \subset \mathbf{SO}(n)$.

Beweis: Es genügt zu zeigen, dass f relativ A zu einer Abbildung f' homotop ist, so dass $\rho' = \pi_n \circ f' : X \to \mathbf{S}^n$ den Punkt $-e_{n+1}$ nicht im Bild enthält. Denn f' ist dann über eine Drehung relativ A homotop zu der Abbildung $x \mapsto D_{\rho(x), e_{n+1}}(f'(x))$; diese bildet aber X ganz nach $\mathbf{SO}(n)$ ab.

Wir verfeinern nun die Triangulierung von X und zerlegen den neuen Komplex durch $X = X_- \cup X_0 \cup X_+$ in Unterkomplexe mit $X_+ \supset A$ und $X_+ \cap X_- = \emptyset$, so dass $\pi_n(f(X_0))$ die Punkte $\pm e_{n+1}$ nicht enthält, während

$$f(X_-) \subset \varphi_-(\mathbf{D}^n_- \times \mathbf{SO}(n)) \quad \text{und} \quad f(X_+) \subset \varphi_+(\mathbf{D}^n_+ \times \mathbf{SO}(n))$$

ist. Es reicht dann, eine Homotopie von $\varphi_-^{-1} \circ f|_{X_+} : X_- \to \mathbf{D}^n_- \times \mathbf{SO}(n)$ relativ $X_- \cap X_0$ zu einer Abbildung g' zu finden, für die $\mathrm{pr}_1 \circ g'$ den Punkt $-e_{n+1}$ nicht im Bild enthält.

163

4 Lie-Gruppen und homogene Räume

Es folgt aber unmittelbar aus dem simplizialen Approximations-Satz, dass eine Homotopie relativ $X_- \cap X_0$ zu einer Abbildung g'' existiert, für die $\mathrm{pr}_1 \circ g''$ mindestens einen Punkt p in einer ε-Umgebung von $-e_{n+1}$ nicht im Bild enthält. Durch eine kleine Deformation der Identität von $\mathbf{D}_+^n$ können wir dann diesen Punkt (relativ $X_+ \cap X_0$) in den Punkt $-e_{n+1}$ verschieben. $\qquad\square$

Als Folgerung erhalten wir:

Korollar 4.7.12
Für $n \geq 3$ ist $\pi_1(\mathbf{SO}(n)) \cong \mathbf{Z}/2\mathbf{Z}$. Die Gruppe $\mathbf{Spin}(n)$ ist die universelle Überlagerung von $\mathbf{SO}(n)$.

Beweis: Wir behaupten, dass die Inklusion einen Isomorphismus

$$\pi_1(\mathbf{SO}(n)) \overset{\cong}{\longrightarrow} \pi_1(\mathbf{SO}(n+1))$$

induziert: Für die Surjektivität wenden wir den Satz auf $X = \mathbf{S}^1$ an und für die Injektivität auf $X = \mathbf{S}^1 \times \mathbf{I}$. Wegen $\pi_1(\mathbf{SO}(3)) = \pi_1(\mathbf{RP}^3)$ folgt nun die Behauptung. $\qquad\square$

Die obigen Überlegungen für die orthogonale Gruppe lassen sich analog auf die unitäre und symplektische Gruppe übertragen. Es sei $\mathbb{K}$ einer der Körper $\mathbf{C}$ oder $\mathbf{H}$, $d := \dim_{\mathbf{R}} \mathbb{K}$, und es bezeichne $(x,y) = \overline{x}^\top y = \sum_j \overline{x_j} y_j$ die hermitesche (beziehungsweise quaternionale) Metrik auf dem $\mathbb{K}^n$. Weiter sei $G = \mathbf{U}(n)$, $G' = \mathbf{U}(n-1)$, falls $\mathbb{K} = \mathbf{C}$ ist, und $G = \mathbf{Sp}(n)$, $G' = \mathbf{Sp}(n-1)$ für $\mathbb{K} = \mathbf{H}$.

Aufgabe 4.7.13
Seien $v, w \in \mathbb{K}^n$ mit $\|v\| = \|w\| = 1$ und $v \neq -w$. Dann definiert

$$D_{v,w}(x) = -x + \left(1 + \tfrac{1+(v,w)}{1+(w,v)}\right) \tfrac{(v+w,x)}{\|v+w\|^2} (v+w)$$

eine unitäre (beziehungsweise symplektische) Abbildung mit $D_{v,w}(v) = w$. Ist $\pi_n : G \to \mathbf{S}^{dn-1}$ die Projektion mit $\pi_n(A) = Ae_n$, so ist $\pi_n^{-1}(\mathbf{S}^{dn-1} - \{-e_n\})$ homöomorph zu $(\mathbf{S}^{dn-1} - \{-e_n\}) \times G'$.

Auch Satz 4.7.11 und das Korollar 4.7.12 gelten analog für die unitäre und symplektische Gruppe:

Aufgabe 4.7.14
Die Gruppen $\mathbf{SU}(n)$ und $\mathbf{Sp}(n)$ sind einfach zusammenhängend.

Es folgt unmittelbar, dass die Determinante $\det : \mathbf{U}(n) \to \mathbf{S}^1$ einen Isomorphismus $\pi_1(\mathbf{U}(n)) \cong \mathbf{Z}$ induziert, denn es ist ja $\mathbf{U}(n)$ homöomorph zu $\mathbf{S}^1 \times \mathbf{SU}(n)$.

5 Homologie

In diesem Kapitel beginnen wir mit dem Einstieg in die eigentliche algebraische Topologie.

Man kann ohne Übertreibung sagen, dass die Homologie-Theorie einer der wesentlichen und revolutionären Beiträge des zwanzigsten Jahrhunderts zur Entwicklung der Reinen Mathematik war. Ihre Entstehung vollzog sich innerhalb des Gebietes Topologie und kann durchaus mit der Entstehung dieses Gebietes gleichgesetzt werden; inzwischen hat sie aber Einzug in die meisten Bereiche der modernen Mathematik gehalten und ist von dort nicht mehr wegzudenken.

Die Entstehung der Homologie-Theorie war ein langwieriger Prozess. Ihre endgültige Gestalt, in der wir sie schließlich vorstellen werden, hatte sie erst zum Ende der ersten Hälfte dieses Jahrhunderts erreicht. Schon dies macht plausibel, dass es sich um einen komplizierten und nicht unbedingt leicht verständlichen Apparat handelt.

Wir beginnen das Kapitel mit einer Variante der Theorie für endliche simpliziale Komplexe. Der Nachteil dieser Methode besteht darin, dass die topologische Invarianz nicht offensichtlich und in der Tat nicht so einfach zu beweisen ist. Auf der anderen Seite wird aber der anschauliche Gehalt besonders deutlich. Im Anschluss an die simpliziale Version werden dann die Grundbegriffe der moderneren singulären Homologie-Theorie eingeführt.

Um die Eigenschaften der Theorie entwickeln zu können, untersuchen wir im zweiten Abschnitt systematischer die algebraischen Grundlagen über exakte Sequenzen und Kettenkomplexe. Außerordentlich wichtig für die Topologie ist auch der kategorielle Gesichtspunkt, der im darauf folgenden Abschnitt vorgestellt wird. Danach statten wir die Homologie-Theorie mit den notwendigen Werkzeugen aus, indem wir die Gültigkeit der Eilenberg-Steenrod Axiome nachweisen und Folgerungen herleiten. Wir beschränken uns dabei auf das Wesentliche; für ein vertieftes Studium seien die Bücher [Dol72] und [Spa95] empfohlen.

Die letzten vier Abschnitte sind Anwendungen der Homologie-Theorie gewidmet. Die klassischen Anwendungen beziehen sich auf den Dimensions-Begriff, den Umkreis des Brouwerschen Fixpunktsatzes und den Trennungs-Satz von Jordan-Brouwer, der den Jordanschen Kurvensatz auf beliebige Dimensionen verallgemeinert. Von fundamentaler Bedeutung ist die nachfolgende Berechnung der Homotopiegruppe $\pi_n(\mathbf{S}^n)$. In einem Abschnitt über zelluläre Homologie weisen wir nach, dass die simpliziale und singuläre Homologie da, wo sie beide definiert sind, übereinstimmen. Darauf aufbauend kehren wir dann mit dem Eulerschen Polyedersatz noch einmal zu einer der Wurzeln der Homologie-Theorie zurück.

5.1 Homologiegruppen

Im folgenden sei zunächst $(K, \mathfrak{K})$ ein endliches Polyeder. Wir werden mit Hilfe der simplizialen Struktur Homologiegruppen von $\mathfrak{K}$ definieren.

In Abschnitt 3.4 hatten wir eine kombinatorische Methode zur Berechnung der Fundamentalgruppe von K entwickelt. Dabei war allerdings das Wort „Berechnung" nur bedingt richtig, da wir lediglich eine Präsentation von $\pi_1(K)$ gewinnen konnten. Diese Einschränkung entfällt jedoch, wenn es nur darum geht, die abelsch gemachte Gruppe $\pi_1(K)^{ab}$ zu berechnen. Wie schon im Abschnitt über Flächen erläutert wurde, entsteht diese als Quotient von $\pi_1(K)$ nach der Kommutator-Untergruppe, das heißt nach der von allen Kommutatoren $\alpha\beta\alpha^{-1}\beta^{-1}$ erzeugten Untergruppe. Für abelsche Gruppen liefert eine endliche Präsentation schon eine effektive Berechnung der Gruppe.

Bei der abelsch gemachten Gruppe $\pi_1(K)^{ab}$ entfällt bei wegzusammenhängendem K zusätzlich die Abhängigkeit vom Basispunkt von K (den wir im Vorgriff hierauf bereits in der Notation vernachlässigt hatten): Ein Wechsel des Basispunktes induziert einen kanonischen Isomophismus der abelsch gemachten Fundamentalgruppen. Wir können also $\pi_1(K)^{ab}$ auffassen als eine abelsche Gruppe, die von beliebigen geschlossenen Kanten-Wegen (mit variablen Anfangspunkten) erzeugt wird. Ist nun $\{a_0, a_1, a_2\}$ ein 2-Simplex von $\mathfrak{K}$ und $a_0a_1a_2a_0$ der den Rand dieses Simplex durchlaufende Kantenweg, so gilt in $\pi_1(K)^{ab}$:

$$a_0a_1a_2a_0 \sim 0 \ .$$

Dies sind dann definierende Relationen für $\pi_1(K)^{ab}$.

Wir wollen nun die soeben beschriebene Konstruktion für $\pi_1(K)^{ab}$ auf höhere Dimensionen verallgemeinern. Wichtig in der obigen Definition ist unter anderem, dass in einem Kantenweg die einzelnen Simplizes mit einem Durchlaufsinn versehen werden, so dass man zwischen Anfangs- und Endpunkt eines Weges unterscheiden kann. Wie bei der Definition der Fundamentalgruppe verfahren wir auch in höheren Dimensionen so, dass wir durch eine Ordnungs-Relation auf der Menge der Eckpunkte einen Standard-Durchlaufsinn festlegen, bezüglich dessen wir dann zwischen positiv und negativ durchlaufenen Simplizes unterscheiden. Der Einfachheit halber werden wir von nun an von dem zugrunde liegenden Raum des Polyeders abstrahieren und nur den zugehörigen simplizialen Komplex verwenden.

Definition 5.1.1
Ein (endlicher) geordneter simplizialer Komplex $\mathfrak{K} = (\mathfrak{K}, <)$ besteht aus einem (endlichen) simplizialen Komplex $\mathfrak{K}$ und einer Total-Ordnung $<$ auf der Menge $\mathfrak{K}_0$ aller 0-Simplizes von $\mathfrak{K}$. Ist $\sigma \in \mathfrak{K}_n$ ein n-Simplex von $\mathfrak{K}$, so schreiben wir

$$\sigma = \langle x_0, x_1, \cdots, x_n \rangle \ ,$$

falls $\{x_0, \ldots, x_n\}$ die Menge der Eckpunkte von σ ist und falls $x_0 < x_1 < \cdots < x_n$ gilt.

Statt der Kantenwege werden wir in höheren Dimensionen Linearkombinationen von n-dimensionalen Simplizes betrachten; diese werden wir Ketten nennen. Dabei wird es später wichtig werden, genügende Flexibilität in Bezug auf die Wahl der Koeffizienten zu haben. Wir werden diese daher in der Definition möglichst allgemein wählen, etwa in einem Ring R, der stets als kommutativ mit Einselement vorausgesetzt sei. Die Ketten werden also Elemente eines R-Moduls sein. Für Leser, die mit R-Moduln noch keine Bekanntschaft gemacht haben, empfiehlt es sich, an den Fall $R = \mathbf{Z}$ zu denken (dann ist ein R-Modul nichts anderes als eine abelsche Gruppe) oder an den Fall eines Körpers R (dann ist ein R-Modul einfach ein R-Vektorraum). Im ersten Teil des Anhangs sind die Grundbegriffe aus der allgemeinen Theorie der R-Moduln kurz referiert.

Es sei also der Ring R fest gewählt; wir bezeichnen ihn als unseren Grund-Ring. In der Notation wird er nicht immer ausdrücklich erwähnt werden. Für den überwiegenden Teil dieses Kapitels schadet es nichts, dabei an den Ring $R = \mathbf{Z}$ der ganzen Zahlen zu denken.

Der zweite wichtige Punkt bei der obigen Definition von $\pi_1(K)^{ab}$ war nun die Beschränkung auf Summen von *geschlossenen* Kantenwegen. Definieren wir den Rand eines Kantenweges als die Differenz Endpunkt minus Anfangspunkt, so sind diese diejenigen Kantenwege, bei denen sich im Rand Anfangs- und Endpunkt gegenseitig aufheben. Zur Verallgemeinerung hiervon wollen wir den Rand eines Simplex (einschließlich Durchlaufsinn!) definieren. Geschlossene Ketten sind dann solche, bei denen sich alle Ränder gegeneinander aufheben.

Definition 5.1.2

1. Ist $\sigma = \langle x_0, x_1, \ldots, x_n \rangle$ ein n-Simplex von $\mathfrak{K}$ und $0 \le i \le n$, so heißt das $(n-1)$-Simplex

$$\partial_i \sigma = \langle x_0, \ldots, x_{i-1}, \widehat{x_i}, x_{i+1}, \ldots, x_n \rangle = \langle x_0, \ldots, x_{i-1}, x_{i+1}, \ldots, x_n \rangle$$

die i-te Seite von σ.

2. Die n-te Ketten-Gruppe von $\mathfrak{K} = (\mathfrak{K}, <)$ mit Koeffizienten in R ist der freie R-Modul $C_n(\mathfrak{K}) = C_n(\mathfrak{K}; R)$ mit Basis $\mathfrak{K}_n$. Der Rand-Operator $d_n : C_n(\mathfrak{K}) \to C_{n-1}(\mathfrak{K})$ ist definiert als Homomorphismus von R-Moduln mit

$$d_n \sigma := \sum_{i=0}^{n} (-1)^i \partial_i \sigma \ .$$

3. Es sei $Z_n(\mathfrak{K}) = \operatorname{Kern}(d_n)$ und $B_n(\mathfrak{K}) = \operatorname{Bild}(d_{n+1})$. Ein Element von $Z_n(\mathfrak{K})$ heißt geschlossene Ketten oder auch Zyklus, ein Element von $B_n(\mathfrak{K})$ heißen Rand oder auch exakte Kette.

Man mache sich klar, dass die Definition von d_n für kleine Werte von n der anschaulichen Vorstellung vom positiven Durchlaufsinn des Randes eines Simplex entspricht. Die Orientierung von $\mathfrak{K}$ spielt dabei dadurch eine Rolle, dass sie für die passende Numerierung der Rand-Komponenten benötigt wird.

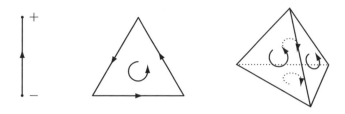

Abbildung 5.1: Rand eines Simplex

Für die Numerierung der Ränder gilt:

Hilfssatz 5.1.3
Für jedes Simplex σ ist

$$\partial_j \partial_i \sigma = \partial_{i-1} \partial_j \sigma \text{ für } j < i .$$

Die fundamentale Eigenschaft der obigen Rand-Definition ist nun die folgende: Bilden wir den Rand $b = d_n \sigma$ eines Simplex, so ist der Gesamt-Rand von b gleich Null, da sich alle auftretenden Rand-Komponenten gegenseitig wegheben. Dasselbe gilt dann natürlich auch für den Rand einer beliebigen Kette.

Lemma 5.1.4
Sei $\mathfrak{K} = (\mathfrak{K}, <)$ ein endlicher geordneter simplizialer Komplex. Dann gilt auf $C_n(\mathfrak{K})$:

$$d_{n-1} \circ d_n = 0 .$$

Beweis: Wir rechnen aus (für $\sigma \in \mathfrak{K}_n$):

$$d_{n-1} d_n(\sigma) = d_{n-1}\left(\sum_{i=0}^{n}(-1)^i \partial_i \sigma\right) = \sum_{i=0}^{n}(-1)^i d_{n-1}(\partial_i \sigma)$$

$$= \sum_{i=0}^{n}(-1)^i \sum_{j=0}^{n-1}(-1)^j \partial_j \partial_i \sigma .$$

Für $j < i$ ist nun nach dem Hilfssatz $\partial_j \partial_i \sigma = \partial_{i-1} \partial_j \sigma$. Wir erhalten:

$$d_{n-1} d_n(\sigma) = \sum_{n > j \geq i \geq 0}(-1)^{i+j} \partial_j \partial_i \sigma$$

$$+ \sum_{n \geq i > j \geq 0}(-1)^{i+j} \partial_{i-1} \partial_j \sigma .$$

Dabei kommt für $v \geq u$ der Term $\partial_v \partial_u \sigma$ in der ersten Summe mit dem Koeffizienten $(-1)^{u+v}$, in der zweiten mit dem Koeffizienten $(-1)^{v+1+u}$ vor. Die Gesamt-Summe ist also Null. $\qquad \square$

Insbesondere ist also

$$B_n(\mathfrak{K}) \subset Z_n(\mathfrak{K}) \ .$$

Solche Ketten-Gruppen und Rand-Operatoren werden uns von nun an immer wieder begegnen. Wir führen daher ein neues algebraisches Konzept ein, das diese Situation abstrakt beschreibt:

Definition 5.1.5

1. Ein Ketten-Komplex (C_*, d_*) (über R) besteht aus einer Folge von R-Moduln C_n (für $n \in \mathbf{Z}$) und Homomorphismen $d_n : C_n \to C_{n-1}$, so dass gilt:

$$d_{n-1} \circ d_n = 0 \ .$$

2. Ist (C_*, d_*) ein Kettenkomplex, so heißt $Z_n = Z_n(C_*) = \{\, c \in C_n \mid d_n c = 0 \,\}$ die Gruppe der n-dimensionalen Zyklen von (C_*, d_*) und $B_n = B_n(C_*) = \{\, c \in C_n \mid c = d_{n+1} c' \text{ für ein } c' \in C_{n+1} \,\}$ die Gruppe der n-dimensionalen Ränder. Die Quotienten-Gruppe

$$H_n(C_*, d_*) := Z_n / B_n$$

heißt die n-te Homologiegruppe von (C_*, d_*).

Auf den Index wird meistens mit dem Wort Dimension Bezug genommen. Die Gruppe

$$H_*(C_*, d_*) := \bigoplus_n H_n(C_*, d_*)$$

wird als totale Homologie des Ketten-Komplexes bezeichnet. Die Homomorphismen d_n werden Rand-Homomorphismen oder auch Differentiale genannt. Eine übliche Bezeichnung für Homologiegruppen ist $[z] \in H_n(C_*, d_*)$ oder auch $z + B_n$ für die Neben-Klasse von $z \in Z_n$.

Definition 5.1.6

Sei $\mathfrak{K}$ ein endlicher geordneter simplizialer Komplex. Die n-te Homologiegruppe von $\mathfrak{K}$ ist die Quotientengruppe

$$H_n(\mathfrak{K}) := Z_n(\mathfrak{K}) / B_n(\mathfrak{K}) \ .$$

Ist $z \in Z_n(\mathfrak{K})$ ein Zyklus, so bezeichnen wir mit $[z] = z + B_n(\mathfrak{K}) \in H_n(\mathfrak{K})$ seine Homologiegruppe; zwei Zyklen heißen homolog, wenn ihre Homologiegruppen gleich sind.

Wir betrachten zunächst als Beispiele einige kombinatorische Flächen. Da nach der obigen Einführung die erste Homologiegruppe trivial aus der Fundamentalgruppe berechenbar ist (und in Satz 3.8.19 berechnet wurde), beschäftigen wir uns mit der zweiten Homologie.

Die Abbildung zeigt Triangulierungen eines Torus und einer Kleinschen Flasche; die gleich bezeichneten 1-Simplizes auf dem Rand der Rechteck-Flächen sind identifiziert zu denken.

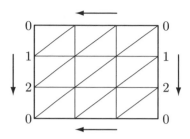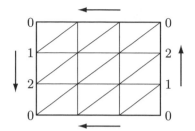

Abbildung 5.2: Homologie des Torus und der Kleinschen Flasche

Bei beiden Flächen kommt jedes 1-Simplex in genau zwei 2-Simplizes vor. Ein 2-Zyklus muss also solche benachbarten 2-Simplizes mit entgegengesetzten Koeffizienten enthalten. Berücksichtigen wir zuerst nur die im Inneren der Rechtecke gelegenen 1-Simplizes, so erhalten wir, dass sämtliche Kandidaten für 2-Zyklen Vielfache der Kette c sein müssen, die die Summe aller 2-Simplizes mit den in der Abbildung angedeuteten Orientierungen ist. Prüfen wir nun nach, was der Rand von c ist, so finden wir im Fall des Torus tatsächlich $d_2 c = 0$. Es folgt also, dass $H_2(F_1; \mathbf{Z}) \cong \mathbf{Z}$ ist, wobei die Homologiegruppe $[c]$ ein Erzeugendes ist. Im Falle der Kleinschen Flasche erhalten wir jedoch wegen der anderen Identifizierungen

$$d_2 c = 2\langle 0, 1 \rangle + 2\langle 1, 2 \rangle - 2\langle 0, 2 \rangle \ .$$

Es ist also bei Koeffizienten in $\mathbf{Z}$ kein Vielfaches von c ein Zyklus, so dass $H_2(N_2; \mathbf{Z}) = 0$ folgt. Aber dieses Ergebnis beruht darauf, dass 2 in $\mathbf{Z}$ kein Nullteiler ist; nehmen wir also zum Beispiel den Körper $\mathbf{F}_2 = \mathbf{Z}/2\mathbf{Z}$ der Charakteristik zwei als Koeffizienten-Ring, so wird $d_2(c) = 0$ in $C_1(N_2; \mathbf{F}_2)$. Es folgt, dass $H_2(N_2; \mathbf{F}_2) \cong \mathbf{F}_2$ ist, wieder erzeugt von der Homologiegruppe $[c]$.

Wir betrachten allgemeiner die zweite Homologie einer Fläche vom Geschlecht g.

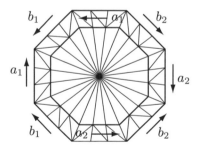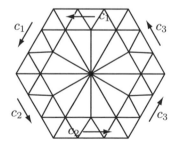

Abbildung 5.3: Homologie von Flächen

Dazu stellen wir uns die in der Abbildung gezeigten Polygon-Modelle trianguliert vor. Den Kanten a_1, b_1 etc. des Polygon-Modells entsprechen dann 1-dimensionale Ketten.

Wie im vorigen Beispiel ist anschaulich klar, dass ein 2-Zyklus ein Vielfaches von

$$c = \sum_\sigma (-1)^{\varepsilon_\sigma} \sigma$$

sein muss, wobei σ alle 2-Simplizes durchläuft und die Vorzeichen so gewählt sind, dass die im Inneren des Polygon-Modells gelegenen 1-Simplizes in den benachbarten 2-Simplizes mit verschiedenen Orientierungen vorkommen.

Nun wird aber im Fall der orientierbaren Fläche F_g

$$d_2 c = a_1 + b_1 - a_1 - b_1 + \ldots + a_g + b_g - a_g - b_g = 0 \,,$$

so dass sich $H_2(F_g; \mathbf{Z}) \cong \mathbf{Z}$ ergibt. Dagegen wird im Fall der nicht orientierbaren Fläche N_g

$$d_2 c = 2c_1 + 2c_2 + \ldots + 2c_g \,.$$

Es wird also $H_2(N_g; \mathbf{Z}) = 0$ und $H_2(N_g; \mathbf{F}_2) \cong \mathbf{F}_2$.

Wir werden später sehen, dass sich diese mehr heuristischen Überlegungen durchaus zu präzisen Beweisen machen lassen.

Als weiteres Beispiel betrachten wir ein n-Simplex $\Delta^n = \Delta(e_0, \ldots, e_n)$ mit der Anordnung $e_i < e_{i+1}$.

Satz 5.1.7
Es ist

$$H_k(\Delta^n; R) \cong \begin{cases} R \,, & k = 0 \,, \\ 0 & \text{sonst} \,. \end{cases}$$

Beweis: Wir definieren einen Homomorphismus $D : C_k(\Delta^n) \to C_{k+1}(\Delta^n)$ durch

$$D\langle e_{i_0}, \ldots, e_{i_k}\rangle = \begin{cases} (-1)^{k+1}\langle e_{i_0}, \ldots, e_{i_k}, e_n\rangle & \text{für } i_k < n \,, \\ 0 & \text{sonst} \,. \end{cases}$$

Es ist dann für $k > 0$ und $i_k < n$:

$$
\begin{aligned}
d_{k+1} &D\langle e_{i_0}, \ldots, e_{i_k}\rangle + D d_k\langle e_{i_0}, \ldots, e_{i_k}\rangle = \\
&= \sum_{0 \le \nu \le k} (-1)^{k+1+\nu}\langle e_{i_0}, \ldots, \widehat{e_{i_\nu}}, \ldots, e_{i_k}, e_n\rangle + \langle e_{i_0}, \ldots, e_{i_k}\rangle \\
&\quad + \sum_{0 \le \nu \le k} (-1)^{k+\nu}\langle e_{i_0}, \ldots, \widehat{e_{i_\nu}}, \ldots, e_{i_k}, e_n\rangle \\
&= \langle e_{i_0}, \ldots, e_{i_k}\rangle \,.
\end{aligned}
$$

Für $k > 0$ und $i_k = n$ wird dagegen $D\langle e_{i_0}, \ldots, e_{i_k}\rangle = 0$ und, wenn $\nu < k$ ist, $D\partial_\nu\langle e_{i_0}, \ldots, e_{i_k}\rangle = 0$. Es folgt auch in diesem Fall

$$
\begin{aligned}
d_{k+1} &D\langle e_{i_0}, \ldots, e_{i_k}\rangle + D d_k\langle e_{i_0}, \ldots, e_{i_k}\rangle = \\
&= (-1)^k D\langle e_{i_0}, \ldots, e_{i_{k-1}}\rangle \\
&= \langle e_{i_0}, \ldots, e_{i_k}\rangle \,.
\end{aligned}
$$

Damit gilt, falls $k > 0$ ist, für jede Kette $c \in C_k(\Delta^n)$

$$d_{k+1}D(c) + D(d_k c) = c .$$

Ist c ein Zyklus, so folgt nun, dass $c = d_{k+1}Dc$ ein Rand ist.

Im Fall $k = 0$ ist jedes Null-Simplex $\langle e_i \rangle$ ein Zyklus und jede Differenz $\langle e_i \rangle - \langle e_j \rangle$ ein Rand. $\qquad \square$

Hieraus gewinnen wir leicht ein interessanteres Beispiel. Es sei $n > 0$ und $\partial \Delta^n \subset \Delta^n$ der Unterkomplex, der aus allen Simplizes einer Dimension $< n$ besteht.

Satz 5.1.8

Für $n > 1$ ist

$$H_k(\partial \Delta^n; R) \cong \begin{cases} R & , \quad k = 0 \text{ oder } k = n - 1 , \\ 0 & \text{sonst} . \end{cases}$$

Beweis: Die Kettengruppen beider Komplexe unterscheiden sich nur in der Dimension n. Es folgt daher, da $d_n : C_n(\Delta^n) \to B_{n-1}(\Delta^n)$ und $Z_{n-1}(\Delta^n) \hookrightarrow B_{n-1}(\Delta^n)$ Isomorphismen sind, dass $Z_{n-1}(\partial \Delta^n) = Z_{n-1}(\Delta^n) = B_{n-1}(\Delta^n) \cong R$ sein muss. Da $B_{n-1}(\partial \Delta^n) = 0$ ist (wegen $C_n(\partial \Delta^n) = 0$), ist auch $H_{n-1}(\partial \Delta^n) \cong R$. $\qquad \square$

Die Behandlung von Abbildungen ist in der simplizialen Theorie etwas umständlich, aber immer noch recht anschaulich. Wir beginnen mit der algebraischen Definition:

Definition 5.1.9

Ein Homomorphismus $f : (C_*, d_*) \to (C'_*, d'_*)$ zwischen Kettenkomplexen ist eine Familie von Homomorphismen

$$f_n : C_n \to C'_n ,$$

so dass gilt:

$$d'_n \circ f_n = f_{n-1} \circ d_n .$$

Die wichtige Konsequenz ist, dass diese Definition mit der Bildung von Homologie verträglich ist:

Lemma 5.1.10

Ein Homomorphismus $f : (C_*, d_*) \to (C'_*, d'_*)$ zwischen Kettenkomplexen induziert Homomorphismen

$$f_* = H_n(f) : H_n(C_*, d_*) \to H_n(C'_*, d'_*)$$

mit $f_*[z] = [f_n(z)]$ für $z \in Z_n \subset C_n$.

Beweis: Es ist offenbar $f(Z_n) \subset Z'_n$ und $f(B_n) \subset B'_n$. $\qquad \square$

Um aber für simpliziale Abbildungen einen Homomorphismus von Ketten-Komplexen definieren zu können, benötigen wir noch einige Vorbereitungen.

Sei $\sigma = \langle x_0, \ldots, x_n \rangle \in \mathfrak{K}_n$ mit $x_0 < \ldots < x_n$.

Definition 5.1.11

Für eine Permutation τ von $\{0, \ldots, n\}$ sei

$$\langle x_{\tau(0)}, \ldots, x_{\tau(n)} \rangle := \operatorname{sign}(\tau) \cdot \langle x_0, \ldots, x_n \rangle$$

in $C_n(\mathfrak{K})$.

Wir benötigen:

Hilfssatz 5.1.12

Es ist

$$d\langle x_{\tau(0)}, \ldots, x_{\tau(n)} \rangle = \sum_{0 \leq i \leq n} (-1)^i \langle x_{\tau(0)}, \ldots, \widehat{x_{\tau(i)}}, \ldots, x_{\tau(n)} \rangle$$

Beweis: Es ist

$$\langle x_{\tau(0)}, \ldots, \widehat{x}_{\tau(i)}, \ldots, x_{\tau(n)} \rangle = \varepsilon \partial_{\tau(i)} \sigma$$

wobei ε das Vorzeichen der Permutation

$$\tau' = \tau|_{\{0, \ldots, n\} - \{i\}} : \{0, \ldots, n\} - \{i\} \to \{0, \ldots, n\} - \{\tau(i)\}$$

(bezüglich der natürlichen Anordnungen) ist. Bezeichnet aber ζ_k die zyklische Permutation $(k, k+1, \ldots, n)$, so ist

$$\operatorname{sign}(\tau') = \operatorname{sign}(\zeta_{\tau(i)}^{-1} \tau \zeta_i) = (-1)^{i - \tau(i)} \operatorname{sign}(\tau)$$

und die Behauptung folgt. $\qquad\square$

Damit haben wir nun für jedes n-Simplex $\sigma = \{x_0, \ldots, x_n\} \in \mathfrak{K}_n$ ein Element

$$\langle x_0, \ldots, x_n \rangle \in C_n(\mathfrak{K})$$

definiert - unabhängig davon, ob die Numerierung die Ordnungsrelation auf $\mathfrak{K}_0$ respektiert oder nicht. Darüber hinaus gilt

$$d\langle x_0, \ldots, x_n \rangle = \sum_{0 \leq i \leq n} (-1)^i \langle x_0, \ldots, \widehat{x}_i, \ldots, x_n \rangle$$

in voller Allgemeinheit.

Definition 5.1.13

Sei $\varphi : \mathfrak{K} \to \mathfrak{L}$ eine simpliziale Abbildung. Für ein n-Simplex $\sigma = \{x_0, \ldots, x_n\}$ von $\mathfrak{K}$ sei

$$\varphi_\sharp \langle x_0, \ldots, x_n \rangle = \begin{cases} \langle \varphi(x_0), \ldots, \varphi(x_n) \rangle & , \quad \text{falls } \varphi \text{ auf } \sigma \text{ injektiv ist},\\ 0 & \quad \text{sonst}. \end{cases}$$

Wir können nun zeigen:

Lemma 5.1.14

Seien $\mathfrak{K}$ und $\mathfrak{L}$ geordnete simpliziale Komplexe und sei $\varphi : \mathfrak{K} \to \mathfrak{L}$ eine simpliziale Abbildung. Dann ist $\varphi_\sharp : C_n(\mathfrak{K}) \to C_n(\mathfrak{L})$ mit den Rand-Operatoren verträglich.

Beweis: Es ist $\varphi_\sharp d_n \langle x_0, \ldots, x_n \rangle = d_n \varphi_\sharp \langle x_0, \ldots, x_n \rangle$ zu verifizieren. Falls φ auf $\{x_0, \ldots, x_n\}$ injektiv ist, ist das klar. Ist aber etwa $\varphi(x_0) = \varphi(x_1)$, so ist $\varphi_\sharp \langle x_0, \ldots, x_n \rangle = 0$, also auch $d_n \varphi_\sharp \langle x_0, \ldots, x_n \rangle = 0$; andererseits wird dann $\varphi_\sharp \langle x_0, \ldots, \widehat{x_i}, \ldots, x_n \rangle = 0$ für $i \neq 0, 1$. Ist φ auch auf $\{x_1, \ldots, x_n\}$ nicht injektiv, so verschwinden die letzten Terme sogar für $i = 0, 1$. Andernfalls folgt aber

$$
\begin{aligned}
\varphi_\sharp d \langle x_0, \ldots, x_n \rangle &= \varphi_\sharp (\langle x_1, x_2, \ldots x_n \rangle - \langle x_0, x_2, \ldots, x_n \rangle) \\
&= \langle \varphi(x_1), \varphi(x_2), \ldots, \varphi(x_n) \rangle - \langle \varphi(x_0), \varphi(x_2), \ldots, \varphi(x_n) \rangle \\
&= 0
\end{aligned}
$$

wegen $\varphi(x_0) = \varphi(x_1)$. $\qquad\square$

Korollar 5.1.15

Seien $\mathfrak{K}$ und $\mathfrak{L}$ geordnete simpliziale Komplexe und sei $\varphi : \mathfrak{K} \to \mathfrak{L}$ eine simpliziale Abbildung. Dann induziert φ einen Homomorphismus

$$
\varphi_* : H_n(\mathfrak{K}) \to H_n(\mathfrak{L})
$$

durch $\varphi_*[c] = [\varphi_\sharp(c)]$.

Man prüft leicht nach, dass bei dieser Konstruktion $\varphi_* \circ \psi_* = (\varphi \circ \psi)_*$ ist. Trivialerweise gilt $\mathrm{id}_* = \mathrm{id}$. Hieraus folgt insbesondere, dass die Homologiegruppen des geordneten simplizialen Komplexes $\mathfrak{K}$ bis auf kanonische Isomorphie unabhängig von der Ordnungs-Relation auf dem zugrundeliegenden simplizialen Komplex sind.

Bevor wir die Betrachtung simplizialer Homologiegruppen hier beenden, notieren wir noch abschließend die den obigen einführenden Überlegungen zugrunde liegende Eigenschaft der ersten Homologiegruppe:

Satz 5.1.16

Sei $(K, \mathfrak{K})$ ein zusammenhängendes endliches Polyeder. Dann gibt es einen kanonischen Isomorphismus

$$
\pi_1(K)^{ab} \xrightarrow{\cong} H_1(\mathfrak{K}; \mathbf{Z}) \ .
$$

Schon diese simpliziale Homologie-Theorie, deren Definition wir bis hierhin vorgestellt haben, ist ein mächtiges Hilfsmittel zur Bearbeitung topologischer Probleme; Beispiele hierfür werden wir später noch kennenlernen. Auf der anderen Seite muss man jedoch zugeben, dass das Arbeiten mit expliziten Triangulierungen einigermaßen mühsam ist und dass der Theorie viel an Flexibilität fehlt. Dies zeigt sich insbesondere in der Beschränkung auf simpliziale Abbildungen.

Das hauptsächliche Manko besteht aber wohl in der Schwierigkeit, die Unabhängigkeit von der Wahl der Triangulierung nachzuweisen. In der Tat gilt, dass die Homologiegruppen $H_n(\mathfrak{K})$ nur vom Homotopie-Typ von $|\mathfrak{K}|$ abhängen. Der Beweis hierfür ist zwar auch innerhalb der simplizialen Theorie möglich, doch stellt es sich als einfacher heraus, eine Definition der Homologiegruppen zu geben, die die Triangulierung gar nicht erst benutzt. Dies geschieht durch die sogenannte singuläre Homologie-Theorie. Die entscheidende Idee dabei ist es, einen Raum nicht in Simplizes zu zerlegen, sondern die Gesamtheit aller möglichen Simplizes in diesem Raum zu betrachten.

Ziel des Rests dieses Abschnitts ist es, die Grundlagen für den Begriffs-Apparat dieser singulären Homologietheorie zu entwickeln.

Mit

$$\Delta^n = \{\, (x_0, \ldots, x_n) \in \mathbf{R}^{n+1} \mid 0 \le x_i \le 1 \ \text{und} \ \Sigma x_i = 1 \,\}$$

bezeichnen wir wieder das Standard-n-Simplex. Eine $(n-1)$-dimensionale Seite von Δ^n erhalten wir, indem wir eine Koordinate, etwa x_i, gleich Null setzen. Wir können diese Seite $\partial_i \Delta^n$ (für $0 \le i \le n$) auch beschreiben als Bild der Abbildung $\delta_i^{(n)} = \delta_i : \Delta^{n-1} \to \Delta^n$ mit

$$\delta_i(x_0, \ldots, x_{n-1}) = (x_0, \ldots, x_{i-1}, 0, x_i, \ldots, x_{n-1})\ .$$

Wir haben dann (analog zu Hilfssatz 5.1.4):

Hilfssatz 5.1.17
Für $j < i$ ist $\delta_i \circ \delta_j = \delta_j \circ \delta_{i-1}$.

Es folgt natürlich, dass für $j \ge i$ gilt: $\quad \delta_i \circ \delta_j = \delta_{j+1} \circ \delta_i$.

Es sei nun X ein topologischer Raum.

Definition 5.1.18
Ein singuläres n-Simplex in X ist eine stetige Abbildung $\sigma : \Delta^n \to X$. Die Menge aller singulären n-Simplizes in X werde mit $\mathcal{S}_n(X)$ bezeichnet. Für $\sigma \in \mathcal{S}_n(X)$ heißt

$$\partial_i \sigma = \sigma \circ \delta_i^{(n)} \in \mathcal{S}_{n-1}(X)$$

die i-te Seite von σ. Ist $f : X \to Y$ eine stetige Abbildung, so wird die von f induzierte Abbildung $\sigma \mapsto f \circ \sigma$ durch $f_\sharp : \mathcal{S}_n(X) \to \mathcal{S}_n(Y)$ definiert.

Wie bei der simplizialen Homologie wollen wir jedem Simplex seinen Gesamt-Rand zuordnen. Zum Beispiel soll der Rand eines 1-Simplex die Differenz der Randpunkte sein (aufgefasst als 0-Simplizes). Zur Vorbereitung müssen wir ebenfalls zuerst Ketten-Gruppen definieren.

Definition 5.1.19

1. $S_n(X) = S_n(X; R)$ sei der freie R-Modul mit Basis $\mathcal{S}_n(X)$. Die Elemente von $S_n(X)$ heißen singuläre n-Ketten in X (mit Koeffizienten in R); sie sind endliche (formale) R-Linearkombinationen von Elementen von $\mathcal{S}_n(X)$.

2. Ist $f : X \to Y$ eine stetige Abbildung, so ist die induzierte Ketten-Abbildung $f_\sharp : S_n(X) \to S_n(Y)$ durch $\sigma \mapsto f_\sharp(\sigma) = f \circ \sigma$ (für $\sigma \in \mathcal{S}_n(X)$) definiert.

3. Der Rand-Operator $d_n : S_n(X) \to S_{n-1}(X)$ ist der eindeutig bestimmte Homomorphismus mit

$$d_n(\sigma) = \sum_{i=0}^{n} (-1)^i \partial_i \sigma \ \in \ S_{n-1}(X)$$

(für $\sigma \in \mathcal{S}_n(X)$).

Wie in dieser Definition werden wir auch im folgenden die Angabe des Grund-Rings R meistens unterdrücken, sofern die Wahl von R in der betrachteten Situation beliebig ist. Wenn es darauf ankommt, um welchen Ring R es sich handelt, wird dies natürlich in der Notation berücksichtigt.

Das folgende Lemma ist wieder grundlegend für die Theorie. Es besagt, dass die Gruppen $S_n(X)$ einen Ketten-Komplex bilden. Dieser heißt der singuläre (Ketten-) Komplex von X.

Lemma 5.1.20

In der singulären Ketten-Gruppe gilt:

$$d_{n-1} \circ d_n = 0 \ .$$

Beweis: Das ist genau dieselbe Rechnung wie in Lemma 5.1.4 für die simpliziale Theorie.
$\square$

Nun können wir wieder Homologiegruppen definieren:

Definition 5.1.21

Für einen topologischen Raum X heißt

$$Z_n(X) = \mathrm{Kern}(d_n : S_n(X) \to S_{n-1}(X))$$

die Gruppe der singulären n-Zyklen in X und

$$B_n(X) = \mathrm{Bild}(d_{n+1} : S_{n+1}(X) \to S_n(X))$$

die Gruppe der singulären Ränder. Die Quotienten-Gruppe

$$H_n(X) = H_n(X; R) = Z_n(X)/B_n(X)$$

heißt die n-te singuläre Homologiegruppe von X.

Wir notieren noch die offensichtliche Tatsache, dass die induzierten Abbildungen $f_\sharp$

Homomorphismen von Ketten-Komplexen sind:

Hilfssatz 5.1.22
Für $f : X \to Y$ und $c \in S_n(X)$ gilt $d_n f_\sharp c = f_\sharp d_n c$.

Die singulären Kettengruppen sind natürlich im allgemeinen riesige und unhandliche Geräte. Lediglich für endliche (und diskrete!) Räume kann man sie wohl wirklich hinschreiben. So sehen sie zum Beispiel für einen einpunktigen Raum P wie folgt aus:

$$0 \longleftrightarrow S_0 \longleftarrow S_1 \longleftarrow S_2 \longleftarrow S_3 \longleftarrow S_4 \longleftarrow \cdots$$
$$\| \quad \| \quad \| \quad \| \quad \|$$
$$R \xleftarrow{\text{id}} R \xleftarrow{0} R \xleftarrow{\text{id}} R \xleftarrow{0} R \longleftarrow \cdots$$

Es folgt damit:

$$H_n(P;R) = \begin{cases} R & , \quad n = 0 \,, \\ 0 & \quad \text{sonst} \,. \end{cases}$$

Für interessantere Räume lassen sich die singulären Homologiegruppen jedoch nicht so einfach ausrechnen. Um wirklich zu Anwendungen der singulären Homologie-Theorie zu kommen, müssen wir zunächst weitere algebraische Hilfsmittel für den Umgang mit Homologiegruppen entwickeln.

5.2 Ketten-Komplexe

Wir benötigen etwas mehr Theorie, um Homologiegruppen eingehender untersuchen zu können. Zunächst brauchen wir einige Ergänzungen aus der linearen Algebra, welche allerdings nicht viel mehr beinhalten als eine neue Sprechweise, die sich im späteren Verlauf als nützlich erweisen wird.

R bezeichnet wieder einen fest gewählten Grund-Ring (zum Beispiel $R = \mathbf{Z}$). Alle betrachteten Modulin sollen, sofern nichts anderes ausdrücklich gesagt ist, Modulin über diesem Ring R sein.

Definition 5.2.1
Sei

$$\cdots \to A_i \xrightarrow{f_i} A_{i-1} \xrightarrow{f_{i-1}} A_{i-2} \to \cdots$$

eine (endliche oder unendliche) Folge von R-Modulin und Homomorphismen. Die Folge heißt eine 0-Sequenz, wenn die Komposition je zwei aufeinanderfolgender Homomorphismen verschwindet:

$$f_{i-1} \circ f_i = 0 \,.$$

Eine 0-Sequenz heißt exakt, wenn darüber hinaus für jedes i gilt:

$$\text{Kern}(f_{i-1}) = \text{Bild}(f_i) \,.$$

Offenbar ist eine Folge genau dann eine 0-Sequenz beziehungsweise exakt, wenn dies für jede Teilfolge aus zwei aufeinanderfolgenden Homomorphismen gilt. Ein Kettenkomplex ist also nichts anderes als eine durch $\mathbf{Z}$ indizierte 0-Sequenz (C_*, d_*). Die Homologie misst sozusagen die Abweichung von der Exaktheit bei dieser 0-Sequenz.

Hilfssatz 5.2.2
Die Zweier-Sequenz $A_i \xrightarrow{f_i} A_{i-1} \xrightarrow{f_{i-1}} A_{i-2}$ ist genau dann exakt, wenn die induzierte Sequenz $0 \to \mathrm{Bild}(f_i) \hookrightarrow A_{i-1} \xrightarrow{f_{i-1}} \mathrm{Bild}(f_{i-1}) \to 0$ exakt ist.

Wir schicken einige weitere elementare Eigenschaften dieser Begriffe voraus. Es sei $f: A \to B$ ein Homomorphismus von R-Moduln. Dann ist offenbar

$$0 \to \mathrm{Kern}(f) \to A \xrightarrow{f} B \to \mathrm{Kokern}(f) \to 0$$

exakt. Als Folgerung halten wir fest:

Lemma 5.2.3
Ein Homomorphismus $f: A \to B$ von R-Moduln ist genau dann

1. injektiv, wenn $0 \to A \xrightarrow{f} B$ exakt ist,
2. surjektiv, wenn $A \xrightarrow{f} B \to 0$ exakt ist,
3. ein Isomorphismus, wenn $0 \to A \xrightarrow{f} B \to 0$ exakt ist.

Diese Eigenschaften sowie die unmittelbar folgenden werden wir von nun an stillschweigend benutzen.

Aufgabe 5.2.4
Für Untermoduln eines R-Moduls A gilt:

1. Ist $C \subset B \subset A$, so gibt es eine exakte Sequenz $0 \to B/C \to A/C \to A/B \to 0$.
2. Ist $B_1 \subset A_1$ und $B_2 \subset A_2$, so gibt es eine exakte Sequenz

$$0 \to (A_1 \cap A_2)/(B_1 \cap B_2) \to A_1/B_1 \oplus A_2/B_2 \to (A_1 + A_2)/(B_1 + B_2) \to 0.$$

Unter einer kurzen exakten Sequenz versteht man eine exakte Sequenz der Gestalt

$$0 \to A \xrightarrow{f} B \xrightarrow{g} C \to 0. \tag{5.1}$$

Bei der kurzen exakten Sequenz (5.1) ist also $A \cong \mathrm{Kern}(g)$ und $C \cong \mathrm{Kokern}(f)$.

Lemma 5.2.5
Sei $0 \to A \xrightarrow{f} B \xrightarrow{g} C \to 0$ eine kurze exakte Sequenz von R-Moduln. Dann sind die folgenden Aussagen äquivalent:

1. Es gibt einen Homomorphismus $s: C \to B$ mit $g \circ s = \mathrm{id}_C$.
2. Es gibt einen Homomorphismus $t: B \to A$ mit $t \circ f = \mathrm{id}_A$.
3. Es gibt einen Isomorphismus $h: A \oplus C \to B$ mit $h(a,0) = f(a)$ und $g(h(a,c)) = c$.

Beweis: Hat s die obige Eigenschaft, so ist $g(b-s(g(b))) = 0$, also $t(b) := f^{-1}\big(b-s(g(b))\big)$ wohldefiniert mit $t(s(c)) = 0$. Damit ist dann $h(a,c) = f(a) + s(c)$ ein Isomorphismus. Umgekehrt definiert h auch die Abbildung s und damit t. $\square$

Eine kurze exakte Sequenz heißt *spaltend*, wenn sie die Bedingungen des vorangehenden Lemmas erfüllt.

Hilfssatz 5.2.6
Sei $0 \to A \overset{f}{\to} B \overset{g}{\to} C \to 0$ eine kurze exakte Sequenz von R-Moduln. Ist C ein freier R-Modul, so ist die Sequenz spaltend.

Beweis: Wir können den Homomorphismus s des obigen Lemmas 6.1 auf einer Basis durch Auswahl definieren. $\square$

Das folgende Lemma wird uns oft nützlich sein. Die verwendete Beweis-Technik wird auch als Diagramm-Jagd bezeichnet.

Lemma 5.2.7 (5-Lemma)
In dem kommutativen Diagramm von R-Moduln

$$
\begin{array}{ccccccccc}
A & \overset{a}{\to} & B & \overset{a}{\to} & C & \overset{c}{\to} & D & \overset{d}{\to} & E \\
\downarrow\alpha & & \downarrow\beta & & \downarrow\gamma & & \downarrow\delta & & \downarrow\varepsilon \\
A' & \overset{a'}{\to} & B' & \overset{b'}{\to} & C' & \overset{c'}{\to} & D' & \overset{d'}{\to} & E'
\end{array}
\tag{5.2}
$$

seien die Zeilen exakt. Dann gilt:

1. γ ist injektiv, falls α surjektiv ist und β, δ injektiv sind.
2. γ ist surjektiv, falls ε injektiv ist und β, δ surjektiv sind.

Beweis: 1.: Sei $x \in C$ mit $\gamma(x) = 0$. Dann ist $\delta c(x) = 0$, also $c(x) = 0$. Wegen der Exaktheit ist $x = b(y)$ für ein $y \in B$. Wegen $b'\beta(y) = \gamma(x) = 0$ ist $\beta(y) = a'(z)$ für ein $z \in A'$. Sei $z = \alpha(t)$ für $t \in A$. Dann wird $\beta a(t) = \beta(y)$, also $a(t) = y$ wegen der Injektivität von β. Es folgt $x = b(y) = ba(t) = 0$.
2.: Sei $x \in C'$ und $c'(x) = \delta(y)$ für $y \in D$. Wegen $\varepsilon d(y) = d'c'(x) = 0$ ist $d(y) = 0$. Also gibt es ein $z \in C$ mit $c(z) = y$. Nun wird $C'(x - \gamma(z)) = c'(x) - \delta c(z) = c'(x) - \delta(y) = 0$, also $x - \gamma(z) = b'(t)$ für ein $t \in B'$. Sei $t = \beta s$ mit $s \in B$. Dann ist

$$
x = \gamma(z) + b'(t) = \gamma(z) + b'\beta(s) = \gamma(z + bs) \ ,
$$

also x im Bild von γ. $\square$

Der wichtigste Spezialfall des Lemmas ist der folgende, der auch oft einfach als das Fünfer-Lemma bezeichnet wird:

Korollar 5.2.8
Sind im obigen Diagramm (5.2) die Abbildungen $\alpha, \beta, \delta, \varepsilon$ sämtlich Isomorphismen, so ist auch γ Isomorphismus.

Wir betrachten nun noch ein kommutatives Diagramm

$$
\begin{array}{ccccc}
A & \xrightarrow{a} & B & \xrightarrow{b} & C \\
\downarrow{\alpha} & & \downarrow{\beta} & & \downarrow{\gamma} \\
A' & \xrightarrow{a'} & B' & \xrightarrow{b'} & C'
\end{array}
\tag{5.3}
$$

von R-Moduln. Für die folgende Definition spielen die Moduln A und C' noch keine Rolle.

Definition 5.2.9

Sei das kommutative Diagramm (5.3) gegeben. Für $y \in A'$ und $x \in C$ sei

$$
y \in \partial(x) \, ,
$$

wenn es ein $z \in B$ gibt mit $b(z) = x$ und $a'(y) = \beta(z)$. Die Relation ∂ heiße die Rand-Relation des Diagramms (5.3).

Zu jedem $x \in C$ ist also $\partial(x)$ eine Teilmenge von A', welche aber auch leer sein kann. Ist die obere Zeile des Diagramms eine 0-Sequenz (was in der Regel vorausgesetzt werden wird), so ist jede nicht-leere Teilmenge $\partial(x)$ eine Vereinigung von Nebenklassen nach Bild(α) + Kern(a'); ist die obere Zeile sogar exakt, so besteht ein nicht-leeres $\partial(x)$ aus genau einer solchen Nebenklasse.

Wir setzen nun voraus, dass die Zeilen des Diagramms exakt sind, und bilden in vertikaler Richtung Kerne und Kokerne. Es ist dann klar, dass die Sequenzen

$$
\text{Kern}(\alpha) \xrightarrow{a} \text{Kern}(\beta) \xrightarrow{b} \text{Kern}(\gamma)
$$

und
$$
\text{Kokern}(\alpha) \xrightarrow{a'} \text{Kokern}(\beta) \xrightarrow{b'} \text{Kokern}(\gamma)
$$

0-Sequenzen sind; sie sind jedoch im allgemeinen nicht exakt.

Lemma 5.2.10 (Schlangen-Lemma)

Sei das kommutative Diagramm (5.3) mit exakten Zeilen gegeben. Dann gilt:

1. Ist a' injektiv, so ist Kern$(\alpha) \xrightarrow{a}$ Kern$(\beta) \xrightarrow{b}$ Kern(γ) exakt.

2. Ist b surjektiv, so ist Kokern$(\alpha) \xrightarrow{a'}$ Kokern$(\beta) \xrightarrow{b'}$ Kokern(γ) exakt.

3. Ist a' injektiv und b surjektiv, so definiert die Rand-Relation des Diagramms (5.3) einen Homomorphismus $\partial : \text{Kern}(\gamma) \to \text{Kokern}(\alpha)$. Die Sequenz

   Kern$(\alpha) \xrightarrow{a}$ Kern$(\beta) \xrightarrow{b}$ Kern$(\gamma) \xrightarrow{\partial}$ Kokern$(\alpha) \xrightarrow{a'}$ Kokern$(\beta) \xrightarrow{b'}$ Kokern(γ) ist exakt.

∂ wird als verbindender Homomorphismus bezeichnet.

Beweis: Der Beweis ist ein weiteres Beispiel für eine Diagramm-Jagd; das relevante Diagramm findet sich auf der nächsten Seite.

1.: Sei $x \in$ Kern(β) und $b(x) = 0$. Wegen der Exaktheit der Zeile gibt es ein $y \in A$ mit $a(y) = x$. Es ist $a'(\alpha(y)) = \beta(a(y)) = \beta(x) = 0$. Wegen der Injektivität von a' folgt $y \in$ Kern(α).

2.: Sei $x \in \mathrm{Kokern}(\beta)$ und $b'(x) = 0$. Für ein Urbild $\widetilde{x}$ von x in B' ist dann $b'(\widetilde{x}) \in \mathrm{Bild}(\gamma)$. Wegen der Surjektivität von b folgt, dass es ein $y \in B$ gibt mit mit $\gamma(b(y)) = b'(\widetilde{x})$. Es ist dann $b'(\widetilde{x} - \beta(y)) = 0$ und wegen der Exaktheit der Zeile gibt es ein $z \in A'$ mit $a'(z) = \widetilde{x} - \beta(y) = 0$. Das Bild von z in $\mathrm{Kokern}(\gamma)$ wird dann auf x abgebildet.

3.: Sei $x \in \mathrm{Kern}(\gamma)$ und $z \in B$ ein Urbild von x. Ein anderes Urbild z' von x hat dann die Gestalt $z' = z + a(u)$ für ein $u \in A$. Nun ist $b'(\beta(z)) = \gamma(b(z)) = \gamma(x) = 0$, so dass es genau ein $y \in A'$ gibt mit $a'(y) = \beta(z)$. Bei Verwendung von z' statt z ändert sich y um ein Element von $\mathrm{Bild}(\alpha)$, denn es ist $\beta(z') = \beta(z + a(u)) = a'(y + \alpha(u))$. Damit ist das Bild $y + \mathrm{Bild}(\alpha)$ in $\mathrm{Kokern}(\alpha)$ nur abhängig von x. Da jeder Repräsentant $y' \in A'$ von $y + \mathrm{Bild}(\alpha)$ in $\mathrm{Kokern}(\alpha)$ auch zu einem z' gehört, ist gezeigt, dass ∂ eine wohldefinierte Abbildung mit der obigen charakterisierenden Eigenschaft ist. dass dann ∂ sogar ein Homomorphismus ist, ist klar.

Es bleibt die Exaktheit für Kern und Bild von ∂ zu zeigen. Aber aufgrund der charakterisierenden Eigenschaft für ∂ liegt $x \in \mathrm{Kern}(\gamma)$ genau dann im Kern von ∂, wenn es ein $z \in B$ gibt mit $b(z) = x$ und $\beta(z) = 0$. Ebenso liegt $y + \mathrm{Bild}(\alpha)$ genau dann im Bild von ∂, wenn es ein $z \in B$ gibt mit $\beta(z) = a'(y)$. □

Wir verdeutlichen uns den Inhalt des Lemmas noch in dem folgenden Diagramm:

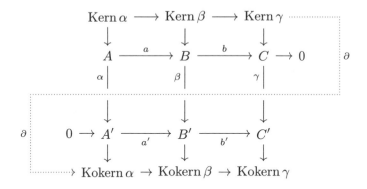

Abbildung 5.4: Das Schlangen-Lemma

Nach diesen Vorbereitungen kommen wir nun zum eigentlichen algebraischen Teil der Homologie-Theorie.

Definition 5.2.11
Eine Folge

$$\cdots \to (C_*^i, d_*^i) \xrightarrow{f_*^i} (C_*^{i+1}, d_*^{i+1}) \xrightarrow{f_*^{i+1}} (C_*^{i+2}, d_*^{i+2}) \to \cdots$$

von Kettenkomplexen und Homomorphismen heißt exakt, wenn für jedes n die Folge

$$\cdots \to C_n^i \xrightarrow{f_n^i} C_n^{i+1} \xrightarrow{f_n^{i+1}} C_n^{i+2} \to \cdots$$

exakt ist.

Der folgende Satz ist das Fundamental-Lemma der Homologie-Theorie. Es sei

$$0 \to (C_*', d_*') \xrightarrow{f_*} (C_*, d_*) \xrightarrow{g_*} (C_*'', d_*'') \to 0 \tag{5.4}$$

eine kurze exakte Sequenz von Kettenkomplexen. Für Elemente $x \in C_n''$ und $y \in C_{n-1}'$ betrachten wir die Rand-Relation $y \in \partial(x)$ des Diagramms

$$
\begin{array}{ccccccc}
C_n' & \xrightarrow{f_n} & C_n & \xrightarrow{g_n} & C_n'' & \longrightarrow & 0 \\
\downarrow & & \downarrow{\scriptstyle d_n} & & & & \\
0 & \longrightarrow & C_{n-1}' & \xrightarrow[f_{n-1}]{} & C_{n-1} & &
\end{array}
\tag{5.5}
$$

Es ist also $y \in \partial(x)$, wenn es ein $z \in C_n$ gibt mit $x = g_n(z)$ und $f_{n-1}(y) = d_n(z)$:

$$
\begin{array}{ccc}
z & \longmapsto & x \\
\Big\uparrow{\scriptstyle d_n} & & \\
y & \longmapsto & c
\end{array}
\tag{5.6}
$$

Satz 5.2.12 (Die lange exakte Homologie-Sequenz)
Sei (5.4) eine kurze exakte Sequenz von Kettenkomplexen. Die Rand-Relation des Diagramms (5.5) induziert einen Homomorphismus

$$\partial_* : H_n(C_*'', d_*'') \to H_{n-1}(C_*', d_*') \ .$$

Die Sequenz

$$\cdots \to H_n'(C_*') \xrightarrow{f_*} H_n(C_*) \xrightarrow{g_*} H_n''(C_*'') \xrightarrow{\partial_*} H_{n-1}'(C_*') \xrightarrow{f_*} H_{n-1}(C_*) \xrightarrow{g_*} H_{n-1}''(C_*'') \to \cdots$$

ist exakt.

Der Homomorphismus $\partial_* : H_n(C_*'', d_*'') \to H_{n-1}(C_*', d_*')$ heißt der verbindende Homomorphismus oder auch der Rand-Operator zu der kurzen exakten Sequenz (5.4).
Beweis: Wir schreiben zur Abkürzung Z_n', Z_n und Z_n'' sowie B_n', B_n und B_n'' für die Zykel- und Ränder-Untergruppen von C_n', C_n und C_n''. Ähnliche Abkürzungen verwenden wir

für die Homologiegruppen H_n', H_n und H_n''. Ferner sei

$$K_n = C_n/B_n = \text{Kokern}(d_n) \ ,$$

und wieder seien K_n' und K_n'' analog definiert.

Das Differential d_n induziert einen Homomorphismus $\overline{d_n} : K_n = C_n/B_n \to Z_{n-1}$. Dessen Kern und Kokern sind offenbar gerade gleich Z_n/B_n und Z_{n-1}/B_{n-1}, also gleich H_n und H_{n-1}. Wir erhalten also eine exakte Sequenz

$$0 \to H_n \to K_n \overset{\overline{d_n}}{\to} Z_{n-1} \to H_{n-1} \to 0 \ . \tag{5.7}$$

Verfahren wir analog für die anderen Komplexe, so fügen sich die Sequenzen 5.7 in ein kommutatives Diagramm

$$
\begin{array}{ccccccc}
H_n' & & H_n & & H_n'' & & \\
\downarrow & & \downarrow & & \downarrow & & \\
K_n' & \overset{f_n}{\longrightarrow} & K_n & \overset{g_n}{\longrightarrow} & K_n'' & \longrightarrow & 0 \\
\downarrow{\overline{d_n'}} & & \downarrow{\overline{d_n}} & & \downarrow{\overline{d_n''}} & & \\
0 \longrightarrow Z_{n-1}' & \overset{f_{n-1}}{\longrightarrow} & Z_{n-1} & \overset{g_{n-1}}{\longrightarrow} & Z_{n-1}'' & & \\
\downarrow & & \downarrow & & \downarrow & & \\
H_{n-1}' & & H_{n\ 1} & & H_{n-1}'' & & ,
\end{array}
$$

dessen Zeilen und Spalten exakt sind.

Wenden wir nun das Schlangen Lemma 5.2.10 an, so ergeben sich unmittelbar sämtliche Behauptungen des Satzes. $\square$

Aufgabe 5.2.13
Man führe den Beweis des Satzes direkt aus, ohne das Schlangen-Lemma zu benutzen.

Als einfaches, aber doch wichtiges Beispiel wollen wir eine Anwendung auf simpliziale Komplexe betrachten. Sei $\mathfrak{K}$ ein geordneter simplizialer Komplex, und sei

$$
\begin{array}{ccc}
\mathfrak{K}^{(0)} & \overset{j_1}{\longrightarrow} & \mathfrak{K}^{(1)} \\
\downarrow{j_2} & & \downarrow{i_1} \\
\mathfrak{K}^{(2)} & \overset{i_2}{\longrightarrow} & \mathfrak{K}
\end{array}
$$

ein Diagramm von Unterkomplexen mit

$$\mathfrak{K} = \mathfrak{K}^{(1)} \cup \mathfrak{K}^{(2)} \quad \text{und} \quad \mathfrak{K}^{(0)} = \mathfrak{K}^{(1)} \cap \mathfrak{K}^{(2)} \ .$$

Hilfssatz 5.2.14
Die Sequenz

$$0 \to C_*(\mathfrak{K}^{(0)}) \overset{(j_{1\sharp}, -j_{2\sharp})}{\longrightarrow} C_*(\mathfrak{K}^{(1)}) \oplus C_*(\mathfrak{K}^{(2)}) \overset{i_{1\sharp} + i_{2\sharp}}{\longrightarrow} C_*(\mathfrak{K}) \to 0$$

ist exakt.

Beweis: Basen von C_n sind jeweils $\mathfrak{K}_n^{(0)} = \mathfrak{K}_n^{(1)} \cap \mathfrak{K}_n^{(2)}$ beziehungsweise $\mathfrak{K}_n^{(1)} \amalg \mathfrak{K}_n^{(2)}$ beziehungsweise $\mathfrak{K}_n = \mathfrak{K}_n^{(1)} \cup \mathfrak{K}_n^{(2)}$. $\square$

Als Folgerung erhalten wir:

Satz 5.2.15 (Mayer-Vietoris-Sequenz)
Es gibt eine lange exakte Sequenz

$$\cdots \to H_n(\mathfrak{K}^{(0)}) \to H_n(\mathfrak{K}^{(1)}) \oplus H_n(\mathfrak{K}^{(2)}) \to H_n(\mathfrak{K}) \xrightarrow{\partial_*} H_{n-1}(\mathfrak{K}^{(0)}) \to \cdots$$

Diese Sequenz heißt die Mayer-Vietoris-Sequenz zu $(\mathfrak{K}; \mathfrak{K}^{(1)}, \mathfrak{K}^{(2)})$. Sie wird später häufig in Anwendungen benutzt werden.

Die lange exakte Sequenz ist das eine wesentliche Hilfsmittel zur Berechnung der Homologie von Ketten-Komplexen. Ein zweites ist der Begriff der Ketten-Homotopie.

Definition 5.2.16
Seien (C_*, d_*), (C_*', d_*) Kettenkomplexe und $\alpha, \beta : C_* \to C_*'$ Kettenhomomorphismen. Eine Ketten-Homotopie zwischen α und β ist eine Folge von Homomorphismen

$$D_n : C_n \to C_{n+1}' \,,$$

so dass gilt:

$$d_{n+1}' \circ D_n + D_{n-1} \circ d_n = \alpha_n - \beta_n \,.$$

Man nennt die Abbildungen α, β dann kettenhomotop. Die Begündung für diese Namensgebung werden wir weiter unten kennenlernen.

Satz 5.2.17
Sind $\alpha, \beta : (C_*, d_*) \to (C_*', d_*')$ kettenhomotop, so ist

$$\alpha_* = \beta_* : H_n(C_*, d_*) \to H_n(C_*', d_*') \,.$$

Beweis: Sei $c \in C_n$. Aus

$$\alpha_n(c) - \beta_n(c) = d_{n+1}' Dc + Dd_n c$$

folgt sofort: Ist $c \in C_n$ ein Zyklus, so ist $\alpha_n(c) - \beta_n(c)$ ein Rand. $\square$

Das folgende Beispiel mag den Begriff der Ketten-Homotopie motivieren. Es sei $\mathfrak{K}$ ein geordneter endlicher simplizialer Komplex und $\mathfrak{K}_0$ die Menge der 0-Simplizes in $\mathfrak{K}$. Wir konstruieren einen simplizialen Komplex $\mathfrak{L}$ (als Teilraum von $|\mathfrak{K}| \times \mathbf{R}$) mit $|\mathfrak{L}| = |\mathfrak{K}| \times \mathbf{I}$. Zunächst sei

$$\mathfrak{L}_0 = \mathfrak{K}_0 \times \{0, 1\} \,.$$

Der Einfachheit halber schreiben wir $x' = (x, 0)$ und $x'' = (x, 1)$ für $x \in \mathfrak{K}_0$. Es sei dann

$$\mathfrak{L}_n' := \{\, \{x_0', \dots, x_n'\} \mid \{x_0, \dots, x_n\} \in \mathfrak{K}_n \,\} \,,$$

$$\mathfrak{L}_n'' := \{\, \{x_0'', \dots, x_n''\} \mid \{x_0, \dots, x_n\} \in \mathfrak{K}_n \,\} \,.$$

Für ein Simplex $\sigma = \{x_0, \dots, x_{n-1}\} \in \mathfrak{K}_{n-1}$ mit $x_0 < \dots < x_{n-1}$ und für $0 \le i \le n-1$ sei

$$V_i(\sigma) := \{x_0', \dots, x_i', x_i'', \dots, x_{n-1}''\} \,.$$

Es sei $\mathfrak{L}_n^v := \{V_i(\sigma)\}$ die Menge aller dieser vertikalen Simplizes. Der gesuchte Komplex ist gegeben durch

$$\mathfrak{L}_n = \mathfrak{L}_n' \cup \mathfrak{L}_n'' \cup \mathfrak{L}_n^v .$$

Wir ordnen $\mathfrak{L}_0$ durch $x' < y', x'' < y''$, falls $x < y$ in $\mathfrak{K}_0$ gilt, und durch $x' < y''$ für beliebige $x, y \in \mathfrak{K}_0$.

Obwohl wir diese Tatsache nicht unbedingt benötigen, wollen wir doch festhalten, dass $\mathfrak{L}$ tatsächlich eine Triangulierung von $|\mathfrak{K}| \times \mathbf{I}$ ist.

Hilfssatz 5.2.18
Mit den obigen Bezeichnungen ist $|\mathfrak{L}| \cong |\mathfrak{K}| \times \mathbf{I}$.

Beweis: Es genügt offenbar, die Behauptung für den Fall zu beweisen, dass $\mathfrak{K}$ ein Simplex ist; seien $e_0, \ldots, e_n$ seine Eckpunkte.

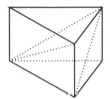 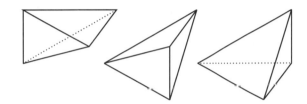

Abbildung 5.5: Triangulierung eines Prismas

Sei nun $p = x_0 e_0 + \ldots x_n e_n \in |\mathfrak{K}|$ (mit $x_i \geq 0$ und $\sum_i x_i = 1$) und $t \in \mathbf{I}$. Für jedes $j \in \{0, \ldots, n\}$ sei $t_j = x_j + x_{j+1} + \ldots + x_n$. Dann ist genau dann

$$(p, t) = x_0' e_0' + \ldots + x_{j-1}' e_{j-1}' + x_j' e_j' + x_j'' e_j'' + x_{j+1}'' e_{j+1}'' + \ldots + x_n'' e_n''$$

eine Konvex-Kombination von $e_0', \ldots, e_j', e_j'', \ldots, e_n''$, wenn $t_j \geq t \geq t_{j+1}$ ist sowie $t = t_{j+1} + x_j'' = t_j - x_j'$ und

$$x_i = \begin{cases} x_i' & , \quad i < j , \\ x_j' + x_j'' & , \quad i = j , \\ x_i'' & , \quad i > j . \end{cases}$$

Ist also k die Zahl der Indizes $j \in \{0, \ldots, n\}$ mit $t_j = t$, so liegt für $t \neq 0, 1$ der Punkt (p, t) in genau einem $(n + 1 - k)$-dimensionalen Simplex von $\mathfrak{L}$. □

Wir haben nun simpliziale Abbildungen $i_0, i_1 : \mathfrak{K} \to \mathfrak{L}$ mit $i_0(x) = x'$, $i_1(x) = x''$ für $x \in \mathfrak{K}_0$.

Satz 5.2.19
Die Abbildungen

$$i_{1\sharp}, \ i_{0\sharp} : C_*(\mathfrak{K}) \to C_*(\mathfrak{L})$$

sind kettenhomotop.

Beweis: Wir definieren $D : C_n(\mathfrak{K}) \to C_{n+1}(\mathfrak{L})$ durch

$$D\langle x_0, \ldots, x_n\rangle = \sum_{i=0}^{n}(-1)^i \langle x_0', \ldots, x_i', x_i'', \ldots, x_n''\rangle \ .$$

Man verifiziert leicht für $\sigma = \langle x_0, \ldots, x_n\rangle$

$$
\begin{aligned}
(d_{n+1}D &+ Dd_n)(\sigma) = \\
&= \sum_{i=0}^{n}(-1)^i d_{n+1}\langle x_0', \ldots, x_i', x_i'', \ldots, x_n''\rangle + \sum_{i=0}^{n}(-1)^i D\langle x_0, \ldots \widehat{x_i}, \ldots, x_n\rangle \\
&= \sum_{i=0}^{n}(-1)^i \Big(\sum_{j=0}^{i-1}(-1)^j \langle x_0', \ldots, \widehat{x_j'}, \ldots, x_i', x_i'', \ldots, x_n''\rangle \\
&\qquad\qquad + (-1)^i \langle x_0', \ldots, x_{i-1}', x_i'', \ldots, x_n''\rangle - (-1)^i \langle x_0', \ldots, x_i', x_{i+1}'', \ldots, x_n''\rangle \\
&\qquad\qquad - \sum_{j=i+1}^{n}(-1)^j \langle x_0', \ldots, x_i', x_i'', \ldots, \widehat{x_j''}, \ldots, x_n''\rangle \Big) \\
&\quad + \sum_{i=0}^{n}(-1)^i \Big(\sum_{j=0}^{i-1}(-1)^j \langle x_0', \ldots, x_j', x_j'', \ldots, \widehat{x_i''}, \ldots, x_n''\rangle \\
&\qquad\qquad + \sum_{j=i+1}^{n}(-1)^{j-1} \langle x_0', \ldots, \widehat{x_i'}, \ldots, x_j', x_j'', \ldots, x_n''\rangle \Big) \\
&= \langle x_0'', \ldots, x_n''\rangle - \langle x_0', \ldots, x_n'\rangle
\end{aligned}
$$

$\square$

Als Anwendungs-Beispiel betrachten wir noch die folgende Situation, die die Berechnung der Homologie eines Simplex in Satz 5.1.7 erhellt: Sei $\mathfrak{K}$ ein geordneter simplizialer Komplex. Der Kegel über $\mathfrak{K}$ ist der simpliziale Komplex $\mathfrak{L}$ mit

$$\mathfrak{L}_0 = \mathfrak{K}_0 \amalg \{*\}$$

und

$$\mathfrak{L}_n = \mathfrak{K}_n \cup \{\, \langle x_0, \ldots, x_{n-1}, *\rangle \mid \langle x_0, \ldots, x_{n-1}\rangle \in \mathfrak{K}_{n-1} \,\} \ .$$

Satz 5.2.20
Es ist

$$H_n(\mathfrak{L}; R) = \left\{ \begin{array}{ll} R & , \quad n = 0 \ , \\ 0 & , \quad \text{sonst} \ . \end{array} \right.$$

Beweis: Wir definieren eine Ketten-Homotopie

$$D : C_n(\mathfrak{L}) \to C_{n+1}(\mathfrak{L})$$

zwischen der Identität und der Null-Abbildung durch

$$D\langle x_0, \ldots, x_n\rangle = (-1)^{n+1}\langle x_0, \ldots, x_n, *\rangle \ ,$$

$$D\langle x_0, \ldots, x_{n-1}, *\rangle = 0 \ .$$

Die leichte Rechnung, dass D die gewünschte Eigenschaft hat, haben wir beim Beweis von Satz 5.1.7 ausgeführt. □

Mit den obigen Sätzen ist es oft schon möglich, simpliziale Homologiegruppen ohne explizite Bestimmung der Ketten-Komplexe und Randoperatoren zu berechnen.

Wir wollen noch einige abschließende Bemerkungen zum Begriff der Ketten-Homotopie machen, die wir später benötigen werden.

Lemma 5.2.21

Seien (C_*, d_*), (C'_*, d_*) Kettenkomplexe.

1. Ketten-Homotopie ist eine Äquivalenz-Relation auf der Menge der Ketten-Homomorphismen von (C_*, d_*) nach (C'_*, d'_*).

2. Seien $\alpha, \beta : C_* \to C'_*$ sowie $f : C'_* \to \tilde{C}'_*$ und $g : \tilde{C}_* \to C_*$ Kettenhomomorphismen. Ist $\alpha \simeq \beta$, so auch $f \circ \alpha \simeq f \circ \beta$ und $\alpha \circ g \simeq \beta \circ g$.

Beweis: 1.: Ist $d'_{n+1}D_n + D_{n-1}d_n = \alpha - \beta$ und $d'_{n+1}D'_n + D'_{n-1}d_n = \beta - \gamma$, so ist $d'_{n+1}(D_n + D'_n) + (D_{n-1} + D'_{n-1})d_n = \alpha - \gamma$. Symmetrie und Reflexivität sind klar. 2.: Ist D Ketten-Homotopie zwischen α und β, so sind $f \circ D$ und $D \circ g$ Ketten-Homotopien für die Kompositionen mit f und g. □

Aus algebraischer Sicht wird der Begriff der Ketten-Homotopie noch durch die folgende Konstruktion motiviert: Für Ketten-Komplexe (C_*, d_*), (C'_*, d'_*) und $k \in \mathbf{Z}$ definieren wir als einen (Gruppen-) Homomorphismus vom Grad k von (C_*) nach (C'_*) eine Familie $f = (f_n)_{n \in \mathbf{Z}}$ von Homomorphismen $f_n : C_n \to C'_{n+k}$. Es sei $\mathrm{Hom}_k((C_*, d_*), (C'_*, d'_*))$ die Menge aller dieser Homomorphismen vom Grad k. Wir machen die Folge der abelschen Gruppen $\mathrm{Hom}_k((C_*, d_*), (C'_*, d'_*))$ zu einem Ketten-Komplex $\mathrm{Hom}_*((C_*, d_*), (C'_*, d'_*))$, indem wir für $f \in \mathrm{Hom}_k((C_*, d_*), (C'_*, d'_*))$ definieren:

$$(df)_n = d_{n+k} \circ f_n - (-1)^k f_{n-1} \circ d_n \ .$$

Man prüft leicht $d(df) = 0$ nach. Die Zyklen in $\mathrm{Hom}_0((C_*, d_*), (C'_*, d'_*))$ sind gerade die Ketten-Homomorphismen von (C_*, d_*) nach (C'_*, d'_*) und die Homologiegruppe $H_0(\mathrm{Hom}_*((C_*, d_*), (C'_*, d'_*)))$ ist die Menge der Ketten-Homotopiegruppen von Ketten-Homomorphismen von (C_*, d_*) nach (C'_*, d'_*).

5.3 Kategorien und Funktoren

Bereits früher, bei der Definition der Fundamentalgruppe, haben wir topologischen Räumen ein algebraisches Objekt zugeordnet. In diesem Kapitel wurden für endliche Polyeder Homologiegruppen definiert, oder genauer zunächst ein Ketten-Komplex und für diesen die Homologiegruppen.

Ähnliche Konstruktionen, die einem mathematischen Objekt von einem bestimmten Typ (zum Beispiel einem topologischen Raum) ein Objekt von einem anderen Typ (zum Beispiel eine abelsche Gruppe) zuordnen, werden uns im folgenden immer wieder beschäftigen. In diesem Abschnitt wollen wir hierzu einige grundsätzliche Betrachtungen anstellen und insbesondere eine geeignete Terminologie entwickeln.

Bei Überlegungen dieser Art gerät man allerdings leicht in mengentheoretische Untiefen, da man nur zu bald versucht ist, von der „Menge aller Mengen" oder ähnlich ausufernden Dingen zu sprechen. Es ist wohlbekannt, dass solch ein leichtfertiger Umgang mit der Mengenlehre schnell zu Widersprüchen führt. Wir verwenden daher hier eine stabilere Version der Mengenlehre, bei der zwischen allgemeinen Objekten, den „Klassen", und anständigen Objekten, den „Mengen" unterschieden wird. Die wesentliche Definition hierzu ist, dass links von einem $\in$-Symbol nur Mengen auftreten dürfen. Der an Grundlagenfragen weniger interessierte Leser kann ohne weiteres diesen Unterschied einfach ignorieren; eine gute Darstellung der von uns verwendeten Mengenlehre findet sich in dem Büchlein [Sch70].

Definition 5.3.1
Eine Kategorie $\mathbf{C}$ besteht aus einer Klasse $\mathrm{Ob}(\mathbf{C})$ von „Objekten", einer Familie von (paarweise disjunkten) Mengen $\mathbf{C}(A, B)$ für $A, B \in \mathrm{Ob}(\mathbf{C})$ und einer Familie von Kompositions-Abbildungen

$$\circ : \mathbf{C}(B, C) \times \mathbf{C}(A, B) \to \mathbf{C}(A, C) \,,$$

so dass gilt:

1. $h \circ (g \circ f) = (h \circ g) \circ f$ (für $h \in \mathbf{C}(C, D)$, $g \in \mathbf{C}(B, C)$, $f \in \mathbf{C}(A, B)$).
2. Es gibt „identische Morphismen" $1_B \in \mathbf{C}(B, B)$ mit $1_B \circ f = f$ und $g \circ 1_B = g$ für $f \in \mathbf{C}(A, B), g \in \mathbf{C}(B, C)$.

Die Klasse

$$\mathrm{Mor}(\mathbf{C}) = \coprod\nolimits_{A, B \in \mathrm{Ob}(\mathbf{C})} \mathbf{C}(A, B)$$

heißt die Klasse der Morphismen von $\mathbf{C}$. Für $f \in \mathbf{C}(A, B)$ heißt A die Quelle und B das Ziel von f. Für $f \in \mathbf{C}(A, B)$ schreiben wir meistens $f : A \to B$. Zwei Morphismen g und f heißen komponierbar (zu $g \circ f$), wenn die Quelle von g gleich dem Ziel von f ist.

Die identischen Morphismen sind natürlich eindeutig bestimmt: Haben $1_B, 1'_B$, beide die Identitäts-Eigenschaft, so ist $1_B = 1'_B \circ 1_B = 1'_B$.

Wir werden zur Hervorhebung Kategorien durchweg (wie in der Definition) mit fetten Sans-Serif-Buchstaben bezeichnen.

Kategorien begegnen uns in der Mathematik überall. Doch gerade in der algebraischen Topologie (wie auch in einigen anderen Gebieten) spielt der kategorielle Standpunkt eine besondere Rolle. Die folgenden Beispiele für Kategorien sind für uns von besonderem Interesse:

1. Die Kategorie **Set** aller Mengen und Abbildungen.

2. Die Kategorie **Top** der topologischen Räume. $\mathbf{Top}(A, B) = \mathcal{C}(A, B)$ sei die Menge der stetigen Abbildungen von A nach B.

3. Die Kategorie **Top**$_*$ der punktierten topologischen Räume. **Top**$_*(A, B) = \mathcal{C}_*(A, B)$ sei die Menge der basispunkt-erhaltenden stetigen Abbildungen von A nach B.

4. Die Kategorie **Ab** der abelschen Gruppen. **Ab**$(A, B) = \mathrm{Hom}(A, B)$ sei die Menge der Gruppen-Homomorphismen.

5. Die Kategorie R-**Mod** der R-Moduln und Homomorphismen von R-Moduln.

6. Die Kategorie **Simp**$_f^{\leq}$ der endlichen geordneten simplizialen Komplexe. Morphismen seien simpliziale Abbildungen. Es ist zu beachten, dass die Morphismen nicht mit der Ordnungs-Relation verträglich sein müssen.

7. Die Kategorie ∂**Ab** der Kettenkomplexe abelscher Gruppen. Morphismen seien Homomorphismen von Kettenkomplexen. Diese Kategorie enthält als Unterkategorie die Kategorie ∂R-**Mod** der Kettenkomplexe von R-Moduln.

8. Die Kategorie **Grp** der Gruppen und Gruppen-Homomorphismen.

Das folgende allgemeine Beispiel ist besonders interessant: Ist **C** eine beliebige Kategorie, so definiert man die entgegengesetzte Kategorie **C**^{op} durch

$$\mathrm{Ob}(\mathbf{C}^{op}) = \mathrm{Ob}(\mathbf{C}) \quad \text{und} \quad \mathbf{C}^{op}(B, A) = \mathbf{C}(A, B) \ .$$

Für $A \in \mathrm{Ob}(\mathbf{C})$ bezeichne $A^{op} \in \mathrm{Ob}(\mathbf{C}^{op}))$ das gleiche Objekt A, jetzt als Objekt von **C**^{op} betrachtet; entsprechend sei für $f \in \mathbf{C}(A, B)$ der zugehörige Morphismus in **C**^{op} mit $f^{op} \in \mathbf{C}^{op}(B^{op}, A^{op})$ bezeichnet. Dann ist die Komposition von Morphismen in **C**^{op} durch $f^{op} \circ g^{op} = (g \circ f)^{op}$ definiert. Es werden also in der entgegengesetzten Kategorie alle Pfeile einfach „herumgedreht", indem sie als Pfeile in der anderen Richtung betrachtet werden.

Eine weitere allgemeine Konstruktion ist das kartesische Produkt **C** $\times$ **D** zweier Kategorien **C** und **D**. Die Objekte von **C** $\times$ **D** sind die Paare (C, D) von Objekten C von **C** und D von **D**; ein Morphismus von (C, D) nach (C', D') in **C** $\times$ **D** ist ein Paar (f, g) von Morphismen $f : C \to C'$ und $g : D \to D'$.

Genauso wichtig wie der Begriff der Kategorie ist der des Funktors:

Definition 5.3.2
Seien **C**, **D** Kategorien. Ein Funktor $F : \mathbf{C} \to \mathbf{D}$ besteht aus Abbildungen

$$F : \mathrm{Ob}(\mathbf{C}) \to \mathrm{Ob}(\mathbf{D}) \text{ und } F : \mathbf{C}(A, B) \to \mathbf{D}(F(A), F(B))$$

so dass gilt:

$$F(1_A) = 1_{F(A)} \text{ und } F(g \circ f) = F(g) \circ F(f) \ .$$

Auch Beispiele von Funktoren haben wir schon kennengelernt:

1. Sei **Top**$_*$ die Kategorie der punktierten topologischen Räume. Wir haben einen Funktor $\pi_1 : \mathbf{Top}_* \to \mathbf{Grp}$ konstruiert.

2. Die simpliziale Kettengruppe ist ein Funktor $C_* : \mathbf{Simp}_f^{\leq} \to \partial\mathbf{Ab}$. Es ist zu beachten, dass die Morphismen in $\mathbf{Simp}_f^{\leq}$ die Ordnungs-Relation auf den Objekten nicht respektieren; so können zum Beispiel auch Simplizes in Simplizes kleinerer Dimension abgebildet werden.

3. Homologie ist ein Funktor $H_n : \partial\mathbf{Ab} \to \mathbf{Ab}$.

4. Wir erhalten aus den letzten beiden Beispielen einen zusammengesetzten Funktor $H_n : \mathbf{Simp}_f^{\leq} \to \mathbf{Ab}$.

5. Die geometrische Realisierung ist ein Funktor $|\ldots| : \mathbf{Simp}_f^{\leq} \to \mathbf{Top}$.

6. Wir können H_* auffassen als einen Funktor von der Kategorie der kurzen exakten Sequenzen von Kettenkomplexen in die Kategorie der langen exakten Sequenzen von abelschen Gruppen.

Sind $\mathbf{C}$ und $\mathbf{D}$ zwei Kategorien, so nennt man einen Funktor $F : \mathbf{C}^{op} \to \mathbf{D}$ (oder äquivalent dazu $F : \mathbf{C} \to \mathbf{D}^{op}$) auch einen kontravarianten Funktor von $\mathbf{C}$ nach $\mathbf{D}$. In dieser Terminologie heißen die „normalen" Funktoren kovariant. Ein kontravarianter Funktor dreht also die Pfeil-Richtungen herum.

Ein wichtiges Beispiel für Funktoren bilden noch die folgenden: Ist C ein fest gewähltes Objekt von $\mathbf{C}$, so definieren $F(X) = \mathbf{C}(X, C)$ und $G(X) = \mathbf{C}(C, X)$ Funktoren $F : \mathbf{C}^{op} \to \mathbf{Set}$ und $G : \mathbf{C} \to \mathbf{Set}$; einem Morphismus $f : X \to X'$ wird die Komposition mit f zugeordnet. Diese Funktoren nennt man darstellbare Funktoren (oder manchmal auch kodarstellbar im kontravarianten Fall).

Definition 5.3.3

Sei $\mathbf{C}$ eine Kategorie. Eine Kongruenz-Relation für $\mathbf{C}$ ist eine Familie von Äquivalenz-Relationen $\sim$ auf den Mengen $\mathbf{C}(A, B)$, so dass gilt

$$f \sim f', g \sim g' \Rightarrow g \circ f \sim g' \circ f' .$$

Dann ist die Quotienten-Kategorie $\mathbf{C}' = \mathbf{C}/\simeq$ definiert durch

$$\mathrm{Ob}(\mathbf{C}') = \mathrm{Ob}(\mathbf{C}) \quad \text{und} \quad \mathbf{C}'(A, B) = \mathbf{C}(A, B)/\sim$$

sowie $[g] \circ [f] = [g \circ f]$.

Bemerkung: Man hat einen offensichtlichen Quotienten-Funktor $Q : \mathbf{C} \to \mathbf{C}'$.

Das folgende Beispiel hierfür ist instruktiv: $\partial\mathbf{Ab}^h$ sei die Kategorie der Kettenkomplexe mit Ketten-Homotopiegruppen von Ketten-Abbildungen als Morphismen. Sie ist eine Quotienten-Kategorie von $\partial\mathbf{Ab}$. Dann definiert die Homologie einen Funktor $H_n : \partial\mathbf{Ab}^h \to \mathbf{Ab}$.

Wir führen nun noch ein weiteres wichtiges Konzept ein:

Definition 5.3.4
Seien $F, G : \mathbf{C} \to \mathbf{D}$ Funktoren. Eine natürliche Transformation $\eta : F \to G$ besteht aus Morphismen

$$\eta_A \in \mathbf{D}(F(A), G(A)) \text{ für } A \in \mathrm{Ob}(\mathbf{C}) \,,$$

so dass für jedes $f \in \mathbf{C}(A, B)$ das Diagramm

$$
\begin{array}{ccc}
F(A) & \xrightarrow{F(f)} & F(B) \\
\eta_A \downarrow & & \downarrow \eta_B \\
G(A) & \xrightarrow[G(f)]{} & G(B)
\end{array}
$$

kommutiert.

Die folgenden Beispiele für natürliche Transformationen haben bisher schon eine Rolle gespielt:

1. Sei $\mathbf{C}$ die Kategorie der kurzen exakten Sequenzen von Kettenkomplexen. Wir haben Funktoren $H'_n, H_n, H''_n : \mathbf{C} \to \mathbf{Ab}$. Dann ist ∂_* eine natürliche Transformation von H''_n in H'_{n-1} .

2. Sei $\mathbf{C}$ die Kategorie der Paare geordneter endlicher simplizialer Komplexe. Für $(\mathfrak{K}, \mathfrak{L}) \in \mathbf{C}$ setzt man $H_n(\mathfrak{K}, \mathfrak{L}) = H_n(C_*(\mathfrak{K})/C_*(\mathfrak{L}))$. Dann hat man eine natürliche Transformation

$$\partial_* : H_n(\mathfrak{K}, \mathfrak{L}) \to H_{n-1}(\mathfrak{L}, \emptyset) \,.$$

Weitere Beispiele werden uns von nun an ständig begegnen. Überhaupt wird die Frage, ob die Konstruktion eines neuen mathematischen Objekts oder einer Abbildung die Bezeichnung „natürlich" (oder gleichbedeutend „funktoriell") verdient, mehr und mehr in den Vordergrund rücken. Wir werden sehen, dass dieser Gesichtspunkt oft zu einer beträchtlichen Vereinfachung führen wird.

Aufgabe 5.3.5 (Yoneda-Lemma)
Seien C und C' Objekte der Kategorie $\mathbf{C}$ und seien $F, F' : \mathbf{C}^{op} \to \mathbf{Set}$ die darstellbaren Funktoren mit $F(X) = \mathbf{C}(X, C)$ und $F'(X) = \mathbf{C}(X, C')$. Dann gibt es eine kanonische Bijektion zwischen der Menge der natürlichen Transformationen von F in F' und der Menge der $\mathbf{C}$-Morphismen von C nach C'.

5.4 Die Eilenberg-Steenrod-Axiome

Wir wollen nun die Theorie der Kettenkomplexe auf die singulären Komplexe von topologischen Räumen anwenden. Eine wesentliche neue Komponente ist dabei die Definition von Ketten-Gruppen für Raumpaare. Dabei besteht ein Raumpaar (X, A) aus einem Raum X und einem Unterraum $A \subset X$ von X. Für solch ein Raumpaar bilden wir den Quotienten der Kettenkomplexe für X und A.

Definition 5.4.1
Sei (X, A) ein Raumpaar. Der singuläre Komplex von (X, A) ist der Kettenkomplex $(S_*(X, A), d_*)$ mit $S_n(X, A) = S_n(X)/S_n(A)$; der Rand-Operator $d_n : S_n(X, A) \to S_{n-1}(X, A)$ wird von dem Rand-Operator von $S_n(X)$ induziert. Die Homologiegruppen

$$H_n(X, A) := H_n(S_*(X, A), d_*)$$

heißen die singulären Homologiegruppen von (X, A). Für eine stetige Abbildung $f : (X, A) \to (Y, B)$ bezeichne $f_\sharp : S_*(X, A) \to S_*(Y, B)$ und

$$f_* = H_n(f) : H_n(X, A) \to H_n(Y, B)$$

die induzierten Abbildungen.

Es sei nun $\mathbf{Top}^{(2)}$ die Kategorie aller Raumpaare (X, A) und aller stetigen Abbildungen von Raumpaaren $(X, A) \to (Y, B)$. Dann ist S_* ein Funktor von $\mathbf{Top}^{(2)}$ in die Kategorie ∂R-**Mod** der Kettenkomplexe. Wir definieren Funktoren $T_1, T_2 : \mathbf{Top}^{(2)} \to \mathbf{Top}^{(2)}$ durch $T_1(X, A) = (X, \emptyset)$ und $T_2(X, A) = (A, \emptyset)$. Dann haben wir natürliche Transformationen $T_2 \xrightarrow{i} T_1 \xrightarrow{j}$ id, die jedem Raumpaar (X, A) die identischen Abbildungen

$$(A, \emptyset) \xrightarrow{i} (X, \emptyset) \xrightarrow{j} (X, A)$$

zuordnen.

Wir wenden nun die Theorie der Kettenkomplexe auf die singulären Kettenkomplexe an. Definitionsgemäß haben wir dabei für jedes Raumpaar (X, A) eine kurze exakte Sequenz

$$0 \to S_*(A) \to S_*(X) \to S_*(X, A) \to 0$$

von Kettenkomplexen. Der folgende Satz fasst die grundlegenden Eigenschaften der singulären Homologiegruppen zusammen. Er ergibt sich jetzt unmittelbar aus der allgemeinen Theorie der Kettenkomplexe:

Satz 5.4.2
1. $H_n(X, A) = H_n(X, A; R)$ definiert einen Funktor H_n von der Kategorie $\mathbf{Top}^{(2)}$ der Raumpaare in die Kategorie R-**Mod** der R-Moduln.
2. $\partial_* : H_n(X, A) \to H_{n-1}(A)$ ist eine natürliche Transformation von H_n in $H_{n-1} \circ T_2$.
3. Für jedes Raumpaar (X, A) ist

$$\ldots \to H_n(A) \xrightarrow{i_*} H_n(X) \xrightarrow{j_*} H_n(X, A) \xrightarrow{\partial_*} H_{n-1}(A) \xrightarrow{i_*} H_{n-1}(X) \to \ldots$$

eine (natürliche) exakte Sequenz.
4. Ist P ein einpunktiger Raum, so ist

$$H_n(P; R) = \begin{cases} R & , \quad n = 0, \\ 0 & \quad \text{sonst}. \end{cases}$$

Leider reichen diese Eigenschaften im allgemeinen noch nicht aus, singuläre Homologiegruppen wirklich zu berechnen, wenn man von trivialen Fällen wie dem eines einpunktigen (oder leeren) Raumes absieht. Ein ebenfalls trivialer Fall, den wir noch notieren wollen, ist der folgende:

Satz 5.4.3
Seien X_i, $i \in I$, die Wegkomponenten von X und sei $J = \{\, i \in I \mid X_i \cap A = \emptyset \,\}$. Dann ist

$$H_n(X, A) \cong \bigoplus_{i \in I} H_n(X_i, X_i \cap A) \,.$$

Insbesondere ist $H_0(X, A; R)$ isomorph zu dem freien R-Modul mit Basis J.

Beweis: Es ist $S_*(X, A) = \bigoplus S_*(X_i, X_i \cap A)$. Hieraus folgt die erste Behauptung.
Nun ist $S_0(X, A; R)$ der freie R-Modul, der von den Punkten von $X - A$ erzeugt wird; die Punkte von A repräsentieren das Null-Element. Ist aber ω ein Weg von x_0 nach x_1, so können wir ω als 1-Simplex ansehen mit Rand $d_1(\omega) = x_1 - x_0$. Ist also X_i wegzusammenhängend, so ist $H_0(X_i, X_i \cap A; R)$ Null, falls $X_i \cap A$ nicht leer ist, andernfalls aber isomorph zu R (erzeugt von einem beliebigen Punkt). $\qquad\square$

An dieser Stelle wollen wir der Vollständigkeit halber einen weiteren allgemeinen Satz von ähnlichem Charakter anfügen. Wir benötigen dafür noch einen weiteren Begriff aus der Theorie der R-Moduln, den wir kurz wiederholen. Hierzu seien A_i für $i \in \mathbf{N}$ R-Moduln und $\alpha_i : A_i \to A_{i+1}$ Homomorphismen. Für $j > i$ sei dann $\alpha_{i,j} : A_i \to A_j$ die Komposition $\alpha_{j-1} \circ \ldots \circ \alpha_i$. In $A = \bigoplus_i A_i$ sei K die Untergruppe aller $\sum_{1 \le \nu \le k} a_{i_\nu}$ (mit $a_{i_\nu} \in A_{i_\nu}$), für die es ein $j > i_1, \ldots, i_k$ gibt, so dass $\sum_\nu \alpha_{i_\nu, j}(a_{i_\nu}) = 0$ ist. Dann heißt die Quotienten-Gruppe A/K der direkte Limes $\operatorname{colim} \overrightarrow{A_i}$ des gerichteten Systems (A_i, α_i). Man hat kanonische Abbildungen $A_i \to \operatorname{colim} \overrightarrow{A_i}$.

Satz 5.4.4
Sei X die Vereinigung der aufsteigenden Folge von Unterräumen X_i, $i \in \mathbf{N}$. Es sei jeder kompakte Teilraum von X schon in einem der Räume X_i enthalten. Dann induzieren die Inklusionen einen Isomorphismus

$$\operatorname*{colim}_{\longrightarrow} H_n(X_i, X_i \cap A) \cong H_n(X, A) \,.$$

Beweis: Jeder singuläre Zyklus in X muss schon ganz auf einem der Räume X_i leben. Also ist $\bigoplus_i H_n(X_i, X_i \cap A) \to H_n(X, A)$ surjektiv. Wenn eine Berandung für solch einen Zyklus in X existiert, so auch schon in einem Raum X_j mit $j > i$. $\qquad\square$

Die in den letzten Sätzen angeführten Eigenschaften der singulären Homologie-Theorie ergeben sich mehr oder weniger formal aus den Definitionen und der Theorie der Kettenkomplexe. Sie reichen aber für Berechnungen und Anwendungen keinesfalls aus. Man benötigt dafür vielmehr etwas tiefer liegende Hilfsmittel, nämlich die Homotopie-Invarianz und die Ausschneidungs-Eigenschaft. Beide werden wir im folgenden formulieren und beweisen.

Satz 5.4.5 (Homotopie-Invarianz)
Sind $f, g : (X, A) \to (Y, B)$ homotop, so ist

$$f_* = g_* : H_n(X, A) \to H_n(Y, B) \, .$$

Beweis: Wir beweisen tatsächlich eine etwas stärkere Aussage, nämlich dass sogar die induzierten Abbildungen $f_\sharp, g_\sharp : S_*(X, A) \to S_*(Y, B)$ zueinander ketten-homotop sind. Um die Notation etwas zu vereinfachen, nutzen wir noch die Natürlichkeit aus: Es genügt offenbar, die Behauptung für die Inklusionen

$$i_0, \ i_1 : (X, A) \to (X, A) \times \mathbf{I} = (X \times \mathbf{I}, A \times \mathbf{I})$$

zu beweisen. Denn ist H eine Homotopie zwischen f und g, so ist ja $f = H \circ i_0$ und $g = H \circ i_1$; mit $i_{0\sharp}$ und $i_{1\sharp}$ sind also auch $H_\sharp \circ i_{0\sharp}$ und $H_\sharp \circ i_{1\sharp}$ nach der in Lemma 5.2.21 bewiesenen Kompositions-Eigenschaft ketten-homotop.
Wir können nun den früheren Beweis des entsprechenden Satzes 5.2.19 für die simpliziale Theorie imitieren. Es bezeichne $\tau_j : \Delta^{n+1} \to \Delta^n \times \mathbf{I}$ die affine Abbildung mit

$$\tau_j(e_i) = \begin{cases} (e_i, 0) & , \quad i \leq j \, , \\ (e_{i-1}, 1) & , \quad i > j \, . \end{cases}$$

Wir betrachten τ_j als ein singuläres Simplex in $\Delta^n \times \mathbf{I}$. Für ein singuläres n-Simplex σ in X bezeichnen wir mit $\tilde{\sigma}$ die Abbildung $\tilde{\sigma} = \sigma \times \mathrm{id} : \Delta^n \times \mathbf{I} \to X \times \mathbf{I}$. Wir definieren nun die Kette $D(\sigma) \in S_{n+1}((X, A) \times \mathbf{I})$ durch

$$D(\sigma) = \sum_i (-1)^i \, \tilde{\sigma} \circ \tau_i \, .$$

Die leichte Rechnung, dass D tatsächlich eine Kettenhomotopie zwischen $i_{0\sharp}$ und $i_{1\sharp}$ ist, haben wir schon im Beweis des simplizialen Satzes 5.2.19 ausgeführt. $\square$

Korollar 5.4.6
Ist $f : (X, A) \to (Y, B)$ eine Abbildung, so dass $f : X \to Y$ und $f|_A : A \to B$ Homotopie-Äquivalenzen sind, so ist
$$f_* : H_n(X, A) \to H_n(Y, B)$$
ein Isomorphismus.

Beweis: Ist $g : Y \to X$ eine zu f inverse Homotopie-Äquivalenz, so ist $fg \simeq \mathrm{id}_Y$ und $gf \simeq \mathrm{id}_X$, also nach dem Satz von der Homotopie-Invarianz $f_* g_* = \mathrm{id}_{H_*(Y)}$ und $g_* f_* = \mathrm{id}_{H_*(X)}$. Also ist $f_* : H_*(X) \to H_*(Y)$ ein Isomorphismus. Entsprechendes gilt für $(f|_A)_* : H_*(A) \to H_*(B)$.
Aber f induziert einen Homomorphismus denr langen exakten Homologie-Sequenzen von (X, A) in die von (Y, B). Nach dem 5-Lemma muss also auch $f_* : H_n(X, A) \to H_n(Y, B)$ ein Isomorphismus sein. $\square$

Als nächstes formulieren und beweisen wir das Ausschneidungs-Axiom:

Satz 5.4.7 (Ausschneidung)
Sei (X, A) ein Raumpaar und $Y \subset X$ ein Unterraum, so dass die offenen Kerne Y° und A° den Raum $X = Y^\circ \cup A^\circ$ überdecken. Dann induziert die Inklusion $k : (Y, A \cap Y) \to (X, A)$ einen Isomorphismus

$$k_* : H_n(Y, A \cap Y) \overset{\cong}{\to} H_n(X, A) \;.$$

Man nennt eine solche Inklusion k auch eine Ausschneidung.

Wir werden einen etwas allgemeineren Satz beweisen. Dazu sei $\mathcal{U} = \{\, U_i \mid i \in I \,\}$ eine offene Überdeckung von X. Das Bild von $\bigoplus_i S_*(U_i) \to S_*(X)$ nennen wir den Unterkomplex $S_*^{\mathcal{U}}(X)$ der $\mathcal{U}$-kleinen Ketten in X. Analog ist $S_*^{\mathcal{U}}(A)$ definiert und $S_*^{\mathcal{U}}(X, A) = S_*^{\mathcal{U}}(X)/S_*^{\mathcal{U}}(A)$.

Es gilt dann:

Satz 5.4.8 (Kleine Ketten)
Die Inklusion

$$S_*^{\mathcal{U}}(X, A) \to S_*(X, A)$$

von Kettenkomplexen induziert einen Isomorphismus in Homologiegruppen.

Bemerkung: Es gilt sogar mehr, nämlich dass diese Inklusion eine Ketten-Homotopie-Äquivalenz ist. Wir werden diese stärkere Behauptung jedoch nicht benötigen. Sie folgt auch relativ formal aus der Behauptung des Satzes und der Tatsache, dass wir es hier mit Kettenkomplexen zu tun haben, die in jeder Dimension freie abelsche Gruppen sind.

Wir zeigen zunächst, dass der Ausschneidungs-Satz aus dem Satz über kleine Ketten folgt.
Beweis (des Ausschneidungs-Satzes 5.4.7): Es sei $\mathcal{U}$ die offene Überdeckung $\{Y^\circ, A^\circ\}$ von X. Offenbar ist

$$S_*^{\mathcal{U}}(Y, A \cap Y) = S_*^{\mathcal{U}}(X, A) \;,$$

denn jede $\mathcal{U}$-kleine Kette von X ist Summe einer $\mathcal{U}$-kleinen Kette von Y und einer $\mathcal{U}$-kleinen Kette von A. Nach Satz 5.4.8 induzieren aber $S_*^{\mathcal{U}}(Y, A \cap Y) \to S_*(Y, A \cap Y)$ und $S_*^{\mathcal{U}}(X, A) \to S_*(X, A)$ Isomorphismen in Homologie. $\qquad\square$

Wir kommen nun zum Beweis des Satzes 5.4.8 über kleine Ketten. Dieser wird den Rest dieses Abschnitts in Anspruch nehmen.

Wir vereinfachen zunächst etwas die Notation, indem wir bemerken, dass es wegen der langen exakten Homologie-Sequenz genügt, den Satz für den Fall $A = \emptyset$ zu beweisen.

Die Idee des Beweises besteht darin, ein singuläres Simplex so lange zu unterteilen, bis jedes Unterteilungs-Simplex $\mathcal{U}$-klein ist. Wir betrachten erst die baryzentrische Unterteilung des Standard-n-Simplex. Für eine Permutation $\tau : \{0, \dots, n\} \to \{0, \dots, n\}$ sei $B_\tau : \Delta^n \to \Delta^n$ die affine Abbildung mit

$$B_\tau(e_k) := \frac{1}{k+1} \sum_{0 \le i \le k} e_{\tau(i)} \;.$$

$B_\tau(e_k)$ ist der Schwerpunkt des Simplex $\Delta(e_{\tau(0)}, \ldots, e_{\tau(k)})$; der Träger des singulären Simplex B_τ ist gerade ein Simplex der baryzentrischen Unterteilung von Δ^n.

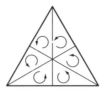 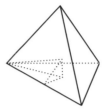

Abbildung 5.6: Baryzentrische Unterteilung

Es sei nun $p_n \in S_n(\Delta^n)$ die singuläre n-Kette

$$p_n = \sum_\tau \operatorname{sign}(\tau) B_\tau \ .$$

p_n ist dann die baryzentrische Unterteilung von Δ^n. Wir zeigen nun, dass der Rand der baryzentrischen Unterteilung gerade die baryzentrische Unterteilung des Randes ist.

Hilfssatz 5.4.9
Es ist

$$d_n p_n = \sum_{0 \leq i \leq n} (-1)^i \delta_{i\sharp}(p_{n-1}) \ .$$

Beweis: Eine Permutation $\tau : \{0, \ldots, n\} \to \{0, \ldots, n\}$ lässt sich offenbar aus dem zugehörigen Simplex B_τ wieder rekonstruieren, denn die Eckpunkte des Simplex mit Schwerpunkt $B_\tau(e_k)$ sind $e_{\tau(0)}, \ldots, e_{\tau(k)}$. Daher lassen sich aus dem Simplex $\partial_i B_\tau$ die Werte $\tau(0), \ldots, \tau(i-1)$ und (für $i \leq n-2$) die Werte $\tau(i+2), \ldots, \tau(n)$ bestimmen sowie die Menge $\{\tau(i), \tau(i+1)\}$.

Seien nun $\tau : \{0, \ldots, n\} \to \{0, \ldots, n\}$ und $\rho : \{0, \ldots, n\} \to \{0, \ldots, n\}$ zwei verschiedene Permutationen. Es folgt, dass genau dann $\partial_i B_\tau = \partial_j B_\rho$ gilt, wenn $i = j < n$ ist und $\rho = \tau \circ (i, i+1)$. Diese beiden Simplizes tauchen dann aber in $d_n(p_n)$ mit verschiedenen Vorzeichen auf. Es ist also $d_n(p_n) = (-1)^n \partial_n p_n$.

Sei jetzt $\tau(n) = i$. Offenbar ist $\partial_n B_\tau = (\delta_i)_\sharp B_\rho$, wobei $\rho : \{0, \ldots, n-1\} \to \{0, \ldots, n-1\}$ durch

$$\rho(j) = \begin{cases} \tau(j) & , \ \tau(j) < i \ , \\ \tau(j) - 1 & , \ \tau(j) > i \ , \end{cases}$$

gegeben ist. Bezeichnet ζ_i die zyklische Permutation $\zeta_i = (i, i+1, \ldots, n)$, so ist also ρ die Einschränkung von $\zeta_i^{-1} \circ \tau$ auf $\{0, \ldots, n-1\}$. Hier ist übrigens $\zeta_i|_{\{0, \ldots, n-1\}}$ gerade die Abbildung $\delta_i : \{0, \ldots, n-1\} \to \{0, \ldots, n\}$.

Wegen $\operatorname{sign}(\zeta_i) = (-1)^{n-i}$ wird nun $\operatorname{sign}(\rho) = (-1)^{n-i} \operatorname{sign}(\tau)$, also

$$\sum_\tau (-1)^n \operatorname{sign}(\tau) \partial_n B_\tau = \sum_{0 \leq i \leq n} \sum_\rho (-1)^i \operatorname{sign}(\rho)(\delta_i)_\sharp B_\rho \ ,$$

wobei τ alle Permutationen von $\{0, \ldots, n\}$ durchläuft und ρ alle Permutationen von $\{0, \ldots, n-1\}$. $\qquad\square$

Wir definieren nun $P_n : \mathrm{S}_n(X) \to \mathrm{S}_n(X)$ durch

$$P_n(\sigma) = \sigma_\sharp(p_n)$$

für ein singuläres n-Simplex $\sigma : \Delta^n \to X$. Wegen des vorangehenden Hilfssatzes ist dann $P_* : \mathrm{S}_*(X) \to \mathrm{S}_*(X)$ ein natürlicher Ketten-Homomorphismus.

Hilfssatz 5.4.10
$P_* : \mathrm{S}_*(X) \to \mathrm{S}_*(X)$ ist natürlich kettenhomotop zur identischen Abbildung.

Beweis: Die Aussage des Satzes ist es, dass es in X natürliche Homorphismen $Q_n : \mathrm{S}_n(X) \to \mathrm{S}_{n+1}(X)$ gibt mit

$$d_{n+1} Q_n + Q_{n-1} d_n = \mathrm{id} - P_n.$$

Wir beweisen dies durch Induktion über n. Für $n = 0$ können wir $Q_0 = 0$ wählen.
Im folgenden bezeichne ι_n die identische Abbildung von Δ^n, betrachtet als singuläres Simplex in Δ^n. Wir bestimmen zunächst eine Klasse $q_n \in \mathrm{S}_{n+1}(\Delta^n)$ mit

$$d_{n+1} q_n = \iota_n - P_n(\iota_n) - Q_{n-1} d_n(\iota_n). \tag{5.8}$$

Der Rand der rechten Seite wird

$$
\begin{aligned}
d_n(\iota_n - P_n\iota_n) - Q_{n-1}d_n\iota_n) &= d_n(\iota_n - P_n\iota_n) - d_n(Q_{n-1}d_n\iota_n) \\
&= (\mathrm{id} - P_{n-1})(d_n\iota_n) \\
&\quad -(\mathrm{id} - P_{n-1} - Q_{n-2}d_{n-1})(d_n\iota_n) \\
&= 0 \, .
\end{aligned}
$$

Daher ist die rechte Seite von Gleichung (5.8) ein Zyklus. Da Δ^n zusammenziehbar ist, muss dieser Zyklus ein Rand sein, womit die Existenz von q_n gezeigt ist.
Wir definieren nun

$$Q_n(\sigma) = \sigma_\sharp q_n \, .$$

Die Natürlichkeit ist bei dieser Definition klar. Es wird aber

$$
\begin{aligned}
d_{n+1} Q_n(\sigma) &= d_{n+1}(\sigma_\sharp q_n) = \sigma_\sharp d_{n+1} q_n \\
&= \sigma_\sharp(\iota_n - P_n\iota_n - Q_{n-1}d_n\iota_n) \\
&= \sigma - P_n\sigma - Q_{n-1}(d_n\sigma) \, .
\end{aligned}
$$
$\qquad\square$

Nun können wir den Satz 5.4.8 über kleine Ketten beweisen. Wegen der Natürlichkeit von P_* und Q_* existieren diese Operatoren auch auf dem Kettenkomplex $\mathrm{S}_*^{\mathcal{U}}(X)$ der kleinen Ketten.

Es sei C_* der Quotienten-Komplex von $\mathrm{S}_*(X)$ nach $\mathrm{S}_*^{\mathcal{U}}(X)$. Dann induziert P_* einen Ketten-Homomorphismus $R_* : C_* \to C_*$, der wieder kettenhomotop zur Identität ist. Ist aber z ein beliebiger n-Zyklus in $S_*(X)$, so gibt es eine natürliche Zahl m, so dass die m-fache Iteration $P_n{}^m$ von P_n auf z eine Linearkombination von $\mathcal{U}$-kleinen Simplizes ist (Dies wurde in Lemma 3.4.10 bewiesen). Es ist also $R_n{}^m z = 0$ in C_*. Andererseits gilt dann in $H_n(C_*)$:

$$[z] = [R_n{}^m z] = 0 .$$

Es folgt, dass C_* Homologie Null hat, und (wegen der langen exakten Homologie-Sequenz), dass

$$S_*^{\mathcal{U}}(X) \to S_*(X)$$

einen Isomorphismus in Homologie induziert. Das war zu beweisen.

Homotopie-Invarianz und Ausschneidung bilden zusammen mit den in Satz 5.4.2 erwähnten elementaren Eigenschaften die sogenannten *Eilenberg-Steenrod-Axiome*. Diese geben eine Charakterisierung der singulären Homologie-Theorie zumindest für gute Räume wie endliche Polyeder. In [ESt52] wird die axiomatische Behandlung der Homologie-Theorie auf dieser Grundlage durchgeführt. Wir werden in den folgenden Abschnitten jedoch mehr die Definition der singulären Theorie in den Beweisen benutzen als diese formalen Eigenschaften. Die axiomatische Theorie ist von besonderer Bedeutung vor allem für die Betrachtung von verallgemeinerten Homologie-Theorien. Dabei handelt es sich um Theorien, die allen Eilenberg-Steenrod-Axiomen genügen mit eventueller Ausnahme des sogenannten Dimensions-Axioms $H_*(\mathbf{D}^0; R) \cong R$. Diese Theorien sind von großer Wichtigkeit für die moderne algebraische Topologie; ihre Behandlung würde jedoch den Rahmen dieses Buches sprengen.

5.5 Ausbau der Homologie-Theorie

Im vorigen Abschnitt haben wir die wesentlichen Eigenschaften der Homologie-Theorie kennengelernt. Diese bestimmen tatsächlich die Homologiegruppen von genügend schönen topologischen Räumen (zum Beispiel Polyedern). Um Homologiegruppen aber wirklich zu berechnen, ist es zweckmäßig, zunächst weitere Folgerungen als Hilfsmittel bereitzustellen, welche diese Berechnungen vereinfachen. Wir behandeln im folgenden die Fälle von Tripeln $X \supset Y \supset Z$ von Räumen und von Zerlegungen $X = X_1 \cup X_2$.

Zuvor wollen wir jedoch noch eine übliche Konvention zur Vereinfachung der Notation einführen. Sind A, A' und X' Teilräume von X mit $A' \subset A \cap X'$, so haben wir eine Abbildung $(X', A') \hookrightarrow (X, A)$, deren Definition aus der Notation ersichtlich ist. Bei dem induzierten Homorphismus $H_n(X', A') \to H_n(X, A)$ ist letzteres aber nicht mehr der Fall. Nun wäre es allerdings zu mühsam, allen Inklusionen von Räumen einen Namen zu geben, um die induzierten Homomorphismen in Homologie besser identifizieren zu können. Wir vereinbaren daher, dass mit Homorphismen zwischen Homologiegruppen, die keinen Namen tragen oder sonstwie erläutert werden, in der Regel die durch Inklusionen induzierten Homomorphismen gemeint sind (falls dies Sinn macht); als Bezeichnung für solche Homomorphismen, wollen wir das Wort „Inklusions-Homomorphismus" benutzen, das also ausdrücklich nicht beinhalten soll, dass dieser Homomorphismus injektiv sei!

Wir nennen (X, Y, Z) ein Tripel von Räumen, wenn $X \supset Y \supset Z$ ist.

Definition 5.5.1
Sei (X, Y, Z) ein Tripel von Räumen. Der Randoperator des Tripels

$$\partial_*^T : H_n(X, Y) \to H_{n-1}(Y, Z)$$

ist definiert als Komposition des Randoperators $\partial_* : H_n(X, Y) \to H_{n-1}(Y)$ mit dem Inklusions-Homomorphismus $H_{n-1}(Y) \to H_{n-1}(Y, Z)$.

Satz 5.5.2 (Sequenz eines Tripels)
Für ein Tripel (X, Y, Z) von Räumen ist die Sequenz

$$\ldots \to H_n(Y, Z) \to H_n(X, Z) \to H_n(X, Y) \xrightarrow{\partial_*^T} H_{n-1}(Y, Z) \to H_{n-1}(X, Z) \to \ldots$$

exakt.

Beweis: Die Inklusions-Abbildungen induzieren eine kurze exakte Sequenz

$$0 \to S_*(Y, Z) \to S_*(X, Z) \to S_*(X, Y) \to 0$$

von Ketten-Komplexen. Für $Z' \subset Z$ ist das Diagramm

$$
\begin{array}{ccc}
H_n(X, Y) & \xrightarrow{\partial_*} & H_{n-1}(Y, Z') \\
\downarrow & & \downarrow \\
H_n(X, Y) & \xrightarrow{\partial_*} & H_{n-1}(Y, Z)
\end{array}
$$

mit vertikalen Inklusions-Homomorphismen kommutativ. Für $Z' = \emptyset$ erhalten wir die obige Beschreibung des Randoperators. $\qquad\square$

Wir betrachten nun Triaden $(X; X_1, X_2)$; dies soll lediglich bedeuten, dass $X_1, X_2 \subset X$ Teilräume sind. Meistens werden wir annehmen, dass $X = X_1 \cup X_2$ ist.

Wir wollen zunächst den Begriff „ausschneidendes Paar" erläutern:

Satz 5.5.3

Seien X_1, $X_2 \subset X$ und $X_0 = X_1 \cap X_2$. Sei $S_*^+(X_1, X_2)$ der Unterkomplex $S_*(X_1) + S_*(X_2)$ von $S_*(X_1 \cup X_2)$. Dann sind äquivalent:

1. Die Inklusion $k_1 : (X_1, X_1 \cap X_2) \to (X_1 \cup X_2, X_2)$ induziert Isomorphismen

$$k_{1*} : H_n(X_1, X_1 \cap X_2) \xrightarrow{\cong} H_n(X_1 \cup X_2, X_2) \,.$$

2. Die Inklusionen induzieren Isomorphismen

$$H_n(X_1, X_0) \oplus H_n(X_2, X_0) \xrightarrow{\cong} H_n(X_1 \cup X_2, X_0) \,.$$

3. Dann induziert die Inklusion

$$k : S_*^+(X_1, X_2) \to S_*(X_1 \cup X_2)$$

Isomorphismen in Homologie.

Beweis: In dem kommutativen Diagramm

$$
\begin{array}{ccc}
S_*(X_1)/S_*(X_0) & \xrightarrow{\ k_{1\sharp}\ } & S_*(X_1 \cup X_2)/S_*(X_2) \\
\| & & \uparrow{\overline{k}} \\
S_*(X_1)/S_*(X_1) \cap S_*(X_2) & \xrightarrow{\cong} & S_*^+(X_1, X_2)/S_*(X_2)
\end{array}
$$

ist offenbar $k_{1\sharp}$ genau dann ein Homologie-Isomorphismus, wenn $\overline{k}$ es ist. Aber nach dem 5-Lemma ist letzteres genau dann der Fall, wenn

$$k : S_*^+(X_1, X_2) \to S_*(X_1 \cup X_2)$$

ein Homologie-Isomorphismus ist. Wieder nach dem 5-Lemma ist dies schließlich äquivalent dazu, dass

$$S_*^+(X_1, X_2)/S_*(X_0) \to S_*(X_1 \cup X_2)/S_*(X_0)$$

einen Isomorphismus in Homologie induziert. Aber es ist

$$S_*^+(X_1, X_2)/S_*(X_0) \cong S_*(X_1)/S_*(X_0) \oplus S_*(X_2)/S_*(X_0) \,. \qquad \square$$

Definition 5.5.4

(X_1, X_2) heißt ausschneidendes Paar, wenn die äquivalenten Bedingungen des vorangehenden Satzes erfüllt sind (für Homologie mit Koeffizienten in $\mathbf{Z}$). In diesem Fall ist der Mayer-Vietoris-Randoperator ∂_*^{MV} von (X_1, X_2) als die folgende Komposition definiert:

$$\partial_*^{MV} : H_n(X_1 \cup X_2) \to H_n(X_1 \cup X_2, X_2) \xrightarrow{k_{1*}^{-1}} H_n(X_1, X_1 \cap X_2) \xrightarrow{\partial_*} H_{n-1}(X_1 \cap X_2) \,.$$

Man beachte, dass der Mayer-Vietoris-Randoperator

$$\partial_*^{MV} : H_n(X_1 \cup X_2) \to H_{n-1}(X_1 \cap X_2)$$

von der Reihenfolge von (X_1, X_2) abhängt, obwohl die Bedingung, ein ausschneidendes Paar zu sein, symmetrisch in X_1 und X_2 ist.

Satz 5.5.5 (Mayer-Vietoris-Sequenz)
Sei (X_1, X_2) ausschneidendes Paar in X. Dann ist die Mayer-Vietoris-Sequenz

$$\ldots \to H_n(X_1 \cap X_2) \xrightarrow{i} H_n(X_1) \oplus H_n(X_2) \xrightarrow{j} H_n(X_1 \cup X_2) \xrightarrow{\partial_*^{MV}} H_{n-1}(X_1 \cap X_2) \to \ldots$$

exakt, wobei $i = (i_{1*}, -i_{2*})$ und j die Summe $j = j_{1*} + j_{2*}$ ist.

Beweis: Nach Definition von $S_*^+(X_1, X_2)$ haben wir eine kurze exakte Sequenz

$$0 \to S_*(X_1 \cap X_2) \xrightarrow{i} S_*(X_1) \oplus S_*(X_2) \xrightarrow{j} S_*^+(X_1, X_2) \to 0 \ ,$$

wobei i und j wie oben definiert sind.
Es bleibt der Randoperator zu identifizieren. Ein Zyklus z in $S_*^+(X_1, X_2)$ ist Summe zweier Ketten $c_i \in S_*(X_i)$, wobei $dc_1 = -dc_2$ ist. Dann repräsentiert dc_1 einen Zyklus u in $X_1 \cap X_2$. Der verbindende Homomorphismus bildet $[z]$ auf $[u]$ ab. Aber $[u]$ ist auch das Bild von $k_{1*}^{-1}[z] = [c_1] \in H_*(X_1, X_1 \cap X_2)$ unter dem Randoperator dieses Raumpaars. $\square$

In der Praxis ist die Ausschneidungs-Bedingung häufig erfüllt: Sei $\mathfrak{K}$ ein endlicher simplizialer Komplex, $\mathfrak{L} \subset \mathfrak{K}$ ein Unterkomplex und $\mathfrak{K}'$ der von $\mathfrak{K} - \mathfrak{L}$ erzeugte Unterkomplex. Ferner sei

$$K = |\mathfrak{K}|, \quad L = |\mathfrak{L}| \quad \text{und} \quad K' = |\mathfrak{K}'| \ .$$

Es ist dann $K = K' \cup L$.

Satz 5.5.6
Die Inklusion $k : (K', K' \cap L) \to (K, L)$ induziert Isomorphismen

$$k_* : H_n(K', K' \cap L) \xrightarrow{\cong} H_n(K, L) \ .$$

Beweis: Sei $\delta > 0$ kleiner als das Minimum aller Durchmesser von n-Simplizes in K (für $n > 0$). Ferner sei U die Menge aller Punkte von L, die von $K' \cap L$ einen Abstand $\geq \delta/3$ haben. Offenbar ist

$$(K - U, L - U) \to (K, L)$$

eine Ausschneidung und

$$(K', K' \cap L) \to (K - U, L - U)$$

eine Homotopieäquivalenz. Die Komposition der induzierten Homomorphismen in Homologie ist also ein Isomorphismus. $\square$

Als unmittelbare Folgerung erhalten wir:

Satz 5.5.7
Sei $\mathfrak{K}$ endlicher simplizialer Komplex. Seien $\mathfrak{K}_1, \mathfrak{K}_2 \subset \mathfrak{K}$ Unterkomplexe und sei $K_i = |\mathfrak{K}_i|$. Dann ist (K_1, K_2) ein ausschneidendes Paar in $K = |\mathfrak{K}|$.

Beweis: $(K_1, K_1 \cap K_2) \hookrightarrow (K_1 \cup K_2, K_2)$ ist nach dem vorangehenden Satz 5.4.8 eine Ausschneidung. $\qquad \square$

In der Praxis besonders bequem ist noch die folgende Verallgemeinerung der Mayer-Vietoris-Sequenz:

Satz 5.5.8 (Relative Mayer-Vietoris-Sequenz)
Seien (X_1, X_2) und (A_1, A_2) ausschneidende Paare in X mit $A_1 \subset X_1$ und $A_2 \subset X_2$. Dann gibt es eine lange exakte Sequenz

$$\ldots \xrightarrow{\partial_*^{MV}} H_n(X_1 \cap X_2, A_1 \cap A_2) \xrightarrow{i} H_n(X_1, A_1) \oplus H_n(X_2, A_2) \xrightarrow{j}$$

$$\xrightarrow{j} H_n(X_1 \cup X_2, A_1 \cup A_2) \xrightarrow{\partial_*^{MV}} H_{n-1}(X_1 \cap X_2, A_1 \cap A_2) \xrightarrow{i} \ldots$$

Beweis: Es sei $S_*^+((X_1, X_2), (A_1, A_2)) = S_*^+(X_1, X_2)/S_*^+(A_1, A_2)$. Wir haben dann eine kurze exakte Sequenz

$$S_*(X_1 \cap X_2, A_1 \cap A_2) \xhookrightarrow{i} S_*(X_1, A_1) \oplus S_*(X_2, A_2) \xrightarrow{j} S_*^+((X_1, X_2), (A_1, A_2)) \;.$$

Die Sequenz des Satzes ist im wesentlichen die hierzu gehörende lange exakte Homologie-Sequenz in Verbindung mit einer Isomorphie zwischen den Gruppen $H_n(X_1 \cup X_2, A_1 \cup A_2)$ und $H_*(S_*^+((X_1, X_2), (A_1, A_2)))$.
Es bleibt diese Isomorphie zu beweisen. Wir haben ein kommutatives Diagramm von Ketten-Komplexen

$$
\begin{array}{ccccccccc}
0 & \to & S_*^+(A_1, A_2) & \to & S_*^+(X_1, X_2) & \to & S_*^+((X_1, X_2), (A_1, A_2)) & \to & 0 \\
 & & \downarrow & & \downarrow & & \downarrow & & \\
0 & \to & S_*(A_1 \cup A_2) & \to & S_*(X_1 \cup X_2) & \to & S_*(X_1 \cup X_2, A_1 \cup A_2) & \to & 0
\end{array}
$$

mit exakten Zeilen. Die ersten beiden vertikalen Abbildungen induzieren Isomorphismen in Homologie. Wenden wir Homologie auf das Diagramm an, so erhalten wir ein kommutatives Diagramm von horizontalen langen exakten Sequenzen, in welchem nach dem 5-Lemma dann aber alle vertikalen Homomorphismen Isomorphismen sein müssen. Also ist auch

$$H_n(S_*^+((X_1, X_2), (A_1, A_2))) \cong H_n(X_1 \cup X_2, A_1 \cup A_2) \;. \qquad \square$$

Wir führen schließlich noch die sogenannten reduzierten Homologiegruppen ein. Diese haben den Vorteil, dass sie für zusammenziehbare Räume verschwinden.

Definition 5.5.9
Sei (X, A) ein Raumpaar. Die n-te reduzierte Homologiegruppe von (X, A) ist

$$\widetilde{H}_n(X, A) = \begin{cases} \mathrm{Kern}(H_0(X) \to H_0(\mathbf{D}^0)) & , \quad n = 0 \text{ und } A = \emptyset , \\ H_n(X, A) & \quad \text{sonst .} \end{cases}$$

Nur für $A = \emptyset \neq X$ und $n = 0$ unterscheidet sich also die reduzierte von der unreduzierten Homologie.

Eine etwas andere Beschreibung erhält man durch Einführung des sogenannten augmentierten singulären Komplexes. Man setzt $\widetilde{S}_n(\emptyset; R) = 0$ und für $X \neq \emptyset$

$$\widetilde{S}_n(X; R) = \begin{cases} S_n(X; R) & , \quad n \neq -1 , \\ R & , \quad n = -1 . \end{cases}$$

Der Randoperator $d_0 : S_0(X) \to R$ soll jedem 0-Simplex die Zahl 1 zuordnen. Dann ist $\widetilde{H}_n(X, A)$ die Homologie von $\widetilde{S}_n(X, A) = \widetilde{S}_n(X) / \widetilde{S}_n(A)$.

Lemma 5.5.10
Sei $x_0 \in X$. Dann induziert die Inklusion $(X, \emptyset) \hookrightarrow (X, x_0)$ einen Isomorphismus $\widetilde{H}_0(X) \cong H_0(X, x_0)$. Die Inklusion $\{x_0\} \hookrightarrow X$ induziert eine Spaltung $H_0(X; R) \cong R \oplus \widetilde{H}_0(X; R)$.

Beweis: Seien $i : \{x_0\} \hookrightarrow X$ und $j : X \to \{x_0\}$. Da $j \circ i$ die identische Abbildung ist, induzieren i und j eine Spaltung $H_0(X) \cong \mathrm{Bild}(i_*) \oplus \mathrm{Kern}(j_*)$. Aus der langen exakten Sequenz des Paares (X, x_0) erhalten wir aber die Isomorphie $H_0(X) / \mathrm{Bild}(i_*) \cong H_0(X, x_0)$. $\square$

Mit Hilfe dieses Lemmas lassen sich viele Eigenschaften der unreduzierten Homologiegruppen leicht auf die reduzierten Gruppen übertragen.

Satz 5.5.11
Sei (X, A) ein Raumpaar. Dann ist die lange exakte Sequenz

$$\ldots \to \widetilde{H}_n(A) \xrightarrow{i_*} \widetilde{H}_n(X) \xrightarrow{j_*} \widetilde{H}_n(X, A) \xrightarrow{\partial_*} \widetilde{H}_{n-1}(A) \xrightarrow{i_*} \widetilde{H}_{n-1}(X) \to \ldots$$

in reduzierter Homologie exakt.
Ist (X_1, X_2) ein ausschneidendes Paar in X mit $X_1 \cap X_2 \neq \emptyset$, so ist die reduzierte Mayer-Vietoris-Sequenz

$$\ldots \to \widetilde{H}_n(X_1 \cap X_2) \xrightarrow{i} \widetilde{H}_n(X_1) \oplus \widetilde{H}_n(X_2) \xrightarrow{j} \widetilde{H}_n(X_1 \cup X_2) \xrightarrow{\partial_*^{MV}} \widetilde{H}_{n-1}(X_1 \cap X_2) \to \ldots$$

ebenfalls exakt.

Beweis: Die erste Sequenz ist (für nicht-leeres A mit $x_0 \in A$) isomorph zur Sequenz des Tripels (X, A, x_0). Die zweite Sequenz ist isomorph zur relativen Mayer-Vietoris-Sequenz von (X_1, X_2) und $A_1 = A_2 = \{x_0\}$. $\square$

5.6 Erste Anwendungen

Als erstes fundamentales Beispiel für die Berechnung von Homologiegruppen wollen wir die Homologie von $\mathbf{S}^n$ und von $(\mathbf{D}^n, \mathbf{S}^{n-1})$ bestimmen.

Wir brauchen ein triviales vorbereitendes Lemma, das wir für spätere Anwendungen gleich etwas allgemeiner formulieren. Für zwei Raumpaare (X, A) und (Y, B) sei $(X, A) \times (Y, B)$ das Raumpaar

$$(X, A) \times (Y, B) := (X \times Y, A \times Y \cup X \times B) . \tag{5.9}$$

Lemma 5.6.1
Sei $A \subset X$ ein starker Deformations-Retrakt. Dann gilt für jedes Raumpaar (Y, B)

$$H_n((X, A) \times (Y, B)) = 0 .$$

Beweis: Mit $i : A \hookrightarrow X$ ist auch die Inklusion $A \times Y \hookrightarrow X \times Y$ eine Homotopie-Äquivalenz. Sei $r : X \to A$ eine Deformations-Retraktion, also $r|_A = \mathrm{id}_A$ und $i \circ r \simeq_A \mathrm{id}_X$; wir bezeichnen die Homotopie relativ A mit r_t. Dann ist $r \times \mathrm{id}_Y : A \times Y \cup X \times B \to A \times Y$ wohldefiniert; die Homotopie $r_t \times \mathrm{id}_Y$ zeigt, dass auch $A \times Y$ Deformations-Retrakt von $A \times Y \cup X \times B$ ist. Es folgt so, dass auch $i : A \times Y \cup X \times B \hookrightarrow X \times Y$ eine Homotopie-Äquivalenz ist.

Aus der langen exakten Sequenz

$$\ldots \to H_n(A \times Y \cup X \times B) \xrightarrow{i_*} H_n(X \times Y) \to H_n(X \times Y, A \times Y \cup X \times B) \to \ldots$$

und der Isomorphie von i_* folgt nun sofort die Behauptung. $\qquad\square$

Es seien

$$\mathbf{D}^n_+ = \{\, (x_0, \ldots, x_n) \in \mathbf{S}^n \mid x_n \geq 0 \,\} ,$$

$$\mathbf{D}^n_- = \{\, (x_0, \ldots, x_n) \in \mathbf{S}^n \mid x_n \leq 0 \,\}$$

die nördliche und südliche Halbkugel auf der Sphäre $\mathbf{S}^n$. Sie sind zur Scheibe $\mathbf{D}^n$ homöomorph. Der Durchschnitt $\mathbf{D}^n_+ \cap \mathbf{D}^n_- = \mathbf{S}^{n-1}$ ist der Äquator von $\mathbf{S}^n$.

Wir betrachten die reduzierte Mayer-Vietoris-Sequenz nach Satz 5.5.11:

$$\ldots \to \widetilde{H}_m(\mathbf{D}^n_+) \oplus \widetilde{H}_m(\mathbf{D}^n_-) \to \widetilde{H}_m(\mathbf{S}^n) \xrightarrow{\partial^{MV}_*} \widetilde{H}_{m-1}(\mathbf{S}^{n-1}) \to \ldots$$

Die hierfür nötige Ausschneidungs-Bedingung ist erfüllt, da alle vorkommenden Räume endliche Polyeder sind.

Satz 5.6.2
Der Mayer-Vietoris-Randoperator

$$\partial_*^{MV} : \widetilde{H}_m(\mathbf{S}^n) \to \widetilde{H}_{m-1}(\mathbf{S}^{n-1})$$

ist für $n \geq 1$ ein Isomorphismus. Es ist

$$\widetilde{H}_m(\mathbf{S}^n; R) \cong \begin{cases} R & , & m = n \\ 0 & & \text{sonst .} \end{cases}$$

Beweis: Der erste Teil der Behauptung folgt aus der Exaktheit der Mayer-Vietoris-Sequenz, da (als trivialer Spezialfall von Lemma 5.6.1) die reduzierten Gruppen $\widetilde{H}_m(\mathbf{D}_\pm^n)$ alle Null sind. Da $\mathbf{S}^0$ aus zwei Punkten besteht, gilt die zweite Behauptung für $n = 0$. Durch Induktion über n folgt nun der Rest. $\square$

Korollar 5.6.3
Es ist

$$H_m(\mathbf{S}^n; R) \cong \begin{cases} R \oplus R & , & m = n = 0 \text{ ,} \\ R & , & m = n > 0 \text{ oder } m = 0 < n \text{ ,} \\ 0 & & \text{sonst .} \end{cases}$$

Beweis: Es ist $H_*(\mathbf{S}^n; R) = R \oplus \widetilde{H}_*(\mathbf{S}^n)$. $\square$

Da homöomorphe oder homotopie-äquivalente Räume isomorphe Homologiegruppen haben müssen, folgern wir noch

Korollar 5.6.4
Für $m \neq n$ sind die Sphären $\mathbf{S}^m$ und $\mathbf{S}^n$ nicht zueinander homotopie-äquivalent.

Die folgende Umformulierung der obigen Berechnung ist oft nützlich:

Satz 5.6.5
Es ist

$$H_m(\mathbf{D}^n, \mathbf{S}^{n-1}; R) \cong \begin{cases} R & , & m = n \text{ ,} \\ 0 & & \text{sonst .} \end{cases}$$

Beweis: In der reduzierten langen exakten Sequenz des Paares $(\mathbf{D}^n, \mathbf{S}^{n-1})$ ist der Rand-Operator

$$\partial_* : \widetilde{H}_m(\mathbf{D}^n, \mathbf{S}^{n-1}) \to \widetilde{H}_{m-1}(\mathbf{S}^{n-1})$$

ein Isomorphismus. $\square$

Diese Ergebnisse werden durch den folgenden Satz verallgemeinert. $*$ bezeichnet immer einen Basispunkt.

Satz 5.6.6 (Einhängungs-Satz)
Es gibt in (Y, B) natürliche Isomorphismen

1. $H_m((\mathbf{S}^n, *) \times (Y, B)) \cong H_{m-n}(Y, B)$ und

2. $H_m((\mathbf{D}^n, \mathbf{S}^{n-1}) \times (Y, B)) \cong H_{m-n}(Y, B)$.

Beweis: Der Beweis verläuft analog zu dem der obigen Sätze, wobei wir lediglich mit der Ausschneidungs-Bedingung etwas sorgfältiger umgehen müssen.
1.: Hierzu sei

$$\mathbf{E}^n_+ = \{ (x_0, \ldots, x_n) \in \mathbf{S}^n \mid x_n > -1 \} \quad \text{und}$$
$$\mathbf{E}^n_- = \{ (x_0, \ldots, x_n) \in \mathbf{S}^n \mid x_n < 1 \} .$$

Der Durchschnitt $\widetilde{\mathbf{S}}^{n-1} = \mathbf{E}^n_+ \cap \mathbf{E}^n_-$ ist dann homotopieäquivalent zu $\mathbf{S}^{n-1}$.
Nun ist $(\mathbf{E}^n_+ \times Y, \mathbf{E}^n_- \times Y)$ ein ausschneidendes Paar, da die Räume $\mathbf{E}^n_\pm \times Y$ offen in $\mathbf{S}^n \times Y$ sind. Wir setzen $X_\pm = \mathbf{E}^n_\pm \times Y$ und $A_\pm = \mathbf{E}^n_\pm \times B \cup * \times Y$. Auch (A_+, A_-) ist offenbar ein ausschneidendes Paar.
Wir betrachten nun die relative Mayer-Vietoris-Sequenz für $X = \mathbf{S}^n \times Y$ und $A = \mathbf{S}^n \times B \cup * \times Y$. Wie im Beweis von Satz 5.6.2 muss nun wegen Lemma 5.6.1 der Mayer-Vietoris-Randoperator

$$\partial_*^{MV} : H_m(\mathbf{S}^n \times Y, * \times Y \cup \mathbf{S}^n \times B) \to H_{m-1}(\widetilde{\mathbf{S}}^{n-1} \times Y, * \times Y \cup \widetilde{\mathbf{S}}^{n-1} \times B)$$

ein Isomorphismus sein. Aus

$$(\mathbf{S}^0 \times Y, * \times Y \cup \mathbf{S}^0 \times B) = (* \times Y, * \times Y) \amalg (a_1 \times Y, a_1 \times B)$$

folgt die Behauptung für $n = 0$; mit der Isomorphie von ∂_*^{MV} folgt durch Induktion für alle $n \geq 0$, dass

$$H_m((\mathbf{S}^n, *) \times (Y, B)) \cong H_{m-n}(\mathbf{S}^0 \times Y, * \times Y \cup \mathbf{S}^0 \times B)) \cong H_{m-n}(Y, B)$$

ist.
2.: Nach Lemma 5.6.1 erhalten wir aus der exakten Sequenz des Tripels

$$(\mathbf{D}^n \times Y, \mathbf{S}^{n-1} \times Y \cup \mathbf{D}^n \times B, * \times Y \cup \mathbf{D}^n \times B)$$

einen Isomorphismus

$$\partial_*^T : H_m((\mathbf{D}^n, \mathbf{S}^{n-1}) \times (Y, B)) \xrightarrow{\cong} H_{m-1}(\mathbf{S}^{n-1} \times Y \cup \mathbf{D}^n \times B, * \times Y \cup \mathbf{D}^n \times B) .$$

Schreiben wir $\mathbf{S}^{n-1} \times Y \cup \mathbf{D}^n \times B$ als Vereinigung von $\mathbf{S}^{n-1} \times Y \cup (\mathbf{D}^n - 0) \times B$ und $\mathbf{E}^n \times B$, so erhalten wir einen Ausschneidungs-Isomorphismus der rechts stehenden Gruppe zu

$$H_{m-1}(\mathbf{S}^{n-1} \times Y \cup (\mathbf{D}^n - 0) \times B, * \times Y \cup (\mathbf{D}^n - 0) \times B) .$$

Aber das Raumpaar $(\mathbf{S}^{n-1} \times Y \cup (\mathbf{D}^n - 0) \times B, * \times Y \cup (\mathbf{D}^n - 0) \times B)$ ist homotopieäquivalent zu $(\mathbf{S}^{n-1} \times Y \cup \mathbf{S}^{n-1} \times B, * \times Y \cup \mathbf{S}^{n-1} \times B) = (\mathbf{S}^{n-1}, *) \times (Y, B)$, so dass wir insgesamt mit der schon bewiesenen Behauptung (1.) einen Isomorphismus

$$H_m((\mathbf{D}^n, \mathbf{S}^{n-1}) \times (Y, B)) \cong H_{m-n}(Y, B)$$

erhalten. □

Korollar 5.6.7
Es ist
$$H_m(\mathbf{S}^n \times Y, \mathbf{S}^n \times B) \cong H_m(Y, B) \oplus H_{m-n}(Y, B) .$$

Beweis: Wir betrachten das Diagramm

$$H_m(* \times Y, * \times B) \xrightarrow{\ i\ } H_m(\mathbf{S}^n \times B \cup * \times Y, \mathbf{S}^n \times B)$$

$$\overset{k}{\longleftarrow} \qquad \downarrow j$$

$$H_m(\mathbf{S}^n \times Y, \mathbf{S}^n \times B)$$

$$\downarrow$$

$$H_{m-n}(Y, B) \xleftarrow{\ \cong\ } H_m(\mathbf{S}^n \times Y, \mathbf{S}^n \times B \cup * \times Y)$$

in dem die vertikale Sequenz eine exakte Tripel-Sequenz ist.
Offenbar ist $k \circ j \circ i$ die Identität. Es genügt zu zeigen, dass i ein Isomorphismus ist, denn dann muss die vertikale Sequenz kurz exakt und spaltend sein. Es bezeichne a_1 den antipodischen Punkt von $*$. Dann faktorisiert i durch Inklusions-Homomorphismen

$$H_m(* \times Y, * \times B) \to H_m((\mathbf{S}^n - a_1) \times B \cup * \times Y, (\mathbf{S}^n - a_1) \times B)$$

und

$$H_m((\mathbf{S}^n - a_1) \times B \cup * \times Y, (\mathbf{S}^n - a_1) \times B) \to H_m(\mathbf{S}^n \times Y, \mathbf{S}^n \times B \cup * \times Y);$$

der obere ist durch eine Homotopie-Äquivalenz induziert und der untere durch eine Ausschneidung. □

Wir geben noch geometrische Anwendungen dieser Berechnungen. Oben hatten wir schon angemerkt, dass $\mathbf{S}^m$ und $\mathbf{S}^n$ für $m \neq n$ nicht homotopie-äquivalent sein können. Der folgende Satz gibt davon eine lokale Version:

Satz 5.6.8 (Invarianz der Dimension)
Seien $M \subset \mathbf{R}^m, N \subset \mathbf{R}^n$ offene Teilmengen. Sind M und N homöomorph, so ist $m = n$.

Beweis: Wir können ohne Beschränkung der Allgemeinheit annehmen, dass M eine m-dimensionale offene Scheibe $\mathbf{E}^m$ ist. Sei $\varphi : N \to M$ ein Homöomorphismus und $x \in N$ sowie $\mathbf{E}^n$ eine offene Scheibe um x, die in N enthalten ist. Dann ist

$$H_{n-1}(\mathbf{E}^n - \{x\}) \to H_{n-1}(\mathbf{R}^n - \{x\})$$

ein nicht-trivialer Isomorphismus, der durch $H_{n-1}(N - \{x\})$ faktorisiert. Da

$$H_{n-1}(N - \{x\}) \cong H_{n-1}(\mathbf{E}^m - \{\varphi(x)\})$$

folglich von Null verschieden ist, muss $m = n$ sein. □

Lemma 5.6.9
Es gibt keine Retraktion von $\mathbf{D}^n$ auf $\mathbf{S}^{n-1} \subset \mathbf{D}^n$.

Beweis: Sei $n > 0$. Ist $\varrho : \mathbf{D}^n \to \mathbf{S}^{n-1}$ und $\varrho' = \varrho|_{\mathbf{S}^{n-1}}$, so faktorisiert

$$\varrho'_* : \widetilde{H}_{n-1}(\mathbf{S}^{n-1}) \to \widetilde{H}_{n-1}(\mathbf{S}^{n-1})$$

durch $\widetilde{H}_{n-1}(\mathbf{D}^n) = 0$, ist also die Null-Abbildung und damit sicher von der Identität verschieden. □

Satz 5.6.10 (Brouwerscher Fixpunktsatz)
Jede stetige Abbildung $f : \mathbf{D}^n \to \mathbf{D}^n$ hat einen Fixpunkt.

Beweis: Wir nehmen an, dass f keinen Fixpunkt hat. Für $x \in \mathbf{D}^n$ sei $F(x)$ der Schnittpunkt von $\mathbf{S}^{n-1}$ mit dem von $f(x)$ ausgehenden Strahl durch x. Dann ist $F(x) = x$ für $x \in \mathbf{S}^{n-1}$. Aber F ist offensichtlich stetig. □

Als weitere Anwendung wollen wir nun die Verallgemeinerung des Jordanschen Kurvensatzes herleiten.

Wir betrachten einen echten Teilraum $M \subset \mathbf{S}^n$. Wir wollen Information über die Homologie von $\mathbf{S}^n - M$ gewinnen.

Für $p \in M$ sei $M_{p,\varepsilon} = \{\, q \in M \mid \|\, q - p \,\| < \varepsilon \,\}$. Sei $a_0 \in \mathbf{S}^n - M$.

Lemma 5.6.11
Es sei $u \in \widetilde{H}_m(\mathbf{S}^n - M)$. Dann gibt es zu jedem $p \in M$ ein $\varepsilon > 0$, so dass u im Kern von

$$\widetilde{H}_m(\mathbf{S}^n - M) \to \widetilde{H}_m(\mathbf{S}^n - M_{p,\varepsilon})$$

liegt.

Beweis: Es ist $\widetilde{H}_m(\mathbf{S}^n - p) = 0$, also gibt es ein $c \in \mathbf{S}_{m+1}(\mathbf{S}^n - p, a_0)$ mit $\partial c = u$. Aber c liegt schon in $\mathbf{S}_{m+1}(\mathbf{S}^n - M_{p,\varepsilon}, a_0)$ für geeignetes $\varepsilon > 0$. □

Satz 5.6.12
Sei $M \subset \mathbf{S}^n$ homöomorph zu $\mathbf{I}^k$ für ein $k \leq n$. Dann ist

$$\widetilde{H}_m(\mathbf{S}^n - M) = 0 \,.$$

Beweis: Wir führen den Beweis durch Induktion über k, wobei der Fall $k = 0$ trivial ist. Sei nun $k > 0$, und die Behauptung sei richtig für zu $\mathbf{I}^{k-1}$ homöomorphe Teilräume. Wir zerlegen $\mathbf{I}^k$ durch $\{\, (x_1, \ldots, x_k) \mid x_k = \frac{1}{2} \,\}$ in zwei Teilwürfel; dies liefert eine Zerlegung $M = M_1 \cup M_2$, wobei $M_1 \cap M_2$ zu $\mathbf{I}^{k-1}$ homöomorph ist. Wegen $\widetilde{H}_m(\mathbf{S}^n - M_1 \cap M_2) = 0$ erhalten wir aus der Mayer-Vietoris-Sequenz

$$\widetilde{H}_m(\mathbf{S}^n - M) \cong \widetilde{H}_m(\mathbf{S}^n - M_1) \oplus \widetilde{H}_m(\mathbf{S}^n - M_2) \,.$$

Sei nun $u \in \widetilde{H}_m(\mathbf{S}^n - M)$. Da M kompakt ist, gibt es ein $\varepsilon > 0$, so dass u im Kern der Abbildung $\widetilde{H}_m(\mathbf{S}^n - M) \to \widetilde{H}_m(\mathbf{S}^n - M_{p,\varepsilon})$ für jedes $p \in M$ liegt. Wir zerlegen nun induktiv M in endlich viele Teilwürfel M_α, so dass jedes M_α einen Durchmesser $< \frac{\varepsilon}{2}$ hat und so dass

$$\widetilde{H}_m(\mathbf{S}^n - M) \cong \bigoplus \widetilde{H}_m(\mathbf{S}^n - M_\alpha)$$

gilt. Wegen $\mathbf{S}^n - M_\alpha \supset \mathbf{S}^n - M_{p,\varepsilon}$ für $p \in M_\alpha$ folgt nun $u = 0$. $\square$

Setzen wir $m = 0$, so erhalten wir als Korollar, dass $\mathbf{S}^n - M$ unter den Voraussetzungen des Satzes stets wegzusammenhängend ist.

Satz 5.6.13
Sei $M \subset \mathbf{S}^n$ homöomorph zu $\mathbf{S}^k$ für ein $k < n$. Dann ist

$$\widetilde{H}_m(\mathbf{S}^n - M; R) \cong \begin{cases} R & , \quad m = n - k - 1 \\ 0 & \text{sonst}. \end{cases}$$

Beweis: Der Fall $k = 0$ ist trivial, da dann $\mathbf{S}^n - M$ zu $\mathbf{S}^{n-1}$ homotopieäquivalent ist. Für $k > 0$ schreiben wir $M = M_1 \cup M_2$, wobei M_i zu $\mathbf{I}^k$ homöomorph ist und $M_1 \cap M_2$ zu $\mathbf{S}^{k-1}$. Nach Satz 5.6.12 liefert aber die Mayer-Vietoris-Sequenz des Paares $(\mathbf{S}^n - M_1, \mathbf{S}^n - M_2)$ einen Isomorphismus

$$\partial_*^{MV} : \widetilde{H}_{m+1}(\mathbf{S}^n - M_1 \cap M_2) \to \widetilde{H}_m(\mathbf{S}^n - M). \quad \square$$

Daraus ergibt sich für $k = n - 1$ und $m = 0$ als unmittelbare Folgerung die Verallgemeinerung des Jordanschen Kurvensatzes:

Korollar 5.6.14 (Trennungs-Satz von Jordan-Brouwer)
Sei $M \subset \mathbf{S}^n$ homöomorph zu $\mathbf{S}^{n-1}$. Dann besteht $\mathbf{S}^n - M$ aus genau zwei Wegkomponenten.

Damit können wir nun noch den folgenden Satz beweisen:

Satz 5.6.15 (Invarianz von Gebieten)
Sei $M \subset \mathbf{R}^m$ offen, $N \subset \mathbf{R}^m$ und sei $\varphi : M \to N$ ein Homöomorphismus. Dann ist N offen.

Beweis: Sei $x \in N$ und U eine abgeschlossene ε-Umgebung von $\varphi^{-1}(x)$, sowie V der Rand von U.
Nach dem Jordan-Brouwerschen Trennungssatz besteht $\mathbf{R}^m - \varphi(V)$ aus zwei Wegkomponenten, während $\mathbf{R}^m - \varphi(U)$ wegzusammenhängend ist. Es ist aber

$$\mathbf{R}^m - \varphi(V) = (\mathbf{R}^m - \varphi(U)) \amalg \varphi(U - V)$$

als Vereinigung wegzusammenhängender Teilräume, so dass $\varphi(U - V)$ die Wegkomponente von $\mathbf{R}^m - \varphi(V)$ sein muss, die den Punkt x enthält. $\square$

Zum Schluss dieses Abschnitts wollen wir die Homologiegruppen komplexer und quaternionaler projektiver Räume berechnen. Um reelle, komplexe und quaternionale projektive Räume parallel behandeln zu können, führen wir die folgende Notation ein.

Es sei $\mathbb{K}$ einer der Körper $\mathbf{R}$, $\mathbf{C}$ oder $\mathbf{H}$ und $d = \dim_{\mathbf{R}} \mathbb{K}$ (also $d = 1, 2, 4$). Es sei wie üblich $\mathbb{K}\mathbf{P}^n$ der Raum der $\mathbb{K}$-Geraden in $\mathbb{K}^{n+1}$. Für $(x_0, \ldots, x_n) \in \mathbb{K}^{n+1} - \{0\}$ bezeichne wieder $[x_0 : \ldots : x_n] \in \mathbb{K}\mathbf{P}^n$ die von $\{(x_0, \ldots, x_n)\}$ erzeugte $\mathbb{K}$-Gerade. Offenbar gibt es zu jedem Punkt in $\mathbb{K}\mathbf{P}^n$ einen Repräsentanten $[x_0 : \ldots : x_n]$ mit $\sum |x_i|^2 = 1$.

Im folgenden fassen wir $\mathbb{K}\mathbf{P}^{n-1}$ als Unterraum

$$\{\, [x_0 : \ldots : x_n] \in \mathbb{K}\mathbf{P}^n \mid x_n = 0 \,\}$$

von $\mathbb{K}\mathbf{P}^n$ auf. Wir zerlegen nun $\mathbb{K}\mathbf{P}^n$ in eine abgeschlosssene Umgebung P von $\mathbb{K}\mathbf{P}^{n-1}$ und eine Scheibe Q: Es sei

$$P := \{\, [x_0 : \ldots : x_n] \mid x_i \in \mathbb{K}, \ \sum |x_i|^2 = 1, \ |x_n| \leq 1/2 \,\} \,,$$

$$Q := \{\, [x_0 : \ldots : x_n] \mid x_i \in \mathbb{K}, \ \sum |x_i|^2 = 1, \ |x_n| \geq 1/2 \,\} \,.$$

Der Raum P ist homotopieäquivalent zu $\mathbb{K}\mathbf{P}^{n-1}$, denn er enthält letzteren als Deformations-Retrakt. Die Deformation ist gegeben durch $\phi_t : P \to P$ mit

$$\phi_t[x_0 : \ldots : x_n] = [\lambda_t x_0 : \ldots : \lambda_t x_{n-1} : t x_n] \text{ mit } \lambda_t := {}_+\sqrt{(1 - t^2|x_n|^2)/(1 - |x_n|^2)} \,.$$

Andererseits ist

$$\varphi : \mathbb{K}\mathbf{P}^n - \mathbb{K}\mathbf{P}^{n-1} \to \mathbb{K}^n$$

mit $\varphi[x_0 : \ldots : x_n] = (x_0 x_n^{-1}, x_1 x_n^{-1}, \ldots, x_{n-1} x_n^{-1})$ ein Homöomorphismus, welcher Q auf

$$\mathbf{D}^{dn} = \{\, (\xi_0, \ldots, \xi_{n-1}) \in \mathbb{K}^n \mid \sum_i |\xi_i|^2 \leq 1 \,\}$$

und $P \cap Q$ auf die Randsphäre $\mathbf{S}^{dn-1} \subset \mathbf{D}^{dn}$ abbildet. Wie man leicht nachrechnet, ist die Abbildung

$$\pi = \phi_1 \circ \varphi^{-1} : \mathbf{S}^{dn-1} \to \mathbb{K}\mathbf{P}^{n-1}$$

durch $\pi(\xi_0, \ldots, \xi_{n-1}) = [\xi_0 : \ldots : \xi_{n-1}]$ gegeben.

Wir verwenden nun die Mayer-Vietoris-Sequenz der Triade $(\mathbb{K}\mathbf{P}^n; P, Q)$ in reduzierter Homologie. Wegen $\widetilde{H}_i(Q) = 0$ und $P \simeq \mathbb{K}\mathbf{P}^{n-1}$ erhalten wir schließlich die lange exakte Sequenz

$$\ldots \to \widetilde{H}_i(\mathbf{S}^{dn-1}) \xrightarrow{\pi_*} \widetilde{H}_i(\mathbb{K}\mathbf{P}^{n-1}) \to \widetilde{H}_i(\mathbb{K}\mathbf{P}^n) \xrightarrow{\partial_*^{MV}} \widetilde{H}_{i-1}(\mathbf{S}^{dn-1}) \to \ldots \tag{5.10}$$

Das Ergebnis ist:

Satz 5.6.16
Sei entweder $\mathbb{K} = \mathbf{C}$ und $d = 2$ oder $\mathbb{K} = \mathbf{H}$ und $d = 4$. Dann ist

$$H_i(\mathbb{K}\mathbf{P}^n; R) \cong \begin{cases} R & , \quad i = jd \text{ und } 0 \leq j \leq n \,, \\ 0 & \text{sonst} \,. \end{cases}$$

Die Inklusion $\mathbb{K}\mathbf{P}^{n-1} \hookrightarrow \mathbb{K}\mathbf{P}^n$ induziert einen Isomorphismus $H_i(\mathbb{K}\mathbf{P}^{n-1}) \to H_i(\mathbb{K}\mathbf{P}^n)$ für $i \leq dn$.

Beweis: Wir führen Induktion über n.

In der obigen exakten Sequenz (5.10) ist $\widetilde{H}_i(\mathbf{S}^{dn-1})$ nur dann von Null verschieden, wenn $i = dn - 1$ ist. Wegen $d > 1$ ist dann jedenfalls $i > d(n-1)$, also $\widetilde{H}_i(\mathbb{K}\mathbf{P}^{n-1}) = 0$ und $\pi_* = 0$.

Es folgt $\widetilde{H}_i(\mathbb{K}\mathbf{P}^n) = \widetilde{H}_i(\mathbb{K}\mathbf{P}^{n-1}) \oplus \widetilde{H}_{i-1}(\mathbf{S}^{dn-1})$ und damit die Behauptung. $\quad\square$

Im Falle $\mathbb{K} = \mathbf{R}$, also $d = 1$, können wir zunächst nur schließen:

Satz 5.6.17
Es ist $H_i(\mathbf{R}\mathbf{P}^n) = 0$ für $i > n$. Die Inklusion $\mathbf{R}\mathbf{P}^{n-1} \hookrightarrow \mathbf{R}\mathbf{P}^n$ induziert einen Isomorphismus $H_i(\mathbf{R}\mathbf{P}^{n-1}) \to H_i(\mathbf{R}\mathbf{P}^n)$ für $i < n - 1$.

Darüber hinaus wissen wir nur, dass

$$0 \to \widetilde{H}_n(\mathbf{R}\mathbf{P}^n) \xrightarrow{\partial_*^{MV}} \widetilde{H}_{n-1}(\mathbf{S}^{n-1}) \xrightarrow{\pi_*} \widetilde{H}_{n-1}(\mathbf{R}\mathbf{P}^{n-1}) \to \widetilde{H}_{n-1}(\mathbf{R}\mathbf{P}^n) \to 0$$

exakt ist. Die genaue Struktur der Homologie werden wir erst später bestimmen können. Es wird sich dann herausstellen, dass gilt:

$$H_i(\mathbf{R}\mathbf{P}^n; \mathbf{Z}) \cong \begin{cases} \mathbf{Z} & , \quad i = 0 \text{ oder } i = n = 2j - 1 , \\ \mathbf{Z}/2\mathbf{Z} & , \quad i = 2j - 1 \text{ und } i < n , \\ 0 & \quad \text{sonst} . \end{cases}$$

5.7 Der Abbildungsgrad

In diesem Abschnitt legen wir als Grund-Ring den Ring $R = \mathbf{Z}$ der ganzen Zahlen zugrunde.

Wir erinnern zunächst daran, dass nach Satz 5.6.2 für $n > 0$ der Mayer-Vietoris-Rand-operator der Triade $(\mathbf{S}^n; \mathbf{D}_+^n, \mathbf{D}_-^n)$ einen Isomorphismus

$$\partial_*^{MV} : \widetilde{H}_n(\mathbf{S}^n) \to \widetilde{H}_{n-1}(\mathbf{S}^{n-1})$$

induziert. In $\widetilde{H}_0(\mathbf{S}^0)$ haben wir ein kanonisches Erzeugendes $\sigma_0 = [1] - [-1]$ (wobei $[x] \in H_0(X)$ die Homologiegruppe des 0-Simplex $x \in X$ bezeichnet).

Das Element

$$\sigma_n \in \widetilde{H}_n(\mathbf{S}^n)$$

mit $\partial_*^{MV}(\sigma_n) = \sigma_{n-1}$ für $n > 0$ heiße das *kanonische Erzeugende* von $\widetilde{H}_n(\mathbf{S}^n)$.

Definition 5.7.1
Sei $f : \mathbf{S}^n \to \mathbf{S}^n$ eine stetige Abbildung. Der Abbildungsgrad von f ist die ganze Zahl $\mathrm{grad}(f) \in \mathbf{Z}$, so dass gilt:
$$f_*\sigma_n = \mathrm{grad}(f)\,\sigma_n \ \text{ in } \ \widetilde{H}_n(\mathbf{S}^n) .$$

Bemerkung: Natürlich ist diese Definition nicht von der Wahl des Erzeugenden für $\widetilde{H}_n(\mathbf{S}^n)$ abhängig.

Eine triviale Folge der Definition sind die folgenden Eigenschaften:

> **Lemma 5.7.2**
> Seien $f, g : \mathbf{S}^n \to \mathbf{S}^n$ stetig. Dann gilt:
>
> 1. $\operatorname{grad}(f \circ g) = \operatorname{grad}(f) \cdot \operatorname{grad}(g)$.
> 2. Ist $f \simeq g$, so ist $\operatorname{grad}(f) = \operatorname{grad}(g)$.
> 3. Ist $\operatorname{grad}(f) \neq 0$, so ist f surjektiv.

Ist also zum Beispiel f homotop zur Identität von $\mathbf{S}^n$, so ist $\operatorname{grad}(f) = 1$.

Für den Basispunkt erhaltende Abbildungen von $\mathbf{S}^1$ nach $\mathbf{S}^1$ hatten wir schon in Abschnitt 1.5 einen Abbildungsgrad definiert; es ist klar, dass der neue Begriff damit übereinstimmt.

Zur Konstruktion von Abbildungen mit vorgegebenem Grad in höheren Dimensionen verwenden wir eine induktive Methode. Sei $f : \mathbf{S}^{n-1} \to \mathbf{S}^{n-1}$ eine stetige Abbildung. Es ist klar, dass die Einhängung $\mathbf{S}(f)$ von f die Triade $(\mathbf{S}^n; \mathbf{D}^n_+, \mathbf{D}^n_-)$ in sich abbildet. Wegen der Natürlichkeit der Mayer-Vietoris-Sequenz erhalten wir also

> **Lemma 5.7.3**
> Sei $f : \mathbf{S}^{n-1} \to \mathbf{S}^{n-1}$ eine stetige Abbildung. Dann ist
>
> $$\operatorname{grad}(\mathbf{S}(f)) = \operatorname{grad}(f) .$$

Dieser Satz ermöglicht die Berechnung des Abbildungs-Grads von f, wenn sich f bis auf Homotopie als Komposition von Abbildungen $\mathbf{S}(g_i)$ schreiben lässt. So erhalten wir:

> **Satz 5.7.4**
> Sei $f : \mathbf{S}^n \to \mathbf{S}^n$ die Einschränkung einer orthogonalen Abbildung $f \in \mathbf{O}(n+1)$. Dann ist
>
> $$\operatorname{grad}(f) = \det(f) .$$

Beweis: $f : \mathbf{R}^{n+1} \to \mathbf{R}^{n+1}$ ist Produkt von Spiegelungen an Hyperebenen, und jede solche Spiegelung ist homotop (in $\mathbf{O}(n+1)$) zu der Abbildung r_n mit

$$r_n(x_0, x_1, \ldots, x_n) = (-x_0, x_1, \ldots, x_n) .$$

Es genügt daher zu zeigen, dass r_n den Grad -1 hat. Aber r_n ist die Einhängung von r_{n-1} und für r_0 ist die Behauptung klar. $\qquad\square$

Zum Beispiel folgt nun:

> **Korollar 5.7.5**
> Die antipodische Abbildung $A : \mathbf{S}^n \to \mathbf{S}^n$ mit $A(x) = -x$ hat den Abbildungsgrad
>
> $$\operatorname{grad}(A) = (-1)^{n+1} .$$

Wir betrachten zunächst einige geometrische Folgerungen aus diesen Resultaten über Abbildungsgrade:

Satz 5.7.6
Seien $f, g : \mathbf{S}^n \to \mathbf{S}^n$ stetige Abbildungen. Ist $f(x) \neq g(x)$ für alle $x \in \mathbf{S}^n$, so ist

$$\operatorname{grad}(f) = (-1)^{n+1} \operatorname{grad}(g) .$$

Beweis: Wir zeigen, dass $f \simeq A \circ g$ ist. Sei $x \in \mathbf{S}^n$. Ist $g(x) \neq -f(x)$, so bestimmen $f(x)$ und $-g(x)$ eine Ebene im $\mathbf{R}^{n+1}$, und wir können durch eine Rotation in dieser Ebene den Punkt $f(x)$ in den Punkt $A(g(x))$ bewegen:

$$H(x, t) = \frac{(1 - t)f(x) - tg(x)}{\|(1 - t)f(x) - tg(x)\|}$$

Falls aber $g(x) = -f(x)$ ist, liefert diese Formel gerade

$$H(x, t) = f(x) .$$

Es ist nun klar, dass $H : \mathbf{S}^n \times \mathbf{I} \to \mathbf{S}^n$ stetig und damit die gesuchte Homotopie ist. $\square$

Indem wir mit der Identität und der antipodischen Abbildung vergleichen, gewinnen wir als einfache Folgerungen zwei interessante geometrische Anwendungen:

Korollar 5.7.7
Ist $f : \mathbf{S}^n \to \mathbf{S}^n$ stetig mit Abbildungsgrad $\operatorname{grad}(f) = 0$, so gibt es Punkte $x_+, x_- \in \mathbf{S}^n$ mit

$$f(x_+) = x_+ \quad \text{und} \quad f(x_-) = -x_- .$$

Korollar 5.7.8
Ist $f : \mathbf{S}^{2n} \to \mathbf{S}^{2n}$ stetig, so gibt es ein $x \in \mathbf{S}^{2n}$ mit

$$f(x) = x \quad \text{oder} \quad f(x) = -x .$$

Das letzte Ergebnis hat noch die folgende Konsequenz:

Satz 5.7.9 (Satz vom Igel)
Jedes stetige Vektorfeld auf $\mathbf{S}^{2n}$ hat eine Nullstelle.

Beweis: Ist $v : \mathbf{S}^{2n} \to \mathbf{R}^{2n+1}$ ohne Nullstelle, so können wir eine stetige Funktion $f : \mathbf{S}^{2n} \to \mathbf{S}^{2n}$ durch $f(x) = v(x)/\|v(x)\|$ definieren. Ist nun $\langle x, v(x) \rangle = 0$ für alle x, so auch $\langle x, f(x) \rangle = 0$ im Widerspruch zum vorangehenden Korollar. $\square$

Zum Schluss dieses Abschnitts wollen wir noch beweisen, dass der Abbildungsgrad die Homotopiegruppen von Selbst-Abbildungen der n-Sphäre charakterisiert. Dieses Ergebnis ist grundlegend für alle weiteren Resultate über Mengen von Homotopiegruppen. Der nicht ganz einfache Beweis wird sich über den Rest dieses Abschnitts erstrecken.

Satz 5.7.10

Der Abbildungsgrad induziert für $n > 0$ eine Bijektion

$$\text{grad} : [\mathbf{S}^n; \mathbf{S}^n] \to \mathbf{Z}$$

von der Menge der Homotopiegruppen von Selbstabbildungen von $\mathbf{S}^n$ auf die Menge der ganzen Zahlen.

Dass dieser Satz für $n = 1$ richtig ist, können wir unmittelbar aus Abschnitt 1.5 schließen, wenn wir noch berücksichtigen, dass die Abbildung $[\mathbf{S}^n; X]_{x_0} \to [\mathbf{S}^n; X]$ nach Lemma 3.3.7 surjektiv ist. Ferner folgt aus der in Lemma 5.7.3 beschriebenen Invarianz unter Einhängung nun unmittelbar die Surjektivität des Abbildungsgrads $\text{grad} : [\mathbf{S}^n; \mathbf{S}^n] \to \mathbf{Z}$ für beliebiges n.

Zum induktiven Beweis der Injektivität des Abbildungsgrads reicht es nun zu zeigen:

Satz 5.7.11

Der Einhängungs-Homomorphismus $\mathbf{S} : \pi_{n-1}(\mathbf{S}^{n-1}) \to \pi_n(\mathbf{S}^n)$ ist ein Isomorphismus.

Induktiv reicht es wegen Lemma 5.7.3 wiederum zu zeigen, dass $\mathbf{S}$ surjektiv ist. Zum Beweis hiervon werden wir simpliziale Techniken verwenden. Seien zunächst Homöomorphismen von $\mathbf{S}^n$ zu dem Rand $\partial\Delta^{n+1}$ des Standard-$(n + 1)$-Simplex und von $\mathbf{D}^n$ zu Δ^n fest gewählt. Um Mehrdeutigkeiten auszuschließen, sei wieder angenommen, dass diese Homöomorphismen durch radiale Streckungen wie in Satz 1.1.9 definiert sind. Dabei können wir zusätzlich annehmen, dass unter $\mathbf{D}^n \cong \Delta^n$ der Äquator $\mathbf{D}^{n-1} \subset \mathbf{D}^n$ auf den Teilraum $\Delta(e_0, \ldots, e_{n-2}, \frac{1}{2}e_{n-1} + \frac{1}{2}e_n)$ von Δ^n abgebildet wird. Diese Homöomorphie induziert schließlich einen Homöomorphismus zwischen $\mathbf{S}^n$ und dem Quotientenraum $\Delta^n/\partial\Delta^n$ des Standard-n-Simplex nach seinem Rand.

Mit Hilfe dieser Homöomorphismen wollen wir im folgenden $\pi_n(\mathbf{S}^n)$ mit der Menge der punktierten Homotopieklassen $[\Delta^n/\partial\Delta^n; \partial\Delta^{n+1}]_*$ identifizieren.

Wir werden nun eine gegebene Abbildung $f : \Delta^n/\partial\Delta^n \to \partial\Delta^{n+1}$ homotop in eine besonders einfache Normalform deformieren. Zunächst wissen wir auf Grund des simplizialen Approximations-Satzes, dass es eine Triangulierung $\mathfrak{X}$ von $\partial\Delta^{n+1}$ gibt, so dass f homotop zu einer simplizialen Abbildung $g : \mathfrak{X} \to \partial\Delta^{n+1}$ ist. Wir werden g weiter vereinfachen, wobei die vereinfachten Abbildungen allerdings nicht simplizial sein müssen.

Sei b der Schwerpunkt von Δ^n. Jeder Punkt von Δ^n lässt sich dann darstellen als $x = tq + (1 - t)b$ mit $q \in \partial\Delta^n$ und $0 \le t \le 1$; ist $x \ne b$, so sind q und t eindeutig bestimmt. Die Teilmenge

$$\mathrm{E}(\Delta^n) = \{\, x \in \Delta^n \mid x = \tfrac{1}{2}q + \tfrac{1}{2}b \text{ mit } q \in \partial\Delta^n \,\}$$

bezeichnen wir als den Äquator von Δ^n. Jeder Punkt von Δ^n lässt sich dann darstellen als $x = t'q' + (1 - t')b$ mit $q' \in \mathrm{E}(\Delta^n)$ und $0 \le t' \le 2$. Die Beziehung zwischen q und q' ist dabei $q = 2q' - b$. Das Innere von $\mathrm{E}(\Delta^n)$ wird durch $0 \le t' \le 1$ beschrieben, das Äußere durch $1 \le t' \le 2$.

In $\partial\Delta^{n+1}$ zeichnen wir durch $* = e_{n+1}$ einen Basispunkt aus; das gegenüberliegende

n-Simplex ist

$$\Delta_-^n = \partial_{n+1}\Delta^{n+1} = \Delta(e_0,\dots,e_n) \subset \Delta(e_0,\dots,e_{n+1}) = \Delta^{n+1} \; .$$

Es sei $b_- \in \Delta_-^n$ der Schwerpunkt von Δ_-^n.

Definition 5.7.12
Eine stetige Abbildung $h : \Delta^n \to \partial\Delta^{n+1}$ heiße eine Standard-Abbildung, wenn sie entweder Δ^n ganz in den Basispunkt $* = e_{n+1}$ von $\partial\Delta^{n+1}$ abbildet oder wenn

1. für $q \in \mathrm{E}(\Delta^n)$ stets $h(q) \in \partial\Delta_-^n$ ist,

2. $h(b) = b_-$ und $h(\partial\Delta^n) = e_{n+1}$ ist,

3. h im Inneren und im Äußeren von $\mathrm{E}(\Delta^n)$ eine affine Abbildung ist.

Es gilt also für eine nicht konstante Standard-Abbildung

$$h(tq + (1-t)b) = \begin{cases} (t-1)e_{n+1} + (2-t)h(q) & , \quad t \geq 1 \; , \\ th(q) + (1-t)b_- & , \quad t \leq 1 \; . \end{cases}$$

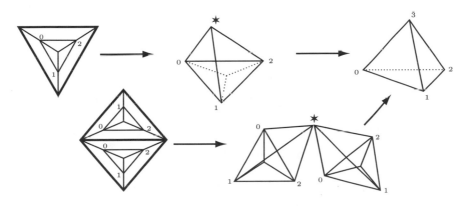

Abbildung 5.7: Standard-Abbildungen

Da eine Standard-Abbildung h den Rand $\partial\Delta^n$ ganz in den Basispunkt $*$ abbildet. können wir eine Standard-Abbildung auch auffassen als eine Abbildung von $\Delta^n/\partial\Delta^n$ in $\partial\Delta^{n+1}$.

Wir merken noch an, dass eine Standard-Abbildung $h : \Delta^n \to \partial\Delta^{n+1}$, die nicht konstant ist, vollständig durch die Einschränkung

$$h' = h|_{\mathrm{E}(\Delta^n)} : \mathrm{E}(\Delta^n) \to \partial\Delta_-^n \tag{5.11}$$

von h auf den Äquator von Δ^n beschrieben wird. So ist also h im Grunde die Einhängung von h'.

Definition 5.7.13

Ist $\mathfrak{X}$ ein endliches simpliziales Polyeder, so heiße eine Abbildung $h : \mathfrak{X} \to \partial\Delta^{n+1}$ eine Standard-Abbildung, wenn sie auf jedem Simplex von $\mathfrak{X}$ eine Standard-Abbildung ist.

Man kann eine Standard-Abbildung auf einer Triangulierung von $\mathbf{S}^n$ auch als die Summe aller der einzelnen Standard-Abbildung auf den Simplizes ansehen. Dies wird später präzisiert werden. Zunächst wollen wir nun zeigen, dass jede simpliziale Abbildung nach $\partial\Delta^{n+1}$ homotop zu einer Standard-Abbildung ist. Dazu brauchen wir eine vorbereitende Deformation von $\partial\Delta^{n+1}$ in sich.

Zu jedem Punkt $p \in \partial\Delta^{n+1}$ gibt es ein $x_p \in \partial\Delta^n_-$, so dass eine der Darstellungen

$$p = tx_p + (1-t)b_- \quad \text{oder} \quad p = tx_p + (1-t)e_{n+1}$$

gilt, je nachdem, ob $p \in \Delta^n_-$ ist oder nicht. Hierbei kann für $p = e_{n+1}$ oder $p = b_-$ der Punkt x_p ganz beliebig gewählt werden, sonst ist x_p durch p eindeutig bestimmt.

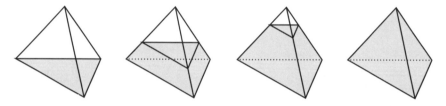

Abbildung 5.8: Die Standard-Homotopie

Wir definieren nun eine Homotopie

$$\Psi : \partial\Delta^{n+1} \times \mathbf{I} \to \partial\Delta^{n+1}$$

mit $\Psi_0 = \mathrm{id}$, indem wir den Rand $\partial\Delta^n_-$ von Δ^n_- allmählich nach oben in den Basispunkt $* = e_{n+1}$ von $\partial\Delta^{n+1}$ schieben; dies geschieht zum Beispiel durch die Formeln

$$\Psi_s(tx_p + (1-t)\,e_{n+1}) = t(1-s)x_p + (1-t+ts)\,e_{n+1}$$

und

$$\Psi_s(tx_p + (1-t)b_-) = \left\{ \begin{array}{ll} \alpha_{s,t}x_p + (1-\alpha_{s,t})e_{n+1} \, , & 2t \geq 2-s \, , \\ \alpha_{s,t}x_p + (1-\alpha_{s,t})b_- \, , & 2t \leq 2-s \, , \end{array} \right.$$

wobei $\alpha_{s,t}$ durch

$$\alpha_{s,t} = \left\{ \begin{array}{ll} 3-s-2t \, , & 2t \geq 2-s \, , \\ 2(2-s)^{-1}t \, , & 2t \leq 2-s \, , \end{array} \right.$$

gegeben ist.

Es ist klar, dass Ψ stetig ist und dass Ψ_1 das Komplement von Δ^n_- in $\partial\Delta^{n+1}$ ganz in den Punkt e_{n+1} abbildet.

Hilfssatz 5.7.14
Jede simpliziale Abbildung $g : \mathfrak{X} \to \partial\Delta^{n+1}$ ist homotop zu einer Standard-Abbildung.

Beweis: Ist g simplizial, so ist $\Psi \circ g$ eine Homotopie zwischen g und $h = \Psi_1 \circ g$. Aber h ist offensichtlich eine Standard-Abbildung. $\square$

Unser Ziel ist es nun zu zeigen, dass wir eine Standard-Abbildung $g : |\mathfrak{X}| \to \partial\Delta^{n+1}$ homotop zu einer Standard-Abbildung $h : |\mathfrak{X}| \to \partial\Delta^{n+1}$ abändern können, wobei aber unter h alle Simplizes bis auf eines trivial abgebildet werden. Die Summe der Standard-Abbildungen auf den einzelnen Simplizes wird dabei gewissermaßen aufaddiert.

Dazu betrachten wir als Hilfs-Komplex $\mathfrak{K}$ die folgende Triangulierung des Standard-n-Simplex: Es sei $v = \frac{1}{2}e_{n-1} + \frac{1}{2}e_n$ und

$$\mathfrak{K}_+ = \Delta(e_0, \ldots, e_{n-2}, v, e_n) \quad \text{und} \quad \mathfrak{K}_- = \Delta(e_0, \ldots, e_{n-2}, e_{n-1}, v) \,,$$

wobei der Durchschnitt der n-Simplizes $\mathfrak{K}_\pm$ gerade $\mathfrak{K}_0 = \Delta(e_0, \ldots, e_{n-2}, v)$ ist. Als Ordnungsrelation auf den Null-Simplizes wählen wir $e_0 < \ldots, e_{n-2} < e_{n-1} < v < e_n$. Es sei $p_\pm : \Delta^n \to \mathfrak{K}_\pm$ die surjektive simpliziale Abbildung, die auf den 0-Simplizes streng monoton ist: $p_\pm(e_i) = e_i$ für $i < n-1$ und

$$p_-(e_{n-1}) = e_{n-1} \,, \quad p_+(e_n) = e_n \,, \quad p_-(e_n) = p_+(e_{n-1} = v \,.$$

Hilfssatz 5.7.15
Sei $f : \mathfrak{K} \to \partial\Delta^{n+1}$ eine Standard-Abbildung. Dann gilt in $[\Delta^n/\partial\Delta^n; \partial\Delta^{n+1}]_* \cong \pi_n(\mathbf{S}^n)$:

$$[f] = [f \circ p_-] + [f \circ p_+] \,.$$

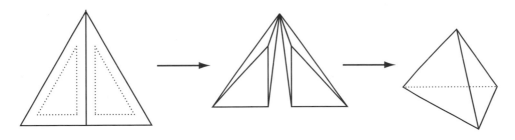

Abbildung 5.9: Standard-Abbildungen auf dem Doppel-Kegel

Beweis: Wir haben unseren Homöomorphismus $\mathbf{D}^n \to \Delta^n$ so eingerichtet, dass er den Äquator $\mathbf{D}^{n-1}$ auf $\Delta(e_0, \ldots, e_{n-2}, v)$ schickt. $\square$

Korollar 5.7.16
Sei $f : \mathfrak{K} \to \partial\Delta^{n+1}$ eine Standard-Abbildung. Dann existiert eine Standard-Abbildung $g : \mathfrak{K} \to \partial\Delta^{n+1}$, so dass g auf $\mathfrak{K}_-$ konstant ist und f relativ $\partial\mathfrak{K}$ zu g homotop ist.

217

Beweis: Eine auf Δ^n definierte Standard-Abbildung repräsentiert in der Homotopie-Menge $[\Delta^n/\partial\Delta^n; \partial\Delta^{n+1}]_* \cong \pi_n(\mathbf{S}^n)$ eine Einhängung. Mit den Bezeichnungen des vorangehenden Hilfssatzes können wir also $[f \circ p_\pm] = [\mathbf{S}(g_\pm)]$ schreiben. Wegen der Additivität der Einhängung nach Hilfssatz 3.3.6 wird dann $[f] = [\mathbf{S}(g_+)] + [\mathbf{S}(g_-)]$ zu $[\mathbf{S}(g_+ + g_-)] = [\mathbf{S}(g_+ + g_-)] + [*]$, was sich als eine Standard-Abbildung darstellen lässt, die auf $\mathfrak{K}_-$ konstant und auf $\mathfrak{K}_+$ gleich $\mathbf{S}(g_+ + g_-)$ ist. □

Wir können nun den Beweis unserer Hauptsätze 5.7.10 und 5.7.11 vollenden. Nach dem bisher gezeigten gibt es zu jedem Element α von $[\Delta^n/\partial\Delta^n; \partial\Delta^{n+1}]_*$ eine Triangulierung $\mathfrak{X}$ von Δ^n, so dass α von einer Standard-Abbildung f auf $\mathfrak{X}$ repräsentiert wird. Ferner können wir annehmen, dass f lediglich auf einem einzigen n-Simplex $\Delta(\sigma)$ der Triangulierung nicht konstant ist, denn nach dem Korollar lässt sich eine Standard-Abbildung auf der Vereinigung zweier benachbarter n-Simplizes auf ein beliebiges der beiden Simplizes konzentrieren. Doch dann ist f homotop zu einer Komposition

$$\Delta^n \cong \Delta(\sigma) \xrightarrow{f} \partial\Delta^{n+1} .$$

Aber diese Abbildung ist eine Einhängung.

5.8 Zelluläre Homologie

In diesem Abschnitt sei zunächst $\mathfrak{X}$ ein geordneter simplizialer Komplex und $X = |\mathfrak{X}|$. Unser hauptsächliches Ziel ist es zu beweisen, dass die simpliziale Homologie von $\mathfrak{X}$ mit der singulären Homologie von X übereinstimmt. In einer präziseren Formulierung heißt das, dass eine natürliche Isomorphie

$$H_*(\mathfrak{X}) \cong H_*(|\mathfrak{X}|)$$

besteht, wobei links die simpliziale Homologie des Komplexes $\mathfrak{X}$ und rechts die singuläre Homologie der geometrischen Realisierung $|\mathfrak{X}|$ von $\mathfrak{X}$ steht. Dies hat die für die Anwendungen des nächsten Abschnitts überaus wichtige Konsequenz, dass die induzierten Abbildungen in singulärer Homologie auch simplizial berechnet werden können.

Wir ordnen jedem Simplex von $\mathfrak{X}$ ein singuläres Simplex in X zu:

Definition 5.8.1
Sei $\sigma \in \mathfrak{X}_n$ ein n-Simplex von $\mathfrak{X}$ und $\sigma = \langle x_0, \ldots, x_n \rangle$ mit $x_0 < \ldots < x_n$. Das zu σ gehörende singuläre Simplex ist die affine Abbildung

$$\mathrm{sng}_\sigma : \Delta^n \to \Delta(x_0, \ldots, x_n) \subset |X|$$

mit $e_i \mapsto x_i$.

Der folgende Hilfssatz ist nun unmittelbar einsichtig:

Hilfssatz 5.8.2

Sei $\mathfrak{X}$ endlicher geordneter simplizialer Komplex. Dann definiert $\sigma \mapsto \mathrm{sng}_\sigma$ einen Homomorphismus

$$\mathrm{sng} : C_*(\mathfrak{X}) \to S_*(|\mathfrak{X}|)$$

von Kettenkomplexen.

Mit unserer Definition von sng stimmt es allerdings nicht, dass $\mathrm{sng} : C_*(\mathfrak{X}) \to S_*(X)$ auch mit simplizialen Abbildungen verträglich ist. Dies wird erst durch den Übergang zur Homologie wieder korrigiert.

Es sei nun $\mathfrak{X}^n$ der simpliziale Komplex, der aus allen Simplizes von $\mathfrak{X}$ in Dimensionen $\leq n$ besteht, und $X^n = |\mathfrak{X}^n|$. Man bezeichnet X^n als das n-Skelett (oder auch n-Gerüst) von X.

Das folgende Lemma stellt die Verbindung zwischen simplizialen Ketten-Gruppen und singulärer Homologie her.

Lemma 5.8.3

Es ist $H_m(X^n, X^{n-1}) = 0$ für $m \neq n$. In der Dimension n induziert sng einen natürlichen Isomorphismus

$$\mathrm{sng} : C_n(\mathfrak{X}) \xrightarrow{\;\cong\;} H_n(X^n, X^{n-1}) \,.$$

Natürlichkeit bezieht sich hier selbstverständlich auf die Kategorie der geordneten simplizialen Komplexe und simplizialen Abbildungen.

Beweis: Für $n = 0$ ist die Behauptung klar, so dass wir nun $n > 0$ voraussetzen können. Für jedes n-Simplex σ von $\mathfrak{X}$ sei $Q_\sigma \subset \Delta(\sigma)$ die Menge aller inneren Punkte, also $Q_\sigma = \Delta(\sigma) - \partial\Delta(\sigma)$. Ferner sei $p_\sigma \in Q_\sigma$ ein fest gewählter innerer Punkt (zum Beispiel der Schwerpunkt bz$_\sigma$).

Es sei $P = \{\, p_\sigma \mid \sigma \in \mathfrak{X}_n \,\}$ die Menge all dieser Punkte. Dann ist die Inklusion $X^{n-1} \hookrightarrow X^n - P$ eine Homotopie-Äquivalenz. Denn jeder Punkt x von $X^n - X^{n-1} - P$ schreibt sich eindeutig in der Form $x = tp_\sigma + (1-t)q$ mit $p_\sigma \in P$, $q \in \partial\Delta(\sigma)$ und $0 < t < 1$. Die Deformation $H_s(x) = stp + (1-st)q$ lässt sich durch die Identität auf X^{n-1} (wo ja $t = 0$ ist) zu einer stetigen Deformation auf $X^n - P$ ergänzen.

Andererseits ist die Inklusion $(X^n - X^{n-1}, X^n - P - X^{n-1}) \hookrightarrow (X^n, X^n - P)$ eine Ausschneidung. Da $(X^n - X^{n-1}, X^n - P - X^{n-1})$ zu $\coprod_\sigma (Q_\sigma, Q_\sigma - p_\sigma)$ homöomorph ist, erhalten wir schließlich die Isomorphie

$$H_m(X^n, X^{n-1}) \cong \bigoplus_\sigma H_m(Q_\sigma, Q_\sigma - p_\sigma) \,.$$

Aber $H_m(Q_\sigma, Q_\sigma - p_\sigma)$ ist Null für $m \neq n$ und isomorph zum Grund-Ring R für $m = n$. $\qquad\square$

Wir können mit Hilfe dieses Lemmas den simplizialen Ketten-Komplex von $\mathfrak{X}$ durch die singuläre Homologie der Paare (X^n, X^{n-1}) rekonstruieren:

Lemma 5.8.4

Das Diagramm

$$\begin{array}{ccc} C_{n+1}(\mathfrak{X}) & \overset{\text{sng}}{\longrightarrow} & H_{n+1}(X^{n+1}, X^n) \\ \downarrow d_{n+1} & & \downarrow \partial_*^T \\ C_n(\mathfrak{X}) & \overset{\text{sng}}{\longrightarrow} & H_n(X^n, X^{n-1}) \end{array}$$

kommutiert, wobei ∂_*^T der Rand-Operator des Tripels (X^{n+1}, X^n, X^{n-1}) ist.

Beweis: Dies ist klar nach Definition der Rand-Operatoren. $\qquad\square$

Wir wollen nun zeigen, dass sng eine exakte Sequenz

$$C_{n+1}(\mathfrak{X}) \overset{d_{n+1}}{\longrightarrow} Z_n(\mathfrak{X}) \to H_n(X) \to 0$$

induziert.

Lemma 5.8.5

Für $k > 0$ und $m > 1$ induzieren die Inklusions-Homomorphismen Isomorphismen

$$\begin{array}{ccc} H_n(X) & \overset{\cong}{\longrightarrow} & H_n(X, X^{n-m}) \\ \uparrow \cong & & \uparrow \cong \\ H_n(X^{n+k}) & \overset{\cong}{\longrightarrow} & H_n(X^{n+k}, X^{n-m}) \, . \end{array}$$

Beweis: Sei $-1 \le r \le s \le t \le \infty$. Dann haben wir eine lange exakte Sequenz

$$\ldots \to H_n(X^s, X^r) \to H_n(X^t, X^r) \to H_n(X^t, X^s) \to \ldots \, ,$$

wobei $X^{-1} = \emptyset$ und $X^\infty = X$ gesetzt sei. Durch Induktion über $t - r$ folgt nun unmittelbar, dass $H_n(X^t, X^r) = 0$ ist für $n > t$ und für $n \le r$; hierbei ist der Induktions-Anfang durch Lemma 5.8.3 gegeben. Die Behauptung folgt damit aus den exakten Paar- und Tripel-Sequenzen zu den Zeilen und Spalten des Diagramms. $\qquad\square$

Als Folgerung erhalten wir, dass die uns interessierende Gruppe $H_n(X)$ zu der Gruppe $H_n(X^{n+1}, X^{n-2})$ isomorph ist. Benutzen wir diese Isomorphie, so erhalten wir das folgende Diagramm, in dem die Zeilen und Spalten als Teile von Tripel-Sequenzen exakt sind:

$$\begin{array}{ccccccc} & & & 0 & & & \\ & & & \downarrow & & & \\ H_{n+1}(X^{n+1}, X^n) & \overset{\partial_*}{\to} & H_n(X^n, X^{n-2}) & & \to & H_n(X) & \to & 0 \\ \| & & \downarrow & & & & \\ H_{n+1}(X^{n+1}, X^n) & \to & H_n(X^n, X^{n-1}) & & & & \\ & & \downarrow \partial_* & & & & \\ & & H_{n-1}(X^{n-1}, X^{n-2}) & & & & \end{array}$$

Mit den Isomorphien sng : $C_i(\mathfrak{X}) \to H_i(X^i, X^{i-1})$ (für $i = n+1$, n und $n-1$) folgern wir, dass $H_n(X^n, X^{n-2})$ als Kern des vertikalen Randoperators zu $Z_n(\mathfrak{X})$ isomorph ist.

Darüber hinaus ergibt sich nach Lemma 5.8.3 aus dem Vergleich mit der zweiten Zeile, dass das Bild von $H_{n+1}(X^{n+1}, X^n)$ in dieser Gruppe gerade $B_n(\mathfrak{X})$ entspricht.

Aus der Exaktheit der oberen Zeile in dem Diagramm folgt damit:

Satz 5.8.6
Für jeden endlichen simplizialen Komplex $(X; \mathfrak{X})$ induziert sng einen Isomorphismus

$$H_i(\mathfrak{X}) \xrightarrow{\cong} H_i(X) .$$

Anwendungen dieses Satzes werden wir im nächsten Abschnitt entwickeln. Hier halten wir noch die folgende Konsequenz für Polyeder fest:

Korollar 5.8.7
Sei X ein zusammenhängendes endliches Polyeder. Dann ist $H_1(X; \mathbf{Z})$ isomorph zur abelsch gemachten Fundamentalgruppe $\pi_1(X; x_0)^{\mathrm{ab}}$.

Tatsächlich ist die Aussage dieses Korollars für beliebige wegzusammenhängende topologische Räume wahr. Dies erfordert jedoch einen anderen Beweis.

Wir wollen zum Schluss dieses Abschnitts noch darauf hinweisen, dass die im obigen Beweis verwendete Methode in vielen Fällen zu einer sehr effektiven Berechnungs Möglichkeit für die Homologie führt. Dies betrifft Räume, die ähnlich wie Polyeder in Zellen zerlegbar sind; dabei dürfen diese Zellen aber auf sehr viel kompliziertere Weise miteinander verbunden sein als die Simplizes in einem endlichen simplizialen Polyeder. Wir haben bei der Rekonstruktion des simplizialen Ketten-Komplexes im wesentlichen nur benutzt, dass der Raum X die Vereinigung einer aufsteigenden Kette von Unterräumen X^n ist, für die die Komplemente $X^n - X^{n-1}$ in eine disjunkte Vereinigung von n-dimensionalen Zellen zerfällt.

Definition 5.8.8
Eine Zellen-Zerlegung eines Hausdorff-Raumes X ist eine Familie $\mathfrak{X}$ von Teilräumen σ von X mit folgenden Eigenschaften:

1. Es ist $\mathfrak{X} = \coprod_n \mathfrak{X}_n$ und zu $\sigma \in \mathfrak{X}_n$ existiert eine stetige surjektive Abbildung

$$\chi_\sigma : \mathbf{D}^n \to \overline{\sigma} \subset X ,$$

   die einen Homöomorphismus zwischen $\mathbf{E}^n$ und σ induziert.

2. Sei $X^n \subset X$ die Vereinigung aller $\sigma \in \mathfrak{X}_m$ für $m \le n$. Ist $\sigma \in \mathfrak{X}_n$, so ist $\overline{\sigma} - \sigma$ in X^{n-1} enthalten.

3. X ist die disjunkte Vereinigung $\coprod_{\sigma \in \mathfrak{X}} \sigma$.

Man nennt $(X, \mathfrak{X})$ dann auch einen Zellen-Komplex. Die Elemente $\sigma \in \mathfrak{X}_n$ heißen die n-Zellen von X. Die Abbildungen χ_σ werden charakteristische Abbildungen genannt. Sie gehören jedoch nicht zur Struktur des Komplexes; lediglich ihre Existenz wird gefordert. Die Einschränkung von χ_σ auf $\mathbf{S}^{n-1}$ heißt die anheftende Abbildung für die Zelle σ. Ein Zellen-Komplex heißt endlich, wenn er aus endlich vielen Zellen besteht.

Definition 5.8.9

Ein Zellen-Komplex $(X, \mathfrak{X})$ heißt ein CW-Komplex, wenn zusätzlich gilt:

1. Für jede Zelle σ ist $\bar{\sigma}$ in der Vereinigung endlich vieler Zellen enthalten.

2. Eine Teilmenge $A \subset X$ ist genau dann abgeschlossen, wenn für jede Zelle σ der Durchschnitt $A \cap \bar{\sigma}$ in $\bar{\sigma}$ abgeschlossen ist.

Die Buchstaben CW stehen für die englischen Bezeichnungen „closure finite" (Bedingung 1.) und „weak topology" (Bedingung 2.).

Wichtig ist noch die folgende Konsequenz aus diesen Bedingungen:

Lemma 5.8.10

Sei $(X, \mathfrak{X})$ ein CW-Komplex und $f : Y \to X$ eine stetige Abbildung. Ist Y kompakt, so ist $f(Y)$ in der Vereinigung endlich vieler Zellen von X enthalten.

Beweis: Für jede Zelle σ von $\mathfrak{X}$, die $f(Y)$ trifft, sei ein Punkt $p_\sigma \in f(Y) \cap \sigma$ gewählt. Sei P die Menge all dieser Punkte. Ist σ eine beliebige Zelle, so trifft $\bar{\sigma}$ nur endlich viele andere Zellen, also auch nur endlich viele Punkte von P. Es folgt, dass P abgeschlossen ist. Dann ist $P \cap f(Y)$ ein kompakter diskreter Raum, also endlich. $\qquad \square$

Wir werden etwas später einige Beispiele betrachten. Zunächst merken wir an, dass für einen CW-Komplex ebenfalls

$$H_m(X^n, X^{n-1}; R) \cong \begin{cases} 0 & , \quad m \neq n \,, \\ \bigoplus_{\sigma \in \mathfrak{X}_n} R & , \quad m = n \,, \end{cases}$$

ist; der Beweis von Lemma 5.8.3 überträgt sich ganz analog.

Definition 5.8.11

Sei $(X, \mathfrak{X})$ ein CW-Komplex. Der zelluläre Ketten-Komplex von X ist definiert als der Ketten-Komplex $(C_*(X), d_*)$, wobei

$$C_n(X) = H_n(X^n, X^{n-1})$$

und $d_{n+1} = \partial_*^T : C_{n+1}(X) \to C_n(X)$ der Rand-Operator des Tripels (X^{n+1}, X^n, X^{n-1}) ist.

Mit dem gleichen Beweis wie oben zeigt man:

Satz 5.8.12

Sei $(X, \mathfrak{X})$ ein CW-Komplex und $(C_*(X), d_*)$ der zelluläre Ketten-Komplex von X. Dann sind $H_n(C_*(X), d_*)$ und $H_n(X)$ kanonisch isomorph.

Es ergibt sich unmittelbar der folgende wichtige Endlichkeits-Satz:

Satz 5.8.13

Ist X endlicher CW-Komplex, so ist $H_*(X; \mathbf{Z}) = \bigoplus_{n \geq 0} H_n(X; \mathbf{Z})$ eine endlich erzeugte abelsche Gruppe.

Beweis: Da die zellulären Kettengruppen $C_n(\mathfrak{X})$ endlich erzeugte freie $\mathbf{Z}$-Moduln sind, gilt dies auch für die Untermoduln $Z_n(\mathfrak{X})$ und $B_n(\mathfrak{X})$ der Zyklen und Ränder. Also ist auch $H_n(\mathfrak{X}) = Z_n(\mathfrak{X})/B_n(\mathfrak{X})$ endlich erzeugt. □

Offenbar bleiben die R-Modul-Analoga von Beweis und Behauptung über einem beliebigen noetherschen Grund-Ring R richtig.

Ein einfaches Beispiel ist die Sphäre $\mathbf{S}^n$. Sie besitzt eine Zellen-Zerlegung mit nur zwei Zellen, einem Punkt als 0-Zelle und dem Komplement dieses Punkte als n-Zelle. Der zelluläre Komplex hat trivialen Rand-Operator.

Ein etwas interessanteres Beispiel bildet der komplexe projektive Raum $\mathbf{CP}^n$. Sind $[z_0 : \ldots : z_n]$ homogene Koordinaten, so ist die Teilmenge

$$\sigma_i = \{ [z_0 : \ldots : z_n] \mid z_i = 1 \text{ und } z_j = 0 \text{ für } j > i \}$$

eine $2i$-Zelle; $\mathfrak{X} = \{\sigma_0, \ldots, \sigma_n\}$ ist eine Zellen-Zerlegung von $\mathbf{CP}^n$. Eine charakteristische Abbildung $\chi_i : \mathbf{D}^{2i} \to \mathbf{CP}^i \subset \mathbf{CP}^n$ ist durch

$$\chi_i(z_0, \ldots, z_{n-1}) = [z_0 : \ldots : z_{n-1} : t : 0 : \ldots : 0] \quad \text{mit } t = +\sqrt{1 - \sum |z_i|^2}$$

gegeben; die zugehörige anheftende Abbildung α_i ist die Projektion $\mathbf{S}^{2i-1} \to \mathbf{CP}^{i-1} \subset \mathbf{CP}^n$. Die Abbildung $\alpha_2 : \mathbf{S}^3 \to \mathbf{S}^2$ wird auch als Hopf-Abbildung η bezeichnet.

Der zelluläre Ketten-Komplex wird damit zu

$$C_m(\mathbf{CP}^n) \cong \begin{cases} 0 & , \quad m \equiv 1 \bmod 2 , \\ \mathbf{Z} & , \quad 0 \leq m \leq 2n \text{ und } m \equiv 0 \bmod 2 . \end{cases}$$

Hieraus kann man die Homologie von $\mathbf{CP}^n$, wie sie in Satz 5.6.16 angegeben wurde, unmittelbar ablesen.

Diese Betrachtungen übertragen sich wortwörtlich auf den quaternionalen projektiven Raum, indem man die komplexen Zahlen durch Quaternionen ersetzt (und die relevanten reellen Dimensionen verdoppelt). Insbesondere erhält man als anheftende Abbildung der 8-Zelle die Hopf-Abbildung $\nu : \mathbf{S}^7 \to \mathbf{S}^4$. Die Homologie von $\mathbf{HP}^n$ gemäß Satz 5.6.16 lässt sich wieder ablesen.

Für reelle projektive Räume erhält man eine analoge Zellen-Zerlegung, doch der zelluläre Kettenkomplex hat einen nicht-trivialen Randoperator, den wir nun untersuchen wollen. Sei $T : \mathbf{S}^n \to \mathbf{S}^n$ die antipodische Abbildung; sie ist die Deck-Transformation für die doppelte Überlagerung $\pi : \mathbf{S}^n \to \mathbf{RP}^n$. Für $\epsilon = \pm 1$ und $0 < j \leq n$ sei

$$e_j^{(\epsilon)} := \{(x_0, x_1, \ldots, x_n) \in \mathbf{S}^n | x_k = 0 \text{ für } k > j \text{ und } \epsilon x_j > 0\} ;$$

es sei $e_0^{(\epsilon)} := \{(\epsilon, 0, \ldots, 0)\}$. Dies ist eine T-invariante Zellenzerlegung von $\mathbf{S}^n$; die $e_j := \pi(e_j^{(+1)})$ bilden eine Zellenzerlegung von $\mathbf{RP}^n$.

Satz 5.8.14
Sei $K_* := C_*(\mathbf{RP}^n)$ der zelluläre Kettenkomplex mit Koeffizienten in $\mathbf{Z}$. In K_* ist dann $d_j(e_j) = \lambda_j e_{j-1}$ mit $\lambda_{2k} = \pm 2$ und $\lambda_{2k+1} = 0$.

Beweis: Wir wählen (induktiv) die Orientierungen der Zellen in Dimensionen $\leq n$ so, dass im zellulären Komplex von $\mathbf{S}^n$ die Ränder durch $d_{2k}(e_{2k}^{(+1)}) = e_{2k-1}^{(+1)} + e_{2k-1}^{(-1)}$ und

$d_{2k+1}(e_{2k+1}^{(+1)}) = e_{2k}^{(+1)} - e_{2k}^{(-1)}$ gegeben sind; wegen der bekannten Homologie von $\mathbf{S}^n$ ist dies möglich. $\square$

Korollar 5.8.15
Es ist

$$H_i(\mathbf{RP}^n; \mathbf{Z}) \cong \begin{cases} \mathbf{Z} & , \quad i = 0 \text{ oder } i = n = 2j - 1 \ , \\ \mathbf{Z}/2\mathbf{Z} & , \quad i = 2j - 1 \text{ und } i < n \ , \\ 0 & \quad \text{sonst} \ . \end{cases}$$

Auf ähnliche Weise wie der komplexe projektive Raum lassen viele wichtige Räume, die auch in der komplexen algebraischen Geometrie eine Rolle spielen, eine Zellen-Zerlegung zu, in der nur gerade-dimensionale Zellen vorkommen. Zum Beispiel ist dies so für die komplexen Graßmann-Mannigfaltigkeiten. Dann sind die Homologiegruppen isomorph zu den zellulären Kettengruppen, denn alle Rand-Operatoren müssen Null sein, wenn die Ketten-Gruppen in ungeraden Dimensionen verschwinden.

Aufgabe 5.8.16
Die Standard-Polygon-Modelle liefern Zellen-Zerlegungen der kombinatorischen Flächen vom Geschlecht g mit je einer 0- und 2-Zelle sowie $2g$ beziehungsweise g Zellen der Dimension 1. Es gilt:

$$H_2(F_g; \mathbf{Z}) \cong \mathbf{Z} \ , \quad H_2(N_g; \mathbf{Z}) = 0 \ , \quad \text{und} \quad H_2(N_g; \mathbf{F}_2) \cong \mathbf{F}_2 \ .$$

5.9 Euler- und Lefschetz-Zahl

Wir haben im vorigen Abschnitt gesehen, dass für ein endliches simpliziales Polyeder $(X, \mathfrak{X})$ singuläre und simpliziale Homologiegruppen übereinstimmen.

Unser Interesse hier gilt der Struktur der abelschen Gruppe $H_n(X; \mathbf{Z})$. Aus technischen Gründen betrachten wir in diesem Abschnitt statt desssen die Gruppen $H_n(X; \mathbf{Q})$ beziehungsweise $H_n(X; \mathbf{F}_p)$ für Primzahlen p, da diese Gruppen sogar Vektorräume über den Körpern $\mathbf{Q}$ beziehungsweise $\mathbf{F}_p$ sind und damit schon durch ihre Dimension vollständig beschrieben werden. Den Zusammenhang zu den Torsionskoeffizienten von $H_n(X; \mathbf{Z})$ werden wir erst später studieren.

Definition 5.9.1
Die Zahlen

$$b_n(X) = \dim_{\mathbf{Q}} H_n(X; \mathbf{Q})$$

heißen die Betti-Zahlen von X. Die Zahl

$$e(X) = \sum_{n \geq 0} (-1)^n b_n(X)$$

heißt die Euler-Charakteristik von X.

Der folgende fundamentale Satz verbindet die Euler-Zahl mit der simplizialen Struktur von $\mathfrak{X}$:

Satz 5.9.2 (Eulerscher Polyeder-Satz)
Es sei $(X, \mathfrak{X})$ ein endliches Polyeder und $a_n(\mathfrak{X})$ die Zahl der n-Simplizes von $\mathfrak{X}$. Dann gilt für jeden Körper K

$$\sum_{n \geq 0} (-1)^n \dim_K H_n(X; K) = e(X) = \sum_{n \geq 0} (-1)^n a_n(\mathfrak{X}) \ .$$

Beweis: Wir schreiben a_n für $a_n(\mathfrak{X})$ und b_n für $b_n(\mathfrak{X}; K)$. Ferner bezeichnen wir mit $C_n \supset Z_n \supset B_n$ die Gruppen der Ketten, Zyklen und Ränder von $\mathfrak{X}$.
Da $d_n : C_n \to B_{n-1}$ surjektiv ist mit Kern Z_n, gilt

$$a_n = \dim_K Z_n + \dim_K B_{n-1} \ .$$

Andererseits ist $H_n(\mathfrak{X}; K) = Z_n/B_n$, also

$$b_n = \dim_K Z_n - \dim_K B_n \ .$$

Es folgt

$$\begin{aligned}
\sum (-1)^n a_n &= \sum_n (-1)^n \dim_K Z_n + \sum_n (-1)^n \dim_K B_{n-1} \\
&= \sum_n (-1)^n \dim_K Z_n - \sum_n (-1)^n \dim_K B_n \\
&= \sum_n (-1)^n b_n \ .
\end{aligned}$$

$\square$

Von Euler wurde der Satz in dem Spezialfall betrachtet, dass es sich bei der Triangulierung um den Rand eines 3-dimensionalen konvexen Polyeders handelt. Hier ist die Euler-Charakteristik $e(\mathbf{S}^2) = 2$. Zum Beispiel erhalten wir für die platonischen Körper die folgende Tabelle der Anzahlen von 0-, 1- und 2-Simplizes:

	a_0	a_1	a_2
Würfel	8	12	6
Tetraeder	4	6	4
Oktaeder	6	12	8
Ikosaeder	12	30	20
Dodekaeder	20	30	12

Tatsächlich ist $a_0 - a_1 + a_2$ stets gleich 2!

Wir wollen den Eulerschen Polyeder-Satz nun noch verallgemeinern.

Es sei (C_*, ∂_*) ein endlich-dimensionaler Kettenkomplex über dem Körper K und sei $f = (f_n) : C_* \to C_*$ ein K-linearer Ketten-Homomorphismus. Es ist also $f_n : C_n \to C_n$; wir bezeichnen mit

$$H_n(f) = (f_n)_* : H_n(C_*, \partial_*) \to H_n(C_*, \partial_*)$$

die von f induzierte Abbildung in der n-ten Homologiegruppe.

Satz 5.9.3 (Hopfsche Spur-Formel)
Mit den obigen Bezeichnungen gilt:

$$\sum_{n\geq 0}(-1)^n \operatorname{Spur}(H_n(f)) = \sum_{n\geq 0}(-1)^n \operatorname{Spur}(f_n) \ .$$

Beweis: Seien wieder $B_n \subset Z_n \subset C_n$ die Gruppen der Ränder und Zyklen. Wir haben kommutative Diagramm mit exakten Zeilen

$$
\begin{array}{ccccccccc}
0 & \longrightarrow & B_n & \longrightarrow & Z_n & \longrightarrow & H_n & \longrightarrow & 0 \\
& & \downarrow {\scriptstyle f_n''} & & \downarrow {\scriptstyle f_n'} & & \downarrow {\scriptstyle H_n(f)} & & \\
0 & \longrightarrow & B_n & \longrightarrow & Z_n & \longrightarrow & H_n & \longrightarrow & 0
\end{array}
$$

und

$$
\begin{array}{ccccccccc}
0 & \longrightarrow & Z_n & \longrightarrow & C_n & \xrightarrow{d_n} & B_{n-1} & \longrightarrow & 0 \\
& & \downarrow {\scriptstyle f_n'} & & \downarrow {\scriptstyle f} & & \downarrow {\scriptstyle f_n''} & & \\
0 & \longrightarrow & Z_n & \longrightarrow & C_n & \xrightarrow{d_n} & B_{n-1} & \longrightarrow & 0
\end{array}
$$

Damit folgt die Behauptung mit der gleichen Rechnung wie im Beweis von Satz 5.9.2 aus dem folgenden Hilfssatz 5.9.4. $\qquad\square$

Hilfssatz 5.9.4
Seien in dem kommutativen Diagramm

$$
\begin{array}{ccccccccc}
0 & \longrightarrow & U & \longrightarrow & V & \longrightarrow & W & \longrightarrow & 0 \\
& & \downarrow {\scriptstyle f_n'} & & \downarrow {\scriptstyle f} & & \downarrow {\scriptstyle f_n''} & & \\
0 & \longrightarrow & U & \longrightarrow & V & \longrightarrow & W & \longrightarrow & 0
\end{array}
$$

von endlich-dimensionalen K-Vektorräumen und K-linearen Abbildungen die Zeilen exakt. Dann gilt:

$$\operatorname{Spur}(f) = \operatorname{Spur}(f') + \operatorname{Spur}(f'') \ .$$

Beweis: Sei $\{u_i\}$ Basis von $U \subset V$ und $\{w_j\}$ Basis von W. Sei $\widetilde{w}_j \in V$ ein Urbild von w_j. Dann ist $\{u_i\} \cup \{\widetilde{w}_j\}$ eine Basis von V und die Matrix von f bezüglich dieser Basis hat die Gestalt

$$\begin{pmatrix} A & B \\ 0 & C \end{pmatrix},$$

wobei A die Matrix von f' und C die Matrix von f'' ist.

Es folgt

$$\mathrm{Spur}(f) = \mathrm{Spur}(A) + \mathrm{Spur}(C) = \mathrm{Spur}(f') + \mathrm{Spur}(f'') \ . \qquad \square$$

Wir wenden uns nun topologischen Anwendungen zu.

Definition 5.9.5

Sei X endlich triangulierbar und $f : X \to X$ eine stetige Abbildung. Die Lefschetz-Zahl von f ist definiert durch

$$\Lambda(f) := \sum_{n \geq 0} (-1)^n \, \mathrm{Spur} \, H_n(f; K) \ .$$

Wir haben in der Notation schon ausgenutzt, dass die Lefschetz-Zahl unabhängig von der Wahl des Körpers K ist. Dies ist eine unmittelbare Konsequenz aus dem simplizialen Approximationssatz und dem folgenden Satz.

Satz 5.9.6

Sei $(X, \mathfrak{X})$ ein endlicher geordneter simplizialer Komplex und $f : X \to X$ eine simpliziale Abbildung. Für ein n-Simplex $\sigma = \langle x_0, \dots, x_n \rangle$ von $\mathfrak{X}$ sei

$$\lambda_\sigma(f) = \begin{cases} \mathrm{sign}(\sigma) & , \quad \text{falls } f(x_i) = x_{\pi(i)} \text{ für } 0 \leq i \leq n, \\ 0 & \text{sonst} . \end{cases}$$

Dann gilt

$$\Lambda(f) = \sum_{n \geq 0, \sigma \in \mathfrak{X}_n} (-1)^n \lambda_\sigma(f) \ .$$

Beweis: Da $C_n(\mathfrak{X})$ die Basis $\{\langle x_0, \dots, x_n \rangle\}$ hat, ist die Spur von f auf $C_n(\mathfrak{X})$ gleich $\sum_{\sigma \in \mathfrak{X}_n} \lambda_\sigma(f)$. Damit folgt die Behauptung sofort aus der Hopfschen Spurformel 5.9.3. $\square$

Die vielleicht wichtigste Folgerung ist der folgende Satz.

Satz 5.9.7 (Lefschetzscher Fixpunktsatz)

Sei der Raum X endlich triangulierbar und $f : X \to X$ eine stetige Abbildung mit $\Lambda(f) \neq 0$. Dann hat f einen Fixpunkt.

Beweis: Wir können annehmen, dass X ein endliches Polyeder im $\mathbf{R}^N$ ist. Wenn f keinen Fixpunkt hat, gibt es wegen der Kompaktheit von X ein $\varepsilon > 0$, so dass $\|f(x) - x\| > \varepsilon$ ist für jedes $x \in X$. Wir unterteilen die ursprüngliche Triangulierung von X so fein, dass jedes Simplex einen Durchmesser $< \delta$ hat, wobei δ genügend klein im Verhältnis zu ε ist. Ist dann φ eine simpliziale Approximation von f bezüglich dieser Unterteilung, so führt φ kein Simplex in sich über und es ist $\lambda_\sigma(f) = 0$ für jedes σ. Wir erhalten einen Widerspruch zu Satz 5.9.6. $\square$

Dieser Satz lässt sich dahingehend verschärfen, dass $\Lambda(f)$ zur Zahl der Fixpunkte in Beziehung gesetzt wird. Hierfür benötigt man jedoch geometrische Voraussetzungen an das Verhalten von f in der Nähe der Fixpunkte, auf die wir hier nicht näher eingehen können.

Offenbar handelt es sich bei dem Lefschetzschen Fixpunktsatz um eine Verallgemeinerung des Brouwerschen Fixpunktsatzes:

Satz 5.9.8
Sei X endlich triangulierbar und zusammenhängend, und es sei

$$H_n(X; \mathbf{Q}) = 0 \text{ für } n > 0 .$$

Dann hat jede stetige Abbildung $f : X \to X$ einen Fixpunkt.

Beweis: Es ist $\Lambda(f) = \text{Spur}(H_0(f)) = 1$, da $H_0(f)$ wegen des Wegzusammenhangs die identische Abbildung von $H_0(X)$ ist. $\qquad\square$

Reelle projektive Räume gerader Dimension haben die im letzten Satz vorausgesetzte Eigenschaft. Als Anwendung erhalten wir also, dass jede stetige Selbst-Abbildung $f : \mathbf{RP}^{2n} \to \mathbf{RP}^{2n}$ einen Fixpunkt hat.

Der Lefschetzsche Fixpunktsatz findet vielfache Anwendung beim Studium von topologischen Gruppen-Operationen. Wir beschränken uns hier auf ein Beispiel:

Satz 5.9.9
Sei X endlich triangulierbar mit Euler-Zahl $e(X) \neq 0$. Sei eine $\mathbf{S}^1$-Operation $\mathbf{S}^1 \times X \to X$ auf X gegeben. Dann ist die Fixpunktmenge

$$X^{\mathbf{S}^1} = \{ \, x \in X \mid gx = x \text{ für alle } g \in \mathbf{S}^1 \, \}$$

nicht leer.

Beweis: Sei $f_n : X \to X$ durch $f_n(x) = e^{\frac{2\pi i}{n}} x$ gegeben. Dann ist f_n homotop zur Identität (vermöge $x \mapsto e^{\frac{2\pi i t}{n}} x$) und $\Lambda(f_n) = \Lambda(\text{id}) = e(X)$. Nach Satz 5.9.7 hat f_n einen Fixpunkt x_n. Sei $y_n := x_{n!}$. Dann ist y_n Fixpunkt für alle f_k mit $k \leq n$. Die Folge der y_n enthält aber, da X kompakt ist, eine konvergente Teilfolge. Ist y der Häufungspunkt dieser Teilfolge, so wird y von jedem f_k festgelassen, also auch von der gesamten $\mathbf{S}^1$-Operation. $\qquad\square$

6 Ausblick: Produkte

Das Hauptziel dieses Kapitels wird es sein, Produkte in die in Kapitel 5 definierte Homologie-Theorie einzuführen. So werden wir die Beziehung zwischen der Homologie eines Produkt-Raumes und der Homologie der einzelnen Faktoren studieren. Als eine Variante der Homologie werden wir Kohomologiegruppen definieren, die den Vorzug haben, mit einem internen Produkt, dem sogenannten Cup-Produkt, versehen zu sein. Erst mit diesen Produkt-Strukturen wird die Homologie-Theorie ihre wahre Kraft entfalten.

Die allgemeine Theorie erfordert umfangreiche Vorüberlegungen über Produkte in der Theorie der Moduln und der Kettenkomplexe, welche einen überaus technischen Charakter haben. Wir werden die Theorie daher in diesem Kapitel lediglich unter vereinfachenden Annahmen darstellen. Selbst so werden mit Hilfe der Produkt-Theorie Ergebnisse erzielt, die das mit den Methoden von Kapitel 5 Erreichbare weit übersteigen.

Diese Anwendungen sind zumeist Verallgemeinerungen unserer früheren Sätze. Die Berechnungen der Kohomologie-Ringe von projektiven Räumen erlauben interessante Folgerungen über die Homotopiegruppen $\pi_{4n-1}(\mathbf{S}^{2n})$. Im letzten Abschnitt beschäftigen wir uns mit der Frage nach der Existenz von stetigen Multiplikationen mit Einselement auf einem gegebenen Raum. Wir werden sehen, dass solch eine Multiplikation der Struktur des Kohomologie-Rings starke Einschränkungen auferlegt. Ausgehend von solchen Resultaten kehren wir zum Schluss noch einmal zum Vektorfeld-Problem zurück. Wir werden zeigen, dass $\mathbf{RP}^n$ höchstens dann parallelisierbar sein kann, wenn $n+1$ eine Potenz von 2 ist.

Unsere Darstellung der Theorie für allgemeinere kommutative Ringe findet der interessierte Leser im Internet unter den im Vorwort erwähnten Ergänzungen.

6.1 Exakte Funktoren

Seien zunächst R und S kommutative Ringe mit Eins.

Ein Funktor F von der Kategorie der S-Moduln in die Kategorie der R-Moduln heißt *additiv*, wenn für je zwei S-Moduln M und N die kanonischen Injektionen und Projektionen einen Isomorphismus $F(M \oplus N) \cong F(M) \oplus F(N)$ induzieren. Es folgt, dass $F(0) = 0$ gilt und $F(f \oplus g) = F(f) \oplus F(g)$. Insbesondere ist dann für einen Kettenkomplex (C_*, d_*) von S-Moduln das Bild $(F(C_*), F(d_*))$ ein Kettenkomplex von R-Moduln.

Ist $f : A \to B$ ein Homomorphismus von S-Moduln, so erhält man für einen additiven Funktor F von der Kategorie der S-Moduln in die Kategorie der R-Moduln natürliche induzierte Homomorphismen $F(\mathrm{Kern}(f)) \to \mathrm{Kern}(F(f))$ und $\mathrm{Kokern}(F(f)) \to F(\mathrm{Kokern}(f))$. Der additive Funktor F heißt *exakt*, wenn diese Isomorphismen sind.

Lemma 6.1.1

Sei F ein additiver Funktor von der Kategorie S-**Mod** der S-Moduln in die Kategorie R-**Mod** der R-Moduln. Dann sind die folgenden Aussagen äquivalent:

1. F ist exakt.
2. Ist die Sequenz $\cdots \to A_i \xrightarrow{f_i} A_{i-1} \xrightarrow{f_{i-1}} A_{i-2} \to \cdots$ exakt, so auch

$$\cdots \to F(A_i) \xrightarrow{F(f_i)} F(A_{i-1}) \xrightarrow{F(f_{i-1})} F(A_{i-2}) \to \cdots .$$

3. Ist die Sequenz $0 \to A \xrightarrow{\alpha} B \xrightarrow{\beta} C \to 0$ exakt, so auch

$$0 \to F(A) \xrightarrow{F(\alpha)} F(B) \xrightarrow{F(\beta)} F(C) \to 0 .$$

Beweis: Dies folgt unmittelbar aus dem Hilfssatz 5.2.2. $\qquad\qquad\square$

Wir notieren die folgenden Trivialitäten:

Korollar 6.1.2

Sei F ein exakter Funktor von der Kategorie S-**Mod** der S-Moduln in die Kategorie R-**Mod** der R-Moduln. Für jeden Kettenkomplex (C_*, d_*) von S-Moduln besteht dann eine natürliche Isomorphie

$$H_n(F(C_*), F(d_*)) \cong F(H_n(C_*, d_*)) .$$

Korollar 6.1.3

Sei $0 \to A \xrightarrow{\alpha} B \xrightarrow{\beta} C \to 0$ eine kurze spaltende exakte Sequenz von S-Moduln. Sei F ein additiver Funktor von der Kategorie S-**Mod** der S-Moduln in die Kategorie R-**Mod** der R-Moduln. Dann ist auch die Sequenz $0 \to F(A) \xrightarrow{F(\alpha)} F(B) \xrightarrow{F(\beta)} F(C) \to 0$ eine spaltende kurze exakte Sequenz.

Unser Interesse gilt insbesondere den Funktoren $\mathrm{Hom}_S(-, -)$ und dem Tensor-Produkt $- \otimes_S -$. Eine gewisse Bekanntschaft mit diesen Funktoren setzen wir voraus; für das

Tensor-Produkt findet sich eine kurze Darstellung in Abschnitt A.1.3.

Lemma 6.1.4
Sei N ein freier S-Modul. Dann ist der Funktor $- \otimes_S N : S\text{-}\mathbf{Mod} \to S\text{-}\mathbf{Mod}$ exakt.

Beweis: Ist $\{a_j | j \in J\}$ eine S-Basis von N, so ist $M \otimes N \cong \bigoplus_{j \in J} M$. Die Behauptung folgt. $\qquad\square$

Das Lemma findet offenbar immer Anwendung, wenn S ein Körper ist.

Oft ist noch die folgende Situation von Interesse: Sei A eine abelsche Gruppe. Dann ist $A \otimes_{\mathbf{Z}} \mathbf{Q}$ in offensichtlicher Weise ein $\mathbf{Q}$-Vektorraum und wir erhalten einen Funktor $- \otimes_{\mathbf{Z}} \mathbf{Q} : \mathbf{Ab} \to \mathbf{Q}\text{-}\mathbf{Mod}$ von der Kategorie der abelschen Gruppen in die Kategorie der $\mathbf{Q}$-Vektorräume.

Lemma 6.1.5
Der Funktor $- \otimes_{\mathbf{Z}} \mathbf{Q} : \mathbf{Ab} \to \mathbf{Q}\text{-}\mathbf{Mod}$ ist exakt.

Beweis: Aus der universellen Eigenschaft des Tensorprodukts erhalten wir leicht, dass ein Element von $A \otimes_{\mathbf{Z}} \mathbf{Q}$ sich schreiben lässt als $a \otimes n^{-1}$, wobei $a \in A$ und n eine positive natürliche Zahl ist; hierbei ist genau dann $a \otimes n^{-1} = b \otimes m^{-1}$, wenn es eine positive natürliche Zahl k gibt mit $kma = knb$.

Ist nun $f : A \to B$ ein Homomorphismus abelscher Gruppen und $g = f \otimes_{\mathbf{Z}} \mathrm{id}_{\mathbf{Q}}$, so folgt unmittelbar aus dieser Beschreibung, dass $\mathrm{Kern}(g) = \mathrm{Kern}(f) \otimes_{\mathbf{Z}} \mathbf{Q}$ ist und $\mathrm{Bild}(g) = \mathrm{Bild}(f) \otimes_{\mathbf{Z}} \mathbf{Q}$. $\qquad\square$

6.2 Koeffizienten-Theoreme

Sei von nun an R ein fest gewählter kommutativer Ring mit Eins. Alle vorkommenden Kettenkomplexe sollen Kettenkomplexe über R sein. Tensorprodukte über R werden wir in diesem Abschnitt meist einfach als $\otimes$ schreiben.

Sei (K_*, d_*^K) ein Kettenkomplex über R und M ein R-Modul. Wir definieren einen Kettenkomplex $(C_*, d_*) = (K_* \otimes_R M, d_*)$ wie folgt: Es sei

$$C_n = K_n \otimes_R M$$

und $d_n = d_n^K \otimes_R \mathrm{id}_M : C_n \to C_{n-1}$. Es ist klar, dass (C_*, d_*) ein Kettenkomplex ist.

Definition 6.2.1
Ist (K_*, d_*^K) ein Kettenkomplex, so heißt

$$H_n(K_*; M) := H_n(K_* \otimes_R M, d_*)$$

die Homologie von K_* mit Koeffizienten in M. Für ein Raumpaar (X, A) heißt

$$H_n(X, A; M) := H_n(S_*(X, A; R); M)$$

die n-te Homologiegruppe von (X, A) mit Koeffizienten in M.

Im folgenden wollen wir den Zusammenhang zwischen $H_n(K_*, d_*)$ und $H_n(K_*; M)$ untersuchen.

Satz 6.2.2 (Koeffizienten-Theorem I)
Die Zuordnung $[z] \otimes m \mapsto [z \otimes m]$ definiert einen natürlichen Homomorphismus

$$\kappa : H_n(K_*) \otimes_R M \to H_n(K_*; M) .$$

Ist M ein freier R-Modul, so ist κ ein Isomorphismus.

Beweis: Für $h = [z] \in H_n(K_*)$ und $m \in M$ ist $z \otimes m \in K_* \otimes M$ ein Zyklus. Es ist trivial zu verifizieren, dass $[z \otimes m] \in H_n(K_*; M)$ nur von h und m abhängt und dass diese Abhängigkeit bilinear ist. Die zweite Behauptung folgt nach Lemma 6.1.4 und Lemma 6.1.2. $\square$

Wir erhalten also

Satz 6.2.3 (Koeffizienten-Theorem II)
Sei M ein freier R-Modul. Dann ist

$$\kappa : H_n(X, A; R) \otimes_R M \to H_n(X, A; M)$$

einen natürlicher Isomorphismus auf der Kategorie der Raumpaare.

Analog folgt aus Lemma 6.1.5

Satz 6.2.4
Für einen Kettenkomplex (K_*, d_*) ist

$$\kappa : H_n(K_*) \otimes_{\mathbf{Z}} \mathbf{Q} \to H_n(K_*; \mathbf{Q})$$

ein natürlicher Isomorphismus.

Korollar 6.2.5
Auf der Kategorie der Raumpaare ist

$$\kappa : H_n(X, A; \mathbf{Z}) \otimes_{\mathbf{Z}} \mathbf{Q} \to H_n(X, A; \mathbf{Q})$$

ein natürlicher Isomorphismus.

6.3 Die Künneth-Formel

Wir betrachten in diesem Abschnitt einen Produkt-Raum $Z = X \times Y$. Sei R sei wieder ein kommutativer Ring mit Eins. Offenbar ist $\boldsymbol{S}_n(Z) = \boldsymbol{S}_n(X) \times \boldsymbol{S}_n(Y)$, also insbesondere $\mathrm{S}_n(Z) = \mathrm{S}_n(X) \otimes \mathrm{S}_n(Y)$ als R-Modul. Allerdings ist d_n auf $\mathrm{S}_n(Z)$ nicht unmittelbar durch d_n auf $\mathrm{S}_n(X)$ und $\mathrm{S}_n(Y)$ allein bestimmt.

Überraschenderweise gibt es jedoch noch eine andere Beziehung zwischen $\mathrm{S}_*(Z)$ und $\mathrm{S}_*(X), \mathrm{S}_*(Y)$, die oft zumindest zur Berechnung der Homologie ausreicht. Ein Beispiel für diese Beziehung bietet der früher bewiesene Satz, dass $H_k(S^n \times Y) \cong H_k(Y) \oplus H_{n-k}(Y)$ ist.

Definition 6.3.1
Seien (K_*, d_*^K), (L_*, d_*^L) Kettenkomplexe über R. Dann ist das Tensorprodukt $(K_*, d_*^K) \otimes (L_*, d_*^L)$ definiert als der Kettenkomplex (C_*, d_*) mit

$$C_n = \bigoplus_{p+q=n} K_p \otimes L_q$$

und

$$d_n(x_p \otimes y_q) = d_n^K(x_n) \otimes y_q + (-1)^p x_\mu \otimes d_q^L(y_q)$$

für $x_p \in K_p$, $y_q \in L_q$.

Es ist trivial zu verifizieren, dass mit dieser Wahl des Vorzeichens (C_*, d_*) tatsächlich ein Kettenkomplex wird:

$$
\begin{aligned}
d_{n-1}d_n(x_p \otimes y_q) &= d_{n-1}(d_p^K(x_p) \otimes y_q + (-1)^p x_p \otimes d_q^L(y_q)) \\
&= d_{p-1}^K d_p^K(x_p) \otimes y_q + (-1)^{p-1} d_p^K(x_p) \otimes d_q^L(y_q) \\
&\quad + (-1)^p d_p^K(x_p) \otimes d_q^L(y_q) + x_p \otimes d_{q-1}^L d_q^L(y_q) \\
&= 0 .
\end{aligned}
$$

Ferner ist klar, dass das Tensorprodukt von Kettenkomplexen eine funktorielle Konstruktion ist: Ketten-Homomorphismen $f : K_* \to K_*'$ und $g : L_* \to L_*'$ induzieren einen Ketten-Homomorphismus $f \otimes g : K_* \otimes L_* \to K_*' \otimes L_*'$.

Für spätere Zwecke merken wir noch an:

Hilfssatz 6.3.2
Die Abbildungen $T_{p,q} : K_p \otimes L_q \to L_q \otimes K_p$ mit $T_{p,q}(x \otimes y) = (-1)^{pq} y \otimes x$ definieren einen Ketten-Homomorphismus

$$T : K_* \otimes L_* \to L_* \otimes K_* .$$

Wir verallgemeinern nun die Überlegungen des vorigen Abschnitts 6.2. Es seien wieder (K_*, d_*^K) und (L_*, d_*^L) Kettenkomplexe über R.

Lemma 6.3.3

Die Zuordnung $[x] \otimes [y] \mapsto [x \otimes y]$ definiert einen natürlichen Homomorphismus

$$\kappa : H_p(K_*) \otimes H_q(L_*) \to H_{p+q}(K_* \otimes L_*) \ .$$

Beweis: Nach Definition des Randoperators auf dem Tensorprodukt ist $d(x \otimes y) = dx \otimes y \pm x \otimes dy$. Damit ist klar, dass das Tensorprodukt zweier Zyklen x, y wieder ein Zyklus ist. Ist nur y ein Zyklus, so kann man die Definition als $dx \otimes y = d(x \otimes y)$ lesen, das heißt, dass das Tensorprodukt eines Randes mit einem Zyklus wieder ein Rand ist. Analog ist das Tensorprodukt eines Zyklus mit einem Rand wieder ein Rand. $\square$

Satz 6.3.4 (Künneth-Formel I)

Seien (K_*, d_*^K) und (L_*, d_*^L) Kettenkomplexe über R. Seien für jedes q die Homologie-Moduln $H_q(L_*)$ und die Ränder-Moduln $B_q(L_*)$ freie R-Moduln. Dann ist

$$\kappa : \bigoplus_{p+q=n} H_p(K_*) \otimes H_q(L_*) \to H_n(K_* \otimes L_*)$$

ein natürlicher Isomorphismus.

Beweis: Wir haben die kurzen exakten Sequenzen $0 \to Z_q(L_*) \to L_q \to B_{q-1}(L_*) \to 0$ und $0 \to B_q(L_*) \to Z_q(L_*) \to H_q(L_*) \to 0$. Wegen Hilfssatz 5.2.6 und Lemma 5.2.5 folgt, dass auch die Moduln $Z_q(L_*)$ und L_q frei sind.

Wenn L_* trivialen Randoperator $d_*^L = 0$ hat, folgt die Behauptung nun unmittelbar aus Satz 6.2.3.

Nun werde $B_*(L_*)$ und $Z_*(L_*)$ jeweils als Unterkomplex von L_* aufgefasst mit trivialem Randoperator. Dann folgt aus der vorangehenden Bemerkung, dass

$$\kappa_B : H_n(K_* \otimes B_*(L_*)) \to \bigoplus_{p+q=n} H_p(K_*) \otimes B_q(L_*)$$

und

$$\kappa_Z : H_n(K_* \otimes Z_*(L_*)) \to \bigoplus_{p+q=n} H_p(K_*) \otimes Z_q(L_*)$$

Isomorphismen sind.

Wir haben aber eine kurze exakte Sequenz von Kettenkomplexen

$$0 \to K_* \otimes Z_*(L_*) \to K_* \otimes L_* \to K_* \otimes B_{*-1}(L_*) \to 0 \ ,$$

welche eine lange exakte Sequenz in Homologie induziert. Mit dem 5er-Lemma folgt nun aus der Isomorphie von κ_Z und κ_B auch die Isomorphie von κ für $K_* \otimes L_*$. $\square$

6.4 Das Kreuz-Produkt

Die singulären 0-Simplizes eines Raumes X entsprechen offenbar eineindeutig den Punkten von X. Daher haben wir für zwei Räume X und Y eine kanonische Isomorphie

$$S_0(X \times Y) = S_0(X) \otimes S_0(Y)$$

für die 0-ten Kettengruppen.

Der Beweis des folgenden Satzes erfolgt mit der sogenannten „Methode der azyklischen Modelle" und ist im wesentlichen kategorieller Natur. Diese Methode, die in der Entstehung der Homologie-Theorie von einiger Bedeutung war, wird allerdings in den Betrachtungen der folgenden Abschnitte keine so eigenständige Rolle mehr spielen. Wir führen wir den nicht ganz einfachen Beweis des Satzes daher in den im Vorwort erwähnten Ergänzungen durch.

Satz 6.4.1 (Satz von Eilenberg-Zilber)
Es gibt natürliche, bis auf Ketten-Homotopie eindeutig bestimmte Ketten-Homomorphismen

$$\varphi : S_*(X) \otimes S_*(Y) \to S_*(X \times Y) \quad \text{und} \quad \psi : S_*(X \times Y) \to S_*(X) \otimes S_*(Y) \,,$$

die in Dimension 0 mit der identischen Abbildung $S_0(X) \otimes S_0(Y) = S_0(X \times Y)$ übereinstimmen. Ferner gibt es natürliche Ketten-Homotopien

$$\psi \circ \varphi \simeq \mathrm{id}_{S_*(X) \otimes S_*(Y)} \quad \text{und} \quad \varphi \circ \psi \sim \mathrm{id}_{S_*(X \times Y)} \,.$$

Wir wollen jedoch eine konkrete Formel für eine solche Abbildung φ angeben[1]:

Wir definieren zunächst die „linke" und „rechte" (oder vordere und hintere) i-dimensionale Seite eines n-Simplex. Diese sind die folgenden affinen Abbildungen $\Delta^i \to \Delta^n$:

$$\lambda_i^n : \Delta^i \to \Delta^n \quad \text{mit} \quad \lambda_i^n(e_j) = e_j \,, \ 0 \le j \le i \,,$$

und
$$\varrho_i^n : \Delta^i \to \Delta^n \quad \text{mit} \quad \varrho_i^n(e_j) = e_{j+n-i} \,, \ 0 \le j \le i \,.$$

Seien $\mathrm{pr}_X : X \times Y \to X$ und $\mathrm{pr}_Y : X \times Y \to Y$ die Projektionen.

Definition 6.4.2
Die Alexander-Whitney-Abbildung

$$AW : S_*(X \times Y) \to S_*(X) \otimes S_*(Y)$$

ist der R-Homomorphismus, der auf einem singulären n-Simplex $\sigma : \Delta^n \to X \times Y$ den Wert

$$AW(\sigma) = \sum_{i=0}^{n} (\mathrm{pr}_X \circ \sigma \circ \lambda_i^n) \otimes (\mathrm{pr}_Y \circ \sigma \circ \varrho_{n-i}^n)$$

annimmt.

---

[1]Eine konkrete Beschreibung einer Abbildung ψ lässt sich ebenfalls angeben; sie ist aber komplizierter und findet sich deshalb in den Ergänzungen.

Ist $\sigma : \Delta^n \to X \times Y$ gegeben durch $\sigma(e_j) = (x_j, y_j)$, so bezeichnen wir σ abkürzend mit $\sigma = \langle\, (x_0, y_0), \dots, (x_n, y_n)\, \rangle$. Dann wird also

$$AW(\sigma) = AW\big(\langle\, (x_0, y_0), \dots, (x_n, y_n)\, \rangle\big) = \sum_{i=0}^{n} \langle\, x_0, \dots, x_i\, \rangle \otimes \langle\, y_i, \dots, y_n\, \rangle \;.$$

Lemma 6.4.3
Die Alexander-Whitney-Abbildung ist ein natürlicher Ketten-Homomorphismus.

Beweis: Die Natürlichkeit ist klar nach der Definition; die Verträglichkeit mit den Rand-Operatoren ist zu beweisen.
Für $\sigma \in \boldsymbol{\mathcal{S}}_n(X \times Y)$ sei $AW_i(\sigma)$ die Komponente von $AW(\sigma)$ in $S_i(X) \otimes S_{n-i}(Y)$. Mit der dem Lemma vorangehenden Notation ist also

$$AW_i(\sigma) = \langle\, x_0, \dots, x_i\, \rangle \otimes \langle\, y_i, \dots, y_n\, \rangle \;.$$

Offenbar gilt dann:

$$
\begin{aligned}
(\partial_i \otimes \mathrm{id})\, AW_i(\sigma) &= (\mathrm{id} \otimes \partial_0)\, AW_{i-1}(\sigma) \ \text{ für } i > 0 \;, \\
(\partial_j \otimes \mathrm{id})\, AW_i(\sigma) &= AW_{i-1}(\partial_j \sigma) \ \text{ für } j < i \;, \\
(\mathrm{id} \otimes \partial_j)\, AW_i(\sigma) &= AW_i(\partial_{i+j}\sigma) \ \text{ für } j > 0 \;,
\end{aligned}
$$

während die nicht erfassten Terme $(\partial_0 \otimes \mathrm{id})\, AW_0(\sigma)$ und $(\mathrm{id} \otimes \partial_0)\, AW_n(\sigma)$ verschwinden. Damit wird nun

$$
\begin{aligned}
d_n(AW(\sigma)) &= \sum_{i=0}^{n} \Big(\sum_{j=0}^{n} (-1)^j (\partial_j \otimes \mathrm{id})\, AW_i(\sigma) + \sum_{j=0}^{n-i} (-1)^{i+j} (\mathrm{id} \otimes \partial_j)\, AW_i(\sigma) \Big) \\
&= \sum_{i=0}^{n-1} \sum_{j \leq i} (-1)^j AW_i(\partial_j \sigma) + \sum_{i=0}^{n-1} \sum_{j > i} (-1)^j AW_i(\partial_j \sigma) \\
&= \sum_{i=0}^{n-1} AW_i(d_n \sigma) = AW(d_n \sigma) \;. \qquad \square
\end{aligned}
$$

Es ist klar, dass AW in der Dimension 0 mit der identischen Abbildung übereinstimmt. Da AW nach Lemma 6.4.3 natürlicher Ketten-Homomorphismus ist, folgt aus dem Satz 6.4.1 von Eilenberg-Zilber:

Satz 6.4.4
AW ist eine Ketten-Homotopieäquivalenz. Insbesondere ist

$$AW_* : H_*(S_*(X) \otimes S_*(Y)) \to H_*(X \times Y)$$

ein natürlicher Isomorphismus.

Für zwei Räume X und Y definieren wir nun das Kreuz-Produkt von Homologiegruppen:

Definition 6.4.5
Für $[x] \in H_p(X; R)$ und $[y] \in H_q(Y; R)$ sei

$$[x] \times [y] \in H_{p+q}(X \times Y; R)$$

die Homologiegruppe $AW_*^{-1}([x] \otimes [y])$.

Es ist klar, dass wir ein wohldefiniertes natürliches Produkt

$$\times : H_p(X; R) \otimes_R H_q(Y; R) \to H_{p+q}(X \times Y; R)$$

erhalten. Die obige Künneth-Formel 6.3.4 ergibt nun das folgende sogenannte Künneth-Theorem:

Satz 6.4.6 (Künneth-Formel II)
Das Kreuz-Produkt definiert einen natürlichen Homomorphismus

$$\times : \bigoplus_{p+q=n} H_p(X; R) \otimes_R H_q(Y; R) \longrightarrow H_n(X \times Y; R) .$$

Ist R ein Körper, so ist dieser ein Isomorphismus.

Ein änliches Resultat können wir auch erhalten, wenn R kein Körper ist; wir brauchen dazu abere weitere Voraussetzungen. Zum Beispiel haben wir:

Satz 6.4.7 (Künneth-Formel III)
Sei für jedes n sei $H_n(Y; \mathbf{Z})$ freier $\mathbf{Z}$-Modul. Dann ist

$$\times : \bigoplus_{p+q=n} H_p(X; \mathbf{Z}) \otimes_{\mathbf{Z}} H_q(Y; \mathbf{Z}) \longrightarrow H_n(X \times Y; \mathbf{Z}) .$$

ein Isomorphismus.

Beweis: Nach Satz A.1.2 sind mit den singulären Ketten-Gruppen auch die Untergruppen der Ränder frei. Auf den Komplex $S_*(X) \otimes S_*(Y)$ können wir nun Satz 6.3.4 anwenden. $\square$

Wir merken noch die folgenden beiden Eigenschaften des Kreuz-Produkts von Homologieklassen an, die beim Rechnen immer wieder benötigt werden:

Satz 6.4.8
Seien X_1, X_2, X_3 Räume.

1. Für $x_i \in H_*(X_i; R)$ gilt in $H_*(X_1 \times X_2 \times X_3; R)$

$$(x_1 \times x_2) \times x_3 = x_1 \times (x_2 \times x_3) .$$

2. Sei $T : X_1 \times X_2 \to X_2 \times X_1$ die Vertauschungs-Abbildung. Für $x_1 \in H_p(X_1; R)$, $x_2 \in H_q(X_2; R)$ gilt dann

$$T_*(x_1 \times x_2) = (-1)^{pq} x_2 \times x_1 .$$

Beweis: Man erkennt Eigenschaft 1. am besten auf dem Ketten-Niveau an der entsprechenden Eigenschaft der Alexander-Whitney-Abbildung. Bezeichnen wir ein singuläres n-Simplex $\sigma : \Delta^n \to X \times Y \times Z$ mit $\sigma = \langle (x_0, y_0, z_0), \ldots, (x_n, y_n, z_n) \rangle$, so wird offensichtlich

$$(AW_{X,Y} \otimes 1) \circ AW_{X \times Y, Z}(\sigma) =$$
$$= (AW_{X,Y} \otimes 1) \big(\sum_{s+r=n} \langle (x_0, y_0), \ldots, (x_s, y_s) \rangle \otimes \langle z_s, \ldots, z_n \rangle \big)$$
$$= \sum_{p+q+r=n} \langle x_0, \ldots, x_p \rangle \otimes \langle y_p, \ldots, y_{p+q} \rangle \otimes \langle z_{p+q}, \ldots, z_n \rangle .$$

Bei der anderen Klammerung muss für $(1 \otimes AW_{Y,Z}) \circ AW_{X,Y \times Z}(\sigma)$ offenbar dasselbe herauskommen.

Sei nun $T : X \times Y \to Y \times X$ die Vertauschungs-Abbildung und $T : S_*(Y) \otimes S_*(X) \to S_*(X) \otimes S_*(Y)$ wie in Hilfssatz 6.3.2 definiert. Nach dem Satz 6.4.1 von Eilenberg-Zilber ist die Komposition

$$S_*(X \times Y) \xrightarrow{T_\#} S_*(Y \times X) \xrightarrow{AW} S_*(Y) \otimes S_*(X) \xrightarrow{T} S_*(X) \otimes S_*(Y)$$

kettenhomotop zu AW. Die Behauptung 2. folgt. $\qquad \square$

6.5 Kohomologie

In Abschnitt 6.2 hatten wir für einen Kettenkomplex (K_*, d_*^K) und einen R-Modul M den Kettenkomplex $K_* \otimes M$ untersucht. Nun wollen wir den Funktor $\mathrm{Hom}_R(-, M)$ auf K_* anwenden. Dies führt letzten Endes zur Definition der Kohomologiegruppen eines Raumes. Der wesentliche Vorteil der Kohomologiegruppen gegenüber den Homologiegruppen besteht darin, dass die totale Kohomologie eines Raumes eine natürliche Ring-Struktur trägt. Diese werden wir im nächsten Abschnitt definieren. An dieser Stelle wollen wir erst einmal die Beziehungen zwischen Homologie und Kohomologie studieren.

Sei (K_*, d_*^K) ein Kettenkomplex über R. Vorläufig darf R wieder ein beliebiger kommutativer Ring mit Eins sein. Wir wollen den Kettenkomplex $(D_*, d_*) = (\mathrm{Hom}_R(K_*, M), d_*)$ definieren. Sei dazu

$$D_n = \mathrm{Hom}_R(K_{-n}, M)$$

und
$$d_n = (d_{1-n}^K)^* : \mathrm{Hom}_R(K_{-n}, M) \to \mathrm{Hom}_R(K_{1-n}, M) \ .$$

Es ist klar, dass

$$(D_*, d_*)$$

tatsächlich ein Kettenkomplex ist, der funktoriell von (K_*, d_*^K) abhängt. Es ist ferner klar, dass diese Konstruktion Kettenhomotopien wieder in Kettenhomotopien überführt.

Oft ist es angenehmer, den Übergang zu negativen Indizes vermeiden. Man setzt daher

$$D^n = D_{-n}$$

sowie

$$\delta^n = (-1)^n d_{-n} : D^n \to D^{n+1} \ .$$

Man nennt (D^*, δ^*) einen Kokettenkomplex und bezeichnet

$$H^n(D^*, \delta^*) = H_{-n}(D_*, d_*)$$

auch als die n-te Kohomologiegruppe des Kokettenkomplexes (D^*, δ^*). Die Elemente von D^* werden auch Koketten genannt und δ^* der Korand-Operator. Warum es sinnvoll ist, zusätzlich das Vorzeichen $(-1)^n$ einzufügen, wird später erklärt werden; die Kohomologiegruppe selbst bleibt davon offenbar unbeinflusst. Vor allem in der älteren Literatur wird dieses Vorzeichen auch oft weggelassen.

Definition 6.5.1
Ist (K_*, d_*^K) ein Kettenkomplex, so heißt

$$H^n(K_*; M) := H^n(\mathrm{Hom}_R(K_*, M), \delta^*)$$

die Kohomologie von K_* mit Koeffizienten in M.

Als erstes wollen wir die singulären Kohomologiegruppen eines Raumpaares etwas eingehender betrachten. Wir geben noch eine explizite Definition der Koketten-Gruppen an:

Definition 6.5.2

Sei (X, A) ein Raumpaar, M ein R-Modul.

1. Die Gruppe der n-dimensionalen Koketten von (X, A) mit Werten in M ist der R-Modul

$$S^n(X, A; M) := \operatorname{Hom}_{\mathbf{Z}}(S_n(X, A; \mathbf{Z}), M)$$
$$= \{c \in \operatorname{Hom}_{\mathbf{Z}}(S_n(X; \mathbf{Z}), M) \mid c|_{S_n(A; \mathbf{Z})} = 0\} .$$

2. $\delta = \delta^n : S^n(X, A; M) \to S^{n+1}(X, A; M)$ mit $(\delta^n c)(\sigma) := (-1)^n c(d_{n+1}\sigma)$ für $\sigma \in \mathbf{S}_{n+1}(X)$ heißt der Korand-Operator.

3. Ein Element $c \in S^n(X, A; M)$ heißt ein Kozyklus, wenn $\delta c = 0$ ist, und ein Korand, wenn $c \in \delta S^{n-1}(X, A; M)$ ist. Die Gruppe der n-dimensionalen Kozyklen beziehungsweise Koränder wird mit $Z^n(X, A; M)$ beziehungsweise $B^n(X, A; M)$ bezeichnet. Die Quotientengruppe

$$H^n(X, A; M) := Z^n(X, A; M)/B^n(X, A; M)$$

heißt die n-te Kohomologiegruppe von (X, A) mit Koeffizienten in M.

Alle diese Gruppen erhalten offenbar von M eine kanonische R-Modul-Struktur.

Da $S_n(X; \mathbf{Z})$ und $S_n(X, A; \mathbf{Z})$ freie abelsche Gruppen sind mit Basis $\mathbf{S}_n(X)$ beziehungsweise $\mathbf{S}_n(X, A) = \mathbf{S}_n(X) - \mathbf{S}_n(A)$, können wir Koketten auch einfach als Funktionen

$$c : \mathbf{S}_n(X) \to M$$

beziehungsweise $\qquad c : \mathbf{S}_n(X, A) \to M$

betrachten. Für $c \in S^n(X; M)$ und $\sigma \in \mathbf{S}_{n+1}(X)$ ist dann

$$\delta c(\sigma) = (-1)^n c(d_{n+1}\sigma) = \sum_{i=0}^{n+1} (-1)^{n+i} c(\partial_i \sigma) .$$

Aus der Definition von δ folgt, dass $c \in S^n(X, A; M)$ genau dann ein Korand ist, wenn für $\sigma \in \mathbf{S}_n(X)$ der Wert $c(\sigma)$ „nur vom Rand $d\sigma \in S_{n-1}(X, A)$ abhängt". Andererseits ist c genau dann ein Kozyklus, wenn c auf allen Rändern in $S_n(X, A)$ verschwindet.

Es ist aus der obigen Definition offensichtlich, dass Koketten- und Kohomologiegruppen funktoriell sind für Abbildungen $(X, A) \to (X', A')$. Allerdings handelt es sich um sogenannte kontravariante Funktoren, das heißt es sind kovariante Funktoren auf der entgegengesetzten Kategorie zur Kategorie der Raumpaare:

$$S^*(-, -; M) : \mathbf{Top}^{(2)op} \to \partial R\text{-}\mathbf{Mod}$$

und

$$H^*(-, -; M) : \mathbf{Top}^{(2)op} \to R\text{-}\mathbf{Mod} .$$

Die elementaren Eigenschaften der Kohomologie fassen wir in dem folgenden Satz zusammen, wobei wir kurz $H^n(X, A)$ für $H^n(X, A; M)$ schreiben. Wie üblich werden durch Inklusions-Abbildungen induzierte Homomorphismen nicht mit Namen versehen.

Satz 6.5.3 (Eilenberg-Steenrod-Axiome für Kohomologie)

1. $H^n(-,-)$ ist ein Funktor $H^n : \mathbf{Top}^{(2)\,op} \to R\text{-}\mathbf{Mod}$.

2. Es gibt natürliche Transformationen $\delta^* : H^n(A) \to H^{n+1}(X,A)$, so dass die folgende Sequenz exakt ist:

$$\ldots \to H^{n-1}(A) \xrightarrow{\delta^*} H^n(X,A) \to H^n(X) \to H^n(A) \xrightarrow{\delta^*} H^{n+1}(X,A) \to \ldots$$

3. Sind $f, g : (X,A) \to (Y,B)$ homotop, so ist $H^n(f) = H^n(g) : H^n(Y,B) \to H^n(X,A)$.

4. Sind $Y \subset X$ und $A \subset X$ mit $Y^\circ \cup A^\circ = X$, so induziert die Inklusion einen Isomorphismus

$$H^n(Y, A \cap Y) \xleftarrow{\cong} H^n(X,A) \,.$$

5. Es ist

$$H^n(\mathbf{D}^0 ; M) = \begin{cases} M & , \quad n = 0 \,, \\ 0 & \text{sonst} \,. \end{cases}$$

Beweis: 1. ist klar.

2. Da die singulären Komplexe frei sind, ist

$$0 \to S^*(X,A) \to S^*(X) \to S^*(A) \to 0$$

eine natürliche kurze exakte Sequenz von Kettenkomplexen.

3. Die induzierten Abbildungen

$$f^\#, g^\# : S^*(Y,B) \to S^*(X,A)$$

sind kettenhomotop.

4. Die singulären Kettenkomplexe von $(Y, A \cap Y)$ und (X,A) sind kettenhomotopie-äquivalent, also auch die Kokettenkomplexe.

5. ist klar. $\qquad\qquad\qquad\qquad\qquad\qquad\qquad\qquad\qquad\qquad\qquad\qquad\qquad\quad\square$

Analog zur reduzierten Homologie wird die reduzierte Kohomologie eines Raumes X definiert durch $\widetilde{H}^0(X) = \mathrm{Kokern}(H^0(\mathbf{D}^0) \to H^0(X))$. Ist X mit einem Basispunkt x_0 versehen, so hat man einen kanonischen Isomorphismus $\widetilde{H}^0(X) \cong H^0(X, x_0)$.

Natürlich lassen sich (genauso wie bei unserem Vorgehen in der Homologie-Theorie) noch viele weitere nützliche Eigenschaften der Kohomologie ableiten: Man erhält die lange exakte Sequenz eines Tripels, die Mayer-Vietoris-Sequenz einer ausschneidenden Triade, entsprechende Sequenzen in reduzierter Kohomologie und so fort. Alle diese ergeben sich auf naheliegende Weise aus den entsprechenden Eigenschaften der Kokettenkomplexe: Ist nämlich $0 \to K'_* \to K_* \to K''_* \to 0$ eine kurze exakte Sequenz von Kettenkomplexen, welche als R-Moduln freie Moduln sind, so spaltet diese Sequenz als Sequenz von R-Moduln. Daher ist die induzierte Sequenz

$$0 \leftarrow \mathrm{Hom}_R(K'_*, M) \leftarrow \mathrm{Hom}_R(K_*, M) \leftarrow \mathrm{Hom}_R(K''_*, M) \leftarrow 0$$

ebenfalls exakt. Wir verzichten deshalb hier auf eine detaillierte Ausführung der erwähnten Hilfsmittel und erörtern diese jeweils erst bei Bedarf.

Im folgenden wollen wir zunächst den Zusammenhang zwischen $H_n(K_*, d_*)$ und der Kohomologie $H^n(K_*; M)$ studieren.

Wir übertragen dazu die Überlegungen für $H_*(K_* \otimes_R M)$ auf die Untersuchung des Kokettenkomplexes $H^*(\mathrm{Hom}_R(K_*, M))$. Es sei nun wieder R als Körper vorausgesetzt.

Satz 6.5.4 (Koeffizienten-Theorem für Kohomologie I)

Sei (K_*, d_*) ein Kettenkomplex über R und M ein R-Modul. Die Auswertungs-Abbildung $\mathrm{Hom}_R(K_*, M) \otimes K_* \to M$ induziert einen natürlichen Homomorphismus

$$\kappa : H^n(K_*; M) \to \mathrm{Hom}(H_n(K), M)$$

mit $\kappa([c])([x]) = c(x)$. Ist R ein Körper, so ist κ ein Isomorphismus.

Beweis: Ein Element $h \in H^n(K_*; M)$ wird repräsentiert durch ein $c \in \mathrm{Hom}(K_n, M)$ mit $\delta^n c = 0$. Damit ist $c|_{B_n(K)} = 0$ und c induziert einen Homomorphismus $\kappa(c) : H_n(K) \to M$. Ist $c = \delta^{n-1} c'$, so ist $c(x) = \pm c'(d_n x)$, also $c|_{Z_n(K_*)} = 0$ und damit auch $\kappa(c) = 0$. $\square$

Die folgende Variante dieses Satzes wird uns bald nützlich sein. Der Beweis ist ganz analog zum Beweis von Satz 6.3.4.

Satz 6.5.5

Sei (K_*, d_*) ein Kettenkomplex über R, so dass für jedes n die Moduln $H_n(K_*)$ und $B_n(K_*)$ freie R-Moduln sind. Sei M ein R-Modul. Dann ist

$$\kappa : H^n(K_*; M) \to \mathrm{Hom}(H_n(K), M)$$

ein Isomorphismus.

Wir notieren wieder ausdrücklich die Korollare für Raumpaare (X, A):

Satz 6.5.6 (Koeffizienten-Theorem für Kohomologie II)

Es sei M ein R-Modul. Dann gibt es auf der Kategorie der Raumpaare einen natürlichen Homomorphismus

$$\kappa : H^n(X, A; M) \to \mathrm{Hom}_R(H_n(X, A; R), M) .$$

Ist R ein Körper, so ist κ ein Isomorphismus.

Für $x \in H^n(X, A; M)$ und $z \in H_n(X, A; R)$ schreibt man auch einfach $x(z) := \kappa(x)(z)$.

Satz 6.5.7 (Koeffizienten-Theorem für Kohomologie III)

Für jedes n sei $H_n(X, A; \mathbf{Z})$ freier $\mathbf{Z}$-Modul. Es sei M ein R-Modul. Dann ist

$$\kappa : H^n(X, A; M) \to \mathrm{Hom}_R(H_n(X, A; \mathbf{Z}), M) .$$

ein Isomorphismus.

Beweis: Auf den Komplex $S_*(X, A)$ können wir Satz 6.5.5 anwenden. $\square$

Wie bereits oben angemerkt wurde, zeigen sich die Vorzüge der Kohomologie gegenüber der Homologie jedoch vor allem in der multiplikativen Struktur. Hierzu müssen wir zunächst das Kreuz-Produkt in der Kohomologie definieren.

Es sei die Auswertungs-Abbildung

$$S^p(X;R) \otimes S^q(Y;R) \to \text{Hom}_R\left(S_r(X) \otimes S_s(Y), R\right)$$

definiert durch

$$(c_1 \otimes c_2)(x \otimes y) = \begin{cases} (-1)^{qr} c_1(x)\, c_2(y) & , \quad p = r \text{ und } q = s \,, \\ 0 & \text{sonst} \,. \end{cases}$$

Die zweite Zeile ist natürlich ein Spezialfall der ersten, wenn wir vereinbaren, $c(x) = 0$ zu setzen, sobald c und x verschiedene Dimensionen $|c| \neq |x|$ haben. Die Einführung des Vorzeichens $(-1)^{qr}$, die zunächst überraschen mag, hat sich bewährt. Sie beruht letzten Endes auf dem Verhalten von Vertauschungs-Abbildungen in Homologie; man vergleiche dazu den Satz 6.4.8 über das Bild eines Kreuz-Produktes unter einer Vertauschungs-Abbildung. Wir wollen daher die folgende Vorzeichen-Konvention einführen:

Wenn in einer Formel zwei nebeneinander stehende dimensionierte Größen x und y in vertauschter Reihenfolge hingeschrieben werden, soll ein Vorzeichen $(-1)^{|x|\,|y|}$ als Korrektur eingeführt werden.

Hier sind $|x|$ und $|y|$ natürlich die Dimensionen von x und y. Die Vorzeichen-Konvention ist als eine Regel für eine geschickte Formulierung von Definitionen anzusehen. Ein erstes Beispiel hatten wir zu Beginn dieses Abschnitts in der Vereinbarung $\delta c(\sigma) = (-1)^n c(d_{n+1}\sigma)$ für $c \in S^n(X, A)$ kennengelernt: Hier ist c von der Dimension n und δ beziehungsweise d ein eindimensionales Objekt.

Definition 6.5.8
Das Kreuz-Produkt zweier Koketten $c_1 \in S^p(X;R)$ und $c_2 \in S^q(Y;R)$ ist definiert als Element von $S^{p+q}(X \times Y;R)$ mit
$$(c_1 \times c_2)(\sigma) := (c_1 \otimes c_2)(AW(\sigma))$$
für $\sigma \in \mathcal{S}_{p+q}(X \times Y)$.

Die folgende Formel für den Korand eines Kreuz-Produktes ist ganz wesentlich:

Lemma 6.5.9
Für $c_1 \in S^p(X;R)$, $c_2 \in S^q(Y;R)$ gilt
$$\delta(c_1 \times c_2) = \delta c_1 \times c_2 + (-1)^p c_1 \times \delta c_2 \,.$$

Beweis: Das folgt unmittelbar aus der trivial zu verifizierenden Formel $\delta(c_1 \otimes c_2) = \delta c_1 \times c_2 + (-1)^p c_1 \otimes \delta c_2$. □

Als Folgerung erhalten wir ein wohldefiniertes Kreuz-Produkt in Kohomologie:

Satz 6.5.10
Das Kreuz-Produkt von Koketten induziert ein Kreuz-Produkt

$$- \times - : H^p(X; R) \otimes H^q(Y; R) \to H^{p+q}(X \times Y; R) .$$

Ist R ein Körper, so ist

$$- \times - : \bigoplus_{p+q=n} H^p(X; R) \otimes H^q(Y; R) \to H^n(X \times Y; R)$$

ein Isomorphismus.

Beweis: Wegen der Korand-Formel

$$\delta(c_1 \times c_2) = (\delta c_1) \times c_2 + (-1)^{|c_1|} c_1 \times \delta c_2 .$$

ist das Kreuz-Produkt zweier Kozykeln wieder ein Kozyklus. Weiter folgt, dass ein Kreuz-Produkt eines Kozyklus mit einem Korand wieder ein Korand ist: $\delta e_1 \times c_2 = \delta(e_1 \times c_2)$ und $c_1 \times \delta e_2 = (-1)^{|c_1|} \delta(c_1 \times e_2)$ für beliebige Koketten e_1 und e_2, falls $\delta c_2 = 0 = \delta c_1$ ist. $\square$

Dieses Kreuz-Produkt verhält sich genauso wie das Kreuz-Produkt in der Homologie; insbesondere haben wir die folgenden Eigenschaften, deren Beweis ganz analog verläuft wie der Beweis des entsprechenden Satzes 6.4.8 für das Kreuz-Produkt in Homologie.

Satz 6.5.11
Seien X_1, X_2, X_3 Räume. Es gilt:

1. Für $x_i \in H^{n_i}(X_i; R)$ ist

$$(x_1 \times x_2) \times x_3 = x_1 \times (x_2 \times x_3)$$

in $H^*(X_1 \times X_2 \times X_3; R)$.

2. Ist $T : Y \times X \to X \times Y$ die Vertauschungs-Abbildung, so gilt

$$T^*(x \times y) = (-1)^{|x||y|} y \times x .$$

6.6 Das Cup-Produkt

In diesem Abschnitt soll ein Produkt für Kohomologieklassen in der Kohomologie eines Raumes definiert werden. Wir behandeln erst den absoluten Fall und kommen später auf die Situation bei Raumpaaren zu sprechen.

Für einen Raum X bezeichne $\Delta_X : X \to X \times X$ die Diagonal-Abbildung.

Definition 6.6.1
Seien $c_1, c_2 \in \mathrm{S}^*(X; R)$ Koketten. Ihr Cup-Produkt ist die Kokette

$$c_1 \cup c_2 := \Delta_X^{\#}(c_1 \times c_2) \in \mathrm{S}^*(X; R) .$$

In die explizite Definition von $c_1 \cup c_2$ geht also die Alexander-Whitney-Abbildung ein: Ist $|c_1| = p$, $|c_2| = q$, so wird für $\sigma \in \boldsymbol{\mathcal{S}}_{p+q}(X)$

$$(c_1 \cup c_2)(\sigma) = (-1)^{pq} c_1(\lambda_p^{p+q}\sigma)\, c_2(\varrho_q^{p+q}\sigma)\ .$$

Dies kann man sich leicht über die Formel

$$(c_1 \cup c_2)\langle x_0, \ldots, x_{p+q}\rangle = (-1)^{pq} c_1(\langle x_0, \ldots, x_p\rangle)\, c_2(\langle x_p, \ldots, x_{p+q}\rangle)$$

merken.

Wir haben wieder die folgende wichtige Formel, die ein unmittelbares Korollar der entsprechenden Formel für das Kreuz-Produkt aus Lemma 6.5.9 ist:

Lemma 6.6.2
Für $c_1 \in S^p(X; R)$, $c_2 \in S^q(X; R)$ gilt

$$\delta(c_1 \cup c_2) = (\delta c_1) \cup c_2 + (-1)^p c_1 \cup (\delta c_2)\ .$$

Wie beim Kreuz-Produkt folgt hieraus, dass das Cup-Produkt von Koketten ein Cup-Produkt in der Kohomologie induziert:

Satz 6.6.3
Das Cup-Produkt von Koketten induziert ein natürliches Cup-Produkt

$$- \cup - : H^p(X; R) \otimes_R H^q(X; R) \to H^{p+q}(X; R)\ .$$

Die folgenden Eigenschaften des Cup-Produkts ergeben sich trivialerweise aus den entsprechenden Eigenschaften des Kreuz-Produkts. Dabei sei $1 \in H^0(\mathbf{D}^0; R)$ das kanonische Erzeugende; für einen Raum X sei $1 \in H^0(X; R)$ das Bild dieser Klasse.

Satz 6.6.4
In $H^*(X; R) := \bigoplus_n H^n(X; R)$ gilt für homogene Elemente x_ν:

1. $(x_1 \cup x_2) \cup x_3 = x_1 \cup (x_2 \cup x_3)$,
2. $x_2 \cup x_1 = (-1)^{|x_1||x_2|} x_1 \cup x_2$,
3. $1 \cup x = x$.

$H^*(X; R)$ wird als Kohomologie-Ring von X bezeichnet. Die zweite Eigenschaft wird gelegentlich auch Anti-Kommutativität genannt. Besser beschreibt man sie jedoch als graduierte Kommutativität. In einem graduiert kommutativen Ring gilt insbesondere für jede Klasse x ungerader Dimension die Gleichung $2x^2 = 0$.

Wir stellen nun noch einen weiteren Zusammenhang zwischen Kreuz-Produkt und Cup-Produkt her.

Satz 6.6.5

Für homogene $x_1, x_2 \in H^*(X; R)$ und $y_1, y_2 \in H^*(Y; R)$ gilt

$$(x_1 \times y_1) \cup (x_2 \times y_2) = (-1)^{|y_1||x_2|}(x_1 \cup x_2) \times (y_1 \cup y_2)$$

in $H^*(X \times Y; R)$.

Beweis: Das Diagramm

$$
\begin{array}{ccc}
X \times Y & \xrightarrow{\quad \Delta_{X \times Y} \quad} & X \times Y \times X \times Y \\
& {\Delta_X \times \Delta_Y} \searrow \quad \nearrow {T_{2,3}} & \\
& X \times X \times Y \times Y &
\end{array}
$$

kommutiert, wobei $T_{2,3}$ die Vertauschungs-Abbildung $T_{2,3}(x_1, y_1, x_2, y_2) = (x_1, x_2, y_1, y_2)$ ist. $\qquad\square$

Satz 6.6.6

Sei R ein Körper. Dann definiert das Kreuz-Produkt einen Isomorphismus von Kohomologie-Ringen

$$H^*(X; R) \otimes H^*(Y; R) \xrightarrow{\cong} H^*(X \times Y; R) \,.$$

Beweis: Das ergibt sich wieder unmittelbar aus der Künneth-Formel und der in dem vorangehenden Satz 6.6.5 angegebenen Beziehung zwischen Cup- und Kreuz-Produkt. $\square$

Ein weiteres triviales Beispiel, auf das hier noch hingewiesen werden soll, ist der Kohomologie-Ring einer disjunkten Vereinigung:

Lemma 6.6.7

Die Inklusions-Abbildungen induzieren einen Ring-Isomorphismus

$$H^*(X \amalg Y; R) \cong H^*(X; R) \oplus H^*(Y; R) \,,$$

wobei auf $H^*(X; R) \oplus H^*(Y; R)$ die Multiplikation komponentenweise definiert ist.

Beweis: Der Ausschneidungs-Isomorphismus $H^*(X \amalg Y, A \amalg Y) \to H^*(X, A)$ faktorisiert offensichtlich durch $H^*(X \amalg Y, A \amalg B)$, so dass $i_X^* : H^*(X \amalg Y, A \amalg B) \to H^*(X, A)$ eine Projektion sein muss. Dasselbe gilt dann auch für $i_Y^* : H^*(X \amalg Y, A \amalg B) \to H^*(Y, B)$. Es folgt, dass wir eine spaltende kurze exakte Sequenz

$$
\begin{array}{ccccccc}
0 \to H^*(X \amalg Y, A \amalg Y) & \longrightarrow & H^*(X \amalg Y, A \amalg B) & \longrightarrow & H^*(A \amalg Y, A \amalg B) \to 0 \\
{\cong} \downarrow & \swarrow {i_X^*} & & {i_Y^*} \searrow & \downarrow {\cong} \\
H^*(X, A) & & & & H^*(Y, B)
\end{array}
$$

haben. Das ist die behauptete Summen-Darstellung. $\qquad\square$

Als recht aufschlussreiches Anwendungs-Beispiel betrachten wir die Räume

$$X' = \mathbf{S}^m \times \mathbf{S}^n \quad \text{und} \quad X'' = \mathbf{S}^m \vee \mathbf{S}^n \vee \mathbf{S}^{m+n} \,.$$

Für $X = X', X''$ ist dann $H^*(X; \mathbf{Z})$ die direkte Summe von zyklischen Gruppen mit Erzeugenden

$$1 \in H^0(X), \quad \tau_1 \in H^m(X), \quad \tau_2 \in H^n(X), \quad \tau_3 \in H^{m+n}(X) \ .$$

Nach der in Satz 6.6.6 gegebenen Beschreibung des Cup-Produkts in einem Produkt-Raum gilt in $H^*(X')$ die Gleichung $\tau_1 \cup \tau_2 = \pm \tau_3$. Durch Zurückziehen mit Hilfe der Abbildung $\mathbf{S}^m \amalg \mathbf{S}^n \amalg \mathbf{S}^{m+n} \to X''$ folgt dagegen aus Lemma 6.6.7, dass in $H^*(X'')$ die Gleichung $\tau_1 \cup \tau_2 = 0$ gilt. Obwohl sie isomorphe Homologiegruppen haben, können die Räume X', X'' also nicht homotopie-äquivalent sein, da ihre Kohomologie-Ringe sich in der multiplikativen Struktur unterscheiden.

6.7 Kohomologie projektiver Räume

Wir werden in diesem Abschnitt ein fundamentales Beispiel für ein nicht-triviales Cup-Produkt berechnen. Dazu benötigen wir allerdings zunächst eine relative Version des Cup-Produkts für Raumpaare.

In diesem Abschnitt unterdrücken wir in der Notation den Grundring R.

Es seien (X, A) und (Y, B) Raumpaare, so dass $(X \times B, A \times Y)$ ein ausschneidendes Paar in $X \times Y$ ist. Nach Satz 5.5.3 bedeutet dies, dass die kanonische Abbildung

$$k : \mathrm{S}_*^{\dagger}(X \times B, A \times Y) \to \mathrm{S}_*(X \times B \cup A \times Y)$$

eine Ketten-Homotopieäquivalenz ist (wobei $\mathrm{S}_*^+(X \times B, A \times Y) \subset \mathrm{S}_*(X \times B \cup A \times Y)$ der von $\mathrm{S}_*(X \times B)$ und $\mathrm{S}_*(A \times Y)$ erzeugte Unterkomplex ist). Wir wählen eine zu k inverse Ketten-Homotopieäquivalenz j.

Die Alexander-Whitney-Abbildung induziert nun offensichtlich einen Ketten-Homomorphismus

$$AW : \mathrm{S}_*(X \times Y)/\mathrm{S}_*^+(X \times B, A \times Y) \to \mathrm{S}_*(X, A) \otimes \mathrm{S}_*(Y, B) \ .$$

Andererseits induziert j einen Ketten-Homomorphismus

$$\bar{j}_{\#} : \mathrm{S}_*((X, A) \times (Y, B))) \to \mathrm{S}_*(X \times Y)/\mathrm{S}_*^+(X \times B, A \times Y) \ ,$$

für die $\bar{j}_*$ der zu k_* inverse Isomorphismus ist.

Definition 6.7.1

Sei $(X \times B, A \times Y)$ ein ausschneidendes Paar in $X \times Y$ und j wie oben gewählt. Dann ist das Kreuz-Produkt

$$\mathrm{S}^p(X, A) \otimes \mathrm{S}^q(Y, B) \to \mathrm{S}^{p+q}((X, A) \times (Y, B))$$

definiert durch

$$(c_1 \times c_2)(\sigma) = (c_1 \otimes c_2)(AW(\bar{j}_{\#}\sigma))$$

für $\sigma \in \boldsymbol{\mathcal{S}}_{p+q}((X, A) \times (Y, B))$.

Man beachte, dass die induzierte Abbildung in Homologie unabhängig von der Auswahl von j ist und daher natürlich für Abbildungen $(X, A) \to (X', A')$ und $(Y, B) \to (Y', B')$, sofern $(X \times B, A \times Y)$ und $(X' \times B', A' \times Y')$ ausschneidende Paare sind.

Definition 6.7.2

Sei $(X \times B, A \times Y)$ ein ausschneidendes Paar in $X \times Y$. Das Kreuz-Produkt in Kohomologie

$$- \times - : H^p(X, A) \otimes H^q(Y, B) \to H^{p+q}((X, A) \times (Y, B)) \,.$$

ist die von dem Kreuz-Produkt von Koketten induzierte Abbildung.

Ein fundamentales Beispiel ist

Satz 6.7.3

Das Kreuz-Produkt

$$H^k(\mathbf{D}^k, \mathbf{S}^{k-1}) \otimes H^l(\mathbf{D}^l, \mathbf{S}^{l-1}) \to H^{k+l}(\mathbf{D}^{k+l}, \mathbf{S}^{k+l-1})$$

ist ein Isomorphismus.

Beweis: Wir haben ein kommutatives Diagramm

$$
\begin{array}{ccc}
H^k(\mathbf{D}^k, \mathbf{S}^{k-1}) \otimes H^l(\mathbf{D}^l, \mathbf{S}^{l-1}) & \longrightarrow & H^{k+l}(\mathbf{D}^{k+l}, \mathbf{S}^{k+l-1}) \\
\uparrow & & \uparrow \\
H^k(\mathbf{S}^k) \otimes H^l(\mathbf{S}^l) & \longrightarrow & H^{k+l}(\mathbf{S}^{k+l}) \,,
\end{array}
$$

wobei die vertikalen Abbildungen von den Projektionen induziert sind. Da diese Projektionen Homologie-Isomorphismen in den betreffenden Dimensionen induzieren, induzieren sie nach Satz 6.5.7 auch Isomorphismen in Kohomologie. Die untere Abbildung faktorisiert durch $H^{k+l}(\mathbf{S}^k \times \mathbf{S}^l, \mathbf{S}^k \vee \mathbf{S}^l)$; sie ist offenbar ebenfalls ein Isomorphismus. $\square$

Definition 6.7.4

Seien $A, B \subset X$, so dass $(X \times B, A \times X)$ aussschneidendes Paar in $X \times X$ ist. Sei $\Delta : (X, A \cup B) \to (X, A) \times (X, B)$ die Diagonal-Abbildung. Das relative Cup-Produkt

$$- \cup - : H^p(X, A) \otimes H^q(X, B) \to H^{p+q}(X, A \cup B)$$

ist definiert durch $c_1 \cup c_2 := \Delta^*(c_1 \otimes c_2)$.

Bemerkung: Solch ein relatives Cup-Produkt lässt sich auch unter der Voraussetzung definieren, dass nur (A, B) ausschneidendes Paar in X ist. Sind beide Voraussetzungen erfüllt, so stimmen die Cup-Produkte überein.

Wir betrachten ein wichtiges Beispiel. Bei dem Standard-Homöomorphismus $\phi : \mathbf{D}^{k+l} \to$

$\mathbf{D}^k \times \mathbf{D}^l$ wird die Randsphäre $\mathbf{S}^{k+l-1} \subset \mathbf{D}^{k+l}$ gerade auf $\mathbf{D}^k \times \mathbf{S}^{l-1} \cup \mathbf{S}^{k-1} \times \mathbf{D}^l$ abgebildet. Daher ist das folgende relative Cup-Produkt definiert:

Satz 6.7.5

Das Cup-Produkt definiert einen Isomorphismus

$$H^k(\mathbf{D}^{k+l}, \mathbf{S}^{k-1} \times \mathbf{D}^l) \otimes H^l(\mathbf{D}^{k+l}, \mathbf{D}^k \times \mathbf{S}^{l-1}) \to H^{k+l}(\mathbf{D}^{k+l}, \mathbf{S}^{k+l-1}) \ .$$

Beweis: Nach Satz 6.7.3 ist das Kreuz-Produkt

$$H^k((\mathbf{D}^k, \mathbf{S}^{k-1}) \times \mathbf{D}^l) \otimes H^l(\mathbf{D}^k \times (\mathbf{D}^l, \mathbf{S}^{l-1})) \to H^{k+l}((\mathbf{D}^k, \mathbf{S}^{k-1}) \times \mathbf{D}^l \times \mathbf{D}^k \times (\mathbf{D}^l, \mathbf{S}^{l-1}))$$

ein Isomorphismus. Aber die Diagonal-Abbildung

$$\Delta : (\mathbf{D}^k, \mathbf{S}^{k-1}) \times (\mathbf{D}^l, \mathbf{S}^{l-1}) \to (\mathbf{D}^k, \mathbf{S}^{k-1}) \times \mathbf{D}^l \times \mathbf{D}^k \times (\mathbf{D}^l, \mathbf{S}^{l-1})$$

ist eine Homotopie-Äquivalenz, da in dem Raumpaar rechts die Scheiben $\mathbf{D}^k$ und $\mathbf{D}^l$ zusammenziehbar sind. $\qquad\square$

In Kürze werden wir hiervon eine „lokale" Version benötigen. Wir notieren deshalb:

Korollar 6.7.6

Seien U und V reelle Vektorräume der Dimension k und l, und sei $W = U \oplus V$. Dann definiert das Cup-Produkt einen Isomorphismus

$$H^k(W, W - V) \otimes H^l(W, W - U) \to H^{k+l}(W, W - \{0\}) \ .$$

Beweis: Das Paar $(W, W-V) = (U, U-\{0\}) \times V$ ist homotopieäquivalent zu $(\mathbf{D}^k, \mathbf{S}^{k-1}) \times \mathbf{D}^l = (\mathbf{D}^{k+l}, \mathbf{S}^{k-1} \times \mathbf{D}^l)$. Analoges gilt für die anderen vorkommenden Raumpaare. Die Behauptung folgt aus dem vorangehenden Satz 6.7.5. $\qquad\square$

Die Elemente der Kohomologiegruppe $H^k(W, W - V)$ repräsentieren Kozykeln, die ganz „auf V konzentriert" sind in dem Sinne, dass sie auf jedem Simplex, welches V nicht trifft, den Wert Null annehmen. Das Erzeugende der Homologiegruppe $H_k(W, W - V)$ wird repräsentiert von einem singulären Simplex $\sigma : \Delta^k \to W$, das transversal zu V liegt und V in genau einem Punkt schneidet.

Als nächstes wollen wir nun die Kohomologie-Ringe der projektiven Räume berechnen. Wir beginnen mit dem Kohomologie-Ring von $\mathbf{CP}^n$. Als Koeffizienten-Ring nehmen wir dabei den Ring $\mathbf{Z}$ der ganzen Zahlen. Die folgenden Überlegungen verlaufen für den Fall des quaternionalen projektiven Raums ganz analog. Die Modifikationen für reelle projektive Räume werden wir später besprechen.

Es sei $n = k + l$ mit $k, l > 0$. Wir schreiben kurz $\mathbf{P}^n := \mathbf{CP}^n$. Es sei $d := \dim_{\mathbf{R}} \mathbf{C} = 2$. Die Punkte von $\mathbf{P}^n$ schreiben wir wie üblich in der Form $[x_0 : x_1 : \ldots : x_n]$ mit homogenen Koordinaten $(x_0, x_1, \ldots, x_n) \in \mathbf{C}^{n+1} - \{0\}$.

Es sei nun

$$P^k := \{ [x_0 : x_1 : \ldots : x_n \mid x_j = 0 \text{ für } j > k] \} ,$$
$$Q^l := \{ [x_0 : x_1 : \ldots : x_n \mid x_j = 0 \text{ für } j < k] \} .$$

Dann ist $P^k \cong \mathbf{P}^k$ und $Q^l \cong \mathbf{P}^l$; der Durchschnitt $P^k \cap Q^l$ besteht aus einem Punkt A.

Es sei $W := \{ [x_0 : x_1 : \ldots : x_n] \mid x_k = 1 \}$. Wir fassen $W \cong \mathbf{C}^n$ als n-dimensionalen $\mathbf{C}$-Vektorraum auf. $U := W \cap P^k$ und $V := W \cap Q^l$ sind dann Untervektorräume mit $W = U \oplus V$.

Wir wissen bereits, dass gilt:

$$H^j(\mathbf{P}^n) \cong \begin{cases} \mathbf{Z} & , \quad j = dt,\ 0 \leq t \leq n , \\ 0 & , \quad \text{sonst.} \end{cases} \tag{6.1}$$

Wir betrachten nun das Diagramm

$$
\begin{array}{ccc}
H^{dk}(\mathbf{P}^n) \otimes H^{dl}(\mathbf{P}^n) & \xrightarrow{\ \cup\ } & H^{dn}(\mathbf{P}^n) \\
\uparrow & & \uparrow \\
H^{dk}(\mathbf{P}^n, \mathbf{P}^n - Q^l) \otimes H^{dl}(\mathbf{P}^n, \mathbf{P}^n - P^k) & \xrightarrow{\ \cup\ } & H^{dn}(\mathbf{P}^n, \mathbf{P}^n - \{A\}) \\
\downarrow & & \downarrow \\
H^{dk}(W, W - V) \otimes H^{dl}(W, W - U) & \xrightarrow{\ \cup\ } & H^{dn}(W, W - \{0\})
\end{array}
$$

Wegen $\mathbf{P}^n - Q^l \simeq P^k$ und $\mathbf{P}^n - P^k \simeq Q^l$ sowie (6.1) sind die nach oben zeigenden vertikalen Pfeile Isomorphismen. Die nach unten zeigenden vertikalen Pfeile sind durch Ausschneidungen induziert, also ebenfalls Isomorphismen. Nach Korollar 6.7.6 ist das Cup-Produkt in der unteren Zeile ebenfalls ein Isomorphismus. Es folgt, dass auch das Cup-Produkt in der oberen Zeile ein Isomorphismus ist.

Wir haben erhalten:

Satz 6.7.7
Sei $g \in H^2(\mathbf{CP}^n; \mathbf{Z})$ ein erzeugendes Element. Dann ist

$$H^*(\mathbf{CP}^n; \mathbf{Z}) = \mathbf{Z}[g]/(g^{n+1}) .$$

Indem man $\mathbf{C}$ durch $\mathbf{H}$ ersetzt und $d := \dim_{\mathbf{R}} \mathbf{H} = 4$ nimmt, erhält man mit dem gleichen Beweis

Satz 6.7.8
Sei $h \in H^4(\mathbf{HP}^n; \mathbf{Z})$ ein erzeugendes Element. Dann ist

$$H^*(\mathbf{HP}^n; \mathbf{Z}) = \mathbf{Z}[h]/(h^{n+1}) .$$

Um den Kohomologie-Ring des reellen projektiven Raums zu erhalten, ist es zweckmäßig, als Koeffizienten-Ring den Körper $\mathbf{F}_2 = \mathbf{Z}/2\mathbf{Z}$ mit zwei Elementen zu nehmen. Dann bleiben die Analoga der obigen Überlegungen richtig, wie man aus unserer früheren Berechnung der $\mathbf{F}_2$-Homologie von $\mathbf{RP}^n$ in Korollar 5.8.15 ersieht. Wir erhalten mit den gleichen Überlegungen wie oben:

Satz 6.7.9
Sei $x \in H^1(\mathbf{RP}^n; \mathbf{F}_2)$ ein erzeugendes Element. Dann ist
$$H^*(\mathbf{RP}^n; \mathbf{F}_2) = \mathbf{F}_2[x]/(x^{n+1}) \,.$$

Anwendungen dieser Resultate werden wir weiter unten und im folgenden Abschnitt geben. Hier leiten wir nur die folgende Verallgemeinerung des Satzes 1.5 von Borsuk-Ulam her:

Satz 6.7.10
Es gibt keine Abbildung $\mathbf{RP}^{n+1} \to \mathbf{RP}^n$, die einen Isomorphismus der Fundamentalgruppen induziert.

Beweis: Eine solche Abbildung f müsste nach dem Satz 5.8.7 und dem Koeffizienten-Theorem 6.5.4 auch einen Isomorphismus in $H^1(-; \mathbf{F}_2)$ induzieren. In $H^*(\mathbf{RP}^{n+1}; \mathbf{F}_2)$ ist aber $x^{n+1} \neq 0$, während $f^*(x)^{n+1} = f^*(x^{n+1}) = f^*(0) = 0$ sein muss. $\square$

Es gibt noch einen weiteren Raum, dessen Kohomologie-Ring ähnliche Gestalt hat wie der der komplexen und quaternionalen projektiven Räume. Dies ist die projektive Cayley-Ebene, die wir nun einführen und untersuchen wollen.

Wir definieren zunächst die Hopf-Abbildung $\sigma : \mathbf{S}^{15} \to \mathbf{S}^8$. Dabei identifizieren wir im folgenden die Sphäre $\mathbf{S}^8$ mit der Einpunkt-Kompaktifizierung des Vektorraums $\mathbf{O}$ der Cayley-Zahlen. Wir schreiben also die Punkte auf der Sphäre als Elemente von $\mathbf{O} \cup \{\infty\}$. Ferner betrachten wir $\mathbf{S}^{15}$ als die Einheits-Sphäre im Vektorraum $\mathbf{O}^2 = \mathbf{R}^{16}$. Es ist also

$$\mathbf{S}^{15} = \{\, (y_1, y_2) \in \mathbf{O}^2 \mid \|y_1\|^2 + \|y_2\|^2 = 1 \,\}$$

Wir definieren nun die Hopf-Abbildung $\sigma : \mathbf{S}^{15} \to \mathbf{S}^8 = \mathbf{O} \cup \{\infty\}$ durch

$$\sigma(y_1, y_2) := \begin{cases} \infty & , \quad y_1 = 0 \,, \\ \overline{y_1}^{-1} y_2 & \text{sonst} \,. \end{cases}$$

Es ist klar, dass σ stetig ist. Offenbar ist die Konstruktion analog zu der der Hopf-Abbildungen $\nu : \mathbf{S}^7 \to \mathbf{S}^4$ und $\eta : \mathbf{S}^3 \to \mathbf{S}^2$; in die gleiche Serie von Abbildungen gehört eigentlich noch die doppelte Überlagerung $\mathbf{S}^1 \to \mathbf{S}^1$.

Die Cayley-Ebene $\mathbf{OP}^2$ ist nun der Quotient der Scheibe

$$\mathbf{D}^{16} = \{\, (y_1, y_2) \in \mathbf{O}^2 \mid \|y_1\|^2 + \|y_2\|^2 \leq 1 \,\}$$

nach der folgenden Äquivalenz-Relation: Es sei $p \sim q$ genau dann, wenn $p = q$ ist oder wenn $p, q \in \mathbf{S}^{15}$ sind und $\sigma(p) = \sigma(q)$ gilt. Die Identifikations-Abbildung wollen wir mit $\pi : \mathbf{D}^{16} \to \mathbf{OP}^2$ bezeichnen. Dies verallgemeinert offenbar die Konstruktion der projektiven Ebene über den Körpern $\mathbb{K} = \mathbf{R}, \mathbf{C}, \mathbf{H}$ zu dem Fall der Cayley-Zahlen $\mathbf{O}$.

Wir führen noch die folgende Schreibweise für Punkte von $\mathbf{OP}^2$ ein, welche die Schreibweise für Punkte der anderen projektiven Räume verallgemeinert: Für $t \in \mathbf{R}$ mit $t \geq 0$ und $y_1, y_2 \in \mathbf{O}$ sei $r \geq 0$ definiert durch $r^2 = t^2 + \|y_1\|^2 + \|y_2\|^2$. Für $r > 0$ sei dann

$$[t : y_1 : y_2] := \pi(r^{-1}y_1, r^{-1}y_2) \ .$$

Dann ist $[\lambda t : \lambda y_1 : \lambda y_2] = [t : y_1 : y_2]$ für jede reelle Zahl $\lambda > 0$.

Da $\mathbf{OP}^2$ ein CW-Komplex mit genau drei Zellen in den Dimensionen $0, 8, 16$ ist, gilt:

Hilfssatz 6.7.11
Es ist
$$H_i(\mathbf{OP}^2; \mathbf{Z}) = \begin{cases} \mathbf{Z} & , \quad i = 0, 8, 16, \\ 0 & sonst \ . \end{cases}$$

Projektive Räume höherer Dimension gibt es über den Cayley-Zahlen jedoch nicht. Eine direkte Verallgemeinerung der Definition für $\mathbf{R}, \mathbf{C}, \mathbf{H}$ ist wegen der fehlenden Assoziativität für $\mathbf{O}$ nicht möglich.

Man kann nun die obigen Überlegungen auf den Fall der Cayley-Ebene übertragen. Der entscheidende geometrische Punkt ist, dass die durch $X = \{\, [t : y_1 : y_2] \in \mathbf{OP}^2 \mid t = 0 \,\}$ und $Y = \{\, [t : y_1 : y_2] \in \mathbf{OP}^2 \mid y_1 = 0 \,\}$ beschriebenen 8-Sphären sich transversal in einem Punkt schneiden.

Aufgabe 6.7.12
Ist $x \in H^8(\mathbf{OP}^2; \mathbf{Z})$ ein erzeugendes Element, so wird $H^{16}(\mathbf{OP}^2; \mathbf{Z})$ von x^2 erzeugt. Es ist also

$$H^*(\mathbf{OP}^2; \mathbf{Z}) = \mathbf{Z}[x]/(x^3) \ .$$

6.8 Die Hopf-Invariante

Hauptziel dieses Abschnitts ist es, unter Anwendung der multiplikativen Struktur der Kohomologiegruppen einige nicht-triviale Homotopiegruppen von Abbildungen zwischen Sphären zu beschreiben.

Sei zunächst eine stetige Abbildung $f : A \to X$ gegeben.

Definition 6.8.1
Der Abbildungs-Kegel von f ist der Quotienten-Raum

$$\mathbf{K}(f) := (X \amalg (A \times \mathbf{I})) / \sim ,$$

wobei die Äquivalenz-Relation $\sim$ durch $(a, 0) \sim f(a)$ (für $a \in A$) und $(a, 1) \sim (a', 1)$ (für $a, a' \in A$) erzeugt wird.

Wir schreiben $[a, t]$ für das Bild von $(a, t) \in A \times \mathbf{I}$ in $\mathbf{K}(f)$ und $* = [a, 1]$ für die Spitze des Kegels; die kanonische Injektion von X nach $\mathbf{K}(f)$ wird im folgenden mit i bezeichnet.

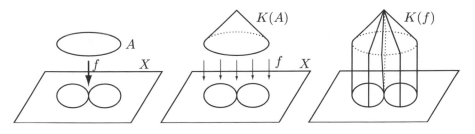

Abbildung 6.1: Der Abbildungs-Kegel

Die algebraische Topologie des Abbildungs-Kegels von f hängt weitgehend nur von der Homotopiegruppe von f ab:

Lemma 6.8.2
Sind f, $g : A \to X$ zueinander homotope Abbildungen, so sind die Abbildungs-Kegel $\mathbf{K}(f)$ und $\mathbf{K}(g)$ homotopie-äquivalent.

Beweis: Sei $H : A \times \mathbf{I} \to X$ eine Homotopie zwischen f und g.

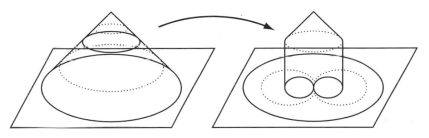

Abbildung 6.2: Abbildungs-Kegel und Homotopie

Wir definieren eine Abbildung $\varphi : \mathbf{K}(f) \to \mathbf{K}(g)$ durch $\varphi(x) = x$ und

$$\varphi[a,t] = \begin{cases} H_{2t}(a) & , \quad 0 \leq 2t \leq 1 \ , \\ [a, 2t - 1] & , \quad 1 \leq 2t \leq 2 \ . \end{cases}$$

Offensichtlich ist φ wohldefiniert. Analog definieren wir $\psi : \mathbf{K}(g) \to \mathbf{K}(f)$ durch $\psi(x) = x$ und

$$\psi[a,t] = \begin{cases} H_{1-2t}(a) & , \quad 0 \leq 2t \leq 1 \ , \\ [a, 2t - 1] & , \quad 1 \leq 2t \leq 2 \ . \end{cases}$$

Es ist nun klar, dass φ und ψ zueinander inverse Homotopie-Äquivalenzen sind: Eine Homotopie K für die Komposition $\psi \circ \varphi$ ist gegeben durch $K_s(x) = x$ und

$$K_s[a,t] = \begin{cases} H_{2t}(a) & , \quad 0 \leq 2t \leq s \ , \\ H_{6s-8t}(a) & , \quad 2s \leq 4t \leq 3s \ , \\ [a, (4t - 3s)/(4 - 3s)] & , \quad 3s \leq 4t \leq 4 \ . \end{cases}$$

□

Ein wichtiger Spezialfall der Kegel-Konstruktion, den wir weiter unten benötigen, ist der, dass $A = \mathbf{S}^n$ eine Sphäre ist. Dann ist $\mathbf{K}(f) - X$ eine $(m+1)$-Zelle. Ist umgekehrt in einem CW-Komplex K der Unterraum X das Komplement einer Zelle maximaler Dimension, so ist K homöomorph zum Abbildungs-Kegel der anheftenden Abbildung dieser Zelle.

Wir benötigen eine Beschreibung der Kohomologie eines Abbildungs-Kegels. Als Koeffizienten-Ring verwenden wir in diesem Abschnitt nur den Ring $\mathbf{Z}$ der ganzen Zahlen.

Lemma 6.8.3
Sei $\mathbf{K}(f)$ der Abbildungs-Kegel von $f : A \to X$. Dann gibt es eine exakte Sequenz

$$\ldots \leftarrow \widetilde{H}^n(A) \xleftarrow{f^*} \widetilde{H}^n(X) \leftarrow \widetilde{H}^n(\mathbf{K}(f)) \xleftarrow{\delta^*} \widetilde{H}^{n-1}(A) \xleftarrow{f^*} \widetilde{H}^{n-1}(X) \leftarrow \ldots$$

Beweis: Es sei $K_0 = i(X) \cup \{[a,t] \in \mathbf{K}(f) \mid t < 3/4\}$; dann ist K_0 offenbar homotopie-äquivalent zu X. Ferner sei $K_1 = \{[a,t] \in \mathbf{K}(f) \mid t > 1/4\}$; dann ist K_1 zusammenziehbar. Der Durchschnitt $K_0 \cap K_1$ ist homotopie-äquivalent zu A. In der reduzierten Mayer-Vietoris-Sequenz der Triade $(\mathbf{K}(f); K_0, K_1)$ können wir also $H^n(K_0) \oplus H^n(K_1)$ durch $H^n(X)$ ersetzen und $H^n(K_0 \cap K_1)$ durch $H^n(A)$. Dies ergibt die obige Sequenz, wenn wir noch berücksichtigen, dass die Komposition

$$A \cong A \times \{\tfrac{1}{2}\} \hookrightarrow K_0 \cap K_1 \hookrightarrow K_0 \xrightarrow{\simeq} X$$

homotop zu der Abbildung f ist. □

Wir wenden dies auf eine Abbildung $f : \mathbf{S}^m \to \mathbf{S}^n$ mit $m > n > 0$ an. Da f in reduzierter Kohomologie die Null-Abbildung induziert, erhalten wir eine kurze exakte Sequenz

$$0 \leftarrow \widetilde{H}^*(\mathbf{S}^n) \xleftarrow{j^*} \widetilde{H}^*(\mathbf{K}(f)) \xleftarrow{\delta^*} \widetilde{H}^{*-1}(\mathbf{S}^m) \leftarrow 0 \,.$$

Es folgt:

$$H^i(\mathbf{K}(f)) \cong \begin{cases} \mathbf{Z} & , \quad i = 0, \, n, \, m+1 \\ 0 & , \quad \text{sonst} \,. \end{cases}$$

Seien $b_n \in H^n(\mathbf{K}(f))$, $c_{m+1} \in H^{m+1}(\mathbf{K}(f))$ Erzeugende mit $c_{m+1} = \delta^*(\sigma_m^*)$ und $j^*(b_n) = \sigma_n^*$. Hierbei bezeichnet σ_k^* das Element von $H^k(\mathbf{S}^k)$, das auf dem Standard-Erzeugenden $\sigma_k \in H_k(\mathbf{S}^k)$ den Wert 1 annimmt.

Definition 6.8.4
$f : \mathbf{S}^{4n-1} \to \mathbf{S}^{2n}$ hat Hopf-Invariante $H(f) = k \in \mathbf{Z}$, wenn in $H^*(\mathbf{K}(f))$ gilt:

$$b_{2n} \cup b_{2n} = k c_{4n} \,.$$

Das Vorzeichen von k ist hier nicht von großem Interesse, da offenbar $H(f \circ r) = -H(f)$ gilt, wenn die Selbst-Abbildung r von $\mathbf{S}^{4n-1}$ den Abbildungsgrad -1 hat. Ist f null-homotop, so ist $H(f) = 0$.

Unsere Berechnung des Kohomologie-Rings projektiver Ebenen zeigt:

Satz 6.8.5
Die Hopf-Abbildungen $\eta : \mathbf{S}^3 \to \mathbf{S}^2$, $\nu : \mathbf{S}^7 \to \mathbf{S}^4$ und $\sigma : \mathbf{S}^{15} \to \mathbf{S}^8$ haben Hopf-Invariante 1.

Sei nun $w_{m,n} : \mathbf{S}^{m+n-1} \to \mathbf{S}^m \vee \mathbf{S}^n$ die durch das folgende kommutative Diagramm definierte Abbildung. Hier wird $\mathbf{S}^{m+n-1}$ als Rand von $\mathbf{D}^m \times \mathbf{D}^n \cong \mathbf{D}^{m+n}$ aufgefasst und $p : \mathbf{D}^k \to \mathbf{S}^k$ ist die Identifikations-Abbildung.

$$
\begin{array}{ccc}
\mathbf{S}^{m+n-1} & \hookrightarrow & \mathbf{D}^m \times \mathbf{D}^n \\
\downarrow {\scriptstyle w_{m,n}} & & \downarrow {\scriptstyle p \times p} \\
\mathbf{S}^m \vee \mathbf{S}^n & \longrightarrow & \mathbf{S}^m \times \mathbf{S}^n
\end{array}
$$

$w_{m,n}$ ist also die anheftende Abbildung der höchst-dimensionalen Zelle in $\mathbf{S}^m \times \mathbf{S}^n$ (bezüglich der Zellen-Struktur, die von den Faktoren induziert wird).

Definition 6.8.6
Für $\alpha : \mathbf{S}^m \to \mathbf{S}^p$, $\beta : \mathbf{S}^n \to \mathbf{S}^p$ heißt die Komposition

$$
[\alpha, \beta] : \mathbf{S}^{m+n-1} \xrightarrow{w_{m,n}} \mathbf{S}^m \vee \mathbf{S}^n \xrightarrow{\alpha \vee \beta} \mathbf{S}^p \vee \mathbf{S}^p \xrightarrow{F} \mathbf{S}^p
$$

das Whitehead-Produkt von α und β.

Hierbei ist $F : \mathbf{S}^p \vee \mathbf{S}^p \to \mathbf{S}^p$ die Faltungs-Abbildung, die jeden Summanden $\mathbf{S}^p$ identisch abbildet.

Es ist üblich, die identische Abbildung von $\mathbf{S}^k$ auch mit ι_k zu bezeichnen.

Satz 6.8.7
$[\iota_{2n}, \iota_{2n}] : \mathbf{S}^{4n-1} \to \mathbf{S}^{2n}$ hat Hopf-Invariante ± 2.

Beweis: Zur Abkürzung schreiben wir $f = [\iota_n, \iota_n]$ und $w = w_{n,n}$. Wir haben dann ein kommutatives Diagramm

$$
\begin{array}{ccccc}
\mathbf{S}^{2n-1} & \xrightarrow{f} & \mathbf{S}^n & \xrightarrow{j} & \mathbf{K}(f) \\
\downarrow {\scriptstyle =} & & \uparrow {\scriptstyle F} & & \uparrow {\scriptstyle G} \\
\mathbf{S}^{2n-1} & \xrightarrow{w} & \mathbf{S}^n \vee \mathbf{S}^n & \longrightarrow & \mathbf{K}(w) = \mathbf{S}^n \times \mathbf{S}^n
\end{array}
$$

Es ist $j^*(b_n) = \sigma_n^*$ und $F^*(\sigma_n^*) = \sigma_n^{*(1)} + \sigma_n^{*(2)}$, also $G^*(b_n) = \sigma_n^* \times 1 + 1 \times \sigma_n^*$. Es wird $G^*(b_n)^2 = 2\sigma_n^* \times \sigma_n^*$. Da $G^*(c_{2n}) = \pm\, \sigma_n^* \times \sigma_n^*$ sein muss, folgt die Behauptung. $\square$

Diese Beispiele gewinnen an Interesse durch den folgenden Satz:

Satz 6.8.8
Die Hopf-Invariante definiert einen Homomorphismus

$$H : \pi_{4n-1}(\mathbf{S}^{2n}) \to \mathbf{Z} .$$

Beweis: Seien $\mathrm{in}_\nu : \mathbf{S}^{4n-1} \to \mathbf{S}^{4n-1} \vee \mathbf{S}^{4n-1}$ für $\nu = 1, 2$ die Inklusionen und

$$\gamma = \mathrm{in}_1 + \mathrm{in}_2 : \mathbf{S}^{4n-1} \to \mathbf{S}^{4n-1} \vee \mathbf{S}^{4n-1} .$$

Sind $\alpha_\nu : \mathbf{S}^{4n-1} \to \mathbf{S}^{2n}$, so ist $\beta = \alpha_1 + \alpha_2$ die Komposition $(\alpha_1 \vee \alpha_2) \circ \gamma$.
Wir betrachten nun den Abbildungs-Kegel $C = \mathbf{K}(\alpha_1 \vee \alpha_2)$. Nach Lemma 6.8.3 wird $H^{4n}(C)$ von zwei Klassen $c_{4n}^{(1)}$ und $c_{4n}^{(2)}$ erzeugt, $H^{2n}(C)$ von der Klasse b_{2n}. Da C den Abbildungs-Kegel von α_ν als Teilraum enthält, erhalten wir durch Vergleich in $H^*(C)$ die Beziehung

$$b_{2n}^2 = H(\alpha_1)c_{4n}^{(1)} + H(\alpha_2)c_{4n}^{(2)} .$$

Aber γ induziert eine offensichtliche Abbildung

$$\widetilde{\gamma} : \mathbf{K}((\alpha_1 \vee \alpha_2) \circ \gamma) \to \mathbf{K}(\alpha_1 \vee \alpha_2) = C$$

mit $\widetilde{\gamma}[a, t] = [\gamma(a), t]$. Da $\mathrm{pr}_\nu \circ \gamma \simeq \mathrm{id}$ ist, gilt in $H^{4n}(\mathbf{K}(\beta))$

$$\widetilde{\gamma}^*(c_{4n}^{(1)}) = \widetilde{\gamma}^*(c_{4n}^{(2)}) = c_{4n} ,$$

also $b_{2n}^2 = \widetilde{\gamma}^*(b_{2n}^2) = (H(\alpha_1) + H(\alpha_2))c_{4n}$. $\qquad \Box$

Als Folgerung erhalten wir:

Korollar 6.8.9
Für jedes $n \geq 1$ enthält $\pi_{4n-1}(\mathbf{S}^{2n})$ eine zu $\mathbf{Z}$ isomorphe Untergruppe.

6.9 H-Räume

Die Sphären $\mathbf{S}^1$, $\mathbf{S}^3$ (und $\mathbf{S}^0$) sind topologische Gruppen. Auf $\mathbf{S}^7$ wird durch die Oktaven-Multiplikation immerhin noch eine stetige Multiplikation $\mathbf{S}^7 \times \mathbf{S}^7 \to \mathbf{S}^7$ induziert, welche allerdings nicht assoziativ ist.

Definition 6.9.1
Sei (X, x_0) ein punktierter Raum. Eine H-Multiplikation auf (X, x_0) ist eine stetige Abbildung $\mu : X \times X \to X$, so dass gilt: $\mu(x_0, x) = \mu(x, x_0) = x$. Das Tupel (X, x_0, μ) wird dann auch als H-Raum bezeichnet.

Es ist also (X, x_0) genau dann ein H-Raum, wenn die Faltungs-Abbildung $X \vee X \to X$ sich zu $\mu : X \times X \to X$ erweitern lässt. Im Falle von $X = \mathbf{S}^k$ bedeutet dies, dass sie sich auf die höchste Zelle von $\mathbf{S}^k \times \mathbf{S}^k$ erweitern lässt.

So erhalten wir aus dem vorigen Abschnitt:

Satz 6.9.2
Die Sphäre $\mathbf{S}^k$ ist genau dann ein H-Raum, wenn die Whitehead-Produkt-Abbildung $[\iota_k, \iota_k]$: $\mathbf{S}^{2k-1} \to \mathbf{S}^k$ nullhomotop ist.

Der Satz 6.8.7 zeigt also insbesondere noch einmal, dass gerade-dimensionale Sphären keine H-Raum-Struktur besitzen können.

Es besteht ein wichtiger Zusammenhang zwischen Vektorfeldern auf Sphären und H-Raum-Strukturen, den wir nun erläutern wollen. Ein Vektorfeld v auf $\mathbf{S}^n$ heiße schief, wenn $v(-x) = -v(x)$ gilt (für alle $x \in \mathbf{S}^n$).

Als Basispunkt von $\mathbf{S}^n$ wählen wir im folgenden $* = e_{n+1}$.

Satz 6.9.3
Es gebe n linear unabhängige Vektorfelder $v_1(x), \ldots, v_n(x)$ auf $\mathbf{S}^n$. Dann besitzt $(\mathbf{S}^n, *)$ eine H-Raum-Struktur. Wenn die v_i sämtlich schiefe Vektorfelder sind, so gibt es eine H-Raum-Struktur auf $(\mathbf{RP}^n, *)$.

Beweis: Nach eventueller Anwendung des Gram-Schmidt-Verfahrens können wir annehmen, dass die Vektorfelder $v_1, \ldots, v_n$ überall orthonormal sind. Wir erläutern noch einmal die relevanten Konstruktionen aus Abschnitt 4.7. Sei $\pi_n : \mathbf{SO}(n+1) \to \mathbf{S}^n$ die Projektion mit $\pi(A) = Ae_{n+1}$. Für $x \in \mathbf{S}^n$ sei $S'(x)$ die Matrix mit Spalten-Vektoren $v_1(x), \ldots, v_n(x), x$ und $S(x)$ die Matrix $S(x) = S'(x)S'(e_{n+1})^{-1}$. Dann ist S eine stetige Abbildung $S : \mathbf{S}^n \to \mathbf{SO}(n+1)$ mit $\pi_n(S(x)) = S(x)e_{n+1} = x$ für alle $x \in \mathbf{S}^n$; außerdem ist $S(e_{n+1}) = I_{n+1}$ die Einheitsmatrix. Sei nun μ die Komposition

$$\mu : \mathbf{S}^n \times \mathbf{S}^n \xrightarrow{S \times S} \mathbf{SO}(n+1) \times \mathbf{SO}(n+1) \xrightarrow{mult} \mathbf{SO}(n+1) \xrightarrow{\pi_n} \mathbf{S}^n \; ;$$

es ist klar, dass $\mu(x, e_{n+1}) = \mu(e_{n+1}, x) = x$ ist. μ ist also eine H-Raum-Struktur auf $\mathbf{S}^n$. Seien nun die v_i als schiefe Vektorfelder vorausgesetzt. Dann hat die konstruierte Abbildung $S : \mathbf{S}^n \to \mathbf{SO}(n+1)$ ebenfalls die Eigenschaft $S(-x) = -S(x)$. Es gilt also auch $\mu(\pm x, \pm y) = \pm \mu(x, y)$ und μ induziert eine H-Raum-Struktur auf $\mathbf{RP}^n$. $\qquad \square$

Unser fest gewählter Grundring R sei von jetzt an als Körper vorausgesetzt. Ferner sei vorausgesetzt (sofern nicht explizit gegenteiliges angemerkt wird), dass für alle betrachteten Räume X jede Homologiegruppe ein endlich-dimensionaler Vektorraum über R ist. Dann ist auch $H^i(X; R) \cong \mathrm{Hom}_R(H_i(X; R); R)$ endlich-dimensionaler R-Vektorraum und nach der Künneth-Formel

$$H^n(X \times X; R) \cong \bigoplus_{i+j=n} H^i(X; R) \otimes_R H^j(X; R) \; . \tag{6.2}$$

Von nun an lassen wir den Koeffizenten-Körper R in der Notation weg.

Satz 6.9.4
Sei (X, x_0, μ) ein H-Raum und

$$\nabla : H^*(X) \to H^*(X) \otimes H^*(X)$$

die Komposition von μ^* mit dem Isomorphismus (6.2). Dann ist ∇ ein Ring-Homomorphismus. Ist $\epsilon : \{x_0\} \hookrightarrow X$ die Inklusion, so gilt für $u \in H^n(X)$ die Gleichung $(\epsilon^* \otimes \mathrm{id})(\nabla(u)) = u = (\mathrm{id} \otimes \epsilon^*)(\nabla(u))$.

Beweis: Das ist klar. $\qquad\qquad\square$

Die in Abschnitt 4.6 konstruierten Clifford-Vektorfelder auf $\mathbf{S}^n$ sind immer schiefe Vektorfelder, doch für $n \neq 1, 3, 7$ ist ihre Anzahl stets kleiner als n. Wir beweisen zum Schluss das berühmte Resultat von Hopf, dass $\mathbf{S}^n$ nur dann n linear unabhängige schiefe Vektorfelder haben kann, wenn $n + 1$ eine Potenz von 2 ist.

Satz 6.9.5
Wenn $\mathbf{RP}^n$ eine H-Raum-Struktur besitzt, so ist $n + 1$ eine Potenz von 2.

Beweis: Wir wissen, dass $H^*(\mathbf{RP}^n; \mathbf{F}_2) \cong \mathbf{F}_2[x]/(x^{n+1})$ ist. Dabei muss aus Dimensionsgründen $\nabla(x) = x \otimes 1 + 1 \otimes x$ sein. Es folgt

$$0 = \nabla(x^{n+1}) = (x \otimes 1 + 1 \otimes x)^{n+1} . \qquad (6.3)$$

Sei nun $n+1 = 2^{i_1} + 2^{i_2} + \ldots + 2^{i_r}$ mit $i_1 < i_2 < \ldots < i_r$ die dyadische Entwicklung vo $n+1$. Wir nehmen einmal an, dass $n + 1$ keine Zweier-Potenz ist. Dann ist also $0 < 2^{i_1} < n + 1$. Da in einer kommutativen Algebra über $\mathbf{F}_2$ stets $(a + b)^2 = a^2 + 2ab + b^2 = a^2 + b^2$ gilt, also auch $(a + b)^{2^i} = a^{2^i} + b^{2^i}$, wird dann

$$
\begin{aligned}
(x \otimes 1 + 1 \otimes x)^{n+1} &= (x \otimes 1 + 1 \otimes x)^{2^{i_1}} \ldots (x \otimes 1 + 1 \otimes x)^{2^{i_r}} \\
&= (x^{2^{i_1}} \otimes 1 + 1 \otimes x^{2^{i_1}}) \ldots (x^{2^{i_r}} \otimes 1 + 1 \otimes x^{2^{i_r}}) \\
&= x^{2^{i_1}} \otimes x^{n+1-2^{i_1}} + \sum_{j > 2^{i_1}} \lambda_j x^j \otimes x^{n+1-j}
\end{aligned}
$$

mit gewissen Koeffizienten $\lambda_j \in \mathbf{F}_2$. Da die $x^u \otimes x^v$ mit $0 \leq u, v \leq n$ eine Basis von $H^*(\mathbf{RP}^n \times \mathbf{RP}^n; \mathbf{F}_2)$ bilden, haben wir einen Widerspruch zu Gleichung (6.3) erhalten.

$\qquad\qquad\square$

A Anhang

A.1 Ringe und Moduln

A.1.1 Grundlagen

In diesem Anhang soll kurz an die Grundlagen aus der Theorie der Moduln über einem kommutativen Ring mit Einselement erinnert werden. Dieser Ring R sei im folgenden fest gewählt. Für den größten Teil des Buches reicht es, für R den Ring $\mathbf{Z}$ der ganzen Zahlen oder einen Körper zu wählen.

Unter einem R-Modul versteht man eine abelsche Gruppe M, die mit einer Multiplikations-Abbildung $R \times M \to M$ versehen ist; diese Multiplikations-Abbildung, welche man üblicherweise einfach mit $(r, m) \mapsto rm$ bezeichnet, soll dabei die folgenden Eigenschaften haben:

1. Bilinearität: $(r_1 + r_2)m = r_1 m + r_2 m$ und $r(m_1 + m_2) = rm_1 + rm_2$,
2. Assoziativität: $(r_1 r_2)m = r_1(r_2 m)$,
3. Unitarität: $1m = m$.

Der prominenteste R-Modul ist natürlich R selbst mit der offensichtlichen Multiplikations-Abbildung.

Wir verallgemeinern nun die Grund-Begriffe aus der Theorie abelscher Gruppen auf R-Moduln.

Sind M, N zwei R-Moduln, so heißt eine Abbildung $f : M \to N$ ein R-Modul-Homomorphismus, wenn sie ein Homomorphismus abelscher Gruppen ist und wenn zusätzlich $f(rm) = rf(m)$ gilt. Die Menge all dieser R-Homomorphismen von M nach N wird mit $\mathrm{Hom}_R(M, N)$ bezeichnet. Ein R-Homomorphismus, der ein Isomorphismus abelscher Gruppen ist, ist sogar ein Isomorphismus von R-Moduln, denn das Inverse ist dann automatisch ein R-Homomorphismus.

Ist M ein R-Modul, so heißt eine Teilmenge $M' \subset M$ ein Untermodul, wenn für $m' \in M'$ auch jedes Vielfache rm' in M' liegt; dann wird M' selbst ein R-Modul. Die Quotienten-Gruppe M/M' ist dann ein Quotienten-Modul von M. Für einen R-Homomorphismus $f : M \to N$ ist $\mathrm{Kern}(f) = f^{-1}(0)$ Untermodul von M und $\mathrm{Bild}(f) = f(M)$ Untermodul von N. Der Kokern von f ist $\mathrm{Kokern}(f) = N/\mathrm{Bild}(f)$. Das Kobild $M/\mathrm{Kern}(f)$ ist kanonisch isomorph zu $\mathrm{Bild}(f)$.

Durchschnitt und Summe von Untermoduln eines R-Moduls sind wieder R-Moduln. Sind die M_i sämtlich R-Moduln, so haben die abelschen Gruppen $\bigoplus_i M_i$ und $\prod_i M_i$ kanonische induzierte Strukturen von R-Moduln. Ein R-Modul M heißt frei, wenn er isomorph zu einer direkten Summe $\bigoplus_i M_i$ ist mit $M_i \cong R$; äquivalent dazu hat M eine Basis $\{e_i\}$, so dass sich jedes Element von M eindeutig als (endliche) Linear-Kombination $\sum_i r_i e_i$ mit Koeffizienten $r_i \in R$ darstellen lässt.

A.1.2 Endlich erzeugte abelsche Gruppen

Ein Untermodul des R-Moduls R wird auch als Ideal von R bezeichnet.

Definition A.1.1
R ist ein Hauptideal-Ring, wenn R nullteilerfrei ist und wenn jedes Ideal (als R-Modul) schon von einem Element erzeugt wird.

Zum Beispiel ist $\mathbf{Z}$ ein Hauptideal-Ring. Ein Ideal $M \subset \mathbf{Z}$ wird von dem größten gemeinsamen Teiler d aller Elemente von M erzeugt. Ist $M \neq 0$, so ist d gleichzeitig das kleinste positive Element von M.

Satz A.1.2
Sei R ein Hauptideal-Ring und M ein freier R-Modul. Dann ist jeder Untermodul N von M ebenfalls frei.

Beweis: Sei $\{b_i \mid i \in I\}$ eine Basis von M, wobei die Indexmenge als wohlgeordnet vorausgesetzt sei.

Für $j \in I$ sei $M_j = \mathrm{Spann}\{b_i \mid i \leq j\}$ und $M_j' = \mathrm{Spann}\{b_i \mid i < j\}$. Wir setzen $N_j = N \cap M_j$ und $N_j' = N \cap M_j'$.

Für $n \in N_j$ sei $\varphi_j(n) \in R$ der Koeffizient von b_j in n. Dann ist $\varphi_j : N_j \to R$ ein Homomorphismus mit Kern N_j'. Nach Voraussetzung an R ist $B_j = \mathrm{Bild}(\varphi_j)$ entweder Null oder frei und isomorph zu R. Für $B_j \neq 0$ sei $c_j \in N_j$ so gewählt, dass $\varphi_j(c_j)$ das Ideal B_j erzeugt. Ist dann $n \in N_j$, so gibt es ein $\mu \in R$ mit $\varphi_j(n) = \mu\varphi_j(c_j)$, also $n - \mu c_j \in N_j'$.

Sei nun $J = \{j \in I \mid B_j \neq 0\}$. Es ist klar, dass die c_j für $j \in J$ linear unabhängig sind: Ist in $\sum_{1 \leq \nu \leq r} \lambda_\nu c_{j_\nu} = 0$ jedes $\lambda_\nu \neq 0$ und etwa $j_1 < \ldots < j_r$, so folgt durch Anwenden von φ_{j_r}, dass $\lambda_r \varphi_{j_r}(c_{j_r}) = 0$ ist, im Widerspruch dazu, dass B_{j_r} frei von $\varphi_{j_r}(c_{j_r})$ erzeugt wird.

Wir zeigen nun, dass die c_j für $j \in J$ sogar N erzeugen. Sei nämlich $N'' \subset N$ der von diesen Elementen erzeugte Untermodul. Falls $N'' \neq N$ ist, so gibt es unter allen Elementen von $N - N''$ ein $n = \sum_{1 \leq \nu \leq r} \lambda_\nu b_{i_\nu}$ mit $i_1 < \ldots < i_r$, für das der maximale Index j_r möglichst klein ist. Dann ist also N_{i_r}' schon in N'' enthalten. Aber nun ist $\varphi_{i_r}(n) = \lambda_r$ ein Element von B_{i_r}, also ein Vielfaches $\mu\varphi_{i_r}(c_{i_r})$ von $\varphi_{i_r}(c_{i_r})$. Es folgt $n - \mu c_{i_r} \in N_{i_r}' \subset N''$, also auch $n \in N''$. $\qquad\Box$

Es gilt sogar:

Satz A.1.3
Sei R ein Hauptideal-Ring und M ein endlich erzeugter R-Modul. Dann ist M isomorph zu einer endlichen direkten Summe $\bigoplus_k R/\lambda_k R$.

Insbesondere ist eine endlich erzeugte abelsche Gruppe eine direkte Summe von zyklischen Gruppen; dies ist der sogenannte Hauptsatz über endlich erzeugte abelsche Gruppen. Er wird in den im Vorwort erwähnten Ergänzungen bewiesen. Eine gut lesbare Darstellung des Beweises für allgemeine Hauptideal-Ringe findet man in [Rib69].

A.1.3 Tensor-Produkte

Sei R ein kommutativer Ring mit Eins.

Das Tensor-Produkt ordnet zwei R-Moduln M und N einen R-Modul $M \otimes_R N$ und eine R-bilineare Abbildung $- \otimes_R - : M \times N \to M \otimes_R N$ zu, so dass jede R-bilineare Abbildung $- \otimes_R - : M \times N \to T$ eindeutig durch $- \otimes_R -$ faktorisiert. Die Abbildung $- \otimes_R - : M \times N \to M \otimes_R N$ wird als $(m, n) \mapsto m \otimes_R n$ geschrieben.

Eine konkrete Konstruktion von $M \otimes_R N$ erhält man wie folgt: Sei F_T freier R-Modul mit Basis $\{t(m, n) | m \in M,\ n \in N\}$ und $R_T \subset F_T$ der Untermodul der von allen Elementen

$$t(m_1 + m_2, n_1 + n_2) - t(m_1, n_1) - t(m_1, n_2) - t(m_2, n_1) - t(m_2, n_2)$$

und $$t(rm, sn) - rst(m, n)$$

für $m_1, m_2, m \in M$, $n_1, n_2, n \in N$ und $r, s \in R$ erzeugt wird. Dann induziert $t(m, n) \mapsto m \otimes_R n$ einen Isomorphismus $F_T/R_T \to M \otimes_R N$.

Um die formale Definition besser zu verstehen, müssen wir einige einfache Eigenschaften der Kategorie R-**Mod** der R-Moduln rekapitulieren. (Kategorien und Funktoren werden in Abschnitt 5.2 erklärt).

Eine Besonderheit dieser Kategorie ist, dass es die Kommutativität von R erlaubt, die Menge $\mathrm{Hom}_R(M, N)$ selbst wieder zu einem R-Modul zu machen. Für $\varphi_1, \varphi_2 \in \mathrm{Hom}_R(M, N)$ definiert man $\varphi_1 + \varphi_2 \in \mathrm{Hom}_R(M, N)$ durch $(\varphi_1 + \varphi_2)(m) = \varphi_1(m) + \varphi_2(m)$; ist $r \in R$ und $\varphi \in \mathrm{Hom}_R(M, N)$, so wird $r\varphi \in \mathrm{Hom}_r(M, N)$ definiert durch $(r\varphi)(m) = r\varphi(m)$. Es ist trivial zu verifizieren, dass $\mathrm{Hom}_R(M, N)$ hiermit zu einem R-Modul wird, und dass

$$\mathrm{Hom}_R(-, -) : R\text{-}\mathbf{Mod}^{op} \times R\text{-}\mathbf{Mod} \to R\text{-}\mathbf{Mod}$$

ein Funktor (von zwei Variablen) ist. Für $\phi : M' \to M$ und $\psi : N \to N'$ schreiben wir auch $\phi^* = \mathrm{Hom}(\phi, \mathrm{id})$ und $\psi_* = \mathrm{Hom}(\mathrm{id}, \psi)$. Es ist dann $\mathrm{Hom}(\phi, \psi) = \psi_* \circ \phi^* = \phi^* \circ \psi_*$.

Der Tensor-Produkt-Funktor

$$- \otimes_R - : R\text{-}\mathbf{Mod} \times R\text{-}\mathbf{Mod} \to R\text{-}\mathbf{Mod}\ .$$

ist nun definiert durch die natürliche Äquivalenz

$$\mathrm{Hom}_R(M_1 \otimes_R M_2, N) \cong \mathrm{Hom}_R(M_1, \mathrm{Hom}_R(M_2, N))\ .$$

Da die rechte Seite auch als Menge der R-bilinearen Abbildungen $M_1 \times M_2 \to N$ aufgefasst werden kann, erhalten wir insbesondere (aus der identischen Abbildung von $M_1 \otimes_R M_2$) die oben erwähnte kanonische bilineare Abbildung

$$\otimes_R : M_1 \times M_2 \to M_1 \otimes_R M_2$$

mit $(m_1, m_2) \mapsto m_1 \otimes_R m_2$.

Das Tensorprodukt ist symmetrisch in dem Sinne, dass die kanonische Abbildung

$$T : M_1 \otimes_R M_2 \to M_2 \otimes_R M$$

mit $T(m_1 \otimes_R m_2) = m_2 \otimes_R m_1$ ein Isomorphismus ist. Wichtig sind auch die kanonischen Isomorphien

$$(M_1 \otimes_R M_2) \otimes_R M_3 \cong M_1 \otimes_R (M_2 \otimes_R M_3)$$

mit $(m_1 \otimes_R m_2) \otimes_R m_3 \mapsto m_1 \otimes_R (m_2 \otimes_R m_3)$ und

$$R \otimes_R M \cong M$$

mit $r \otimes_R m \mapsto rm$.

Man hat ferner einen kanonischen Isomorphismus

$$M \otimes_R \bigoplus_i N_i \cong \bigoplus_i M \otimes_R N_i \ . \tag{A.1}$$

Ist also zum Beispiel M ein freier R-Modul mit Basis $\{e_i\}$ und N ein freier R-Modul mit Basis $\{f_j\}$, so ist $M \otimes_R N$ ein freier R-Modul mit Basis $\{e_i \otimes_R f_j\}$. Diese einfache Beschreibung hat man daher immer, wenn R ein Körper ist.

Zur Berechnung von allgemeineren Tensor-Produkten kann man oft den folgenden Satz heranziehen, den wir in den im Vorwort erwähnten Ergänzungen beweisen werden:

Satz A.1.4
Seien $f_i : M_i \to N_i$ für $i = 1, 2$ Epimorphismen. Dann ist auch $f_1 \otimes_R f_2 : M_1 \otimes_R M_2 \to N_1 \otimes_R N_2$ ein Epimorphismus und der Kern von $f_1 \otimes_R f_2$ wird von den Bildern von $\mathrm{Kern}(f_1) \otimes_R M_2$ und $M_1 \otimes_R \mathrm{Kern}(f_2)$ in $M_1 \otimes_R M_2$ erzeugt.

Wegen (A.1) braucht man, um zum Beispiel Tensorprodukte endlich erzeugter abelscher Gruppen (über $\mathbf{Z}$) zu berechnen, nur die Tensorprodukte zwischen zyklischen Gruppen zu kennen. Schreiben wir einfach $\otimes$ für $\otimes_{\mathbf{Z}}$, so induziert die Multiplikations-Abbildung $\mathbf{Z} \otimes \mathbf{Z} \to \mathbf{Z}$ einen Isomorphismus

$$\mathbf{Z}/m\mathbf{Z} \otimes \mathbf{Z}/n\mathbf{Z} \cong \mathbf{Z}/d\mathbf{Z} \ ,$$

wobei d der größte gemeinsame Teiler von m und n ist. Denn nach dem vorstehenden Satz ist ja $\mathbf{Z}/m\mathbf{Z} \otimes \mathbf{Z}/n\mathbf{Z}$ der Quotient von $\mathbf{Z}$ nach der Untergruppe $m\mathbf{Z} + n\mathbf{Z}$.

Aus den Tensorprodukten über $\mathbf{Z}$ kann man auch Tensorprodukte über R berechnen, denn $M \otimes_R N$ ist der Kokern von α in der Sequenz

$$M \otimes R \otimes N \xrightarrow{\alpha} M \otimes N \to M \otimes_R N \to 0$$

mit $\alpha(m \otimes r \otimes n) = (rm) \otimes n - m \otimes (rn)$.

A.1.4 Graduierte Algebren

Es sei wieder R ein kommutativer Ring mit Einselement. Tensor-Produkte über R werden wir im folgenden einfach als $\otimes$ schreiben.

Unter einer R-Algebra versteht man ein Paar (A, μ), wobei A ein R-Modul ist und $\mu : A \times A \to A$ eine R-bilineare Multiplikations-Abbildung. Anders gesagt, ist also μ ein R-Homomorphismus

$$\mu : A \otimes A \to A \ .$$

Meistens schreibt man einfach xy statt $\mu(x,y)$ oder $\mu(x \otimes y)$, wenn dadurch keine Missverständnisse entstehen können.

Sind A und B beide R-Algebren, so ist ein Algebren-Homomorphismus von A nach B ein R-Modul-Homomorphismus, der mit den gegebenen Multiplikations-Abbildungen verträglich ist. Die Begriffe Unteralgebra und Quotienten-Algebra haben die offensichtliche Bedeutung. Der Kern der Projektion auf eine Quotienten-Algebra ist stets ein Ideal $I \subset A$: Für $x \in I$ und $a \in A$ sind auch ax und xa Elemente von I. Zu jedem Ideal $I \subset A$ hat der Quotienten-Modul A/I eine eindeutige Algebren-Struktur, so dass die kanonische Projektion ein Algebren-Homomorphismus ist.

Wir werden im folgenden nur assoziative und unitäre Algebren betrachten. Es soll also $\mu(x \otimes \mu(y \otimes z)) = \mu(\mu(x \otimes y) \otimes z)$ gelten oder, in etwas einfacherer Notation, $(xy)z = x(yz)$. Darüber hinaus soll ein Element $1 \in A$ existieren mit $1x = x1 = x$. Algebren-Homomorphismen sollen das Einselement wieder auf das Einselement abbilden.

Ein Standard-Beispiel für eine R-Algebra ist die Algebra $\mathrm{End}_R(M)$ der R-Endomorphismen eines R-Moduls M. Einen Algebren-Homomorphismus $A \to \mathrm{End}_R(M)$ nennt man auch eine Darstellung von A auf dem Modul M.

Das universelle Beispiel für eine Algebra ist die Tensor-Algebra $\mathrm{Tens}(M)$ über einem R-Modul M. Sie ist die „größte" von M erzeugte assoziative und unitäre Algebra. Das Produkt in dieser Algebra wird traditionell ebenfalls als $\otimes$ geschrieben. Es sei hierzu $\mathrm{Tens}^0(M) := R$ (erzeugt vom Einselement 1), $\mathrm{Tens}^1(M) := M$ und induktiv $\mathrm{Tens}^{r+1}(M) := \mathrm{Tens}^r(M) \otimes M$. Es wird dann $\mathrm{Tens}(M) := \bigoplus_{i \geq 0} \mathrm{Tens}^i(M)$ mit dem Tensor-Produkt als Multiplikation in der Tat zu einer unitären assoziativen Algebra. Sie hat die Eigenschaft, dass jeder R-Modul-Homomorphismus f von M in ein R-Algebra A einen eindeutigen Algebren-Homomorphismus $\tilde{f} : \mathrm{Tens}(M) \to A$ definiert, der auf $\mathrm{Tens}^1(M) = M$ mit f übereinstimmt. Ist M ein freier R-Modul und $\{\, e_i \mid i \in I \,\}$ eine Basis von M, so hat $\mathrm{Tens}^r(M)$ als Basis alle Produkte $e_{i_1} \otimes e_{i_2} \otimes \ldots \otimes e_{i_r}$ mit $i_1, \ldots, i_r \in I$.

Jede von M erzeugte Algebra lässt sich nun als Quotient von $\mathrm{Tens}(M)$ nach einem geeigneten Ideal I darstellen. Sei zum Beispiel I_- das von allen Elementen $v \otimes v \in \mathrm{Tens}^2(M)$ mit $v \in M$ erzeugte Ideal. Die erhaltene Quotienten-Algebra $\Lambda(M) = \mathrm{Tens}(M)/I_-$ heißt die äußere Algebra über M; es ist üblich, das Produkt von $x, y \in \Lambda(M)$ als $x \wedge y \in \Lambda(M)$ zu schreiben. In $\Lambda(M)$ gilt für $v, w \in M$ die Gleichung $v \wedge w = -w \wedge v$ (wegen $(v + w) \wedge (v + w) = 0$; es ist jedoch nicht $x \wedge y = -y \wedge x$ für beliebige Elemente x, y von $\Lambda(M)$).

Analog erhält man die symmetrische Algebra $\mathrm{Sym}(M)$ über dem Modul M als Quotient der Tensor-Algebra $\mathrm{Tens}(M)$ nach dem Ideal I_+, das von allen Elementen $v \otimes w - w \otimes v$ (für $v, w \in M$) erzeugt wird.

Um diese Algebren etwas genauer zu untersuchen, ist es jedoch vorteilhaft, zuerst die Theorie zu einer Theorie graduierter Algebren zu verallgemeinern.

Sei J eine gegebene abelsche Gruppe; sie wird im folgenden als Index-Gruppe dienen. Unter einem J-graduierten Modul versteht man einen Modul M zusammen mit Untermoduln M_j für $j \in J$, so dass $M = \bigoplus_{j \in J} M_j$ ist. Für $x \in M_j$ heißt $j = |x|$ die Dimension von x; die Elemente von $\bigcup_j M_j$ heißen homogene Elemente von M. Meistens wird bei der Arbeit mit einem graduierten Modul stillschweigend vorausgesetzt, dass alle betrachteten Elemente als homogene Elemente gewählt werden.

Im folgenden wird $J = \mathbf{Z}$ oder $J = \mathbf{Z}/2\mathbf{Z}$ angenommen. Die Theorie der ungraduierten Moduln (und Algebren) ist in der graduierten Theorie enthalten als der Spezialfall $M = M_0$ und $M_j = 0$ für $j \neq 0$.

Ein Homomorphismus $f : M \to N$ zwischen graduierten Moduln heißt homogen vom Grad $d \in J$, wenn $f(M_j) \subset N_{j+d}$ ist (für jedes $j \in J$). Bei der Komposition homogener Homomorphismen addieren sich also die Grade.

Sind M und N graduierte Moduln, so haben $M \otimes N$ und $M \oplus N$ induzierte Graduierungen durch $(M \otimes N)_j = \bigoplus_{k+l=j} M_k \otimes N_l$ und $(M \oplus N)_j = M_j \oplus N_j$. Damit erhält auch $\mathrm{Tens}^j(M)$ eine induzierte J-Graduierung und ebenso der totale Modul $\mathrm{Tens}(M)$. Ebenso sind $\Lambda(M)$ und $\mathrm{Sym}(M)$ beide graduiert als Quotient von $\mathrm{Tens}(M)$.

Diese drei Moduln sind aber sogar graduierte Algebren. Dabei heißt eine Algebra A graduiert, wenn sie graduierter R-Modul $A = \bigoplus_j A_j$ ist und wenn die Multiplikations-Abbildung $\mu : A \otimes A \to A$ homogen vom Grad 0 ist, das heißt wenn

$$\mu(A_j \otimes A_k) \subset A_{j+k}$$

gilt. Eine graduierte Algebra A heißt graduiert kommutativ, wenn $yx = (-1)^{ij} xy$ ist für $x \in A_i$ und $y \in A_j$. Ist M ein graduierter Modul, so ist der Quotient der Tensor-Algebra über M nach dem Ideal, das von allen Elementen $vw - (-1)^{|v|\,|w|} vw$ erzeugt wird (für homogene v, $w \in M$), die freie graduiert kommutative Algebra über M.

Ein Tensor-Produkt $A \otimes B$ zweier graduierter Algebren A und B macht man üblicherweise wieder zu einer graduierten Algebra durch die Konvention

$$(a \otimes b)(a' \otimes b') := (-1)^{|a'|\,|b|}(aa' \otimes b') \;;$$

hier sind die Elemente als homogen vorausgesetzt. Es wird also eine graduierte Kommutativität für die Elemente $a \otimes 1$ und $1 \otimes b$ verlangt:

$$(a \otimes 1)(1 \otimes b) = a \otimes b = (-1)^{|a|\,|b|}(1 \otimes b)(a \otimes 1) \;.$$

Sind A und B beide graduiert kommutativ, so ist dann auch $A \otimes B$ wieder graduiert kommutativ.

A.2 Trennungs-Axiome

Die folgende Tabelle soll die Implikationen zwischen den verschiedenen Trennungsaxiomen aufzeigen.

	T_0	T_1	T_2	$T_{2.5}$	U_2	T_3	U_3	T_4	T_5
Kolmogorov	⊗								
Fréchet	+	⊗							
Hausdorff	+	+	⊗						
vollst. Hausdorff	+	+	+	⊗					
Urysohn	+	+	+	+	⊗				
T_3						⊗			
regulär	⊗	+	+	+		⊗			
$T_{3.5}$						+	⊗		
vollst. regulär	⊗	+	+	+	+	+	⊗		
T_4								⊗	
normal	+	⊗	+	+	+	+	+	⊗	
T_5								+	⊗
vollst. normal	+	⊗	+	+	+	+	+	+	⊗

⊗ = Bestandteil der Definition
+ = Konsequenz der Definition

Die grundlegenden Axiome (T_i), die hier Verwendung finden, sind in Abschnitt 2.3 erläutert worden. Wir haben der Vollständigkeit halber noch die Axiome

(U_2): Sind $p, q \in X$ verschieden, so gibt es eine stetige Funktion $f : X \to \mathbf{I}$ mit $f(p) = 0$ und $f(q) = 1$.

und

(U_3): Ist $A \subset X$ abgeschlossen und $p \notin A$, so gibt es eine stetige Funktion $f : X \to \mathbf{I}$ mit $f|_A = 0$ und $f(p) = 1$.

hinzugenommen.

In jeder Zeile ist eine Trennungs-Eigenschaft unter dem in der Literatur üblichen Namen dargestellt. Es folgt eine mit + oder ⊗ markierte Liste der Axiome (T_i) oder (U_i), die in dieser Eigenschaft enthalten sind. Dabei ist die betreffende Eigenschaft definiert durch die Konjunktion der mit ⊗ markierten Axiome.

Für eine gründlichere Diskussion dieser Beziehungen sei auf [StS70] verwiesen.

Literaturverzeichnis

[Ada72]   J. F. Adams. *Algebraic topology—a student's guide*. London Mathematical Socicty Lecture Note Series, No. 4. Cambridge University Press, London, 1972.

[Bou66]   N. Bourbaki. *Elements of mathematics. General topology. Part 2.* Hermann, Paris, 1966.

[Die70]   T. tom Dieck, K. H. Kamps und D. Puppe. *Homotopietheorie.* Lecture Notes in Mathematics, Vol. 157. Springer-Verlag, Berlin, 1970.

[Die91]   T. tom Dieck. *Topologie.* de Gruyter Lehrbuch. Walter de Gruyter & Co., Berlin, 1991.

[Dol72]   A. Dold. *Lectures on algebraic topology.* Die Grundlehren der mathematischen Wissenschaften, Band 200. Springer-Verlag, New York, 1972.

[Ebb88]   H.-D. Ebbinghaus, H. Hermes, F. Hirzebruch, M. Koecher, K. Mainzer, A. Prestel und R. Remmert. *Zahlen*, Grundwissen Mathematik, Band 1. Herausgegeben von K. Lamotke. Springer-Verlag, Berlin, 1983.

[ESt52]   S. Eilenberg und N. Steenrod. *Foundations of algebraic topology.* Princeton University Press, Princeton, New Jersey, 1952.

[Fis01]   G. Fischer. *Analytische Geometrie.* Vieweg, Wiesbaden, 7. Auflage, 2001.

[Fue77]   L. Führer. *Allgemeine Topologie mit Anwendungen.* Vieweg, Braunschweig, 1977.

[Jae80]   K. Jänich. *Topologie.* Springer-Verlag, Berlin, 8. Auflage, 2005.

[HBk95]   I. M. James, editor. *Handbook of algebraic topology.* North-Holland, Amsterdam, 1995.

[Lue05]   W. Lück. *Algebraische Topologie.* Vieweg, Wiesbaden, 2005.

[May99]   J. P. May. *A concise course in algebraic topology.* Chicago Lectures in Mathematics. University of Chicago Press, Chicago, IL, 1999.

[MKS66]   W. Magnus, A. Karrass und D. Solitar. *Combinatorial group theory: Presentations of groups in terms of generators and relations.* Interscience Publishers [John Wiley & Sons, Inc.], New York-London-Sydney, 1966.

[Que01]   B. von Querenburg. *Mengentheoretische Topologie.* Springer-Verlag, Berlin, 3. Auflage, 2001.

[Rib69]   P. Ribenboim. *Rings and modules*. Interscience Tracts in Pure and Applied Mathematics, No. 24. Interscience Publishers John Wiley & Sons, Inc., New York-London-Sydney, 1969.

[Sch70]   J. Schmidt. *Mengenlehre*. Bibliographisches Institut, Mannheim, 1966.

[Spa95]   E. H. Spanier. *Algebraic topology*. Corrected reprint of the 1966 original. Springer-Verlag, New York, 1995.

[StS70]   L. A. Steen und J. A. Seebach, Jr. *Counterexamples in topology*. Holt, Rinehart and Winston, Inc., New York, 1970.

[StZ94]   R. Stöcker und H. Zieschang. *Algebraische Topologie*. Mathematische Leitfäden. B. G. Teubner, Stuttgart, 2. Auflage, 1994.

Stichwortverzeichnis

Symbolverzeichnis

Für das Bachelor-Studium Mathematik

Lars Grüne | Oliver Junge
Gewöhnliche Differentialgleichungen
Eine Einführung aus der Perspektive der dynamischen Systeme
2009. XI, 243 S. mit 57 Abb. (Bachelorkurs Mathematik, hrsg. von
Faßbender, Heike / Kramer, Jürg / Gritzmann, Peter / Mehrmann,
Volker / Wüstholz, Gisbert / Aigner, Martin) Br. EUR 24,90
ISBN 978-3-8348-0381-8

Einführung - Lineare Differentialgleichungen - Lösungstheorie - Lösungseigenschaften -
Analytische Lösungsmethoden - Numerische Lösungsmethoden - Dynamische Systeme
- Stabilität, Teil I: Grundbegriffe und Lineare Systeme - Stabilität, Teil II: Lyapunov-
Funktionen und Nichtlineare Systeme - Verzweigungen - Attraktoren - Hamiltonsche
Differentialgleichungen - Anwendungsbeispiele - MAPLE - MATLAB

Das Buch bietet eine kompakte und grundlegende Einführung in die Theorie
gewöhnlicher Differentialgleichungen aus der Perspektive der dynamischen Systeme
im Umfang einer einsemestrigen Vorlesung. Über die Diskussion der grundlegenden
Lösungstheorie und der Theorie linearer Systeme hinaus werden insbesondere
analytische und numerische Lösungsverfahren, grundlegende Konzepte der Theorie
dynamischer Systeme, Stabilität, Verzweigungen und Hamilton-Systeme behandelt.
Der Stoff wird durchgängig anhand von Beispielen, Übungsaufgaben und Computer-
experimenten illustriert und vertieft.

Das Buch ist besonders für das Bachelor-Studium gut geeignet, sowohl vorlesungs-
begleitend zum Modul "Gewöhnliche Differentialgleichungen" für Studierende im
3. Semester als auch zum Selbststudium.

VIEWEG+
TEUBNER

Abraham-Lincoln-Straße 46
65189 Wiesbaden
Fax 0611.7878-400
www.vieweg.de

Stand Januar 2009.
Änderungen vorbehalten.
Erhältlich im Buchhandel oder im Verlag.